钣金工艺

主编 刁玉峰
主审 彭 辉

哈尔滨工程大学出版社

内容简介

本书共分五章，第一章介绍钣金工放样，包括几何作图方法，施工图和放样图，展开求相交构件的结合线；第二章介绍下料实例，包括板厚处理和加工余量，对各种钣金构件下料作了较详细的阐述；第三章介绍裁料，包括剪裁、冲裁、割裁，及裁料方法的选择；第四章介绍成型加工，包括弯曲变形及弯曲件的强度计算、手工成型，大型弯曲件的机械弯曲、冲压弯曲；第五章介绍连接与装配，包括铆接、薄板件咬合、焊接，及校正和装配。

本书可作为高等职业技术学院船舶舾装专业教材，亦可供培训钣金工和在职钣金工参考。

图书在版编目(CIP)数据

钣金工艺/刁玉峰主编. —哈尔滨：哈尔滨工程大学出版社，2011.7
ISBN 978-7-5661-0175-4

Ⅰ.①钣… Ⅱ.①刁… Ⅲ.①钣金工-基本知识
Ⅳ.①TG936

中国版本图书馆CIP数据核字(2011)第128152号

出版发行 哈尔滨工程大学出版社
社　　址 哈尔滨市南岗区东大直街124号
邮政编码 150001
发行电话 0451-82519328
传　　真 0451-82519699
经　　销 新华书店
印　　刷 哈尔滨市石桥印务有限公司
开　　本 787mm×1 092mm　1/16
印　　张 14.75
字　　数 367千字
版　　次 2011年7月第1次版
印　　次 2011年7月第1次印刷
定　　价 29.00元
http://press.hrbeu.edu.cn
E-mail:heupress@hrbeu.edu.cn

前　言

本教材以就业为导向,以能力为本位,面向市场,面向社会,体现了职业教育的特色,满足了高素质的实用型、技能型船舶技术类专业高等职业人才培养的需要。本教材在组织编写过程中,形成了如下特色:

1. 认真总结了全国开办有船舶技术类专业的职业院校多年来的专业教学经验,并吸收了部分企业专家的意见,代表性强,适用范围广;

2. 以职业岗位的需求为出发点,适当精简了教学内容,减少了理论描述,具有较强的针对性。

本教材是针对三年制高等职业教育编写的,二年制的也可参考使用。同时,本教材还适用于船厂职工的自学以及其他形式的职业教育。

《钣金工艺》是高等职业教育船舶技术类船舶舾装技术专业规划教材,按照《钣金工艺》教学大纲的要求,比较系统地介绍了钣金工的概念、基本内容、特点和钣金工制造和装配等内容,以使读者全面了解钣金工艺的基本过程和方法。

参加本书编写工作的有:主编为渤海船舶职业学院刁玉峰(编写绪论,第一、二、三、四章),参编为渤海船舶重工有限责任公司陈洪利(编写第五章)。本书由渤海船舶职业学院彭辉担任主审,在此表示感谢!

限于编者经验和水平,教材内容难以覆盖全国各地的实际情况,希望各教学单位在积极选用和推广本教材的同时,及时提出修改意见和建议,以便再版修订时改正。

编　者

2010年12月

目 录

绪 论

在船舶制造、机械加工和其他行业中常广泛地应用以金属薄板制成的构件和制品。人们通常把用金属薄板(通常在6 mm以下)制成工件的工人统称为钣金工。

钣金工就是按照实际需要或者按照图纸,在各种金属板材上放样、下料、成型加工,使之制作成需要的各种立体构件,比如通风管道、各种大型管道弯头、大变小接头、方变圆接头、旋风除尘器、汽车修理的整形修补、各种民用薄铁制品。钣金工的工作工序一般要经过放样、下料、制作和校核等,每一道工序的具体做法是否正确都关系到整个工作的成败。

放样是钣金工艺中的第一道施工工序。它包括3项主要内容:绘制放样图;作工件展开;放出加工余量等。绘制放样图包括求结合线。绘制放样图和作展开图要求钣金工看懂构件按正投影原理画出的施工图,即视图。看图的主要内容包括构件的形状、组成部分、尺寸和有关的技术要求。在钣金构件制作前,往往需要先画出构件的施工图。因为施工图是钣金工从事生产的依据,只有看懂图和画好施工图才能进行下料的工作。放样过程可以说是钣金工整个工作过程的核心,它具有理论性强、要求精确等特点,是钣金工人工作的难点。因为在工程中,构件的形状千变万化,一种构件一种画法,光凭记忆,“知其然,不知其所以然”,对于没有制作过的构件就会束手无策。下料工序中,现场工人通常会根据技术部门提供的展开图,一般用笔或画针在纸板、油毡或直接在金属薄板上画出,通过气割、剪板机、数控冲床、激光切割机、等离子切割机、水射流切割机从大块板材上切割得到合适尺寸的零件材料。下料完毕后,工人会在每块材料的表面用记号笔标记料号,钣金工人应掌握下料工作的一些规律和方法。成型加工工序包含用手工或模具冲压使其产生塑性变形,形成所希望的形状和尺寸的过程,常见的机械加工方法有辊弯、压弯和折弯。所用机械设备有开卷机、校平机、滚轧机、液压机、万能弯板机和折边机、去毛刺机。下好的板料被弯曲制作成所需要的形状,必须确定和掌握正确的加工方法和操作技术,才能有步骤地制作成施工图要求的空间形状。制作工序是将加工成形的金属薄板进行拼接、打磨、喷漆、组装。校核工序包括对制作好的构件的校正和检验过程,通过检验及时发现问题,避免浪费材料,提高制作质量。

上述钣金工工序之间彼此紧密联系,前者是后者的基础。要掌握钣金工的基础知识和操作技能,除了看懂和理解书本内容外,还必须做到多画、多练习、勤于实践、勤于操作,即理论密切联系实际。只有这样,才能做到认真掌握、不断提高钣金工这门技术。

钣金工在工作中需要具有深厚的数学、金属焊接、切割、钳工、铆工等方面的知识。

近几年来,钣金行业可谓发展迅猛,这主要有如下几方面原因:

(1)生产能力需求提高。中国已成为国际加工制造中心,加上国外投资不断增加,金属加工能力的需求不断加大,而金属加工行业中的电器控制箱、机器外壳等一般来说都是钣金件,所以钣金加工能力需求也不断提高。

(2)加工精度要求低,上手容易。就金属加工而言,精度在几丝是司空见惯的事,而且工艺的复杂性也比较高,有些零件工序甚至达到几十道之多。所以金属加工企业通常需要各种各样的机械设备以满足不同工艺要求。而钣金冲孔精度一般在0.1 mm左右,折弯精度一般可以达到0.5 mm,因此相对于金属加工来说,钣金加工精度低得多。

(3)利润高。冲压一般可以达到30%左右,而激光切割则可以达到50%甚至更高。

(4)行业前景好。据一份资料显示,目前国内钣金行业的年增长程度为11%~15%,大大超过了其他制造行业,而钣金行业的利润,目前来说还相当丰厚。

第一章　钣金工放样

钣金工的放样工序包括绘放样图、求结合线、作展开图、放出加工余量。但在很多情况下,不少构件没有求结合线的问题,如在工程加工中,直圆管、平面体、棱柱(锥)体、圆锥(台)等,均为可直接进行展开的构件。

第一节　几何作图方法

钣金工在绘制放样图或对构件的图样展开时,会遇到一些几何作图的基本方法问题,这些方法必须掌握。

一、线段垂直平分线的作法

如图1-1所示,已知线段AB,分别以A,B为圆心,以大于AB一半的适当长度为半径画弧,交于C,D两点,连接CD,则CD垂直并平分AB,$AO=BO$。

二、将线段分成若干等份

如图1-2所示,将已知线段AH分成7等份。此作图方法多用于平行线法展开时,求作圆周展开长度的等分。作图步骤如下:

(1)过A点作与AH成合适角度的直线$A8$,在$A8$上用分规取7段等长线段,得出1,2,3,4,5,6,7点。

(2)连接H,7两点,用线段垂直线法作垂直于直线$H7$的直线PQ,如图用直角尺的一边沿PQ线移动,另一边分别过7,6,5,…,1各点,得到的H,G,F,…,A各点为所求的7等分点。

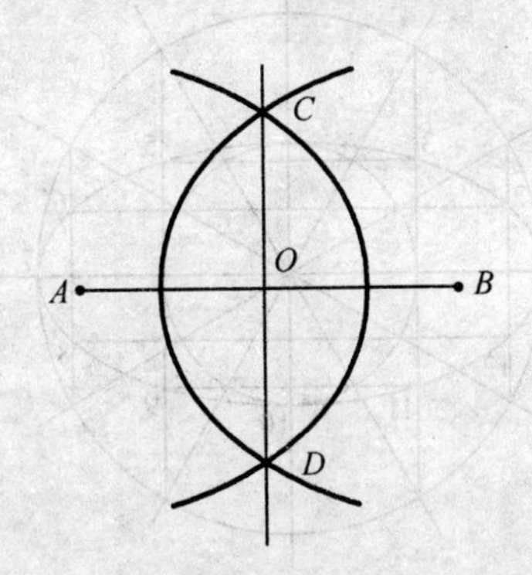

图1-1　线段垂直平分线的作法

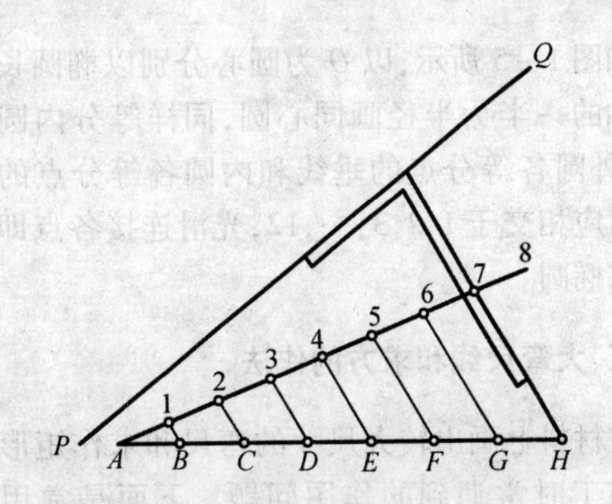

图1-2　将线段AH分成7等份

三、已知边长作正多边形

1. 正五边形的画法

已知边长为 a，正五边形的作法如图 1－3 所示。先作线段 AB 为 a，作 AB 的垂直平分线 $O5$，以 A 为圆心 AO 为半径画弧交过 A 点所作 AB 的垂线于 1 点，连接 $B1$。再顺序以 1，B，A，B，4，5，A 为圆心，分别以 $A1$，$B2$，$A3$，AB，$B4$，45，AB 为半径，依次画弧得到 4，5，6 各点，连接 5 个点得到的五边形即为所求图形。

2. 正七边形的画法

已知多边形的边长为线段 a，正七边形的作图步骤如下：

(1) 如图 1－4 所示，取 $A3$ 长度为 a，将其分成 3 等份，延长 $A3$ 与圆交于 B，并将 AB 7 等分，以 AB 为直径作圆。

(2) 以 A 为圆心，a 为半径，作弧分别交圆于 C，H 点，$\overset{\frown}{AH}$，$\overset{\frown}{AC}$即为圆的 1/7 圆弧。

(3) 用$\overset{\frown}{AC}$弧长将圆周 7 等分，连接各等分点即得到所求的正七边形。

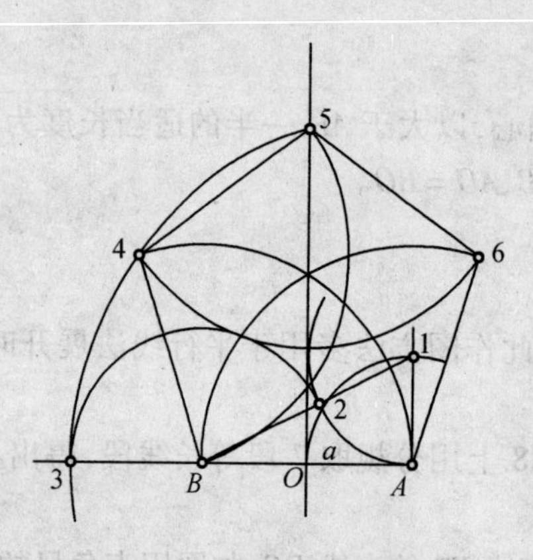

图 1－3　正五边形的画法

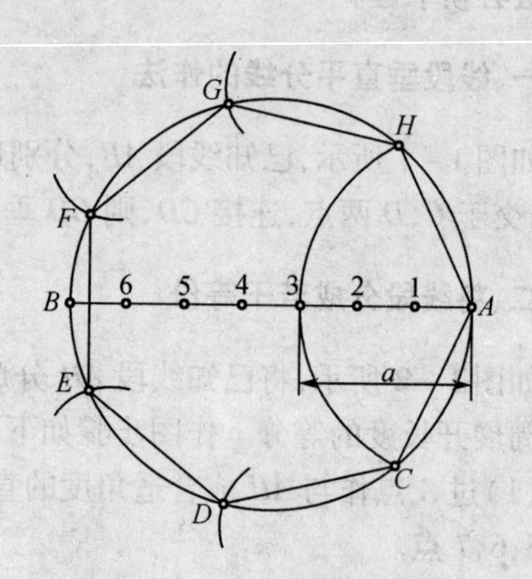

图 1－4　正七边形的画法

四、同心圆法作椭圆

如图 1－5 所示，以 O 为圆心分别以椭圆长轴和短轴的一半为半径画同心圆，同样等分内圆和外圆，外圆各等分点的垂线和内圆各等分点的水平线对应相交于 1，2，3，…，12，光滑连接各点即得到所求椭圆。

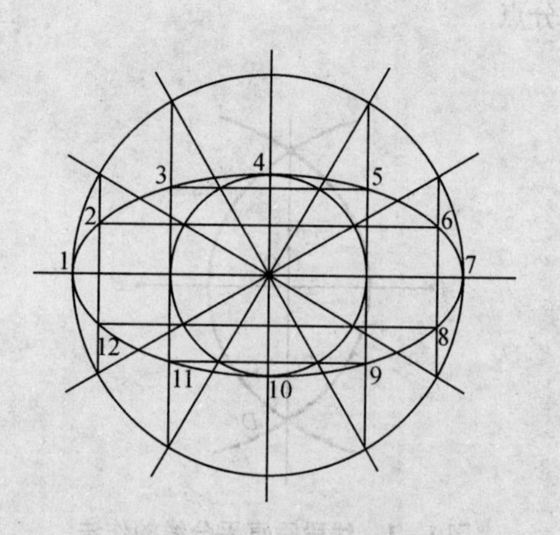

图 1－5　同心圆法作椭圆

五、大弯尺线和求方的作法

在材料上画出较大尺寸的弯尺和求作矩形是下料施工时常遇到的作图问题。下面是常用的作法：

(1) 大弯尺线的作法如图 1－6 所示，在材料短边作直线 AB，以 A，B 两点为圆心，以 AB 长度为半径，画圆弧交于 O 点，连接 BO 并延长。再以 O 为圆心，以 AB 长度为半径，画弧交

BO 延长线于 C 点，连接 AC，得 $\angle CAB$ 为所求大弯尺线。

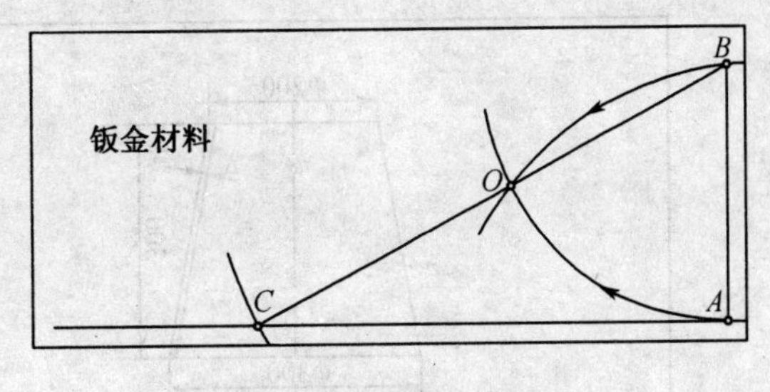

图 1－6　大弯尺线的作法

(2)求方的画法可利用大弯尺线来完成，但施工中大批量排版下料时，一般是利用计算器先算出矩形对角线的长度。用下面的方法可更快、标准地作出矩形。如求作 1 000 × 5 000 的矩形，可先计算出矩形的对角线为 5 099，如图 1－7 所示，在材料的长边上作两条间距为 1 000 的平行线，取 A，B 两点距离为 5 000，分别以 A，B 点为圆心，以 5 099 为半径画弧交平行线于 D，C 点。

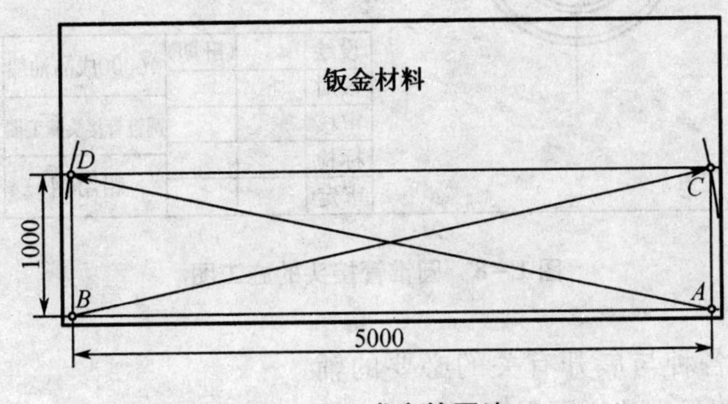

图 1－7　求方的画法

第二节　施工图和放样图

一、施工图

施工图是按一定比例绘制的图样，它可以详尽而准确地表示出施工构件的形状、尺寸、连接方法，并注明工艺要求。如图 1－8 所示为一圆锥管接头的施工图。

二、放样图

放样又称为放大样。放样的第一步工序就是绘制放样图。依照施工图，按正投影原理，把构件图样画到纸板和钢板上，这个图样称为放样图。如图 1－9 所示为图 1－8 圆锥管接头的放样图。

放样图和构件的施工图都是构件的视图，两者之间有着密切的关系，但又有一定的区别。对图 1－7 和图 1－8 这两个图进行比较，可以看出施工图和放样图的主要区别如下：

(1)施工图的比例可按立体的形状放大和缩小，须标注构件的尺寸、形状、粗糙度、标题栏和有关技术说明，才能加工制造。而放样图的比例为 1∶1，能精确地反映实物的尺寸和形状。

(2)放样图直接用于展开，可不必标注尺寸，也无须画出板厚。放样图线的粗细无关紧

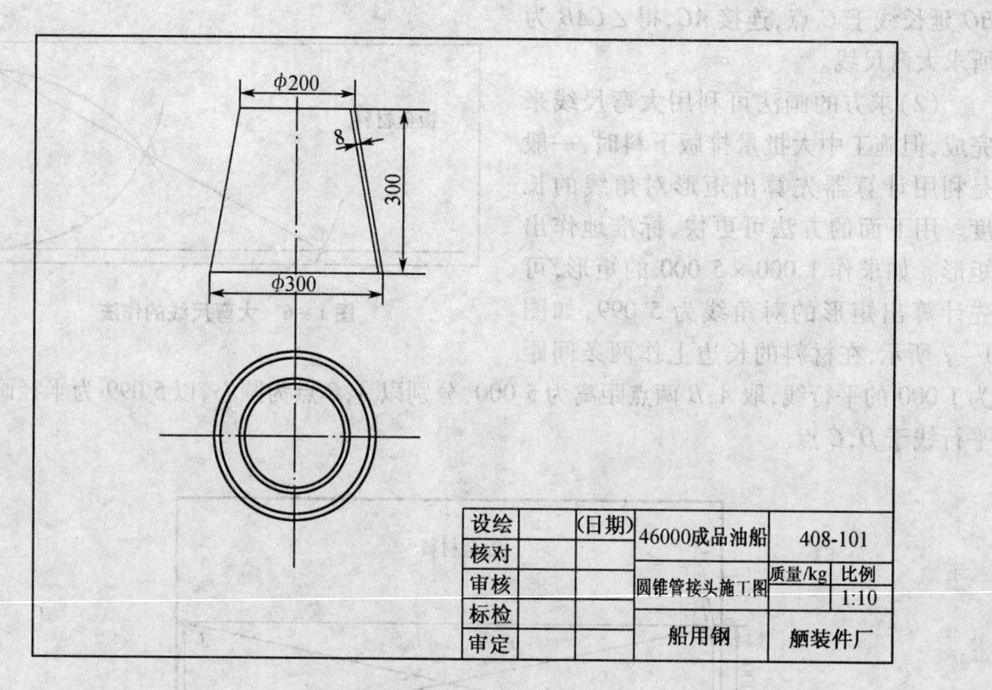

图 1 – 8　圆锥管接头的施工图

要，但往往需要添加各种与展开有关的必要的辅助线条。如图 1 – 9 所示为放样图上画出锥管头的锥顶点。

(3)放样图可以去掉视图中与放样无关的线条，甚至可以去掉与下料无关的视图。

三、断面图

在放样图中反映构件(形体)口端切口实际形状和大小的图形叫做端口断面图，简称断面图。例如用锯床切断钢管，当锯路与钢管中心线垂直时，则断面图为一圆形；锯路不与钢管中心线垂直时，断面图为一椭圆。断面图是放样图的重要组成部分，在整个下料过程起着重要的甚至关键的作用，因而在叙述作展开图的方法之前必须讨论清楚。

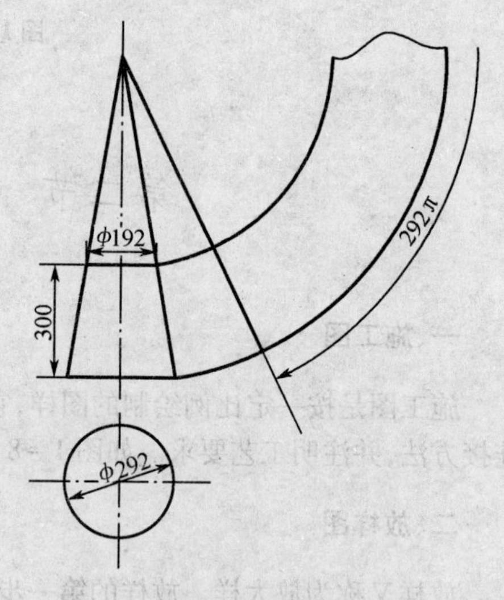

图 1 – 9　圆锥管接头的放样图

下面通过叙述圆管的正面视图(主视图)的断面图来说明断面图的形成。如图 1 – 10 所示，用一个与圆管轴线垂直的切面 Q 截切形体，获得一圆形切口。将该圆随切面 Q 向离开形体的方向转动，一直转动到圆形切口能反映实形为止，这样就形成了断面图，如图1 – 11 所示。

在图 1 – 10 中，圆管外表面(圆柱面)的 B—B 素线是可见的，它与切面 Q 交于 B 点，随着切面 Q 的转动，B 点在转动后形成了断面图的 B'点。同样，圆柱面上的不可见素线 A—A

与切面 Q 交于 A 点，随切面 Q 的转动，A 点在转动后形成了断面图上的 A' 点。由上述可知，断面图上的点与圆柱体的素线有着一一对应的关系。这个关系反映了断面图的基本性质，可以概括为：形体上的可见素线，对应着断面图上的离形体视图较远的点；不可见素线对应着断面图上的离形体视图较近的点。反之，凡在断面图上离形体视图较远的点，必对应着形体视图上可见的素线；凡断面图上离形体视图较近的点，必对应着形体视图上不可见的素线。

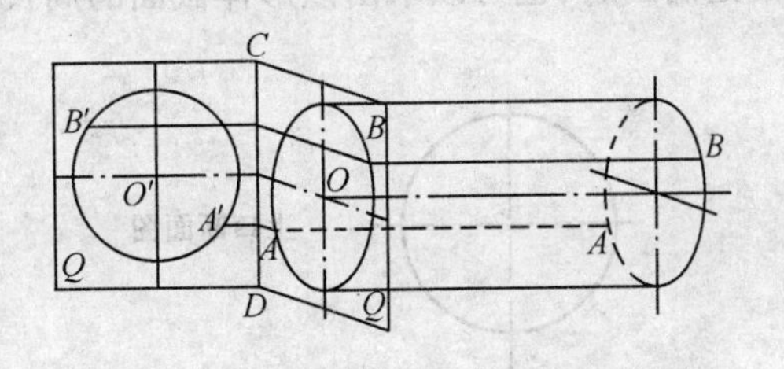

图 1-10　断面图的形成

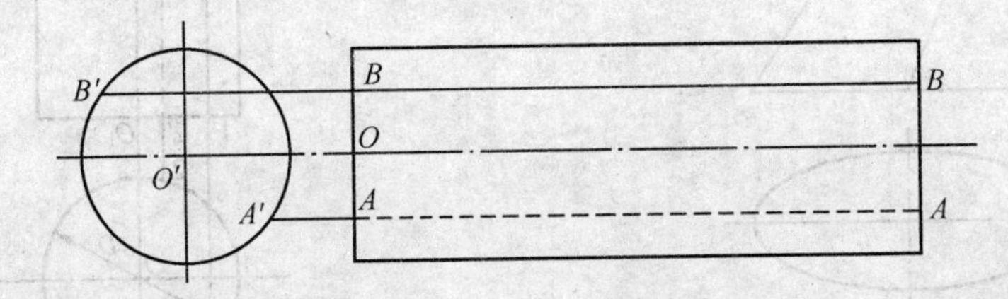

图 1-11　圆管的断面图

断面图有很多用途，这里仅就和钣金下料有关的作用叙述如下。

1. 用断面图上的点确定素线的位置

如图 1-12 所示，已知圆锥体下端口正面视图的断面图的 1′和 2′点，画出正面视图上两点对应的素线 A—1 和 A—2。

作图步骤：

(1) 过 1′点作铅垂线交 BC 于 1 点，因 1′点为离视图较近的点，因而 1 点与 A 的连线为不可见素线 A—1 的正面投影，所以用虚线连接。

(2) 过 2′点作铅垂线交 BC 于 2 点，因 2′点为离视图较远的点，因而 2 点与 A 的连线为可见素线 A—2 在正面视图的投影，所以用实线画出。

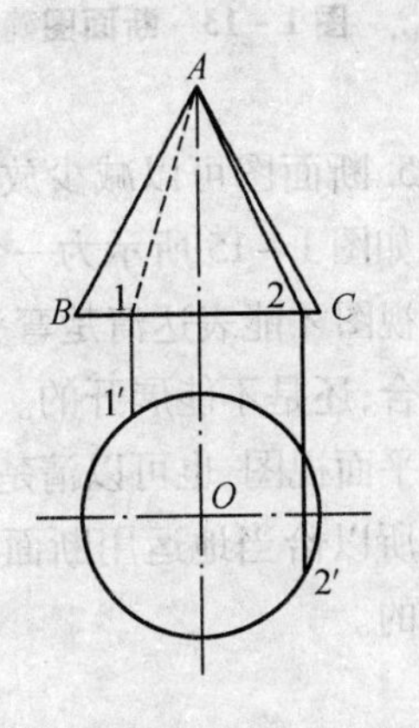

图 1-12　断面图上的点确定形体素线的位置

2. 用断面图来确定形体的形状

构件形体形状确定后，它的断面图的形状及大小也就确定了。反之，对于某些特定的构件，如果预先确定了断面图的大小和形状，则形体的形状也就确定了。如图 1-13 所示构件的上口为圆，下口为椭圆，那么构件的形体就确定了。

3. 用断面图确定截面的周长、面积

如图 1-14 所示，由正面视图和断面图可知构件为一圆管。由于断面图为圆形，圆管端口断面周长为 πD，面积为 $\pi D^2/4$。

4. 用断面图确定两素线所夹的径向弧长

如图 1-14 所示，在正面视图上有两条素线 1′—1′，2′—2′（2′—2′为不可见的素线），如何求出这两条素线所夹的径向圆弧的长度呢？可在断面图上找出 1′—1′，2′—2′素线的对应点 1 和 2，两点之间的圆弧 1—A—2 即这两条素线所夹的径向弧长。如果断面形状不是圆而是椭圆时，也可以求出该形体截面的周长、面积及任意两条素线所夹的径向弧长。

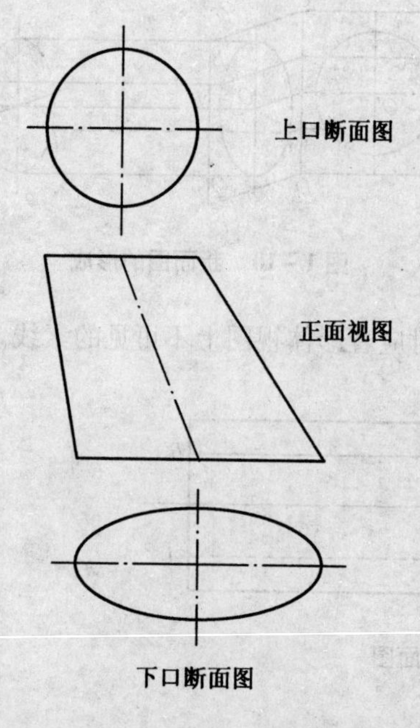

图 1－13 断面图确定形体的形状

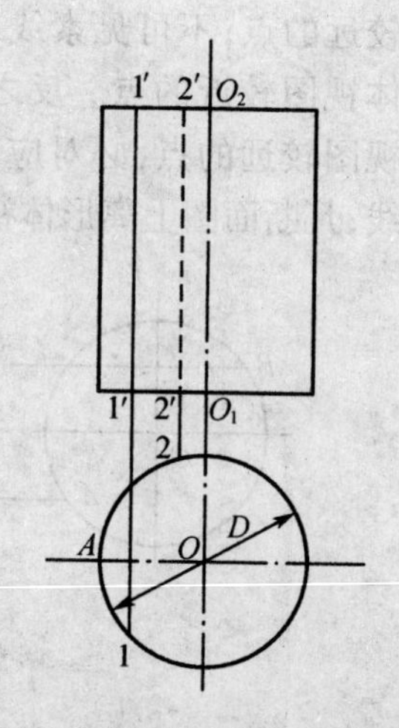

图 1－14 断面图确定形体截面的周长、面积、弧长

5. 断面图可以减少放样图的数量

如图 1－15 所示为一个等径两节任意角度的圆管弯头。如果不采用断面图，至少要画出两个视图才能表达清楚弯头的形状；即使视图表达得比较清楚了，但是只凭视图而没有断面图的配合，还是不能展开的。图 1－15 中只画出圆管弯头的正面视图及其端口的断面图，不再画出水平面视图，也可以清楚地表达出弯头的形状，同时还给之后的展开提供了便利条件。

所以恰当地运用断面图，可以减少放样图的数量，有利于作展开图，从而达到节约工时的目的。

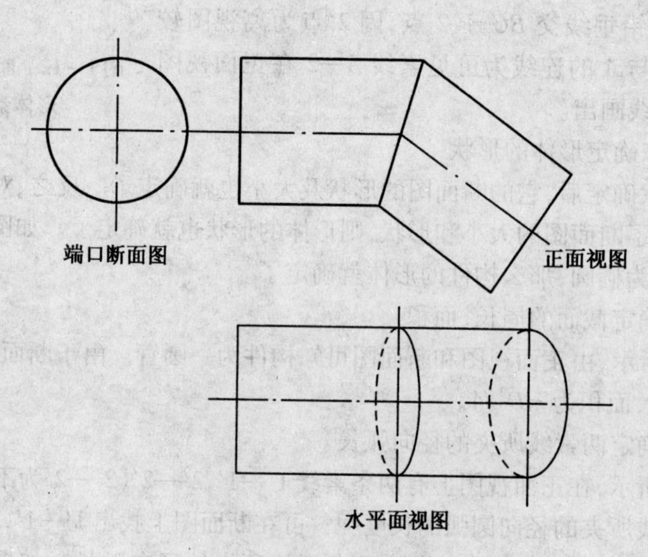

图 1－15 等径两节任意角度的弯头

总之，断面图在下料的整个过程中起着很重要的作用，是下料、展开的重要手段之一，应熟练掌握其作法。

第三节　作展开图的基本方法

把构件的立体表面按实际形状和大小，依次摊开在一个平面上，称为立体表面的展开。展开后获得的平面图形，称为构件的展开图。

下面讨论可展开曲面的展开问题，重点讨论各种展开方法。

一、平行线展开法

如果构件形体的表面由平行的素线或棱线构成，其表面的展开可以用平行线展开法。

平行线展开法的原理是：因形体表面由彼此平行的直素线构成，相邻两素线及其上下两个端口的周线所围成的面可以近似地看成平面梯形的面；当被分成这样的面有无限多的时候，各微小面的面积的总和即为原形体表面的表面积，把这些微小面积按原来的先后次序和上下位置不重叠地铺平后，形体的表面积就被展开了。这和打开一个卷着的竹帘子的过程是一样的。根据以上叙述，平行线展开法一般用于圆柱形、棱柱形等构件的展开。

下面通过举例，说明平行线展开的具体方法。

例 1　求作如图 1－16(a)所示正六棱柱棱面的展开图。

分析　底面与棱线垂直，底面为一个平面，周边可展开成一条直线。因而各棱边与底面周边在展开图中也垂直，且各棱边及素线在正面视图中反映实长，所以其展开图为一个高度是六棱柱高、长度为六棱柱底面周长的矩形，如图 1－16(b)所示。

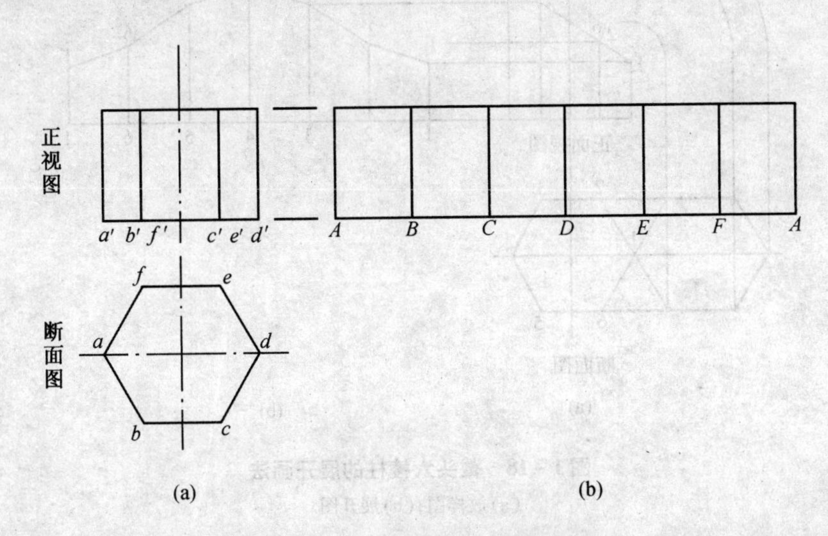

图 1－16　正六棱柱面展开图的画法

(a)放样图；(b)展开图

例 2　求作如图 1－17(a)所示正圆柱面的展开图。

分析：正圆柱面的展开图是一个矩形，长度为底面周长，高度是圆柱高度并在正面视图反映实长，圆柱面底面周长为 πD。

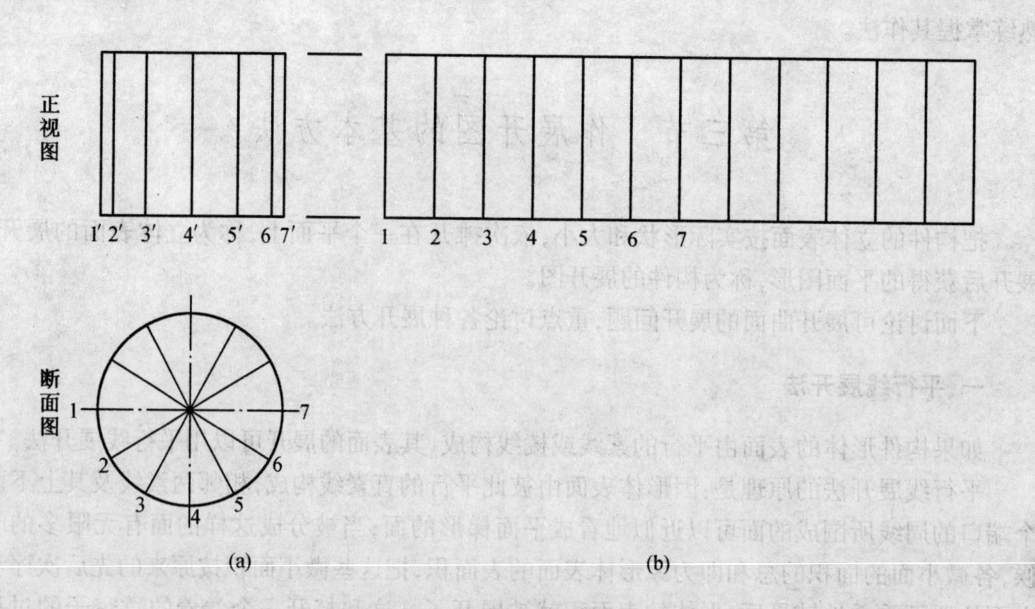

图 1－17　正圆柱面展开图的画法

(a)放样图；(b)展开图

例 3　求作如图 1－18(a)所示截头六棱柱表面展开图。

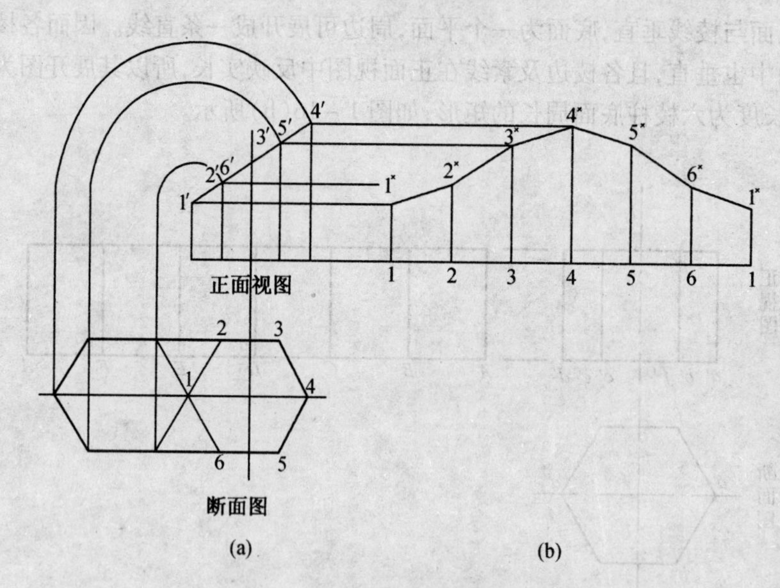

图 1－18　截头六棱柱的展开画法

(a)放样图；(b)展开图

作图步骤：

(1)任画一条直线(如图 1－18 所示，该线与六棱柱底面的正面投影平齐)，在该线截取 1—2—3—4—5—6—1 等于底面周长实长。其中 1—2，2—3 等应分别在断面图对应点上截取。

(2)过直线上的点 1,2,3,4,5,6,1 作直线的垂线,在各垂线上量取断面图上该点对应的棱线的实长,分别为 1—1$^{\times}$,2—2$^{\times}$,…得点 1$^{\times}$,2$^{\times}$,…

(3)用折线连接 1$^{\times}$,2$^{\times}$,3$^{\times}$,4$^{\times}$,5$^{\times}$,6$^{\times}$,1$^{\times}$各点,如图 1-18(b)所示。

例 4 求作斜截圆管的展开图。

作图步骤:

(1)任画一直线(如图 1-19 所示,该线与端口正面投影平齐),截取其长度为端口周边长度,即 πD。

(2)在正面视图的端口的断面图上将圆周分成 12 等份(也可以另外分成若干份,等份愈多,展开图愈精确),并编号 1,2,3,4,…,12。

(3)将展开的 πD 长的直线分成 12 等份,按断面图的对应点照录 1,2,3,4,…,12,1 编号。

(4)过直线上的点 1,2,3,4,…,12,1 作直线的垂线,在各垂线上量取断面图上的对应的素线实长分别为 1—1$^{\times}$,2—2$^{\times}$,3—3$^{\times}$,…注意,断面图上离形体视图较远的点,对应形体视图的可见素线,反之,断面视图上离形体视图较近的点,应对应形体视图的不可见素线,得点 1$^{\times}$,2$^{\times}$,3$^{\times}$,…

(5)因形体表面为曲面(圆柱面),用一条平滑的曲线将 1$^{\times}$—2$^{\times}$—3$^{\times}$—4$^{\times}$…1$^{\times}$各点连接起来,于是得到展开图(如图 1-19(b)所示)。

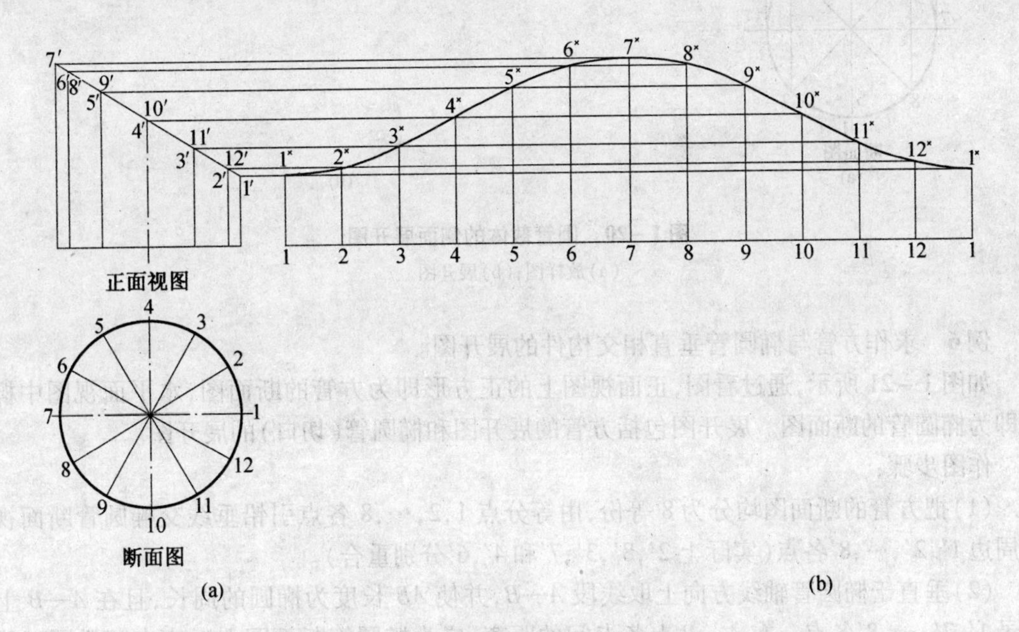

图 1-19 斜截圆管的展开图画法

(a)放样图;(b)展开图

例 5 求作一端被两相交平面斜截、一端被圆柱截切的圆管截体的侧面展开图。

如图 1-20 所示,具体展开方法仍采用平行线展开法,作图步骤与前述两例相近。

(1)任作一圆管正面视图上轴线的垂直线,使直线长度等于圆管断面圆周长 πD,并且将 πD 分为 8 等份,得 1,2,3,4,…,8 各点。

(2)将断面图圆周等分为 8 份,并照录编号 1,2,3,4,…,8,分别由等分点向上引垂线与正面视图相交于 1′,1″,2′,2″,3′,3″,…点。

(3)由正面视图上各交点引 πD 长 1—1 直线的平行线与 1—1 上各点等分点所引得垂线同名对应相交于 1°,1×,2°,2×,…各点。

(4)用光滑曲线连接 1°—2°—3°—4°—5°—6°—7°—8°—1°点和 1×—2×—3×—4×—5×—6×—7×—8×—1×点,得到展开图如图 1-20(b)所示。

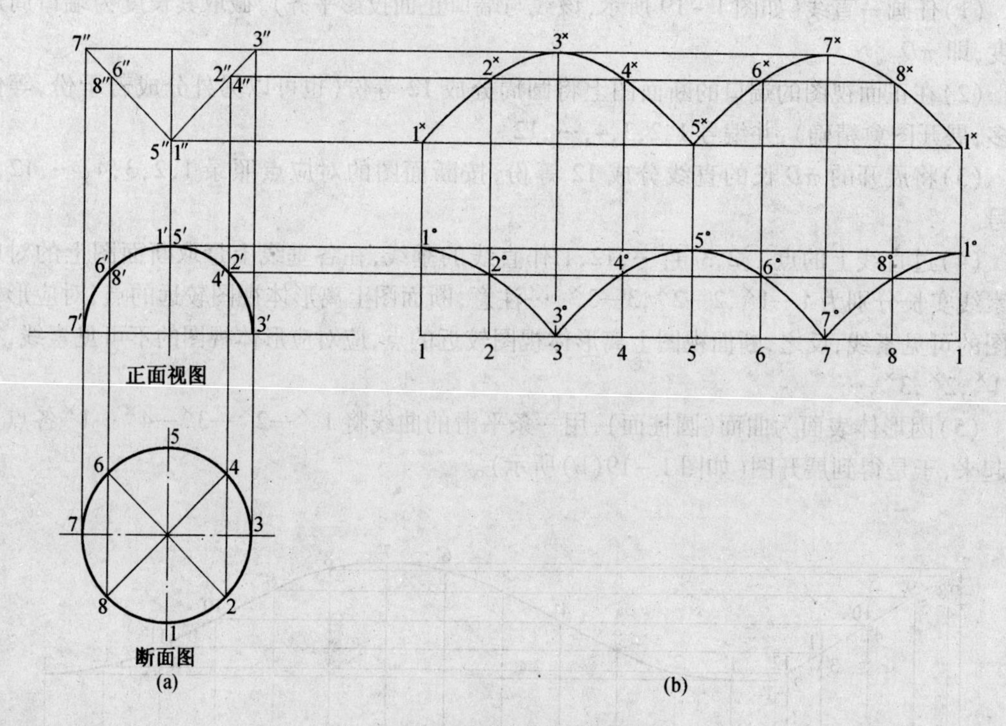

图 1-20 圆管截体的侧面展开图

(a)放样图;(b)展开图

例 6 求作方管与椭圆管垂直相交构件的展开图。

如图 1-21 所示,通过看图,正面视图上的正方形即为方管的断面图,水平面视图中椭圆即为椭圆管的断面图。展开图包括方管的展开图和椭圆管(切口)的展开图。

作图步骤:

(1)把方管的断面图均分为 8 等份,由等分点 1,2,…,8 各点引铅垂线交椭圆管断面视图周边 1′,2′,…,8′各点(实际上 2′,8′,3′,7′和 4′,6′分别重合)。

(2)垂直于椭圆管轴线方向上取线段 A—B,并使 AB 长度为椭圆的周长,且在 A—B 上照录 1′,2′,…,8′各点。在 A—B 上各点间的距离,应为椭圆管断面图上对应点间椭圆弧线展成直线的长度,或者说是椭圆弧长。

(3)由 A—B 上各点引 A—B 的垂线与正面视图中各点所引 A—B 的平行线同名相交于 1×,2×,…,8×各点,将 1×,2×,…,8×各点依次用平滑的曲线连接起来即得椭圆管(切口)的展开图。

(4)方管的展开图依然用平行线法,如图 1-21 所示,延长 MN 在其上截取直线为方管断面周长,并在其上照录 1,2,…,8 各点。过所述 1,2,…,8 点引 MN 的垂线与过椭圆管断面图上的 1′,2′,…,8′点引 MN 的平行线同名相交于 1°,2°,…,8°,将各交点用曲线连接即

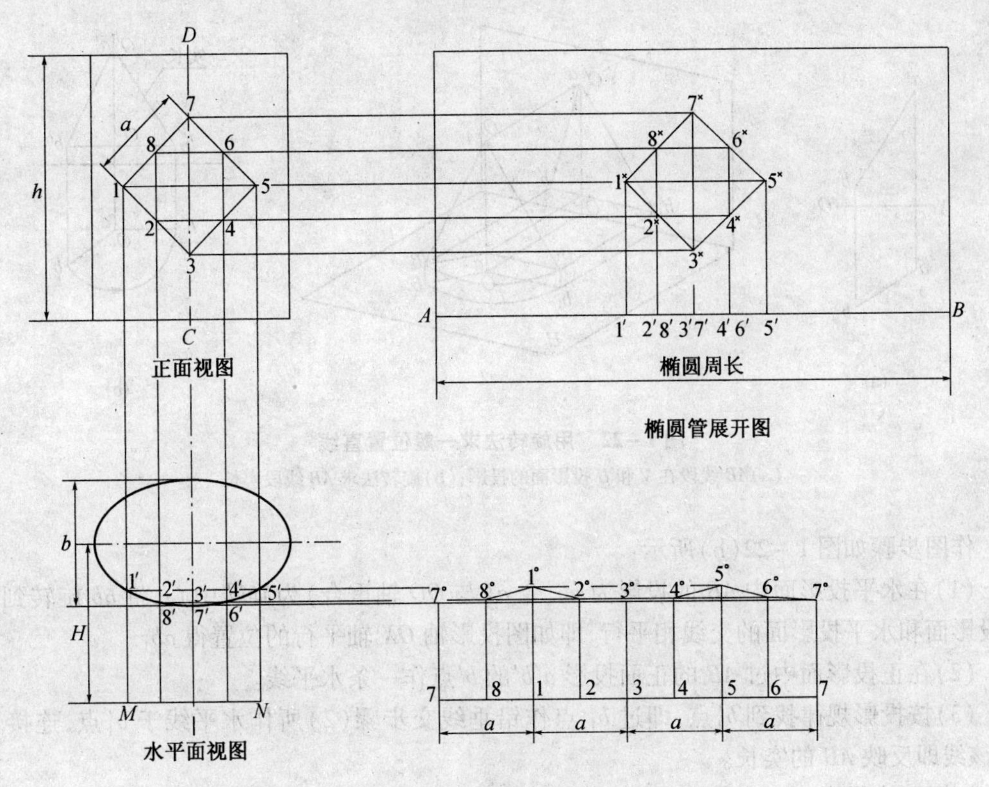

图 1－21　方管与椭圆管垂直相交构件的展开图

得方管展开图。

二、一般位置直线实长的求法

从前面叙述的平行线展开法可以看出，只有当形体表面的直线都彼此平行，而且在放样图上这些直线都表现出它的实际长度时，平行线展开法才可以应用。或者说，当构件（或其中一部分）在某个投影面上具有“积聚性”时，才可以使用平行线展开法将构件展开。如图 1－21 所示的方管在正面视图上“积聚”为一个正方形，椭圆管在水平面视图上“积聚”为一个椭圆形。但在很多情况下，在放样图上不反映构件表面某些直线的实长，如果不先解决求某些直线的实长问题，就不可能画出构件的展开图。求直线实长往往是展开过程中不可避免的和重要的一步，下面主要讨论求直线实长的方法。

1. 用旋转法求作一般位置直线的实长

一般位置直线是指直线倾斜于所有投影面时的情况，这时它在三个投影面上的投影均不反映实长，均比实长短。而特殊位置直线，即平行于某个投影面的直线在该投影面的投影反映实长，或者是垂直于某个投影面的直线在三视图系统的其他两个投影面的投影反映实长。用旋转法求实长的过程，实际上是把一般位置直线转化为特殊位置直线即平行线的过程。

如图 1－22（a）所示，如果将一般位置直线 AB 绕垂直于水平投影面 H 面的轴 OO 旋转，并使旋转轴 OO 过直线上 A 点。当直线 AB 旋转至与正投影面平行的位置时，它在正投影面 V 面上的投影 $a'b'_1$ 反映线段 AB 的实长。

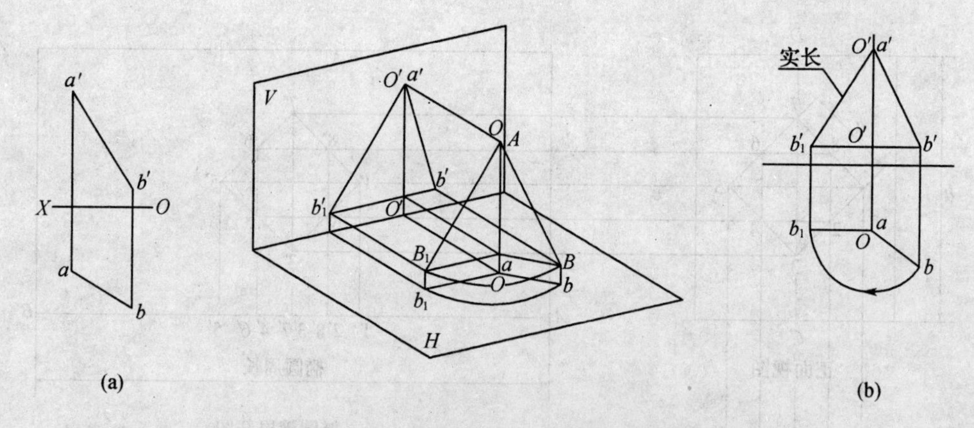

图 1－22　用旋转法求一般位置直线

(a) AB 线段在 V 和 H 投影面的投影；(b) 旋转法求 AB 线段实长

作图步骤如图 1－22(b)所示：

(1)在水平投影面中 AB 的投影为 ab，令 a(与 OO 轴重合)为旋转中心，将 ab 旋转到与正投影面和水平投影面的交线相平行，即如图投影轴 OX 轴平行的位置得 ab_1。

(2)在正投影面中过 AB 的正面投影 $a'b'$的 b'点作一条水平线。

(3)按投影规律找到 b'_1点，即过 b_1 点作铅垂线交步骤(2)所作水平线于 b'_1点，连接 $a'b'_1$，该线即反映 AB 的实长。

2. 用更换投影面法求一般位置直线的实长

如图 1－23(a)所示，如果用一个新的投影面 V_1 代替 V 面，并使投影面 V_1 面既平行于直线 AB 又垂直于 H 面(必须垂直)，则 AB 在新投影面的投影 $a'_1b'_1$反映直线 AB 的实长。

作图步骤如图 1－23(b)所示：

(1)画新投影轴 O_1X_1，使 O_1X_1 平行于 AB 在水平面 H 面的投影 ab，从而确定新投影面的位置。

(2)过 ab 两点，作 O_1X_1 的垂线交新投影轴 O_1X_1 于 $a_{\times 1}$和 $b_{\times 1}$两点。

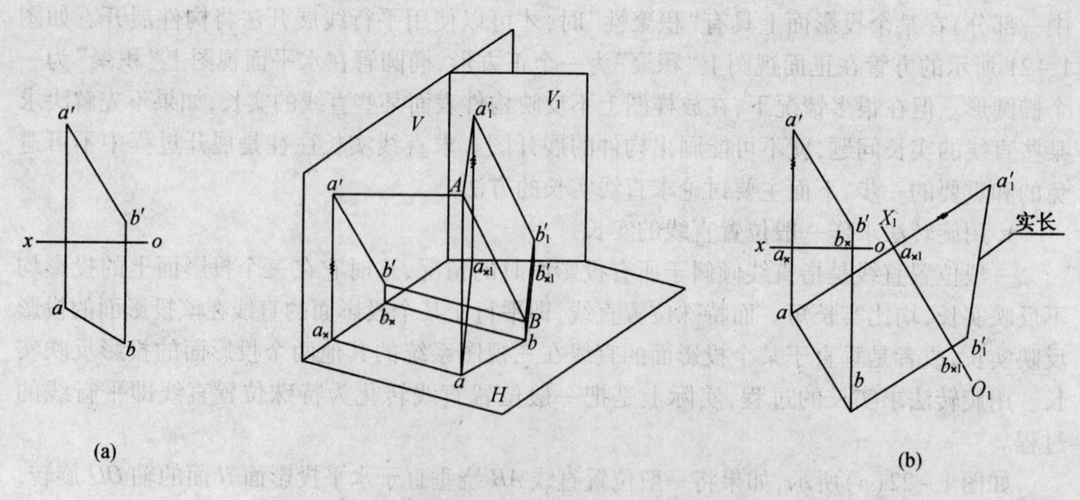

图 1－23　用更换投影面法求一般位置直线的实长

(a) AB 线段在 V 和 H 投影面和投影；(b) 更换投影面法求 AB 线段实长

(3)在 $aa_{\times1}$ 和 $bb_{\times1}$ 的延长线上，截取 $a_{\times1}a_1' = a_{\times}a'$，$b_{\times1}b_1' = b_{\times}b'$。

(4)连接 $a_1'b_1'$，$a_1'b_1'$ 即为 AB 线段的实长。

若用新投影面代替 H 面，其作图方法类似。

3. 用直角三角形法求一般位置直线的实长

如图 1-24(a)所示，如果过一般位置直线 AB 的端点 B，作 AB 在水平面 H 面的投影 ab 的平行线交 Aa 于 B_o，则得一直角 $\triangle ABB_o$。显然如图 1-24(a)所示，$BB_o = ab$，而另一直角边 AB_o 等于直线 AB 两端点在正投影面上的投影 $a'b'$ 的位置的高度差，即沿投影轴 Z 轴的坐标差。因直角 ABB_o 两直角边在投影图上均为已知，作该直角三角形求得斜边 AB 的实长。

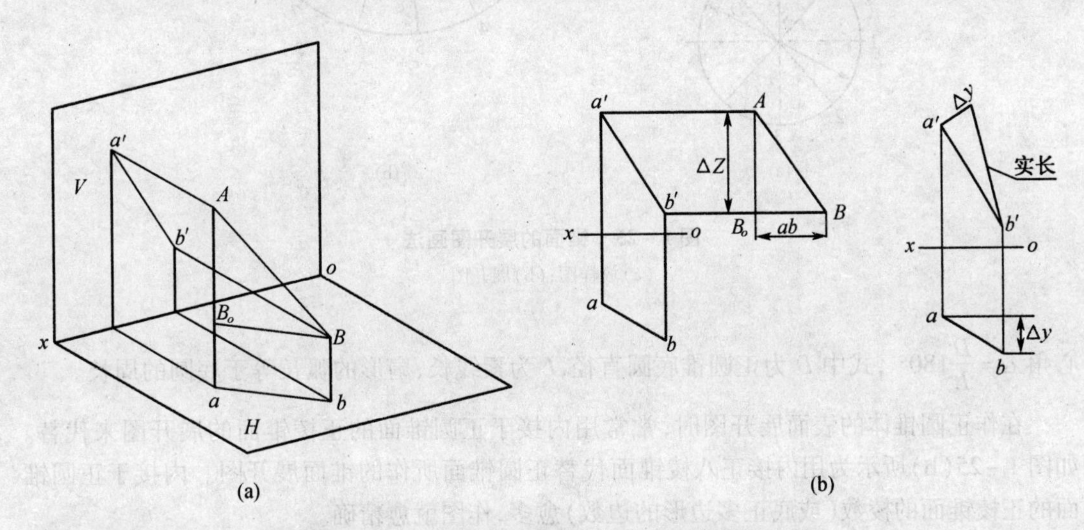

图 1-24　用直角三角形法求一般位置直线的实长

(a)AB 线段在 V 和 H 投影面的投影；(b)直角三角形法求 AB 线段实长

作图步骤如图 1-24(b)所示：

(1)过端点 B 的正面投影 b 作水平线，在该线上截线段 B_oB，使其长度为 AB 在水平面 H 面的投影 ab 的长度。

(2)过 B_o 点作铅垂线，过端点 A 的正面投影 a' 作水平线，以上两线交于 A 点。

(3)连接 AB，即所求实长。

三、放射线展开法

所有的锥体的表面，如圆锥体、棱锥体都是由汇交于顶点的直线构成的。这种形体的构件，可以应用放射线展开法画出展开图。放射线展开法的原理是：可以把锥体表面任意相邻两条直线所夹的表面积，近似地看成过锥体顶点所作的两条直线为邻边，所夹锥体底边边线为底边的小平面的三角形。如果上述小三角形的底边无限短、小三角形无限多的时候，各小三角形面积的和就与原来锥体侧面积相等。把这些小三角形不遗漏、不重复地按原有顺序和位置铺展，原形体表面也就被展开了。

下面通过举例说明放射线展开法的具体内容。

例 7　求作如图 1-25 所示正圆锥面的展开图。

一个完整的正圆锥面的展开图为一个扇形，扇形的半径为正圆锥素线的实长，扇形的圆

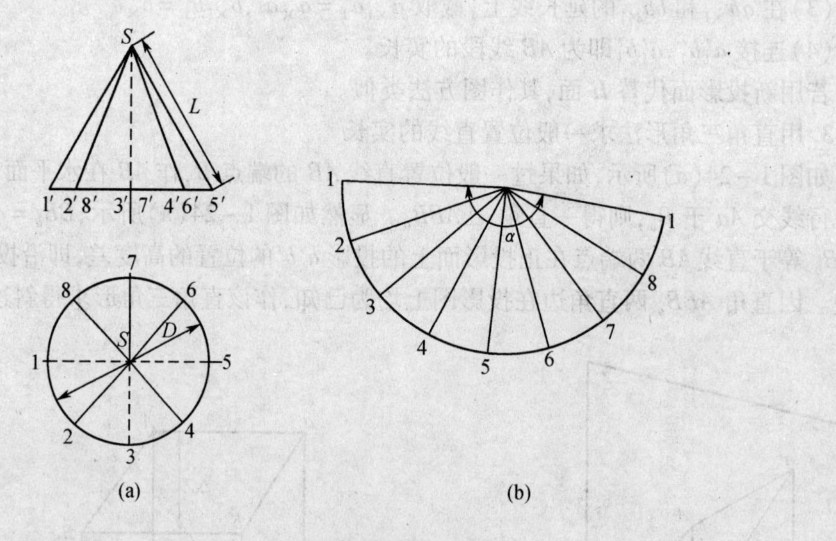

图 1-25　锥面的展开图画法

(a)放样图;(b)展开图

心角 $\alpha = \frac{D}{L}180°$,式中 D 为正圆锥底圆直径,L 为素线长,扇形的弧长等于底圆的周长。

在作正圆锥体的表面展开图时,常常用内接于正圆锥面的正棱锥面的展开图来代替。如图 1-25(b)所示为用内接正八棱锥面代替正圆锥面所作的锥面展开图。内接于正圆锥面的正棱锥面的棱数(或底正多边形的边数)愈多,作图就愈精确。

上述方法也完全适于作正圆锥台的展开图,具体步骤可先画出完整的正圆锥面的展开图,再在该图上画出被截去的正小圆锥面的展开图,剩余的部分即正圆锥台的展开图。

例 8　求作截头正圆锥面的展开图。

如图 1-26(a)所示,该构件由一正圆锥体被垂直于正投影面并倾斜于锥体底面的平面斜截形成。在画展开图前,必须求出顶点到截切点之间的素线的实长,然后就可以按照与上题类似的方法作出该构件的展开图。

如求素线 OB 的实长,从视图中看出 OB 为一般位置直线,可以用前面叙述的旋转法求出 OB 实长。先在断面图(水平面投影图)上,依照投影关系找出 B 点的水平面投影 b。再旋转 Ob 到 Ob_1 位置,使之为一水平线。最后过正面视图截切点 b' 作水平线与过 b_1 点作的铅垂线相交于 b_1' 点,则 $O'b_1'$ 即在素线锥体的投影轮廓线上。因而对于正圆锥面只要过 b' 作水平线交轮廓线 $O'1'$ 于 b_1' 点,即可求出 OB 的实长。

作图步骤如图 1-26(b)所示:

(1)将底面端口断面图圆周 8 等分(或若干等分)于 1,2,3,…,8,对应各点锥体素线与斜截口(在正面视图上"积聚"一斜直线)的截切点为 a',b',c',d',e'(可见)等。

(2)求出 OA,OB,OC,OD,OE 等素线的实长。

(3)将完整的正圆锥面展开,在圆锥底圆端口展开的图上照录 1,2,3,4,…,8 各点。

(4)按展开顺序在 $O1$,$O2$,$O3$,$O4$,$O5$,…上截取 OA,OB,OC,OD,OE,…等素线的实长,得到 A,B,C,D,E,…各截切点。

(5)用光滑曲线连接 A,B,C,D,E,…各点,即得截头正圆锥面的展开图。

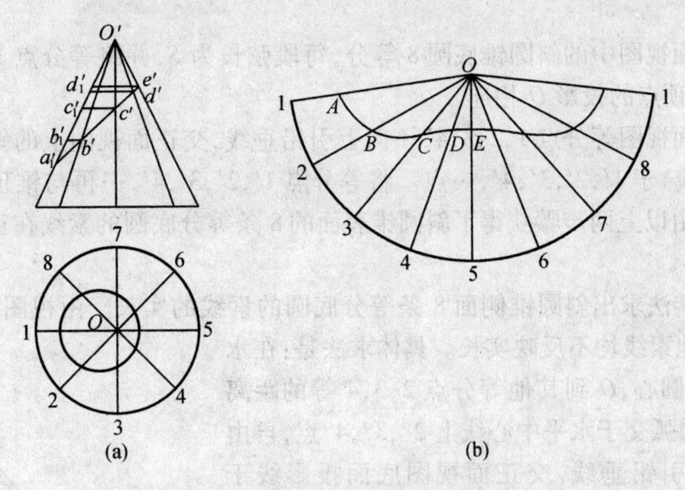

图 1－26　截头正圆锥面展开的画法

(a)放样图;(b)展开图

例 9　斜圆锥的展开。

如图 1－27 所示,斜圆锥为一种特殊圆锥,它的底面是圆形,而中心轴线不垂直于底面,其任何平行于底面的截面都是圆形。从上述的两例可以知道,放射线展开的核心问题是求锥体表面素线的实长问题,只要求出实长,展开问题就会迎刃而解。

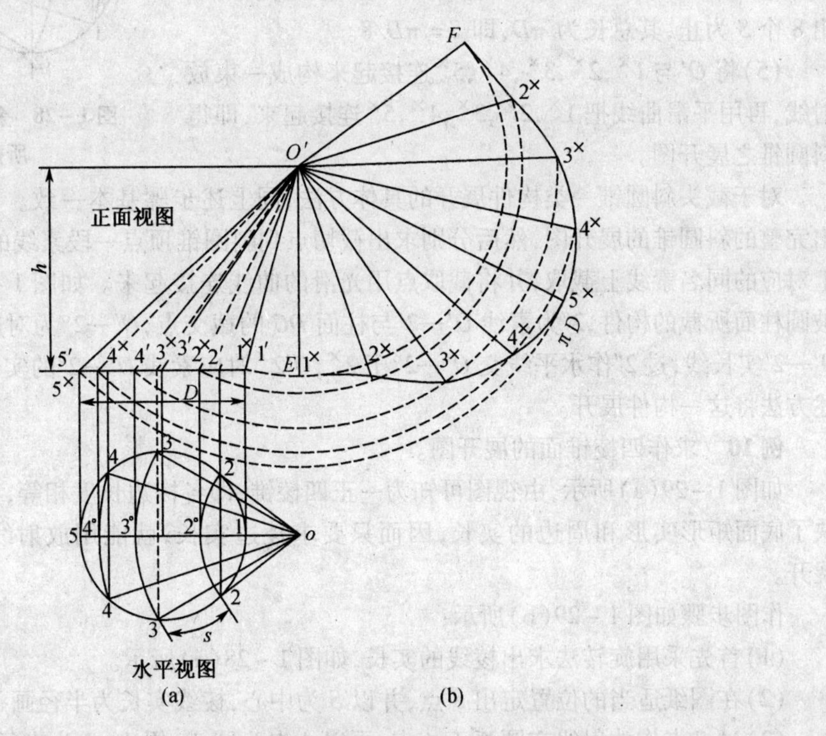

图 1－27　斜圆锥锥面的展开

(a)放样图;(b)展开图

作图步骤：

(1)将水平面视图中的斜圆锥底圆 8 等分，每段弦长为 S，并将等分点 1，2，3，4，5 与水平面视图中斜锥顶点的投影 O 相连。

(2)由水平面视图等分点 1，2，3，4，…向上引铅垂线，交正面视图上的斜圆锥的底面投影(积聚为一直线)于 $1'$，$2'$，$3'$，$4'$，…点。将等分点 $1'$，$2'$，$3'$，$4'$，…再与锥顶在正面视图上的投影 O' 相连，由以上两步骤获得了斜圆锥表面的 8 条等分底圆的素线在正面和水平面的投影。

(3)应用旋转法求出斜圆锥侧面 8 条等分底圆的素线的实长。由视图可知，除 $O'—5'$ 和 $O'—1'$ 外，其他素线均不反映实长。具体求法是：在水平面图中以 O 为圆心，O 到其他等分点 2，3，4 等的距离为半径，分别画圆弧交于水平中心线上 $2°$，$3°$，$4°$ 点，再由 $2°$，$3°$，$4°$ 点向上引铅垂线，交正面视图底面投影线于 $2^{\times}$，$3^{\times}$，$4^{\times}$ 点，则斜圆锥顶点 O' 与 $2^{\times}$，$3^{\times}$，$4^{\times}$ 的连线(图中虚线)即为实长线。

(4)从正面视图锥顶 O' 任作一射线 $O'E$，在 $O'E$ 上截取 $O'1^{\times}$(为 $O'—1'$ 素线实长)。以 O' 为圆心、$O'2^{\times}$ 为半径($O'—2'$ 实长)作圆弧与以 $1^{\times}$ 为圆心、S 为半径作圆弧相交于 $2^{\times}$，然后再以 O' 为圆心、$O'3^{\times}$ 为半径画圆弧以 $2^{\times}$ 为圆心、S 为半径所画圆弧相交于 $3^{\times}$，…依此类推，画出 8 个 S 为止，其总长为 πD，即 $S=\pi D/8$。

(5)将 O' 与 $1^{\times}$，$2^{\times}$，$3^{\times}$，$4^{\times}$，$5^{\times}$ 连接起来构成一束放射线，再用平滑曲线把 $1^{\times}$，$2^{\times}$，$3^{\times}$，$4^{\times}$，$5^{\times}$ 连接起来，即得斜圆锥之展开图。

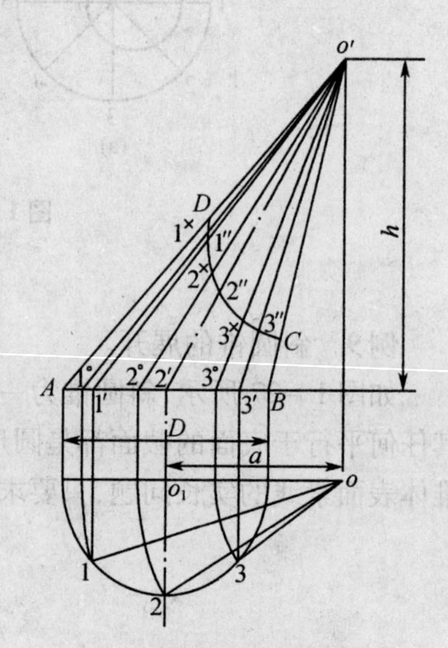

图 1-28　斜圆锥被圆柱面所截构件

对于截头斜圆锥一类构件展开的具体方法，同上述步骤基本一致。首先按上述过程作出完整的斜圆锥的展开图，然后分别求出截切点到斜圆锥顶点一段素线的实长，再在展开图上对应的同名素线上截取，并将截取点用光滑的曲线连接起来。如图 1-28 所示为斜圆锥被圆柱面所截的构件，$2''$ 为素线 $O'—2'$ 与柱面 DC 的截交点，$O'—2°$ 为对应用旋转法所求的 $O'—2'$ 实长线，过 $2''$ 作水平线交 $O'—2°$ 于 $2^{\times}$，$O'2^{\times}$ 对应素线 $O'—2''$ 的实长。然后可以按上述方法将这一构件展开。

例 10　求作四棱锥面的展开图。

如图 1-29(a)所示，由视图可知为一正四棱锥，即各棱边长度相等，在水平面视图中反映了底面矩形实形和周边的实长，因而只要求棱边实长，就能用放射线展开法将其侧面展开。

作图步骤如图 1-29(b)所示：

(1)首先采用旋转法求出棱线的实长，如图 1-28(a)所示。

(2)在图纸适当的位置定出 S 点，并以 S 为中心，棱线实长为半径画一圆弧。

(3)过 S 点作放射线交圆弧于 A 点，再以 A 点为圆心，周边 ab 为半径交圆弧于 B 点，以 B 点为圆心，bc 为半径交圆弧于 C 点，即使 $AB=ab$，$BC=bc$，$CD=cd$，$DA=da$。

(4)用直线连接 SB，SC，SD 及 AB，BC，CD，DA，SA，即得到正四棱锥的展开图。

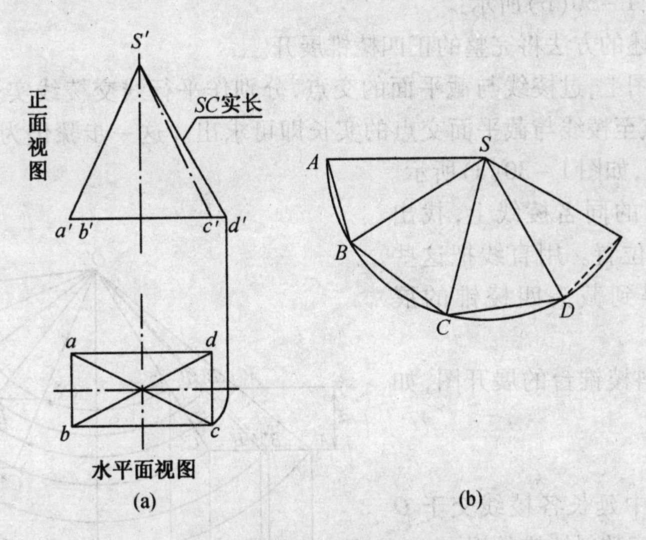

图 1-29　四棱锥面的展开

(a)放样图;(b)展开图

例 11　求作截头四棱锥面的展开图。

如图 1-30(a)所示为一正四棱锥被一垂直于正投影面的平面斜截而成的截头四棱椎。此类构件的展开,一般应先画出完整的四棱锥面的展开图,然后在展开图上找出各棱线与截平面交点的位置,再连接起来即完成作图。

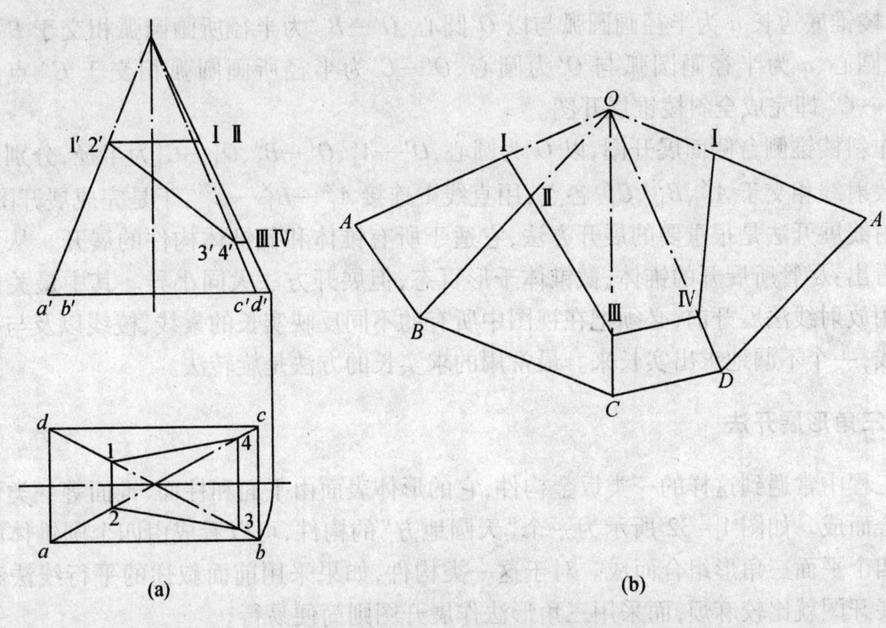

图 1-30　截头四棱锥面的展开

(a)放样图;(b)展开图

作图步骤如图 1-30(b)所示：

(1)按上例叙述的方法将完整的正四棱锥展开。

(2)在正面视图上，过棱线与截平面的交点，分别作平行线交棱线实长于Ⅰ(Ⅱ)和Ⅲ(Ⅳ)点。棱锥顶点至棱线与截平面交点的实长即可求出。这一步骤仍为旋转法求一般位置直线的实长问题，如图 1-30(a)所示。

(3)在展开图的同名棱线上，找出Ⅰ,Ⅱ,Ⅲ,Ⅳ点的位置。用直线把这些点连接起来，即得到截头四棱锥的展开图。

例 12　求作斜棱锥台的展开图，如图 1-31 所示。

作图步骤：

(1)在两视图中延长各棱线交于 O 和 O'，于是恢复出完整斜棱锥的视图。

(2)由投影关系可知，左右两棱线为正平线，在正面视图中的投影 $O'A'$ 和 $O'C'$ 反映实长。用旋转法求出前后棱线的实长，如图 1-31 所示，$O'B^{o}$ 为实长。

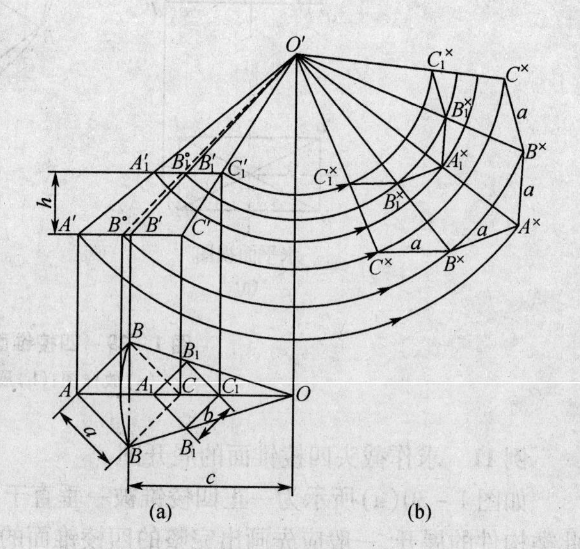

图 1-31　斜棱锥台的展开

(a)放样图；(b)展开图

(3)用放射线法作完整斜棱锥侧面展开图。以 O' 为圆心、O'—A' 为半径画圆弧，在该圆弧上任取一点 $A^{\times}$，以 $A^{\times}$ 为圆心、以棱锥底边长 a 为半径画圆弧与以 O' 圆心、O'—B^{o} 为半径所画圆弧相交于 $B^{\times}$ 点，再以 $B^{\times}$ 为圆心、a 为半径画圆弧与 O' 为圆心、O'—C' 为半径所画圆弧相交于 $C^{\times}$ 点。连接 $A^{\times}$—$B^{\times}$—$C^{\times}$ 即完成全斜棱锥展开图。

4. 作斜棱锥侧台侧面展开图，以 O' 为圆心，O'—A_1'、O'—B_1^{0}、O_1'—C_1' 为半径，分别画圆弧与同名放射线相交于 $A_1^{\times}$, $B_1^{\times}$, $C_1^{\times}$ 各点；用直线 1 连接 $A_1^{\times}$—$B_1^{\times}$—$C_1^{\times}$，于是完成展开图。

放射线展开法是很重要的展开方法，它适于所有锥体和截锥体构件的展开。从上述举例可以看出：尽管所展开的锥体、截锥体千形百态，但展开方法大同小异。其中最关键的问题是在用放射线法展开前，必须把在视图中所有的不同反映实长的素线、棱线以及与作图有关的直线，一个不漏地求出实长来。最常用的求实长的方法是旋转法。

四、三角形展开法

在工程中常遇到这样的一类钣金构件，它的形体表面由平面和柱面、锥面等一类可展开曲面组合而成。如图 1-32 所示为一个“天圆地方”的构件，可以看成由四个圆锥体的部分表面和四个平面三角形组合而成。对于这一类构件，如果采用前面叙述的平行线法和放射线法作展开图就比较麻烦，而采用三角形法作展开图则简便易行。

三角形展开法的原理是：作展开图前，把形体表面分割成若干个小三角形，然后把这些小三角形按原先的左右相互位置和顺序一个一个地铺平，这样构件的形体表面就被展开了。如图1-32 所示，“天圆地方”的构件表面的平面三角形部分自然不需要再分割了。

下面通过举例说明三角形展开法的具体方法。

例 13 求作上端口为圆形、下端口为方形的“天圆地方”构件的展开图(即求作如图 1-33 所示的“天圆地方”构件的展开图)。

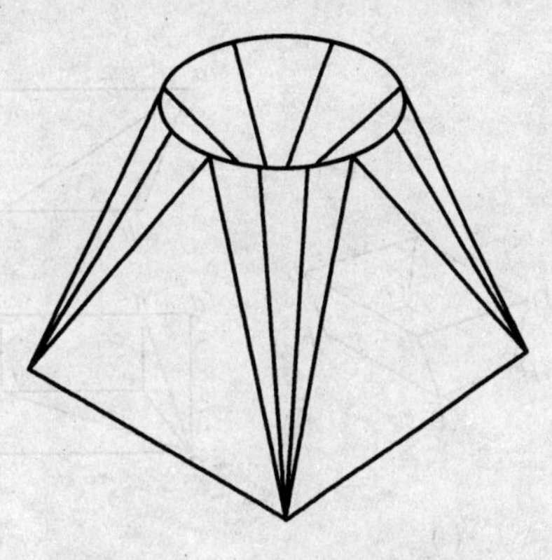

图 1-32 “天圆地方”的构件

如图 1-33(a)所示,该构件表面的四个平面三角形为全等三角形,四个部分圆锥面表面形状和尺寸也完全一致,只要将其中的一个部分锥面分成若干个三角形,就可以用三角形法求作其展开图了。

作图步骤如图 1-33(b)所示:

(1)将上口 1/4 圆周 1—4 分成 3 等份得等分点 2,3。连接 *a*—1,*a*—2,*a*—3,*a*—4,得三个小三角形(圆弧底边近似看成直线)。

(2)由视图分析,*A*—1,*A*—4 和 *A*—2,*A*—3 的实长分别相等,由前面所叙述的直角三角形法求出 *A*—1(*A*—4)和 *A*—2(*A*—3)的实长。其具体求法是,过 *A* 点正面投影 *a*′作水平线(沿下端口投影线),并在该线上分别截取 *A*—1,*A*—2 在水平面的投影长度 *a*2 和 *a*1 为直角边。另一直角边为 $\triangle Z$,即 *A*—1 或 *A*—2 两端点在正投影面上的位置高差,斜边即分别为 *A*—1,*A*—2 的实长。

(3)作三角形 1*SA* 的实长,再在三角形 1*A*2,2*A*3,3*A*4 的实形,用同样的方法依次连续地展开其余部分,并将展开图中 1—2—3—4 用圆弧曲线连接,即得到“天圆地方”构件的展开图。

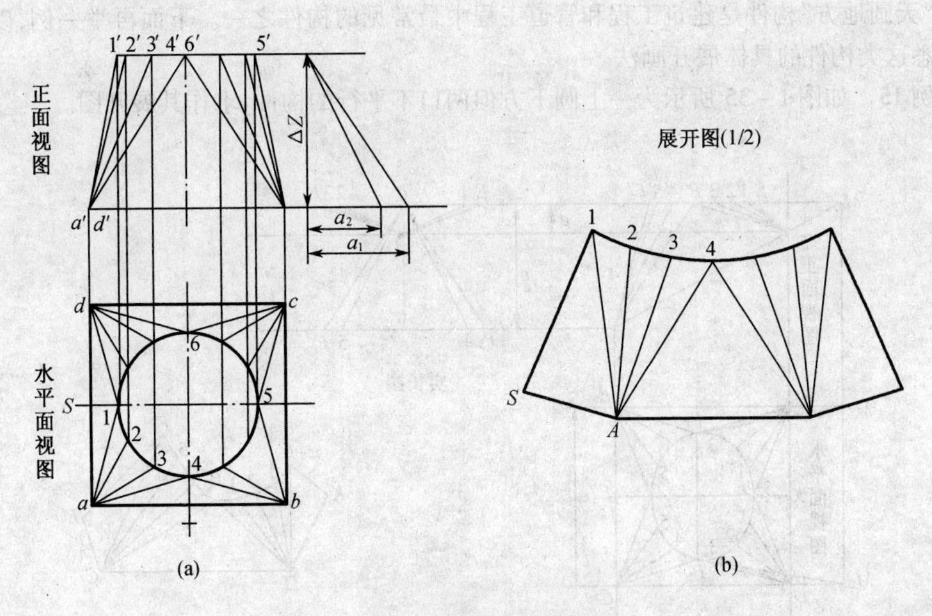

图 1-33 “天圆地方”构件的展开

(a)放样图;(b)展开图

例 14 求作如图 1-34(a)所示雨漏的表面展开图。

如视图 1-34(b)所示,可知该雨漏由四个平面组成,后面 *DHGC* 为一正平面,在正面视图上实形边长反映实长;两侧面 *AEHD* 和 *BCGF* 是正垂面,即垂直于正投影面,在正面视图

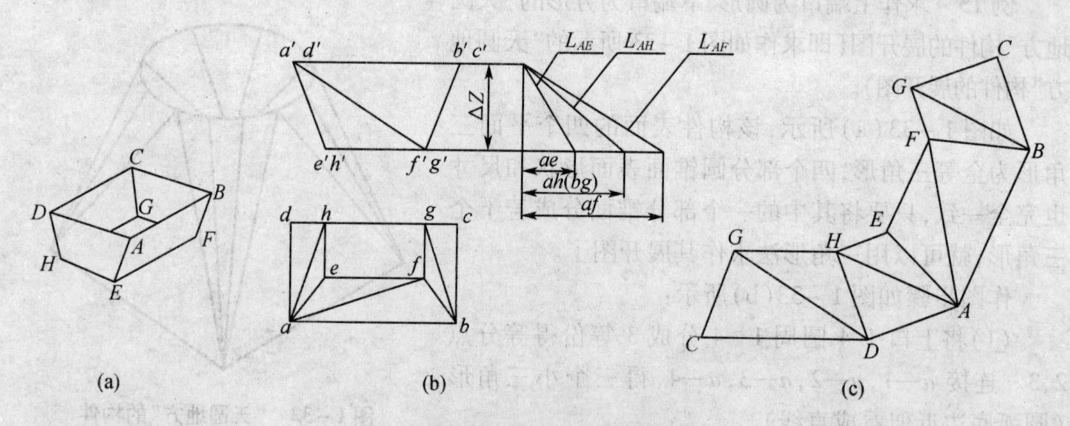

图 1-34　雨漏的表面展开

(a)雨漏构件;(b)放样图;(c)展开图

上"积聚"为直线;前面 *AEFB* 是侧面垂面,在正面视图上不反映实形。在求它们的实形时,需利用辅助对角线将四边形分成两个三角形,然后求出每个三角形各边的实长,再一次拼接各三角形即可完成作图。

作图步骤如图 1-34(c)所示:

(1)用直角三角形法求出 *AE*(*BF*),*AH*(*BG*)和 *AF* 各线段实长,如图 1-34(b)所示。

(2)从三角形 *GCB* 起依次连续地画出各三角形的实形,即完成雨漏的展开图。

"天圆地方"构件是建筑工程和管道工程中最常见的构件之一。下面再举一例,以便大家熟悉这类构件的具体展开画法。

例 15　如图 1-35 所示为一上圆下方但两口不平行的构件,求作其展开图。

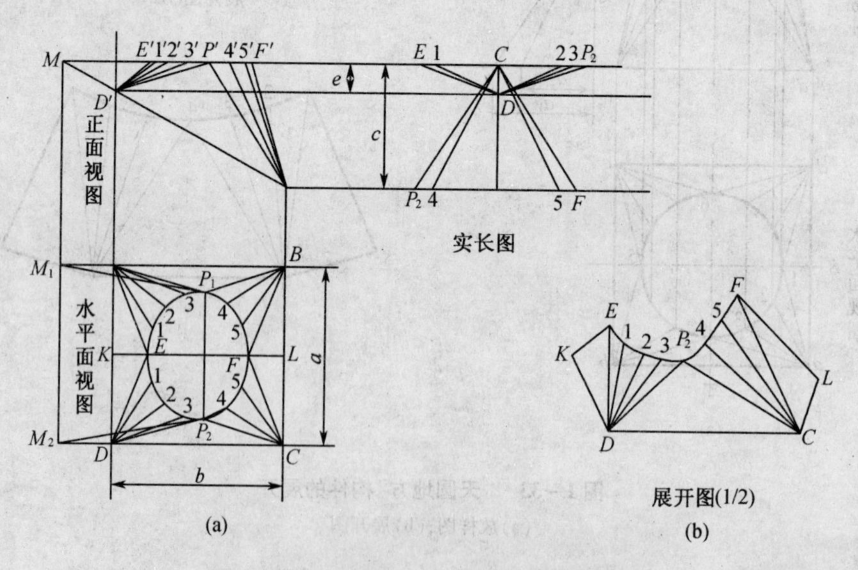

图 1-35　上圆下方、两口不平行的构件展开

(a)放样图;(b)展开图

作展开图前，先将构件表面分割成平面部分和锥面部分。这一分割非常重要，如果任意分割就会在构件的表面产生凹沟和凸棱。

作图步骤如图 1－35(b) 所示：

(1) 正确分割形体表面成若干小三角形。在正面视图中，延长上下口边线交于 M 点，延后过 M 点向下引垂线与水平面视图中 $A—B$、$D—C$ 的延长线交于 M_1 和 M_2，分别引上口圆的切线得切点 P_1 和 P_2，如图 1－35(a) 所示。再将圆锥面部分分成若干小三角形，即将圆弧 $\overset{\frown}{EP_2}$ 分为四段，将圆弧 $\overset{\frown}{P_2F}$ 分成三段，分别编号为 1,2,3,4,5。

(2) 由水平面视图可知，构件对称于过 KL 直线的铅垂面，只要展开构件的 1/2，即可求出整个构件的展开图。按正投影规律，找出分割点 $E,1,2,3,P_2,4,5,F$ 在正面视图的同名投影 $E',1',2',3',P',4',5',F'$。采用直角三角形法求出实长线（如图 2－27(a) 所示）。

(3) 从三角形 DKE 起，依次连续地画出各三角形的实形，得到整个构件 1/2 的展开图（如图 1－35(b) 所示）。

三角形展开法也称来回线展开法。因为它略去了形体原来素线的关系，而采用新的三角形关系来代替，因此对曲面来说是一种近似的展开方法，但对于由平面构成的构件来说是准确的。

三角形展开法一般可分为以下三个步骤：

第一步，在放样图中正确地将形体表面分成若干个小三角形。

第二步，根据视图考虑所有小三角形的各边，看哪些反映实长（属于特殊位置直线），哪些不反映实长（属于一般位置直线）。凡不能反映实长的，必须根据求实长的方法一一求出实长。

第三部，以放样图中各小三角形的相邻位置为依据，按各小三角形边的实长，依次把所有的小三角形都画出来，最后再把所有的交点，根据构件端口的具体形状，用曲线或折线连接起来。

在上述三个步骤的第一步中，正确划分应具备下述四个条件，否则就是错误的划分。(1) 所有小三角形的全部顶点都必须位于构件的上下口边缘上；(2) 所有小三角形的边线不得穿越构件内部空间，只能附在构件的表面上；(3) 所有相邻的两个三角形都有而且只能有一条公共的边；(4) 如果构件表面有平面部分也有曲面部分，分割后应使平面部分与曲面部分相切，否则，构件表面将产生凹沟和凸棱。

第四节　各种展开方法的比较和其他展开方法

一、各种展开方法

上面叙述的平行线展开法、放射线展开法和三角形展开法，是作钣金构件展开图的基本方法。其中三角形展开法能够展开一切可展形体的表面。当构件表面的素线和棱线既不相互平行又不能汇交于一点时，应采用三角形展开法；当构件表面的素线或棱线能够汇交于一点，即构件为锥体时，应采用放射线展开法。在这两种展开法中均含有求视图中一般位置直线（素线和棱线）的实长问题。当构件的表面由相互平行的素线或棱线组成而且构件在某一个投影面的投影中，构件表面的素线或棱线都表现为彼此投影的实长线，这时可采用平行线展开法。上述说明了放射线展开法和平行线展开法只是三角形展开法的特殊情况。

当拿到一个构件的视图时，首先应通过对构件的表面素线或棱线的分析，抓住构件表面的主要特点，然后在上述的基本作图方法中选取可行和简单的一种。对于由多面围成的构件，由于构件表面的特点不同，因而在作展开图时就可能同时采用两种方法。下面通过举例说明。

例 16　如图 1－36(a)所示，求作端口尺寸不一样的圆弧过渡 90°的矩形弯头。

由视图可知，该构件由形状和尺寸相同的前后侧板和左右侧板（或称上下侧板）组成。前后侧板表面的正面视图和水平面视图均不反映实形，存在求实长线的问题，确定用三角形展开法较为适宜。左右侧板可以看成由垂直于正投影面的彼此平行的素线（正垂线）组成。在这些素线中，如 $A—A$，$B—B$，$C—C$ 等在水平面的投影反映实长，因而可以用平行线展开法展开。这样，该构件的展开方法可以确定为，先用三角形展开法展开前后侧板，在该展开图上量出 $\overset{\frown}{AD}$ 和 $\overset{\frown}{BC}$ 的弧长，根据该弧长用平行线展开法展开左右两侧板。

作图步骤如图 1－36(b)所示：

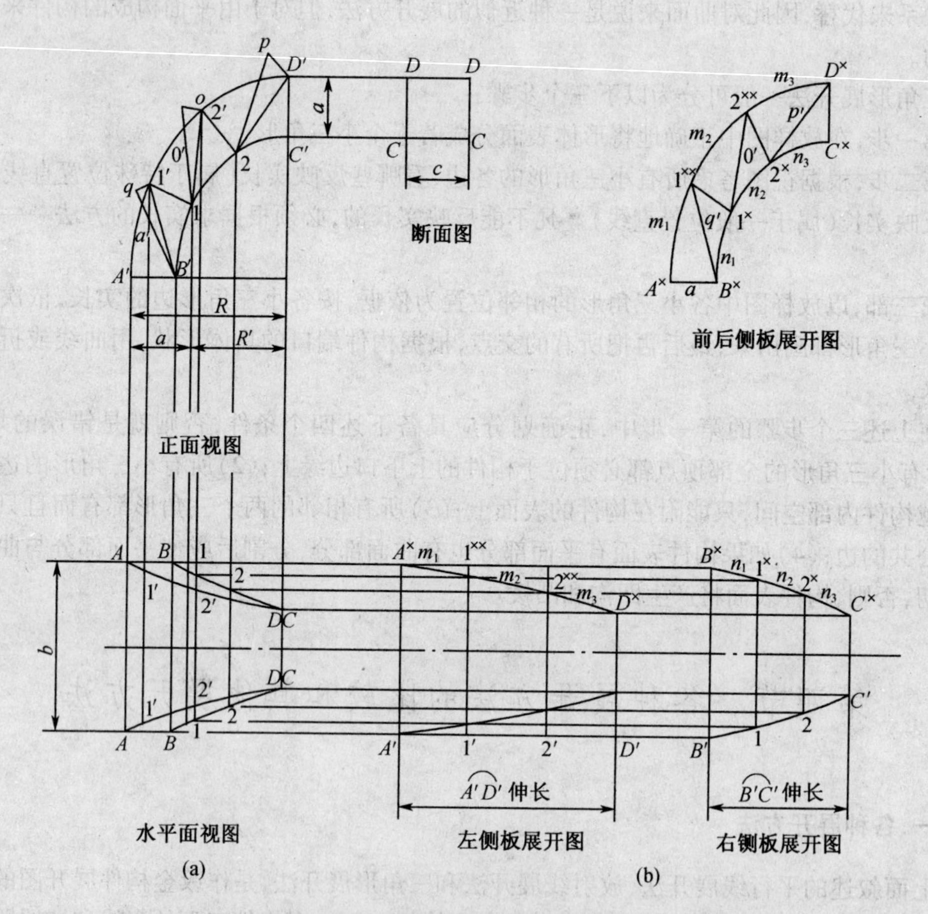

图 1－36　端口尺寸不一样的圆弧过渡 90°矩形弯头的展开

(a) 放样图；(b) 展开图

(1) 在正面视图中，把 $\overset{\frown}{B'C'}$ 三等分，由等分点 1，2 引铅垂线，交水平面视图上 $\overset{\frown}{BC}$ 的水平

面投影 1,2 两点,即确定 1,2 两点在水平面视图的同名投影。再过水平面视图中的 1,2 点,引水平线交$\overset{\frown}{A'D'}$于 1′,2′两点,即确定 1′,2′两点在正面视图的同名投影。在正面视图上连接 1—1′,2—2′及 B′—1′,1—2′,2—D′,将正投影图(侧板)分为若干三角形。自然 1′,2′将$\overset{\frown}{AD}$三等分,1,2 将$\overset{\frown}{BC}$三等分。

(2)在正面视图中分析哪些分割线反映实长,哪些分割线不反映实长。其中 A′B′,1—1′和 2—2′反映实长,而其他分割线不反映实长。用直角三角形法将 B′—1′,1—2′,2—D′,和等分圆弧对应的弦长求出。如图 1-36 所示,实际上只要求出三角形 AB1′和三角形 B11′的实形,然后按排列顺序依次展开,再用圆弧连接 $A^{\times}$,$1^{\times\times}$,$2^{\times\times}$,$D^{\times}$和 $B^{\times}$,$1^{\times}$,$2^{\times}$,$C^{\times}$,即得前后侧板的展开图。

(3)采用平行线展开法作左右侧板的展开图。在水平面图上延长 AB 直线,在该直线上截取线段 A′D′等于前后侧板展开图上$\overset{\frown}{A^{\times}D^{\times}}$的圆弧长度,并照录等分点 1′,2′将 A′D′三等分;截取线段 B′C′等于前后侧板展开图上$\overset{\frown}{B^{\times}C^{\times}}$的圆弧长度,并照录等分点 1,2 将 B′C′三等分。

(4)过 A′D′与 B′C′线段上的 A′,D′,1′,2′及 B′,C′,1,2 各点,引 AB 的垂线与在水平面视图上过 A,B,C,D,(C)和 1′,2′及 1,2 各点,引出的平行线同名相交于 $A^{\times}$,$1^{\times\times}$,$2^{\times\times}$,$D^{\times}$和 $B^{\times}$,$1^{\times}$,$2^{\times}$,$C^{\times}$。用光滑曲线连接,即得到该构件左侧板(上侧板)和右侧板(下侧板)的展开图。

二、其他展开方法

下面进一步讨论平行线展开法的特殊情况,即辅助圆法和系数法。但是这两种方法仅对斜截圆管的展开简易有效,并经常用于工程实际。

1. 用辅助圆法展开斜截管构件

如图 1-37 所示,由前面所述的平行线展开法例 10 可知,在斜截圆管的展开图上最后完成的曲线部分,实际上是一条周期为 πD、振幅为 r 的正弦曲线。因此,可以利用画正弦曲线的方法直接作出构件的展开图。这种方法就是辅助圆法。

作图步骤:

(1)如图 1-37 所示的正面视图,斜截面的正面投影积聚为一直线,即 AB。圆柱体的轴线交斜截面于 O′点,其在正面视图上的投影位于 AB 的中点。过 A 点和 O′点,引 BE 的垂线交 BE 线于 G 点和 K 点。BK 和 KG 长度相等,即辅助圆的半径 r。

(2)在 O′K 的延长线上任取一点 O 为圆心,以上述的 r 为半径作圆,该圆即为辅助圆。将辅助圆分为若干等分。本例分成 8 等份,得等分点 1,2,3,…,8。

(3)延长 FE 直线,在其上截取 πD 长度,即圆管正截面之周长(详见断面图)。将 πD 长直线 8 等份(或若干等分,但等分数与辅助圆的等分数一致),并过等分点,引 πD 直线的垂线与过辅助圆的等分点所作的水平线分别同名相交于 $1^{\times}$,$2^{\times}$,$3^{\times}$,…,$8^{\times}$。

(4)用平滑曲线将 $1^{\times}$,$2^{\times}$,$3^{\times}$,…,$8^{\times}$连接,并将曲线两端至 πD 直线的垂线加深,即为用辅助圆法所作的斜截圆管构件的展开图。

2. 用系数展开斜截圆管构件

由于斜截圆管构件展开图的曲线为一正弦曲线,其方程式可用下式表示:

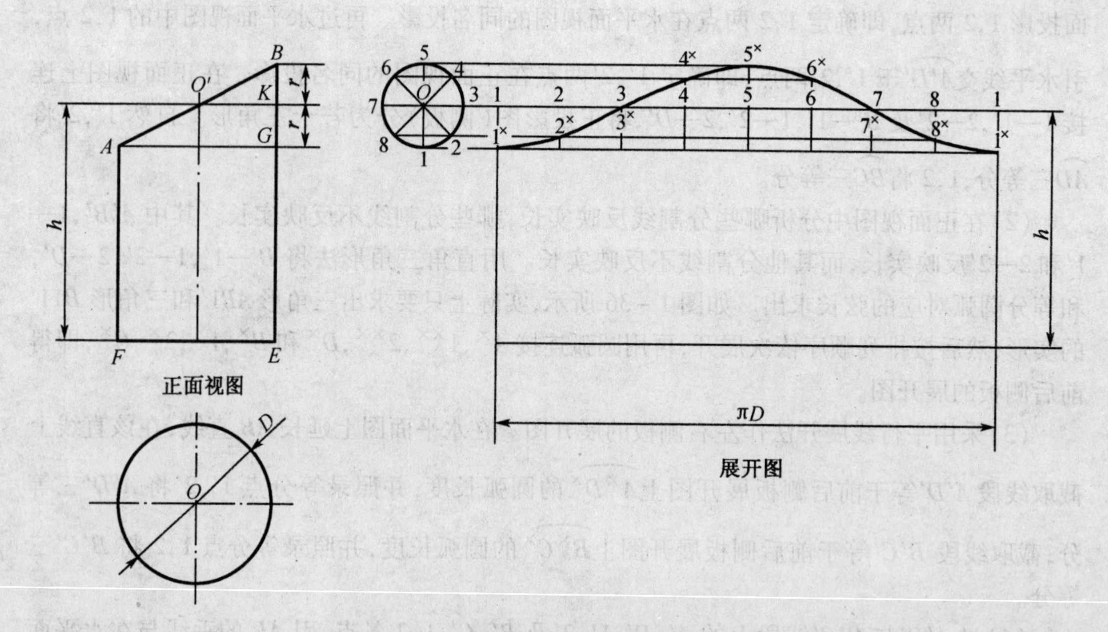

图 1-37　用辅助圆法展开斜截圆管构件

$$y = r\sin\frac{2}{D}x$$

式中　r——辅助圆半径，在放样图中求出；

D——圆管的直径；

x——断面图周长 πD 的展开线任取一点到该线左端（坐标原点）的距离；

y——对应于 x 值，在展开图上沿圆管素线方向所取的值。

如将 πD 展开线分为 8 等份，作斜截圆管的展开图（如图 1-38 所示），则 x 在 πD 直线上各等分点的值分别为 $0, \frac{\pi D}{8}, 2\frac{\pi D}{8}, 3\frac{\pi D}{8}, \cdots, \pi D$。将这 9 个值分别代入上述公式，即得到 y 的相应的 9 个值分别为 $0, +0.71r, +r, +0.71r, 0, -0.71r, -r, -0.71r, 0$，这样按照正弦曲线的周期性和展开图的对称性，得到圆周 8 等分的展开系数表如表 1-1 所示。

表 1-1　圆周 8 等分的展开系数表

等分点标号	1	2	3	4	5	4	3	2	1
Y 值	$-r$	$-0.71r$	0	$+0.71r$	$+r$	$+0.71r$	0	$-0.71r$	$-r$

这样，在利用上述系数作斜截圆管构件的展开图时，就可以首先把展开图的曲线部分作出来，然后再根据放样图的具体尺寸画出展开图的其余部分，这一方法就是系数法。

作图步骤：

（1）首先求出辅助圆半径（如图 1-38 所示）。

（2）作直线段 1—1、长 πD 且 8 等分，等分点顺序标号为 1，2，3，4，5，4，3，2，1。过各等分点引直线 1—1 的垂线。在标号 1 的垂线上向下截取 r 长，在标号 2 的垂线上向下截取

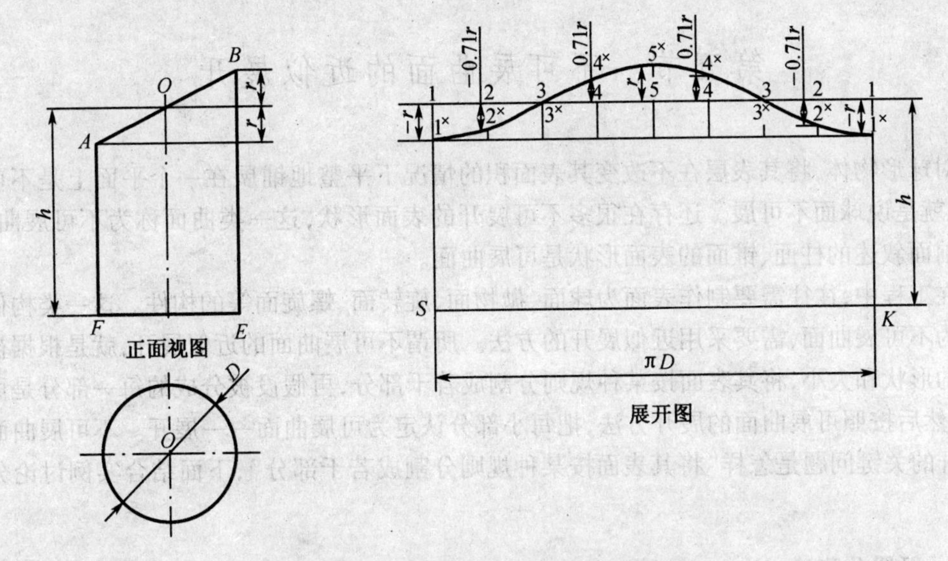

图 1－38　用系数展开斜截圆管构件

0. 71r 长，在标号 3 处不截取（展开曲线过标号 3），在标号 4 的垂线上向上截取 0. 71r 长，在标号 5 的垂线上向上截取 r 长。上述截取可归纳为：凡表 1－1 中 γ 值为“－”，向下截取；γ 值为“＋”，向上截取；γ 值为 0，不截取。得到截点 $1^\times,2^\times,3^\times,4^\times,5^\times$，把它们用平滑曲线连接，就获得展开图中的曲线部分。

（3）再与 1—1 直线相距为 h 处画一条与 1—1 平行的直线（h 为圆管轴线与斜截面交点 O' 到圆管底面的距离）。与过 1 点的垂线交 E,F 的延长线于 S,K 两点，连接 1—S，1—K，于是完成展开图。

从表 1－1 中 γ 值的变化规律不难看出，只要能依据“＋”，“－”号确定截取方向，求出了辅助圆半径，记住 1，0. 71 和 0 这三个数就可以作展开图了。其实，只要记住 0. 71 就行了。

把圆管周长 πD 分为 12 等份的展开系数如表 1－2 所示。

表 1－2　圆管周长 πD 分为 12 等份的展开系数表

等分点标号	1	2	3	4	5	6	7	6	5	4	3	2	1
Y 值	$-r$	$-0.87r$	$-0.5r$	0	$+0.5r$	$+0.87r$	$+r$	$+0.87r$	$+0.87r$	0	$-0.5r$	$-0.87r$	$-r$

同上面讲到的 8 等分一样，如果对正弦曲线的变化规律比较熟悉，仿照上述步骤，确定“＋”，“－”号截取方向，并求出辅助圆半径，只要记住 1，0. 87，0. 5，0 或者是 0. 87，0. 5 就可以作出展开图。具体作法请读者自己完成。

斜截圆管的侧面展开系数法最为方便，它具有步骤简单、画法少、省工时、误差小的优点，辅助圆法也是这一类构件经常使用的方法，但这两种方法仅能用于斜截圆管的展开。

第五节　不可展曲面的近似展开

对球形物体，将其表层在不改变其表面积的情况下平整地铺展在一个平面上是不可能的，也就是说球面不可展。还存在很多不可展开的表面形状，这一类曲面称为不可展曲面。本章前面叙述的柱面、锥面的表面形状是可展曲面。

在工程中，往往需要制作表面为球面、抛物面、旋转面、螺旋面等的构件。这一类构件的表面为不可展曲面，需要采用近似展开的方法。所谓不可展曲面的近似展开，就是根据被展曲面的形状和大小，将其表面按某种规则分割成若干部分，再假设被分成的每一部分是可展曲面，然后按照可展曲面的展开方法，把每小部分认定为可展曲面一一展开。不可展曲面近似展开的关键问题是怎样“将其表面按某种规则分割成若干部分”，下面结合实例讨论分割规则。

一、经线分割法

经线分割法主要用于求球表面、抛物面和其他旋转面的近似展开图。当用一平面过旋转体的轴线切割旋转体时，该平面与旋转体表面的交线称为旋转面的经线或称为素线。如图 1－39 所示，该曲面由曲线$\widehat{AB}$绕轴线 O_1O_2 旋转而成，$\widehat{AB}$在旋转过程中的每一个位置，都是该旋转体的经线或素线，如图中$\widehat{AB'}$、$\widehat{AB''}$等，下面举例说明经线分割法。

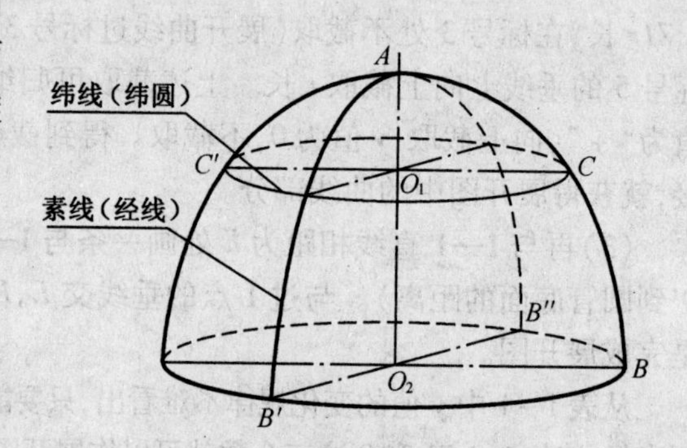

图 1－39　旋转体的素线和纬线

例 17　用经线分割法对如图 1－40(a)所示的球面近似展开（该球面为球半体的表面）。

在吃西瓜时，往往顺着西瓜纹的方向把球面分为若干等份，把其中两相邻经线之间的不可展曲面认定为沿经线 *OK* 方向的单向弯曲的可展曲面（即柱面），然后再用平行线法展开这一曲面。这种分割规则叫经线分割法。

作图步骤：

(1)用经线分割法分割形体表面。将水平面视图外圆周分割为 8 等份，并将等分点与圆心 *O* 连接，如图 1－40(a)所示。

(2)在正面视图上把 1/4 圆周分成 4 等份（或其他若干等份），得等分点 $K°$，1，2，3。过上述点引铅垂线交 *OB* 于 3′，2′，1′及 *OB* 延长线上 K'，交 *OA* 于 3″，2″，1″及 *OA* 延长线上 K''，如图 1－40(a)所示。

(3)过水平面视图圆心 *O* 引一水平线，并且必须垂直于 $K'K''$连线。在该水平线上截取线段，其长为 $O''K°$的展开长度，即 $\pi D/4$ 长度，*D* 为球径。在其上分成 4 等份，等分点为 $K°$，1，2，3。过这些等分点，引铅垂线与过 K'，1′，2′，3′和 K''，1″，2″，3″引的水平线同名相交于 $K^{\times}$，$1^{\times}$，$2^{\times}$，$3^{\times}$和 $K^{\times\times}$，$1^{\times\times}$，$2^{\times\times}$，$3^{\times\times}$。

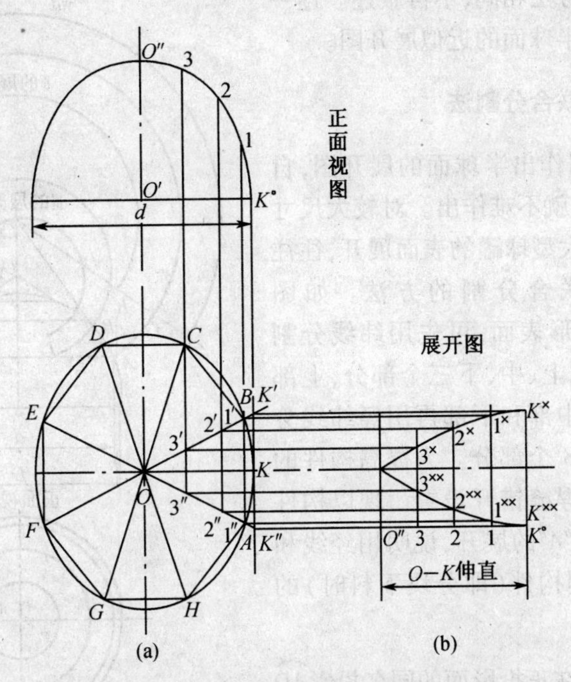

图1－40 用经线分割法对球表面的近似展开

(a)正面视图;(b)展开图

(4)用平滑曲线将 $K^{\times}$,$1^{\times}$,$2^{\times}$,$3^{\times}$ 和 $K^{\times\times}$,$1^{\times\times}$,$2^{\times\times}$,$3^{\times\times}$ 顺次相连,即得到半球面1/8的近似展开图。

二、纬线分割法

如图1－39所示,C 点是曲线 $\overset{\frown}{AB}$ 上某一点,当 $\overset{\frown}{AB}$ 绕 O_1O_2 轴旋转时,C 点的轨迹一定为一条封闭的平面曲线,这条曲线称为旋转面的纬线。因旋转面的纬线为一个圆,也称为纬圆。如果沿着纬线的方向分割不可展旋转面,现假定相邻两纬线之间的不可展旋转面被近似地看成以相邻纬线为上、下底边线的正圆锥台的侧表面,然后用前面叙述的放射线展开法,把各个正圆锥台的侧表面展开,这种分割规则叫纬线分割法。

例18 用纬线分割法对如图1－40(a)所示的球面(半球表面)近似展开。

作图步骤(如图1－41所示):

(1)在正面视图上,作三条水平线。这三条水平线实际上为三个垂直于旋转轴的平面与旋转面的交线即纬线,它在水平面的投影为圆并反映实形即纬圆。这三条水平线把半球面分割成四个部分,这一步骤即纬线分割。

(2)将Ⅰ,Ⅱ,Ⅲ部分看作三个正圆锥台的侧面,第Ⅳ部分面积较小,在半球的顶部,可以看作平面圆形,即水平面投影图部分Ⅳ,因而无须再作部分Ⅳ的展开图。

(3)利用放射线展开法作Ⅰ,Ⅱ,Ⅲ部分的展开图。如作第Ⅱ部分的展开图,延长 AB 和 EF 与旋转轴线相交于 $O_{\text{Ⅱ}}$,然后 AF 即下部纬圆直径 $d_{\text{Ⅰ}}$ 的尺寸和上部纬圆直径 $d_{\text{Ⅱ}}$ 即 BE 的尺寸。再以 $O_{\text{Ⅱ}}$ 为圆心以 $O_{\text{Ⅱ}}A$ 和 $O_{\text{Ⅱ}}B$ 为半径画圆弧,过 $O_{\text{Ⅱ}}$ 放射线交两圆弧于 A',B' 两点,在外圆弧上截取弧长 $\pi d_{\text{Ⅰ}}$ 得 A'' 点,连接 $O_{\text{Ⅱ}}A''$ 交内圆弧于 B'',于是得部分Ⅱ的近似展开图。

第Ⅰ,Ⅲ部分的展开方法相同,不再叙述。逐一作出展开图,即得到半球面的近似展开图。

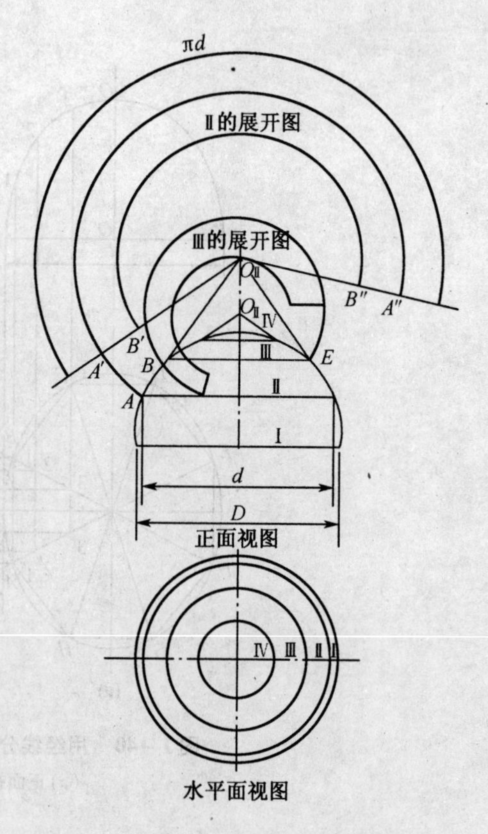

图1-41 用纬线分割法对球表面的近似展开

三、经线和纬线联合分割法

用上述分割规则作出半球面的展开图,自然整个球面的展开图就不难作出。对较大尺寸的不可展旋转面,如大型球罐的表面展开,往往采用经线和纬线联合分割的方法。如图1-42所示为一半球形表面,可先用纬线分割法将构件表面分割成上、中、下三个部分,上部采用拱曲加工成型,中部和下部再用经纬线分割法,各分成相同的8个部分。为提高构件的强度,把经线方向的焊缝错开设置。现以构件中部分割部分$A'D'D''A''$的展开,说明用经线和纬线联合分割法分割构件(即分块下料时)的展开方法。

(1)将经线$A''D''$在正投影面的同名投影$\overset{\frown}{AD}$(在正面视图上反映实形)等分4份(也可以等分若干份,等分数愈多,近似展开图愈逼近),得等分点1,2,3点,过A,1,2,3,D引铅垂线交$A''D''$于$1''$,$2''$,$3''$,即等分点1,2,3的同名投影。在水平面视图上以球心投影O_3为圆心,作同心圆弧$\overset{\frown}{1''1'}$,$\overset{\frown}{2''2'}$,$\overset{\frown}{3''3'}$交$A'D'$于$1'$,$2'$,$3'$点,如图1-42(a)所示。

(2)在正面视图上过2点(圆弧$\overset{\frown}{AD}$的中点)作圆弧$\overset{\frown}{AD}$的切线交旋转中心线O_1O_2于O_1点,O_12即展开中心半径R_1,如图1-42(a)所示。

(3)以任一点$O_1^{\times}$为圆心,以上述R_1(O_1—2长)为半径,画圆弧与过$O_1^{\times}$的任一射线相交于2点,然后以2点为起点在$O_1^{\times}2$上截取2—1,2—A,2—3,2—D,分别等于正面视图中$\overset{\frown}{2—1}$,$\overset{\frown}{2—A}$,$\overset{\frown}{2—3}$,$\overset{\frown}{2—D}$的圆弧长度。

(4)以$O_1^{\times}$为圆心,以$O_1^{\times}$—A,$O_1^{\times}$—1,$O_1^{\times}$—2,$O_1^{\times}$—3,$O_1^{\times}$—D为半径,分别画同心圆弧,以A—D为对称轴,在各圆弧上沿弧线方向依次截取$A^{\times\times}A^{\times}$,$1^{\times\times}1^{\times}$,$2^{\times\times}2^{\times}$,$3^{\times\times}3^{\times}$,$D^{\times\times}D^{\times}$,分别等于水平视图中的相应弧长$\overset{\frown}{A'A''}$,$\overset{\frown}{1'1''}$,$\overset{\frown}{2'2''}$,$\overset{\frown}{3'3''}$,$\overset{\frown}{D'D''}$。最后用平滑曲线把$A^{\times\times}$,$1^{\times\times}$,$2^{\times\times}$,$3^{\times\times}$,$D$和$D^{\times}$,$3^{\times}$,$2^{\times}$,$1^{\times}$,$A^{\times}$连接,即得中部分割部分$A'D'D''A''$的展开图。

上面叙述的用经线和纬线联合分割的分块下料展开方法,与平行线展开法、放射线展开法都不同,但与这两种方法有着内在的联系,这种展开方法是综合于平行线展开法与放射线展开法之间的一种特殊的展开方法。

四、用三角形展开法近似展开不可展曲面

如图1-43所示的曲面分别称为直纹锥状面和直纹柱状面,这一类曲面均为不可展的

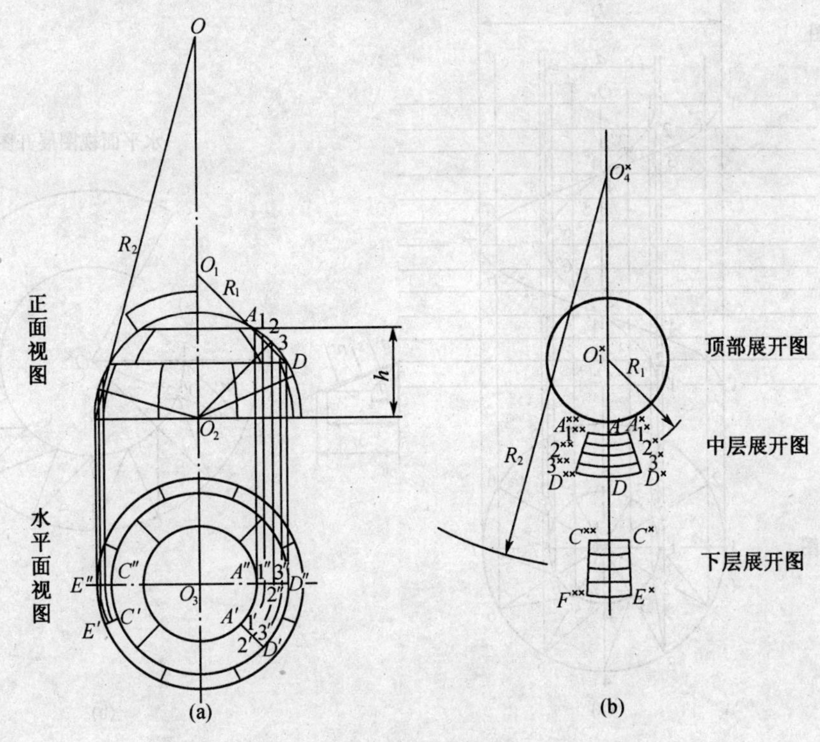

图 1-42　用经线和纬线联合分割法分割对球面展开

(a)放样图;(b)展开图

直纹曲面,但是可以采用前面叙述的三角形展开法近似展开,而且对其表面的分割规则和三角形展开法中的分割规则完全相同。下面通过举例说明。

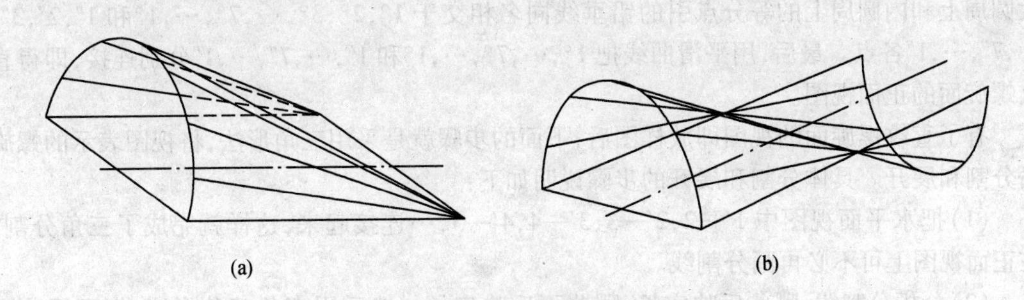

图 1-43　直纹锥状面和直纹柱状面

(a)直纹锥状面;(b)直纹柱状面

例 19　用三角形展开法对直纹螺旋面(即螺旋钻杆上的螺旋叶片)作近似展开图(如图 1-44 所示)。

在作展开图前,必须画出直纹螺旋面的视图即放样图。由螺旋叶片的外径尺寸 D 和内径尺寸 d 画同心圆,完成水平面视图。在同心圆圆心 O 引的铅垂线上截取 O_1O_2,其长度为已知导程 S(螺旋的导程指螺旋上相邻和对应的两点间的轴向距离)。然后如图 1-44 所示,把水平面视图大圆周分成 12 等份,等分点编号为 1,2,3,4,5,6,7,6,5,4,3,2,1,再把各

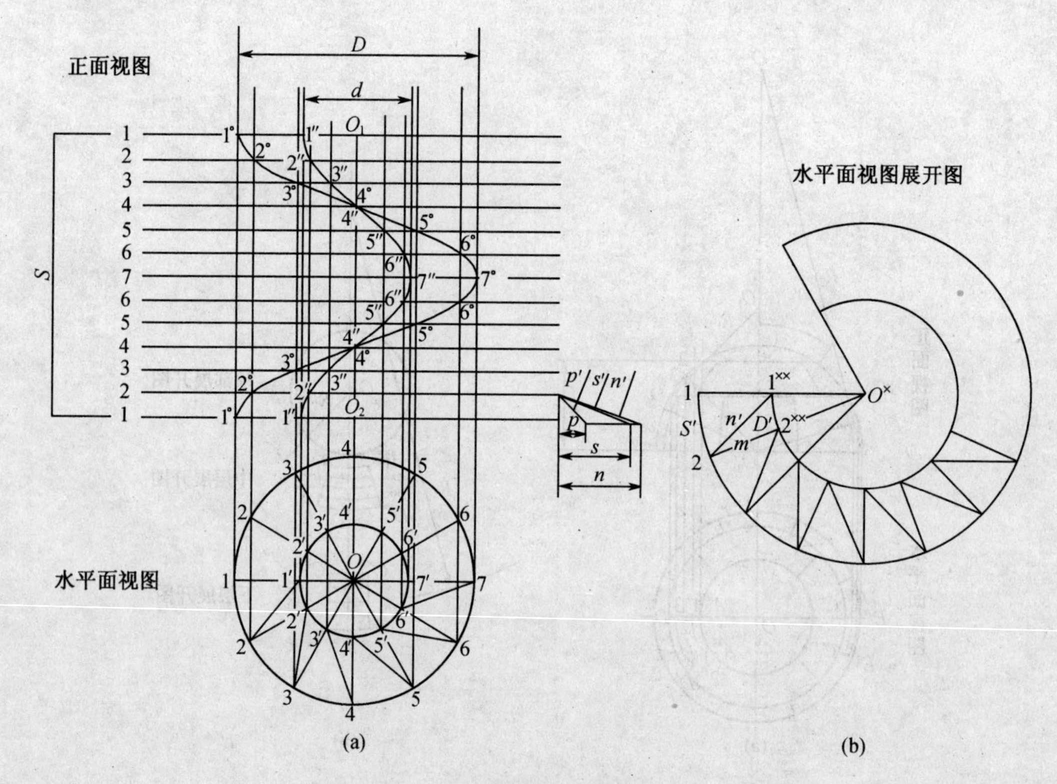

图 1-44　直纹螺旋面近似展开

(a)放样图;(b)展开图

等分点与同心圆心 O 连接起来,交内圆周为 1′,…,7′,…,1′各点;同时把导程 S 即 O_1O_2 分成 12 等份,得等分点 1,…,7,…,1 各点。过导程 S 上的等分点 1,…,7,…,1 引水平线与过大圆周上和内圆周上的等分点引的铅垂线同名相交于 1°,2°,3°,…,7°,…,1°和 1″,2″,3″,…,7″,…,1″各点。最后,用平滑曲线把 1°,…,7°,…,1°和 1″,…,7″,…,1″分别连接,即得直纹螺旋面的正面视图。

有了直纹螺旋面的视图即放样图后,下面的步骤就是采用三角形法,将视图表示的螺旋面分割和展开。具体分割和展开的步骤说明如下:

(1)把水平面视图中 1′—2,2′—3,3′—4,4′—5,…连接起来,这样就完成了三角分割。在正面视图上可不必再画分割线。

(2)分析分割线,哪些反映实长,哪些不反映实长。然后用直角三角形法,把不反映实长(一般位置)的分割线的实长求出来。如图 1-43 所示,分割后得到四种长度的三角形边线,分别为 s,m,n,p。其中只有 m 反映实长,而 s,n,p 在视图中不反映实长。求实长的过程可详见前述。图中 p',s',n'即对应的实长线。

(3)用三角形展开法,按分割顺序,依次将分割的三角形展在平面上,即得直纹螺旋面的近似展开图。这个近似展开图,实际上为圆环的一部分。圆环的半径,可由最初展开的三角形 $1^{\times}$—$1^{\times\times}$—$2^{\times}$和三角形 $1^{\times\times}$—$2^{\times}$—$2^{\times\times}$的边线 $1^{\times}$—$1^{\times\times}$和 $2^{\times}$—$2^{\times\times}$延长后相交而得出,其外圆弧长为 12 个 s'的连线长度。

第六节　相交构件的结合线

第二节主要叙述了构件为单一的几何形体时的展开方法，均不存在结合线的问题，所以可以直接作出展开图。但在工程中遇到的大量钣金构件往往不是单一的截体，而是至少由两个乃至多个形体通过相交而结合成的一个整体。这一类构件，就不能在没有求出结合线之前去直接作展开图，而需要放样、求结合线、作展开图的一个过程。

作相交构件的展开图，实际上是一个"化整为零"的过程，即把相交的构件"化整为零"，成为一个个单一的几何体，然后再按第二节叙述的展开方法，逐个将这些单一的几何体的表面展开。如果不能求出相交构件的结合线，就无法"化整为零"，即使掌握了展开图的方法，也无济于事。本节主要围绕结合线的概念、求法等问题进行讨论。

一、结合线的概念

如图 1－45 所示，构件由主管和支管相交而成，类似于这种情况，把由相交形体组成的构件称为相交构件。两个形体相交后，在相交形体的表面一定存在着同属于两形体的一系列公共点，这样的公共点就称为相交形体表面的结合点。所谓结合线，就是把所有这些结合点连接起来形成的曲线或折线。

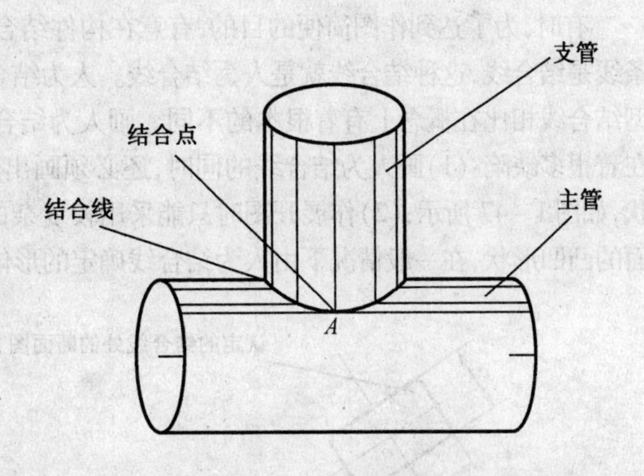

图 1－45　相交构件的结合线

结合线实际上是两相交形体表面的公共线，所以必定是相交形体的分界线。因此，结合线一旦确定，相交体就被结合线分割成了若干个单个形体的截体。以如图 1－45 所示的结合线为界，把整个构件分成支管和连接口的主管的两个单独形体的截体。这样，就可以用前面叙述的展开方法将每一部分展开。反之，结合线没有确定，就等于各分开部分的截体形状没有确定，就无法对截体展开。对于相交构件的展开，求结合线是非常关键的问题。

二、结合线的分类

结合线按在空间分布的情况有以下两种：

1. 结合线平面分布

即相交形体的表面的结合线，如果结合点均在同一平面上，这种结合线就称为平面分布的结合线。此时的结合线为平面上的曲线或折线。平面分布的结合线在视图中，当结合线所在的平面垂直于投影面时，则结合线会积聚为一条直线。如图 1－46 所示为一等径圆管弯头，其结合线为平面

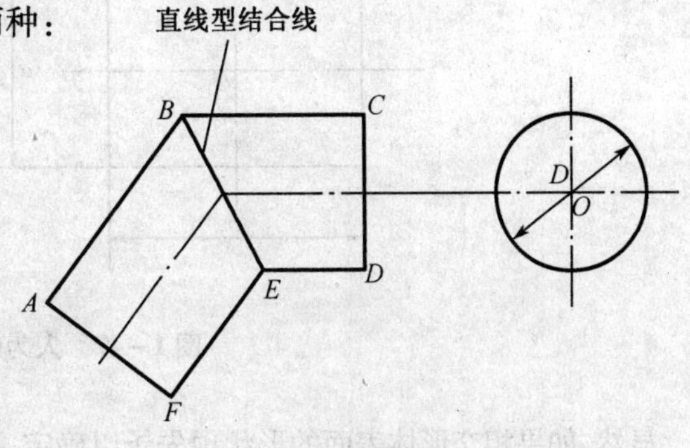

图 1－46　直线型结合线

分布，而且结合线在正面视图上积聚为一条直线。

如果结合线的投影能积聚为一直线或折线，那么这种结合线就称为直线型结合线。

2. 结合线空间分布

如果结合线不是平面上的曲线或折线，而是空间曲线或折线，这类结合线称为空间分布的结合线。

此外，按结合线的形成方式，结合线又可以分为必然结合线和人为结合线。

1. 必然结合线

必然结合线是根据已知的两个相交形体的互相位置、形状、尺寸，通过求结合点确定的结合线。必然结合线是已知相交形体的客观存在的实实在在的结合线。这样的结合线的位置和形状是由已知两相交形体决定的，不可能画成另外一种样子，不被人们的主观愿望所左右，因此称为必然结合线。以上叙述的结合线均为必然结合线，必然结合线简称为结合线。

2. 人为结合线

有时，为了达到作图简便的目的，有意在构件结合部位画一条线（多为直线），然后就认定这条线是结合线，这种结合线就是人为结合线。人为结合线在视图中虽然也是直线，但是它与直线型结合线相比在概念上有着根本的不同。画人为结合线主要是为了免去求结合线的步骤，但存在着很多缺陷：(1)画人为结合线的同时，还必须画出假定的结合线处的断面形状和端口断面形状，如图 1－47 所示；(2)作展开图时只能采用较复杂的三角展开法；(3)不能事先确定形体侧表面的凸凹形状，在一般情况下由人为结合线确定的形体表面是不规则的表面。

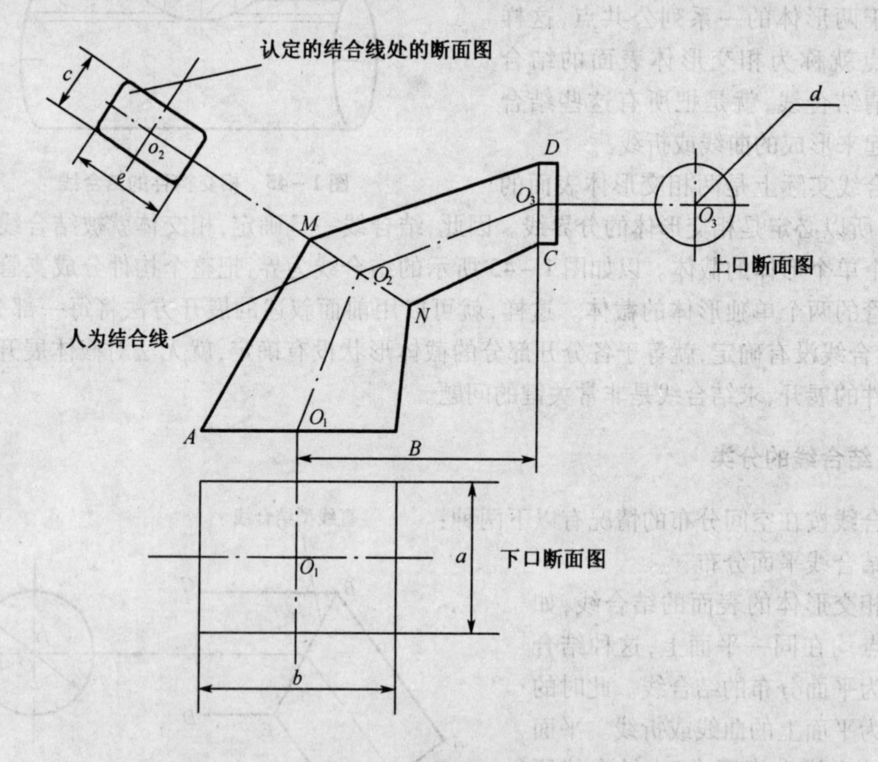

图 1－47　人为结合线

显然，如果相交形体表面的形状预先予以确定，那么人为结合线将失去存在的意义，这时结合线只能是必然结合线。总之，人为结合线确定形体形状，而必然结合线被形体形状所确定。

三、直线型结合线的确定

前面谈到的直线型结合线，是指平面分布的结合线（平面曲线或平面折线）在所在的平面垂直于投影面时，结合线在该投影面的投影积聚成一条直线的情况。因此，直线型结合线是必然结合线的一种特例，它与表现为直线段的人为结合线有本质的不同。当准确无误的确定出某特例的相交构件的结合线为直线型结合线，又判定出了该结合线上的两个结合点时，那么直线型结合线就一定是过其上两个结合点的一段直线。这样，求直线型结合线就变得相当容易，正因为这样，在工程上存在着大量的具有直线型结合线的相交构件。

当然，直线型结合线只有在某些特殊情况下才会形成。下面就五种特殊情况的分析，说明直线型结合线的确定。

1. 第一种情况

如果两个表面相交的旋转体两轴线重合，而且轴线平行于投影面（即在投影面上的投影反映实长），那么结合线在该投影视图中必定为直线型结合线。而且，连接两旋转体投影边线的交点即可把直线型结合线画出来，还可以证明这时的直线型结合线一定与轴线相互垂直。

如图 1－48 所示为圆锥台和圆柱的相交构件。其中心线重合且反映实长，$F—C$ 即两形体的直线型结合线并垂直于轴线。

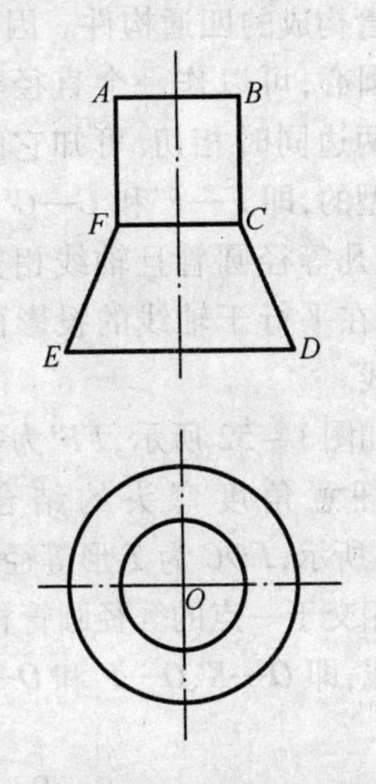

图 1－48　圆锥台和圆柱轴线重合相交构件

如图 1－49 所示为一球面分别和圆管、圆锥相交的情况。圆管和圆锥的中心线重合并通过球心（球的任一直径均可看作球的轴线），因而 $A—A'$ 和 $B—B'$ 必为直线型结合线并与轴线垂直。

如图 1－50 所示为两个球面相交的情况。当两球心连线 $O_1—O_2$ 平行于投影面，即在投影面上反映实长时，结合线必为直线型结合线，且 AB 垂直于 $O_1—O_2$。

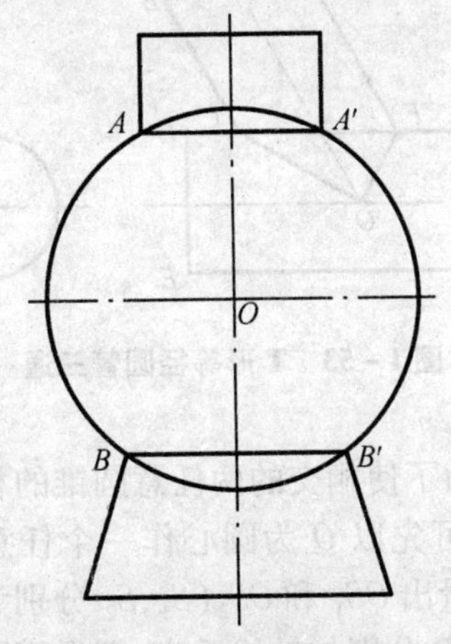

图 1－49　球面与轴线通过球心的圆柱和锥台相交构件

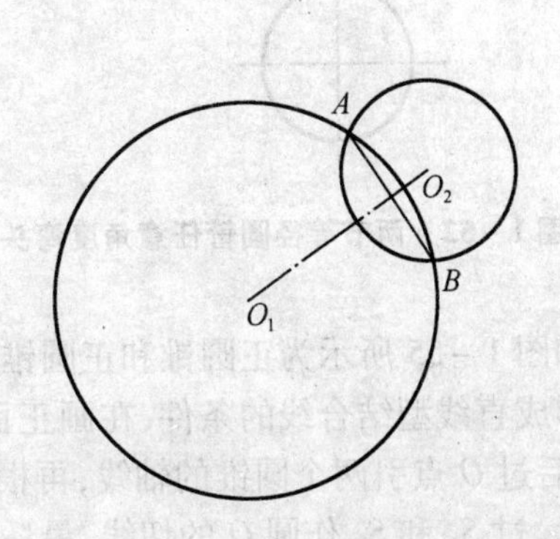

图 1－50　两球面相交

2. 第二种情况

如果两旋转面的轴线相交，并且所在平面平行于投影面即在该投影视图中两轴线都反映实长，而且两形体投影边线又能同时切于一圆，则结合线在该视图中一定为直线型结合线。这种情况的结合线可结合具体实例确定。

如图 1-51 所示为中心线相交的等径圆管构成的四通构件。因为两轴交点 O 为圆心，可以作一个直径等于管径的圆与两边同时相切，可知它的结合线是直线型的，即 $F—F'$ 和 $C—C'$。由此可以得出，凡等径圆管且轴线相交构件的结合线，在平行于轴线的投影面上的投影为直线。

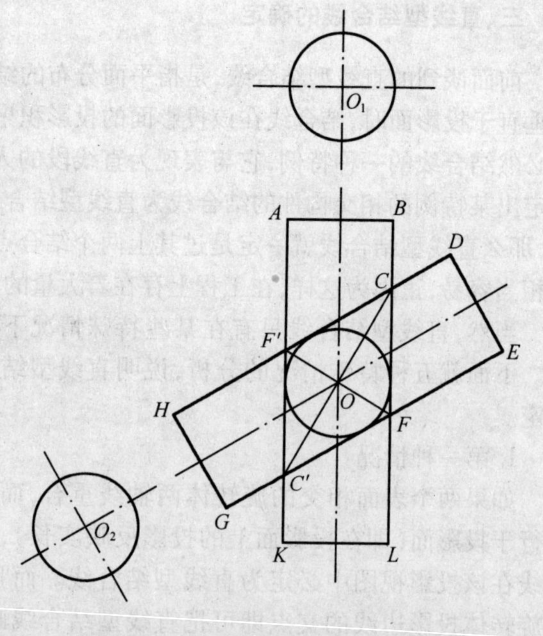

图 1-51　中心线相交的等径圆管四通件

如图 1-52 所示，FF' 为等径圆管两节管任意角度弯头的结合线。如图 1-53 所示，FOC 为 T 形等径圆管三通的结合线，O 点为轴线交点。如图 1-54 所示为三个轴线相交于一点的等径圆管相交的情况。视图中各轴线都反映实长，其结合线必为直线型结合线，即 $O—K$、$O—F$ 和 $O—C$，O 点为轴线交点。

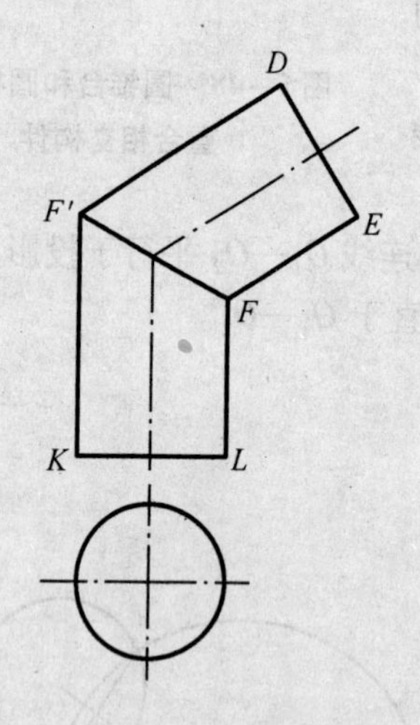

图 1-52　两节等径圆管任意角度弯头

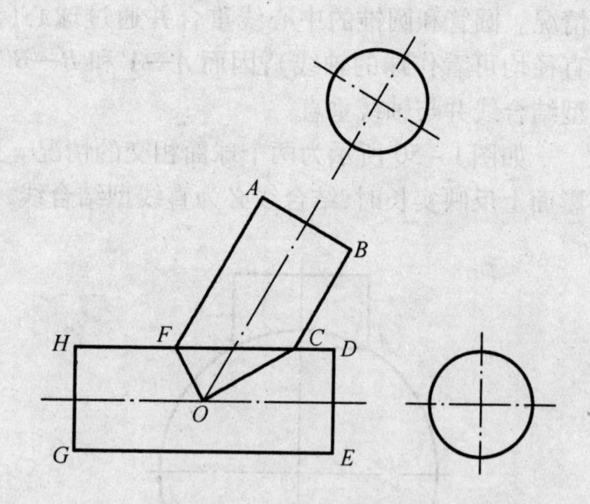

图 1-53　T 形等径圆管三通

如图 1-55 所示为正圆锥和正圆锥相交的情况。为了使相交的两任意圆锥的相互位置符合形成直线型结合线的条件，在画正面投影视图时，可先以 O 为圆心作一个任意大小的圆，然后过 O 点引两个圆锥的轴线，再根据构件的尺寸量出 OS_1 和 OS_2（S_1，S_2 分别为圆锥的顶点）。过 S_1 和 S_2 作圆 O 的切线，最后作 $A—B$ 和 $C—D$ 分别与轴线垂直，即得两圆锥相交的构件正面视图。如所作的视图不符合工程实际需要，可通过改变 O 的半径和重新确定 S_1，S_2 的位置，重新作图，直到符合要求为止。

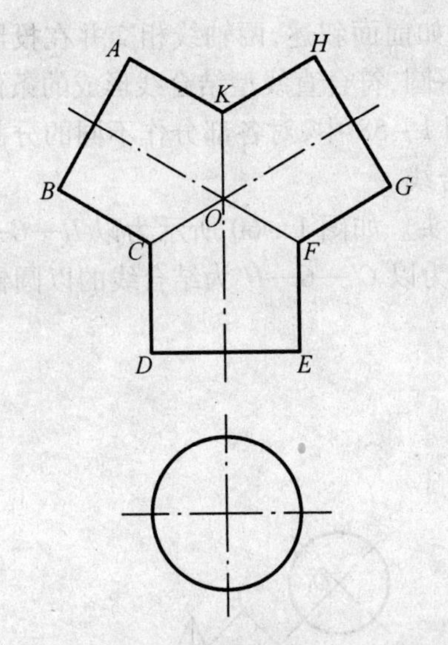

图 1 - 54　三个轴线相交于一点的等径圆管相交情况

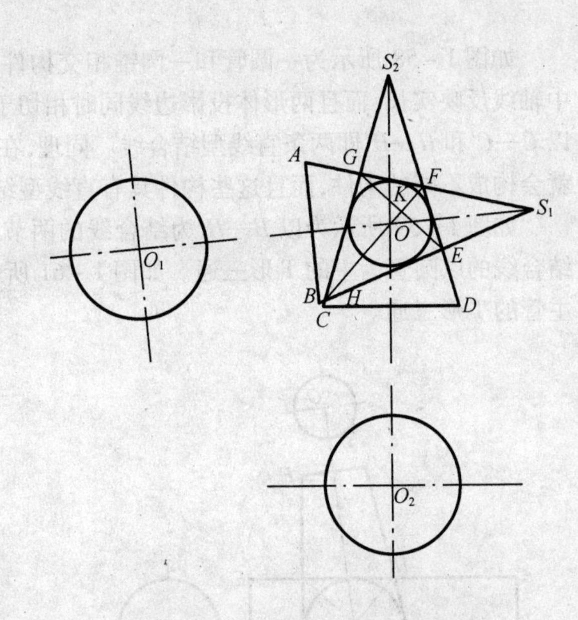

图 1 - 55　正圆锥与正圆锥相交情况

如图 1 - 55 所示，G,E,F,H 为两个正圆锥在正面视图中对应两边线的焦点，一定为结合点，只要将 G,E 和 F,H 用直线段连接，即可得出该构件的两条直线型结合线，这两条结合线交于 K 点。

如图 1 - 56 所示为一以 GE 为直线型结合线的两节渐缩弯头。这种情况，相当于在图 1 - 55 中保留了 $A—B—E—S_2—G—A$ 部分，而去掉其余部分，自然另一条结合线 FH 已不存在。如果在图 1 - 55 中去掉 GE 以上部分，保留以下部分，即可得到一个扩张三通，其主管断面为椭圆形、两只管断面为圆形。两扩张只管的结合线分别为 $G—K—H$ 和 $H—K—E$，如图 1 - 57 所示。

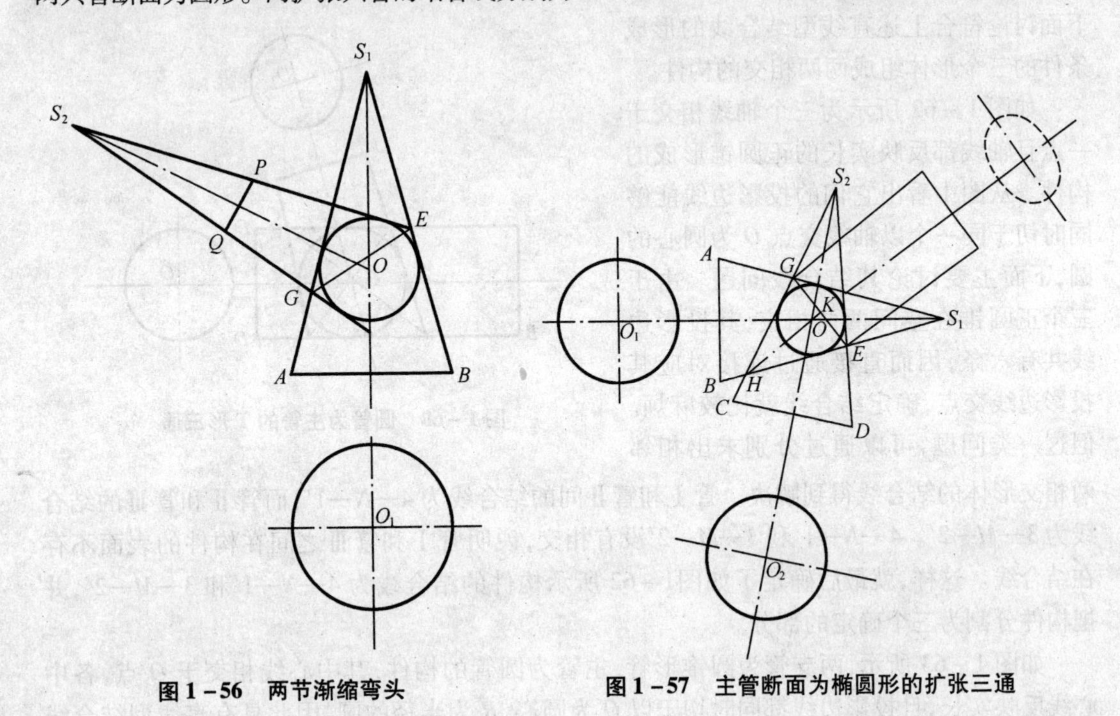

图 1 - 56　两节渐缩弯头　　图 1 - 57　主管断面为椭圆形的扩张三通

如图 1－58 所示为一圆管和一圆锥相交构件。如前面叙述，两轴线相交并在投影视图中轴线反映实长，而且两形体投影边线同时相切于一圆，符合直线型结合线形成的条件。所以 $C—C'$ 和 $H—H'$ 即两条直线型结合线。同理，在图 1－58 中，对各部分作不同的分割取舍就会构成不同的构件，而且这些构件具有直线型结合线。

如图 1－59 所示为以 $H—H'$ 为结合线的两节弯头。如图 1－60 所示为以 $H—G—C'$ 为结合线的以圆管为主的 T 形三通。如图 1－61 所示为以 $C'—G—H'$ 为结合线的以圆锥管为主管的 T 形三通。

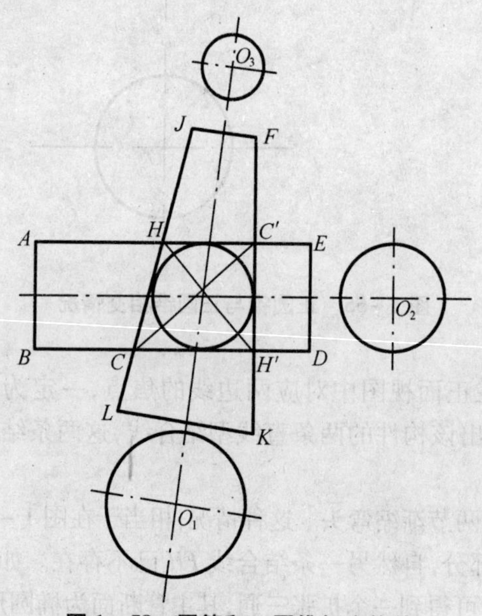

图 1－58　圆管和一圆锥相交构件

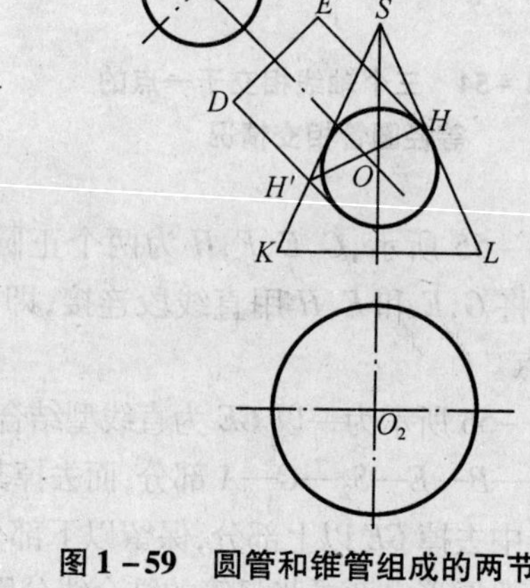

图 1－59　圆管和锥管组成的两节弯头

下面讨论符合上述直线型结合线的形成条件的三个形体组成两两相交的构件。

如图 1－62 所示为三个轴线相交于一点且轴线都反映实长的正圆锥形成的构件。从图中看出它们的投影边线能够同时切于同一个以轴线交点 O 为圆心的圆，下面主要讨论其结合线问题。由于三个正圆锥在空间两两相交，其投影边线共有六条，因而直接通过连接对应其投影边线交点，确定结合线就比较麻烦。但这一类问题，可以通过分别求出相邻两相交形体的结合线得到解决。管Ⅰ和管Ⅱ间的结合线为 $4—N—1'$，而管Ⅱ和管Ⅲ的结合线为 $3—M—2'$。$4—N—1'$ 和 $3—M—2'$ 没有相交，说明管Ⅰ和管Ⅲ之间在构件的表面不存在结合线。这样，就最后确定了如图1－62 所示构件的结合线为 $4—N—1'$ 和 $3—M—2'$，并把构件分割为三个确定的部分。

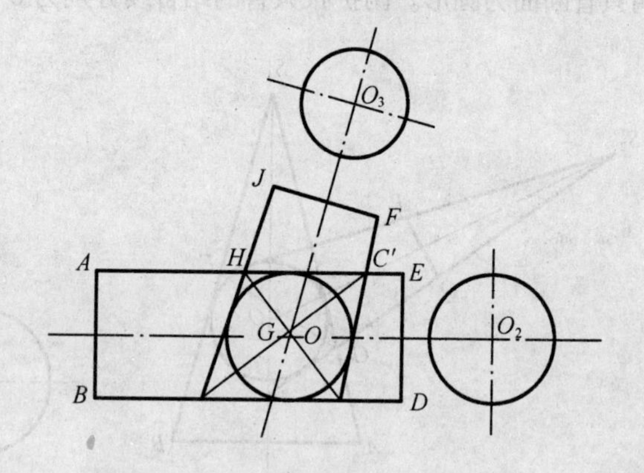

图 1－60　圆管为主管的 T 形三通

如图 1－63 所示，两支管为圆锥形管，主管为圆管的构件，其中心线相交于 O 点，各中心线反映实长，且投影边线都同时切于以 O 为圆心、R 为半径的圆，因此具有直线型结合线

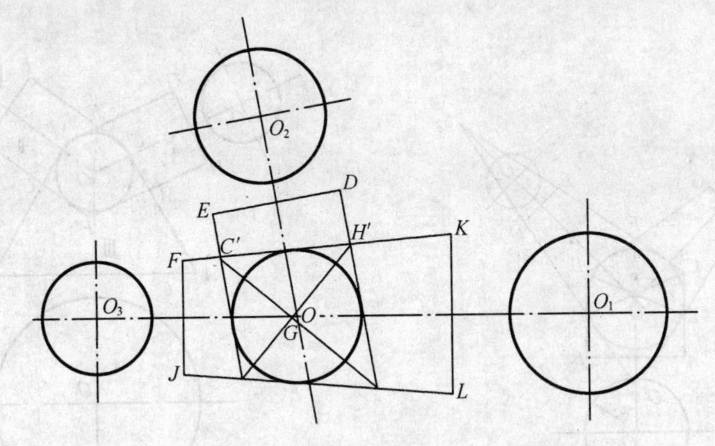

图 1-61　圆锥管为主管的 T 形三通

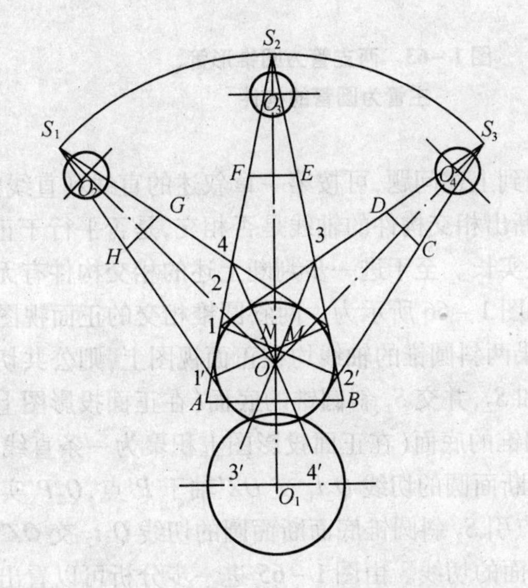

图 1-62　三个轴线相交于一点的正圆锥形成的构件

形成的条件。在确定结合线时，先不考虑圆管，两支管的结合线为 $F—O'$；如不考虑右支管，左支管主管的结合线为 $L—L'$；如不考虑左支管，右支管和主管的结合线为 $C—C'$。上述三条结合线相交于 K 点，由试图直接观察支管内部，$K—O'$ 上不存在主管与其他两支管的结合点。因此，本构件的结合线只能是 $F—K$、$C—K$ 和 $L—K$。如图 1-64 所示，两支管为圆管和主管为圆锥管组成的构件，中心线交于一点 O，投影边线同时切于以 O 为圆心的圆，中心线投影都反映实长。同理，按上述现分别确定构件中两两形体的结合线 $F—F'$，$C—C'$，$M—M'$（三结合线交于 O' 点），因为两支管不对称于 $O—O_1$ 轴线，所以，$F—F'$ 与 $O—O_1$ 在视图上不重合。因结合线必然同时存在于相交形体表面上，故 $F—O'$，$C—O'$，$M—O'$ 为该构件的结合线。

如图 1-65 所示，正圆锥管Ⅰ和Ⅱ与圆管中心线相交于 O 点，各中心线反映实长，且投影边线同时切于一圆，因而具有成为直线型结合线的条件，其结合线如图 1-65 所示，为 $M—O'—F$ 和 $C—O'$。这里需要进一步明确的是，上述三个形体相交构件具有直线型结合线的条件是：(1)三个轴交于一点；(2)构件的投影边线同时切于以轴线交点为圆心的某一个圆；(3)三个轴线在投影中均反映实长。

3. 第三种情况

如果正圆柱、椭圆柱和正圆锥、斜圆锥四者之中有两者或两者以上相交，只要相交形体的轴线在空间相交，而且在正投影面上的投影反映实长，这些相交形体有公共的切面（即该平面与构件的各形体只存在一条交线），则其结合线为直线型结合线。

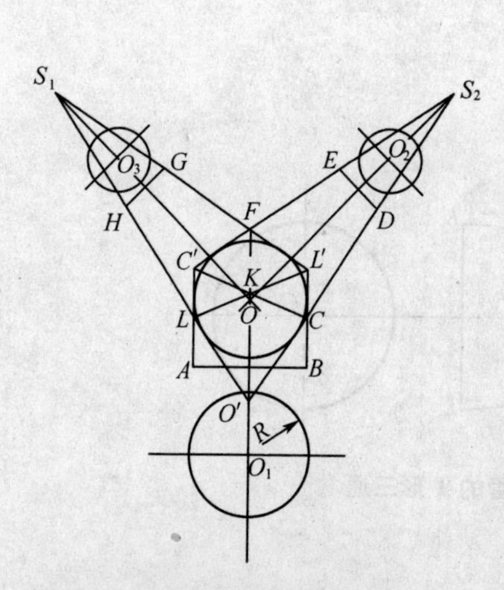

图 1－63　两支管为圆锥形管、主管为圆管的构件

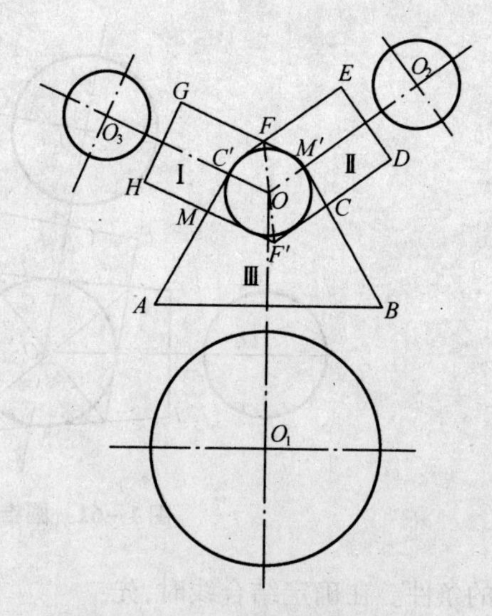

图 1－64　两支管为圆管、主管为圆锥管的构件

遇到上述问题，可按第一章叙述的直线和直线上点的投影特性，根据正面视图和水平视图，判断出相交构件的轴线是否相交，是否平行于正投影面，即在正投影面视图上的投影是否反映实长。至于进一步判断上述的相交构件有无公共切面，是下面要讨论的主要问题。

如图 1－66 所示为一两斜圆锥相交的正面视图。已知符合上述产生直线型结合线的条件，如果两斜圆锥的轴线均在正面视图上，则公共切面与正投影面的交线避过两斜圆锥的顶点 S_1 和 S_2，并交 S_1 斜圆锥的底面（在正面投影图上积聚为一条直线，即 OX 轴）于 Q_2 点，交 S_2 斜圆锥的底面（在正面投影图上积聚为一条直线，即 OY 轴）于 Q_3 点。过 Q_2 点引 S_1 斜圆锥底面断面圆的切线 Q_2t_1 交 OZ'轴于 P'点，Q_2P'实际上为公切面与 S_1 斜圆锥底面的切线。过 Q_3 点引 S_2 斜圆锥底面断面圆的切线 Q_3t_2 交 OZ''轴于 P''点，Q_3P''实际上为公切面与 S_2 斜圆锥底面的切线。由图 1－65 进一步分析可以看出，如果上述两斜圆锥存在公切面，则 OP''之长就一定和 OP'之长相等。这样，就可以按上述步骤作图，最后依据 OP'和 OP''之长判断两形体是否有公切面。如果相等，即存在公切面，反之，就不存在公切面。两斜圆锥体投影边线交点的连线 M—N，E—F 即直线型结合线，结合线的交点 T 恰好为两形体与公切面相切的切线的交点。

同理，也可以设计出具有直线型结合线的上述情况的相交构件。如图 1－66 所示，首先画出主管 S_1 及支管 S_2 的轴线，然后定出主管和支管的底面在正投影面上的投影，即投影轴 OX 和 OY。过 O 点引 OX 轴的垂线为 OZ'轴，过 O 点引 OY 轴的垂线为 OZ''轴。然后定出 S_1，S_2，O_1，O_2，Q_2，Q_3 各点，过 Q_2 引主管断面圆的切线 Q_2P'，然后在 OZ''轴上截取 O—P''等于 O—P'之长，再用直线连接 Q_3P''。最后过 O_2 作 Q_3P''的垂线交 Q_3P''于 t_2 点，在 O_2t_2 为半径作圆交 OY 轴于 u 和 U 两点，连接 S_2u 和 S_2U 这样，就得到具有形成直线型结合线的两斜圆锥构件的正面视图。

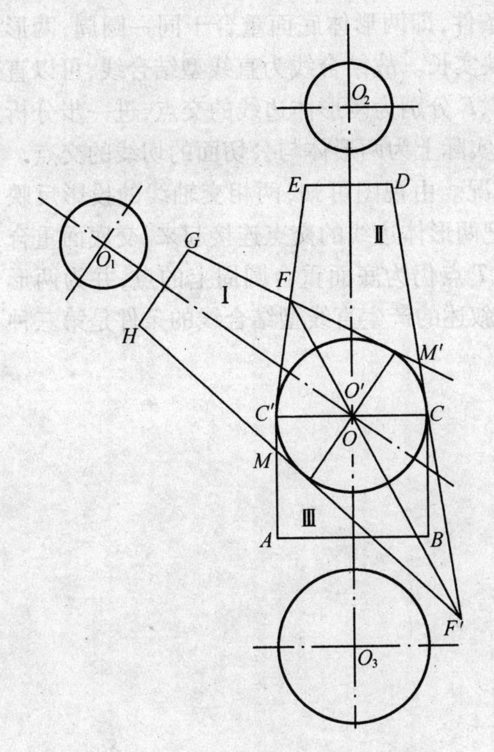

图 1-65 正圆锥管Ⅰ和Ⅱ与圆管中心线相交于 O 点的情况

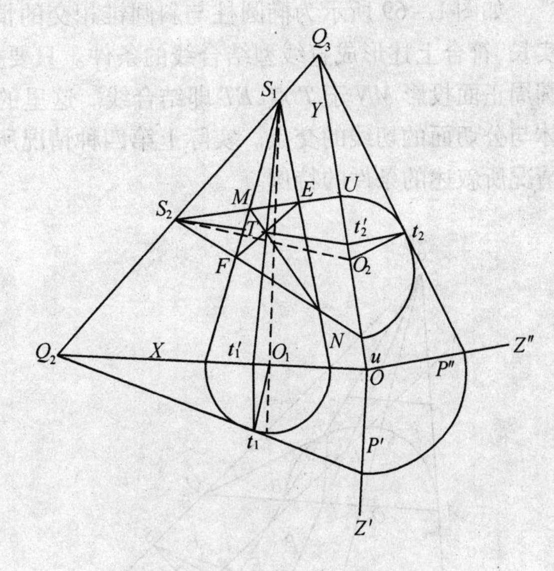

图 1-66 两斜圆锥相交的构件

如图 1-67 所示为一椭圆管与斜圆锥相交的情况。由视图可知，椭圆管的轴线和斜圆锥的轴线在正投影面上反映实长并相交。如果存在公共切面，则公共切面与正投影面的交线，一定为过斜圆锥顶点并与椭圆管轴线平行的直线，该直线分别交 OX 轴、OY 轴于 Q_2 和 Q_3 点。过 Q_2 引斜圆锥底面断面圆的切线交 OZ' 轴于 P' 点，过 Q_3 引椭圆柱底面断面圆的切线交 OZ'' 轴于 P'' 点。由视图可知，$OP' = OP''$，所以存在公共切面，符合具有直线型结合线的条件。结合线为 $M—N$ 和 $E—F$，其交点 T 为公切面与两形体切线的交点。

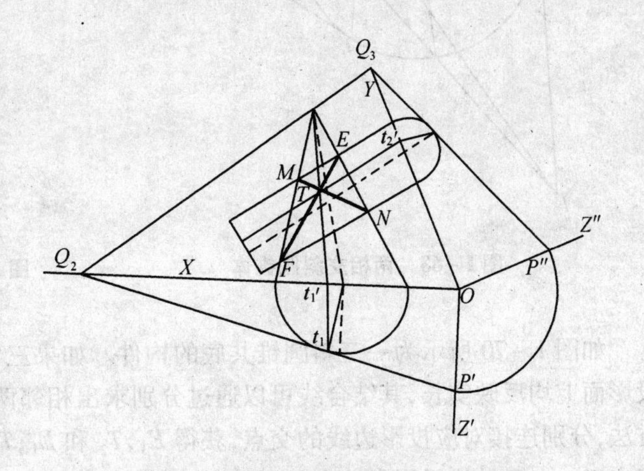

图 1-67 椭圆管与斜圆锥相交的构件

4. 第四种情况

如果锥形、柱形体（包括正圆、斜圆锥和正圆、椭圆形）相交，并且两个形体或两个以上的形体底面重合于同一个圆周，两相交形体的轴线平行于正投影面，即在该投影面反映实长，则结合线为直线型结合线。

如图 1－68 所示，两相交斜圆锥体符合上述条件，即两形体底面重合于同一圆周，两形体轴线相交于底面同圆周的圆心，并且其投影反映实长。故结合线为直线型结合线，可以直接连接两形体边线交点求出。如图 1－68 所示，E，F 分别为两形体边线的交点，进一步分析可知 ET 即为结合线。T 为底面重合圆周上的点，实际上为两形体与公切面的切线的交点。

如图 1－69 所示为椭圆柱与斜圆锥相交的情况。由视图可知，两相交轴线的投影反映实长，符合上述形成直线型结合线的条件。只要把两形体边线的交点连接起来，交底面重合圆周正面投影 MN 于 T 点，ET 即结合线。这里的 T 点仍为底面重合圆周上的点，并为两形体与公切面的切线的交点。实际上第四种情况所叙述的产生直线型结合线的条件是第三种情况所叙述的条件的特例。

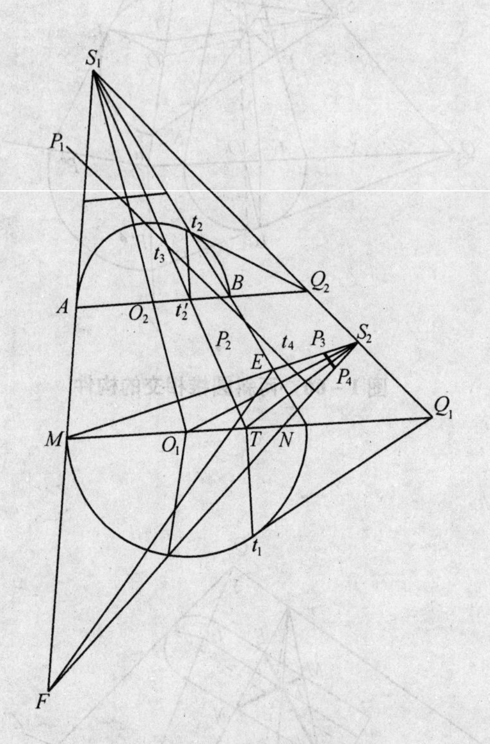

图 1－68　两相交斜圆锥体

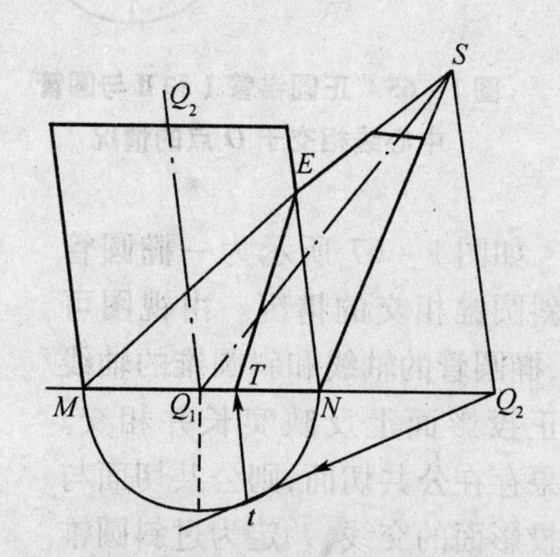

图 1－69　椭圆柱与斜圆锥相交的情况

如图 1－70 所示为一三斜圆锥共底的构件。如果三锥的轴线相交于一点，并且轴线在投影面上均反映实长，其结合线可以通过分别求出相邻两形体的结合线来确定。即按上述方法，分别连接对应投影边线的交点，获得 E_3，T_2 和 E_1，T_1，求出三斜圆锥共底构件，三轴线相交于一点且轴线投影反映实长时的结合线。这里 T_2，T_1 也是共底圆周上的点，分别为斜圆锥 S_1，S_3 和斜圆锥 S_1，S_2 与 S_1S_3 的公共切面及 S_1S_2 的公切面的切线的交点。

5. 第五种情况

如果两相交形体对称于某平面，并在对称平面上相交，而且该对称面垂直于某投影面，则在该投影面的投影具有直线型结合线，这条直线型结合线与投影视图的对称轴线重合。

如图 1－71 所示为一两斜“天圆地方”相交所构成的三通构件。在正面视图和水平面视图中，两形体分别以 $O—O''$ 和 $O''—O'$ 为对称线，其结合线必为直线型结合线，即 $O—O''$ 和

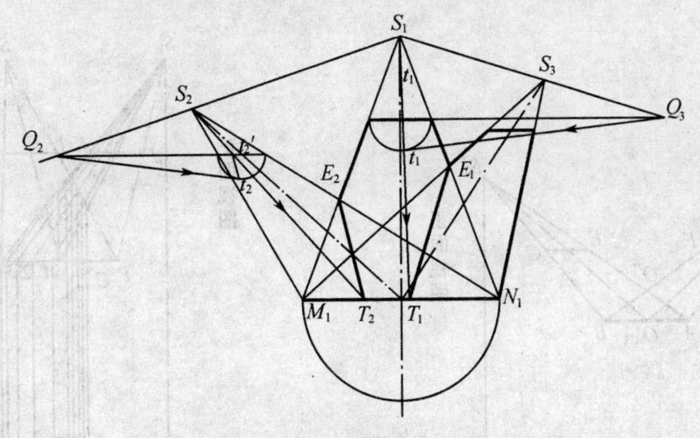

图 1－70　三斜圆锥共底的构件

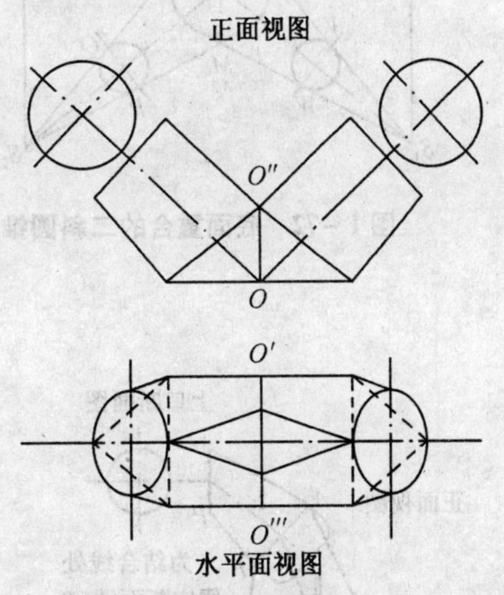

图 1－71　两斜“天圆地方”相交所构成的三通构件

O'''—O'。

如图 1－72 所示为底面重合的二斜圆锥，而且对称于与正面投影垂直的平面 O—O''，其结合线即直线段 O—O''。

如图 1－73 所示为由三个同样大小和形状的斜圆锥构成的四通构件。因斜圆锥底面重合并平行于水平面，在水平面视图中，斜圆锥 S_1 和 S_2 以 O—C 为对称轴，符合上述形成直线型结合线的条件，所以 O—C 为一条直线型结合线。同理，O—A，O—B 也为水平面视图上的直线型结合线。在该视图的正投影视图上，因形体间的对称平面不垂直于正投影面，故在该投影面上的投影不符合产生直线型结合线的条件，不具有直线型结合线，结合线表现为曲线。

四、人为结合线

在前面讲的结合线概念和分类问题中已经叙述过人为结合线的含义。虽然人为结合线在构件相交形体预先予以确定时就失去了存在的意义，即结合线只能是必然结合线。但是，对构件形体的表面形状没有一定要求时，就可以采用人为结合线，由于在工程上往往会遇到这一类问题，下面通过举例，说明人为结合线的意义以及有关作图的方法。

例 20　如图 1－74 所示，上口为圆下口为长方形的两节任意角度弯头，其中心线相交并在正面投影视图上反映实长，即中心线平行于正投影面，求作构件的展开图。

显然，本例没有预先说明相交构件的形体，或者说对其表面形状没有一定的要求。因而可以采用人为结合线，并分为以下三个步骤。

（1）确定人为结合线，如 A'—F' 即结合线。

（2）确定人为结合线处的断面图，图 1－74 只画了以 A'—F' 为对称轴的断面图的一半。一般要求 A'—F' 处的断面图要小于下口断面，大于上口断面。

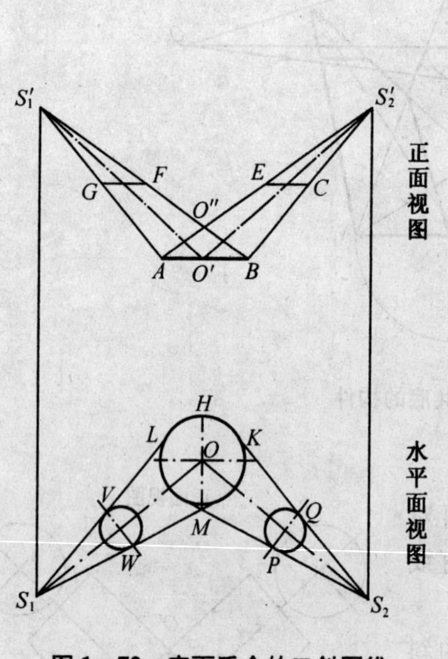

图 1－72　底面重合的二斜圆锥

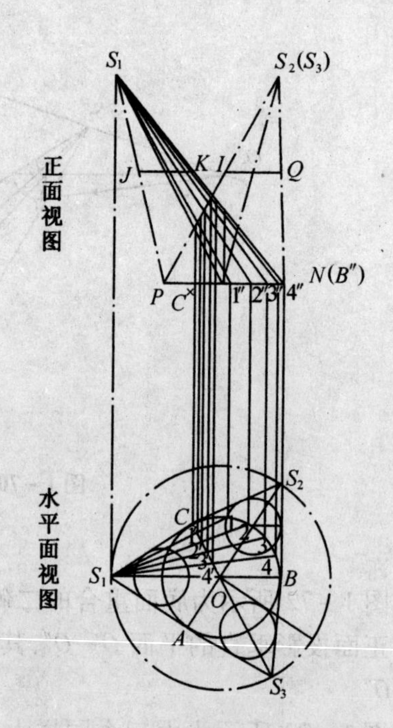

图 1－73　三个同样大小的斜圆锥构成的四通构件

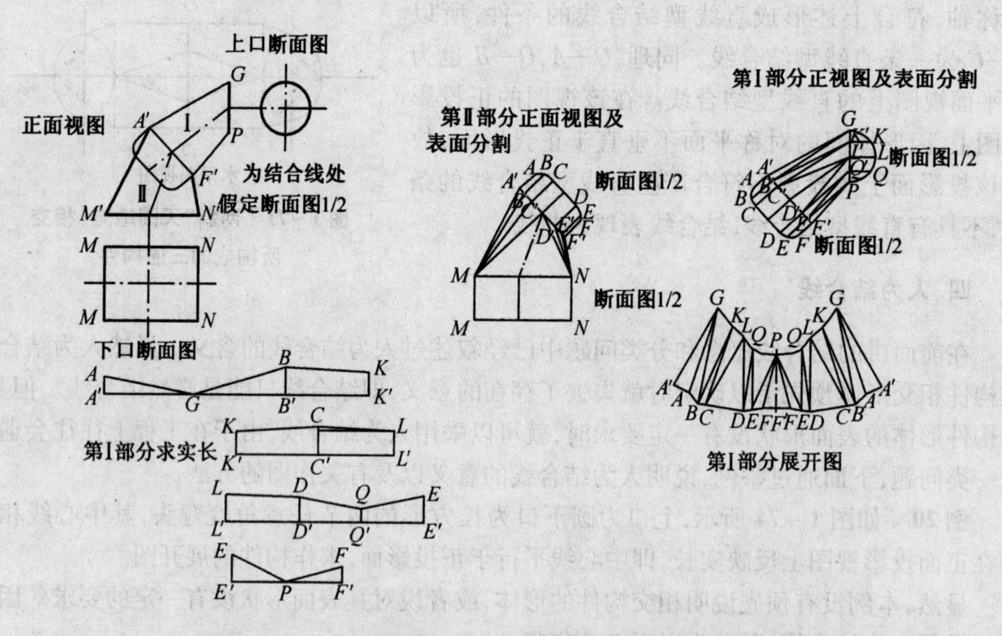

图 1－74　上口为圆下口为长方形的两节任意角度弯头

(3)用三角形展开法，分别作人为结合线 A'—F' 分割的Ⅰ部分和Ⅱ部分的展开图。下面就 部分的展开图说明如下：

①分割形体表面为若干小三角形，具体分割方法是，在上口正面视图投影边线 GP 上，

直接画出1/2断面图，并将其4等分，得 K,L,Q 三点，再分别过 K,L,Q 三点，引 GP 的垂线交 GP 于 K',L' 和 Q'，这 GK' 的实长就是断面图上 GK 的圆弧长度。同理，$K'—L',L'—Q'$ 和 $Q'—P$ 的实长，就是断面图上 KL,LQ,QP 的圆弧长度。然后，再在人为结合线上直接画出1/2断面图，并在其上确定 A,B,C,D,E,F 各点，并分别过以上各点，引 $A'—F'$ 的垂线交 $A'—F'$ 于 A',B',C',D',E',F'，这样 $A'—A'$（正投影视图上重合为一点），$A'—B',B'—C',C'—D',D'—E',E'—F',F'—F$ 的实长，就是断面图上 $A'—A,A—B,B—C,C—D,D—E,E—F,F—F'$ 的长度。然后连接 $G—B',B'—K',K'—C',C'—L',L'—D',D'—Q',Q'—E',E'—P$，至此完成三角形分割。

②求上述分割的所有小三角形各边的实长。首先两端口边线上各点间的实长在作分割时已经获得，投影边线 $A'—G$ 和 $P—F'$ 因形体的中心线平行于投影面，因而也反映实长。剩下其余的三角形边线，均不反映实长。为求其实长，可以先作如下假想，端口 GP 处的断面图，以 GP 为轴线转90°，在投影面前方，那么断面图上的直线如 $K—K'$，一定垂直投影面于 $K'—B'$ 和 $K'—C'$，人为结合线处的1/2断面图，以 $A'—F'$ 为轴线旋转90°，在投影线的前方，那么，断面图的直线一定垂直投影面上与之相交的直线。自然投影面上 $B'—K',K'—C',C'—L'$ 等连线的实长，必是上述空间位置对应点间的长度，从而也体现了人为结合线确定形体形状这一原理。有了以上推证就不难看出，如果求Ⅰ部分表面直线 CK 的实长，可先画一直线，其上两点 C',K' 间的长度为投影图上 $C'—K'$ 的长度，即截取 $C'—K'$。然后过 C' 和 K'，引 $C—K$ 的垂线，分别在其上截取 $C'—C,K'—K$ 等于断面图上对应线段长度，最后连接 $C—K$，即求出 $C'—K'$ 的实长。其他投影线的实长仿照上述方法求出，可见图1－74第Ⅰ部分求实长图。由于求实长图为一直角梯形，因而这种求实长的方法称为直角梯形法，这种方法在对于有人为结合线的构件作展开图时行之有效。

③将上述分割的所有三角形按实形依次铺展在平面上，因已详述过三角形展开法，这一步骤不再重复。

第七节　用辅助线法求结合线

一、用素线法求结合线

前面所叙述的直线型结合线只是必然结合线的特殊情况，即构件的结合线能分布在同一平面上，且当结合线所在的同一平面垂直于投影面时，结合线在投影面上的投影积聚成一条直线的情况。在工程中遇到的一般情况是相交构件的结合线不能分布在同一平面上，而是空间曲线或空间折线。下面讨论求其结合线的方法，自然直线型结合线也可以用下述的方法求出。

求结合线实际上就是求结合点。在实际作业中，通常只求出适当的有限多个结合点，如结合线上的最高点、最左点、最右点、最低点及最前点、最后点等。然后根据相交形体的形状和特点，尽可能合理地把这些求得的结合点，用曲线或折线按一定走向连接起来，从而得到一定精度的近似结合线。一般情况下，求出的结合点数越多，结合线越趋于精确。

素线在前面的叙述中多次提过，即旋转体的经线。如圆柱面上平行于圆柱轴线的直线；圆锥面上过圆锥顶点的直线；棱柱侧面上与棱线平行的直线；棱锥侧面上过棱锥顶点的直线都可以称为上述形体的素线。

1. 用素线法求结合线的原理

如图1-75所示,已知正圆锥面上一点A在正面视图上的投影,求该点A在水平面视图和侧面视图(左视图)上的投影。

(1)先求A点在水平面视图的投影

在正面视图上连接OA并延长交下底边于B点,OB即为正圆锥面上一条素线,A即该素线上的点。然后过B点作铅垂线交圆锥底面在水平投影面上的投影于B'点,即得素线OB在水平面的投影。根据直线上点的投影特性,过正面图上的A点引铅垂线,交$O'B'$于A'点,则A'点为A点在水平面视图的投影。

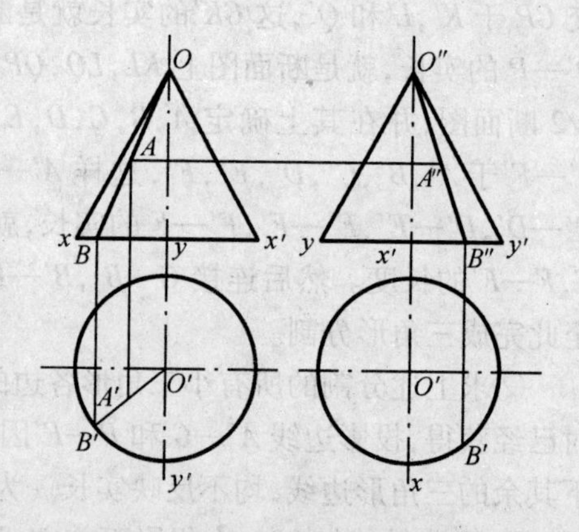

图1-75　求A在水平面视图和侧面视图上的投影

(2)求A点在侧面视图的投影

首先应找准素线OB在侧面视图的对应位置。为此,先画出侧面图下底端口的断面图。按照投影规律,将正面视图的断面图(水平面视图圆周)旋转90°,使可见的X点朝前(下),不可见的X'点朝后(上),即获得侧面视图下底端口的断面图。在该断面图上确定B'点的相应位置,如图1-75所示。再过B'向上引铅垂线交侧面视图底面边线于B''点,连接$O''B''$,利用正面视图和侧面视图同各投影高度相等的原则,过A点引水平线交$O''B''$于A''点,即求出A点在侧投影面的投影。

综上所述,用素线法求结合线,实际上是已知构件的结合线在某一视图上的投影,为了展开构件求该结合线在其他视图上的投影问题。即在已知结合线在某一视图的投影线上选取若干点,然后分别将这些点投影到另外的视图上,再将这些点用曲线或折线连接起来。求已知结合点的同名投影按上述内容可归纳为:①在有已知点的视图上作出已知点的素线;②将该素线投影到另一视图中(往往借助于断面图);③再将已知点投影到该视图的相应素线上。这种方法具有普遍性,对任何形体都适用。

2. 用素线法求结合线的实例

例21　如图1-76所示为一不等径三通,已知尺寸a,b,D,d,求其结合线并作展开图。

首先,在侧面图(左视图)上可以看出圆弧S即主管与支管的结合线在侧面图上的投影。只要应用素线法把S投影到正面视图上,即可求出正面视图构件的结合线。其具体作图步骤如下:

(1)在侧面视图上画出支管端口的断面圆并分为8等份,得等分点1,2,3,…,8。过这些等分点,分别引支管轴线的平行线,交侧面视图上的结合线S于1′,2′,3′,…,8′。这一步骤,实际上是画出了过结合线上的8个结合点的支管的8条素线。

(2)在正面视图上画出支管端口的断面圆。按投影规律,将侧面视图支管断面圆的8个等分点“搬”到正面视图的支管断面圆上(注意:相当于将侧面视图的断面圆逆时针转过90°)。然后,再过这8个等分点,作支管轴线的平行线。这一步骤,实际上是把上述的8条素线投影到正面视图上。

(3)过侧面视图1′,2′,3′,…,8′各点引水平线,交正面视图的同名素线于1°,2°,3°,…,8°各点。这8个点即上述8个结合点在正面视图上的投影,最后用平滑曲线将这8

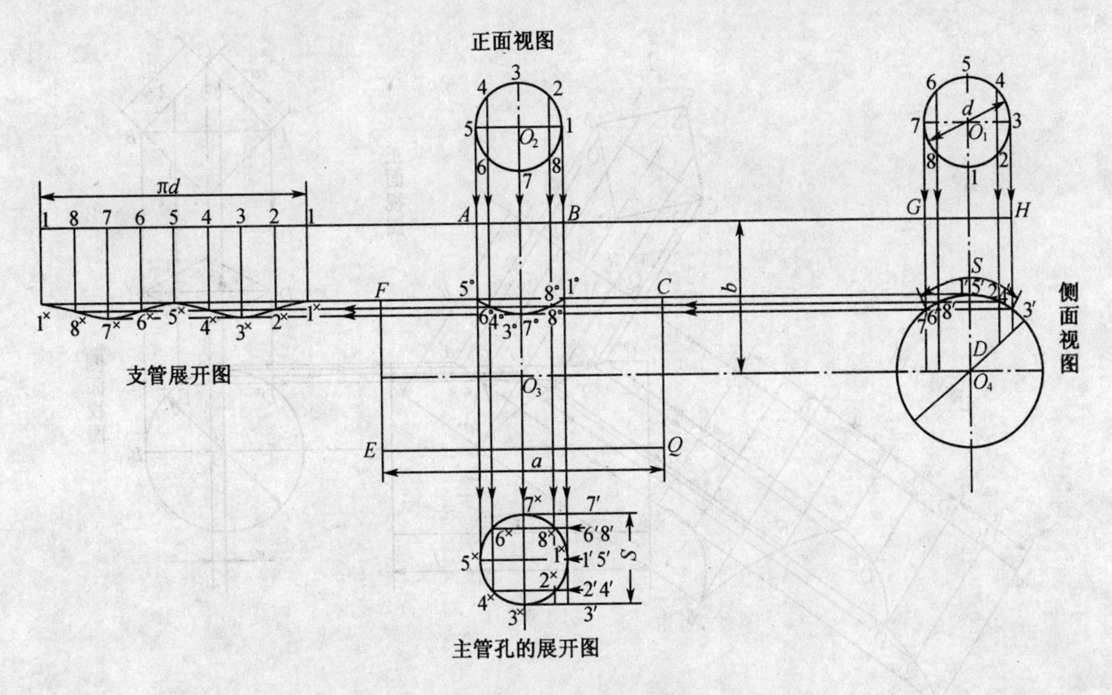

图 1-76　不等径三通

个点依次连接起来，即得到该构件在正面视图上的结合线。

其次，应用平行线展开法，分别把以结合线为分界线的构件的主管和支管部分分开。详见第二章叙述的平行线展开法和如图 1-76 所示的支管展开图及主管口的展开图，具体作图步骤不再详述。

例 22　如图 1-77 所示为一方支管斜插圆主管的构件，已知尺寸 a,b,c,d,e,f，求其结合线并作展开图。

由构件的侧视图（左视图）可知，圆弧线 D''—B'' 即构件的结合线在侧面视图上的投影。圆主管端口断面的最高点为 Q 点，也是结合线的最高点，展开图是否精确受其影响较大，所以必须确定 Q 在方管的素线。求结合线在正面视图上的投影，其具体作图步骤如下：

(1) 先画出侧面视图上方管端口的断面图。过侧面视图结合线上最高点 Q，引铅垂线交断面图于 Q_1 和 Q_2 点，再在断面图上取 AB 和 BC 两边的中点 1 和 2，然后在侧面视图方管断面图上过 A,B,C,D,1,2 和 Q_1,Q_2 点，引与方管轴线在侧面视图上的投影线的平行线，即方管的素线交侧面视图上结合线于 A'',B'',C'',D'',1″,2″和 Q 点（注意：过 Q_1 和 Q_2 所引的素线的重要性）。

(2) 在正面视图上作出方管的端口断面图，并按照投影规律，找出 Q_1 和 Q_2 及 1,2 点在该断面图上的投影位置。过上述这些点在正面视图上引方管轴线的平行线，实际上是将上述的这些素线再投影到正面视图上。

(3) 过侧面视图上的结合点 A'',B'',C'',D'',1″,2″和 Q 点，引水平线与正面视图的同名素线相交于 $A^\circ,B^\circ,C^\circ,D^\circ,1^\circ,2^\circ,Q_1^\circ,Q_2^\circ$ 各点，实际上求出了上述的结合点在正面视图上的投影。然后按照断面图上各点相邻的顺序，用平滑的曲线连接起来，即得到该构件在正面视图上的结合线。

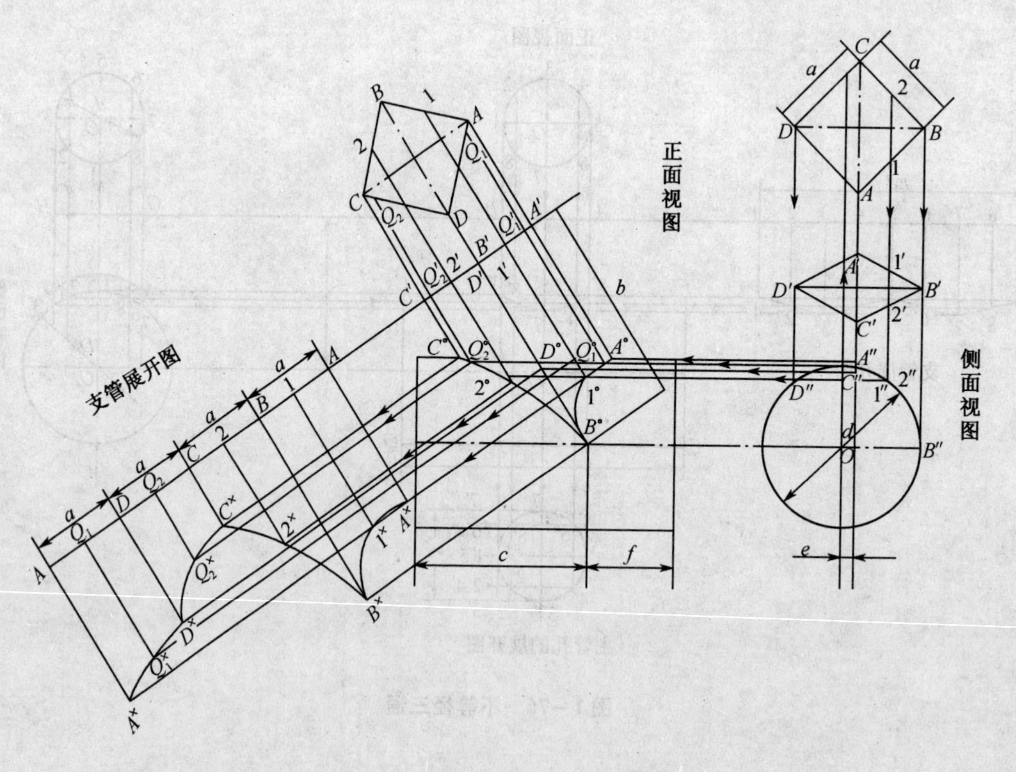

图 1－77　方支管斜插圆主管的构件

如图 1－77 所示，左部分是用平行线展开图法展开的支管展开图，也可以用平行线展开法画出主管孔的展开图。

例 23　如图 1－78 所示为一圆管直插斜圆锥的构件，求其在水平面视图上的结合线。

由视图可知，因圆管垂直于正投影面，所以正投影视图中的圆 O 既是圆管的断面层，又是两形体的结合线在正面视图上的投影。但仅凭正面视图上的结合线，实际上还不能将构件展开，因此还必须求出水平面视图上的结合线。

采用素线法求水平面视图上的结合线，其作法较上述步骤简便。

(1)在正面视图中作斜圆锥的五条素线，分别过结合线的最左点(与圆 O 相切)，过结合线的最高点，即 O'—$9'$，过圆 O 的圆心，即 O'—$8'$，过圆的最低点，即 O'—$4'$，和过圆 O 的最右点，即 O'—$5'$。这些素线与正面视图的结合线相交于 1,2,3,4,5,6,7,8,9 点。

(2)在水平面视图上画出上述五条素线的同名投影。如过 $9'$ 引铅垂线交斜圆锥水平面视图底圆于 $9''$，然后连接直线 $O''9''$，即素线 O'—$9'$ 在水平面视图上的同名投影。

(3)过结合点 1,2,3,…,9 引铅垂线交同名素线于 $1^{\times}$,$2^{\times}$,$3^{\times}$,…,$9^{\times}$，按先后顺序将这些点用平滑的曲线连接起来，即得到该构件在水平面视图上的结合线。

二、用纬线法求结合线

一个形体如果被几个水平面截切，所得到的一系列水平的结交线就叫纬线。对于旋转体，如果轴线垂直于水平面，则纬线一定为一个圆，称为纬圆。

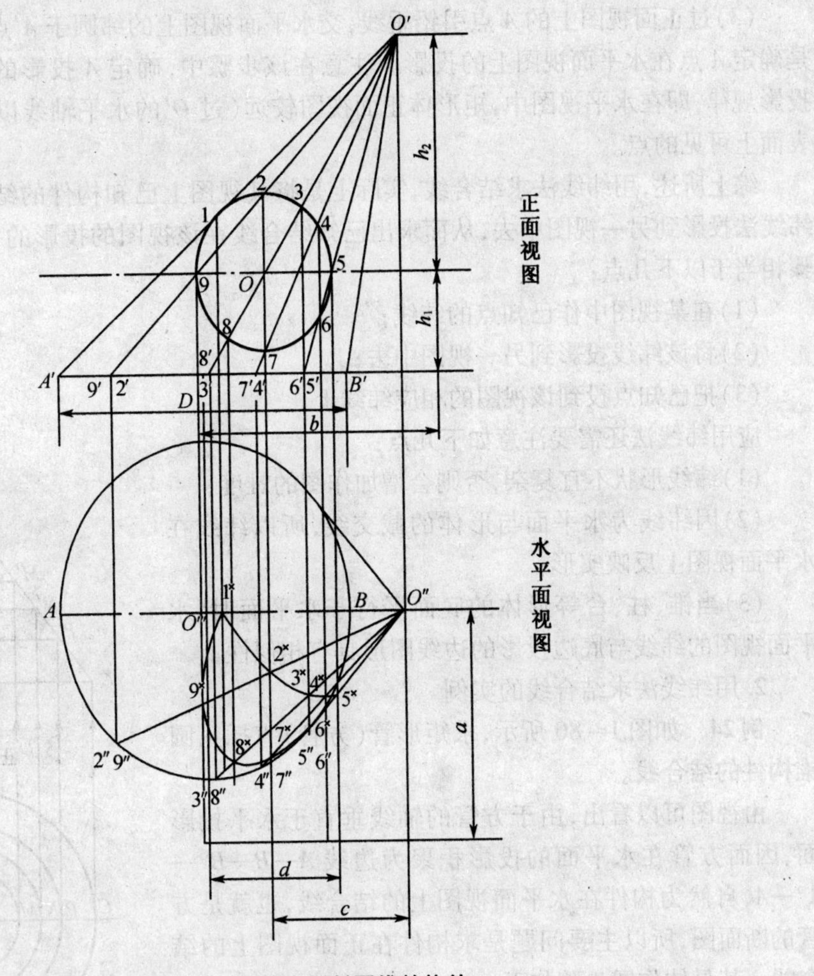

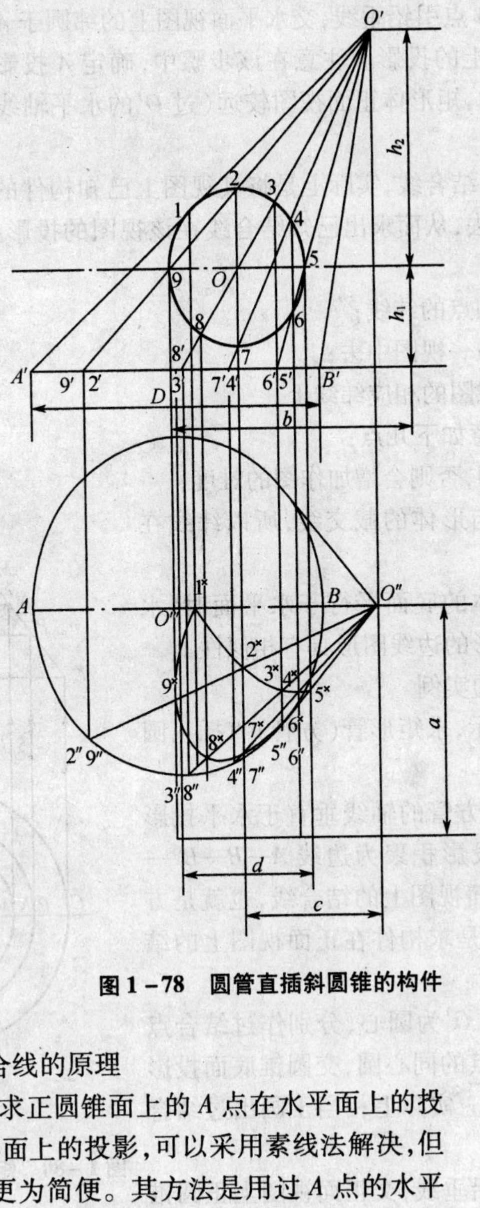

图 1-78　圆管直插斜圆锥的构件

1. 用纬线法求结合线的原理

如图 1-79 所示，求正圆锥面上的 *A* 点在水平面上的投影，已知 *A* 点在正投影面上的投影，可以采用素线法解决，但利用纬线法会使问题更为简便。其方法是用过 *A* 点的水平面截切正圆锥，于是得一过 *A* 点的纬圆，然后将该纬圆投影到水平面视图上。即以 *O′* 点为圆心，以 *BC* 的 1/2 长为半径画圆即可。最后过 *A* 点作铅垂线交水平面视图中纬线（图）投影于 *A′*，*A′* 即 *A* 在水平面上的投影。上述方法可以分解为三个作图步骤（如图 1-79 所示）：

（1）在正投影面上过 *A* 点引水平线交圆锥体投影边线于 *B*，*C* 两点。实际上相当于过 *A* 点，作一水平截面与正圆锥之结交线即纬圆。

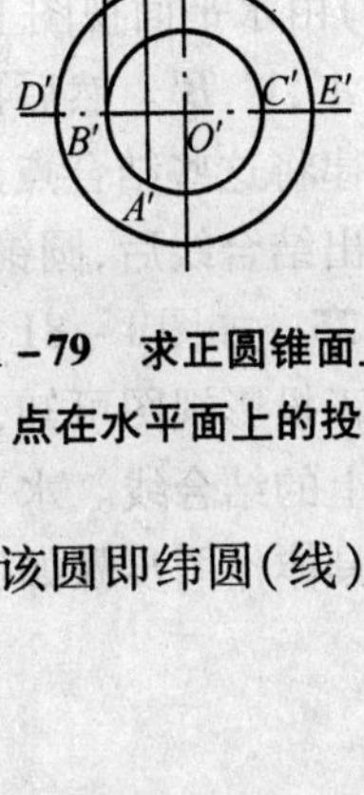

图 1-79　求正圆锥面上的 *A* 点在水平面上的投影

（2）过 *B* 点引铅垂线交水平面视图中过圆锥顶点投影 *O′* 点引的水平线于 *B′* 点。以 *O′* 为圆心、*O′B′* 为半径画圆。实际上，该圆即纬圆（线）在水平面上的投影。

(3)过正面视图上的 A 点引铅垂线,交水平面视图上的纬圆于 A' 点。实际上,这一步骤是确定 A 点在水平面视图上的投影。注意在该步骤中,确定 A 投影的位置时,应结合点的投影规律,即在水平视图中,矩形体正面视图较远(过 O' 的水平轴线以下)的点对应着形体表面上可见的点。

综上所述,用纬线法求结合线,实际上是将其视图上已知构件的结合线上的结合点,用纬线法投影到另一视图中去,从而求出已知结合线在该视图的投影的一种方法。上述的步骤相当于以下几点:

(1)在某视图中作已知点的纬线;

(2)将该纬线投影到另一视图中去;

(3)把已知点投到该视图的相应纬线上。

应用纬线法还需要注意如下几点:

(1)纬线形状不宜复杂,否则会增加作图的难度;

(2)因纬线为水平面与形体的截交线,所以纬线在水平面视图上反映实形;

(3)当锥、柱、台等形体的底面平行于水平面时,水平面视图的纬线与底边投影的边线图形具有相似性。

2. 用纬线法求结合线的实例

例 24 如图 1-80 所示,求矩形管(方管)直插正圆锥构件的结合线。

由视图可以看出,由于方管的轴线垂直于水平投影面,因而方管在水平面的投影积聚为边线 A—B—$B°$—$A°$—A,自然为构件在水平面视图上的结合线,也就是方管的断面图,所以主要问题是求构件在正面视图上的结合线。其具体作图步骤如下:

(1)在水平面视图上以 O' 为圆心,分别作过结合点 $A(A°)$,$B(B°)$ 和 1(1°)各点的同心圆,交圆锥底面投影的水平轴线于 M,N,P 三点。实际上相当于画出过结合点的三个水平纬线(圆)。

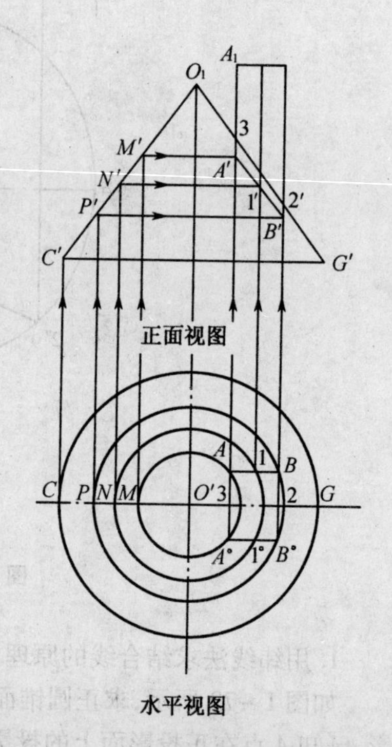

图 1-80 矩形管直插正圆锥的构件

(2)过 M,N,P 三点引铅垂线,交正面视图上正圆锥投影边线 O_1C' 于 M',N' 和 P',过 M',N',P' 引水平线。实际上相当于把水平面视图的三条纬线投影到正面视图上。

(3)由水平面视图上的结合点 $A(A°)$,$B(B°)$ 和 1(1°)向上引铅垂线交上述点所在同名纬线于 A',$1'$,B'。然后再按素线法,求出结合点 2,3 在正面视图上的投影 $2'$,$3'$。最后,按投影规律将这些结合点连接起来,得到构件在正面视图上的结合线。

求出结合线后,圆锥部分用放射线展开法展开,方管部分用平行线展开法展开。

例 25 如图 1-81 所示为一方管水平直插正四棱锥的三通构件,求该构件的结合线。

由正投影视图可知,投影边线 $EGFHE$ 为方管在正投影面上的投影,显然是两形体在正投影面上的结合线。水平面视图上的结合线可用纬线法求出。

其具体作图步骤如下:

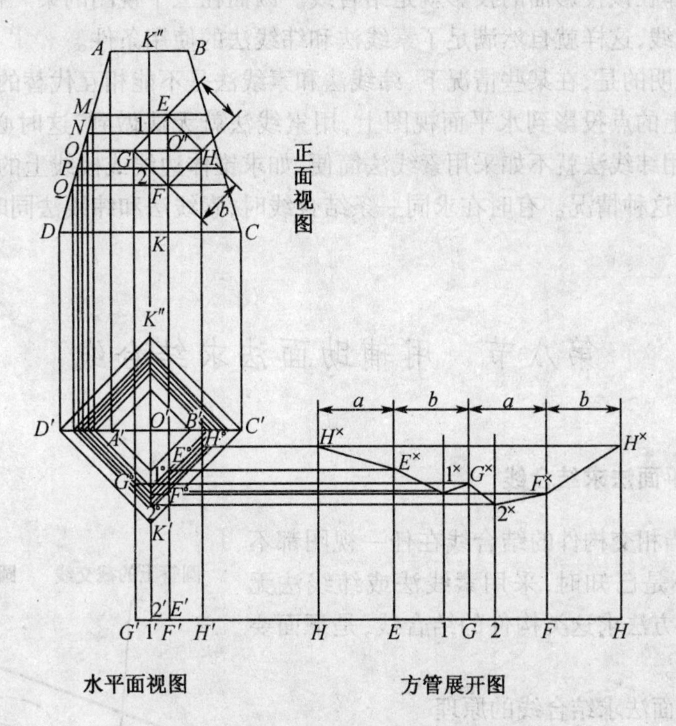

图 1－81　方管水平直插正四棱锥的三通构件

(1)在投影视图上，过结合点 E,G,H,F 和棱线 LK 上的结合点 1,2，分别作水平线交四棱锥投影边线 AD 于 M,O,Q 和 N,P 各点。实际上相当于在正面视图上画出五条纬线。

(2)在正投影视图上过 M,N,O,P,Q 五点，分别向下引铅垂线，交水平面视图上的同名素线(即棱线 AD)在水平面的投影 $A'D'$ 上五个交点。由于当棱锥、柱、台等形体的底面平行于水平投影面时，水平投影面的纬线与底面投影的边线图形具有相似性，因而过交点依次作底面边线的平行线，获得五个底面边线图形(D'—K''—C'—K')的相似形，这五个矩形就是正面视图上的五条纬线在水平视图上的投影。这一步骤实际是把正面视图上的纬线投影到水平面视图上。

(3)在正投影视图上，过结合点 $E(F)$，G,H 和 1,2 各点，引铅垂线在水平面视图上交同名纬线于 $E°$，$F°$，$G°$，$H°$和 1°，2°各点，然后按结合线在正面视图上的投影上各结合点的先后顺序用直线连接，就得到了结合线在水平面视图上的投影。

由图 1－81，可以看出，如果预先不求出构件在水平面视图上的结合线，则构件无法展开，求出结合线后，棱锥可以用放射线展开法展开，方管用平行线展开法展开。

通过对前面素线法和纬线法的叙述，可以归纳出两种方法共同使用的条件，就是必须事先把结合线在某一视图上的投影作为已知条件，才能用素线法或纬线法把该结合线在另外一个视图上的投影求出来，否则无效。换句话说，这两种方法只不过是把已知的结合线从一个视图投影到另一视图上而已，即把某视图上的结合线“搬”到其他视图上去，但是从前面的例子可以看到，如果没有这项“搬移”工作，构件的展开往往是不可能的。

那么，在什么情况下相交构件的投影才能满足上述使用条件呢？一般来说，如果两相交构件中有一个形体为柱形体(如棱柱、圆柱、椭圆柱等)，而且柱形体必须垂直于某一投影面,这样该柱形体在该投影面的投影就是结合线。因而在三个视图的某一视图上,可以直接画出构件的结合线,这样就自然满足了素线法和纬线法的使用条件。

最后还要说明的是,在某些情况下,纬线法和素线法是不能相互代替的。如在正面视图上,要把铅垂线上的点投影到水平面视图上,用素线法就无法做到,这时必须采用纬线法。而有些情况,采用纬线法就不如采用素线法简便,如求锥体边线或棱线上的已知点在其他视图上的投影就是这种情况。有时在求同一条结合线时,素线法和纬线法同时采用,能起到相互补充的作用。

第八节　用辅助面法求结合线

一、用辅助平面法求结合线

前面说过,当相交构件的结合线在任一视图都不能直接画出即不是已知时,采用素线法或纬线法无效。用什么样的方法求这类构件的结合线,是下面要讨论的基本问题。

1. 用辅助平面法求结合线的原理

如图 1－82 所示为一圆管和圆锥管相交构件的立体直观图。现在假想一平面 Q,使该平面过圆管的素线并垂直于水平面,即用平面 Q 剖切构件,该平面 Q 称为辅助平面。这样,构件的两形体被辅助平面 Q 剖切,在形体的表面就必然被剖切出两个截交线。如果这两个截交线存在交点 A 和 B,那么这两个交点既是圆柱面上的点,又是圆锥面上的点,也就是说这两个交点一定是两相交形体表面的公共点和分界点。由结合点的定义可知,这样的公共点实际上就是结合点。上述求结合点的方法是通过作辅助平面进行的(即借助于截切两构件的平面),这种方法称为辅助平面法。

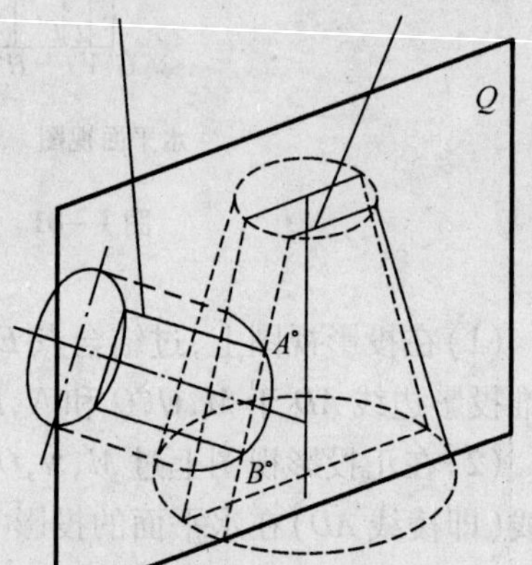

圆管上的截交线　圆锥台上的截交线

图 1－82　圆管和圆锥管相交构件的立体直观图

(1)作图步骤

下面结合上图的投影视图详述用辅助平面法求结合点的具体作图步骤(如图 1－83 所示)。

①确定辅助平面 Q 垂直于水平面,并过圆柱体表面的素线。该辅助平面在水平面的投影积聚为一条直线。具体画法为:在水平面视图上作一条平行于圆管轴线的直线,该直线交水平面视图上圆管端口的断面圆于 A,B 两点。

②分别求出辅助平面与圆管表面和锥管表面的截交线在正面视图的投影。求辅助平面与圆管表面的截交线,主要应按投影规律找准上述的 A,B 两点在正投影面上圆管端口断面圆上的位置,如图 1－81 所示为正投影面上 A',B' 两点。然后过 A',B' 两点,分别引平行于圆管轴线的平行线,即得到辅助平面与圆管表面的截交线。求辅助平面与圆锥管的截交线时,因辅助平面在水平投影面上积聚为一直线,自然截交线在水平面的投影必为积聚直线的

一部分，图中 EF 即为所求。然后利用素线法或纬线法，求出 EF 在正投影面上的投影 $E'F'$，注意 $E'F'$ 不是直线，求 $E'F'$ 的具体作图过程没有在图 1－83 上显示。

③圆管和圆锥管与辅助平面的截交线 A''—A°，B''—B° 与 $E'F'$ 相交于 A°，B°，该两点即所求的两个结合点在正投影面的投影，这两点也是辅助平面上的点。过 A°，B° 引铅垂线，交辅助平面在水平面的投影积聚直线为 $A^{\times}$，$B^{\times}$，则得到两个结合点在水平面图的投影。

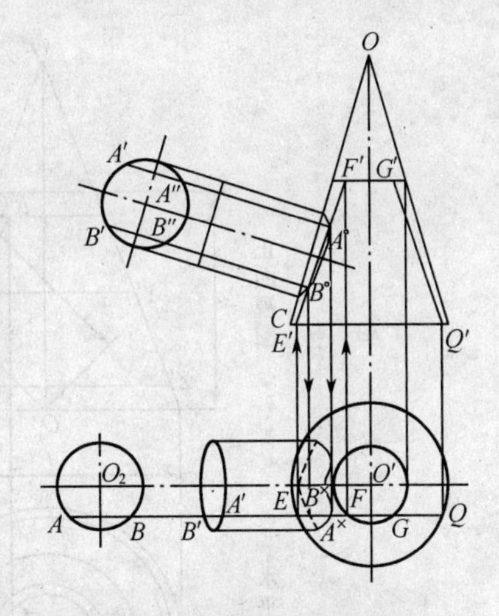

图 1－83　用辅助平面法求结合点

如果仿照上述步骤作若干个像 Q 一样过圆管素线又垂直于水平投影面的剖切面，即辅助平面，就可以作出一系列的结合点，根据点的前后位置和可见性，用平滑曲线顺次连接起来，就能画出构件的结合线。如图 1－83 所示，水平面视图结合线的虚线部分为不可见部分。

(2)注意事项

综上所述，用辅助平面法求两相交形体结合线时应注意以下几点：

①辅助平面必须处于同时剖切两形体的位置，否则就找不到截交线的交点，或者说找不到结合点。即使辅助平面通过两形体，但未通过形体的相交部位，也不可能借助于该平面求出结合点。

②求结合点常用的辅助平面，不仅限于上面说的情况，一般有三种：(a)辅助平面过某形体素线同时垂直于水平投影面(参见图 1－83)；(b)辅助平面过某形体素线同时垂直于正投影面；(c)辅助平面为同时截切两形体的水平面。其他位置的平面往往因作图过程复杂而不采用。

③仅仅借助一个辅助平面，不能求出全部的结合线，一般要借助几个辅助平面，甚至是几个不同情况的辅助平面，才能求出足够的结合点，画出结合线。

(3)基本原理

用辅助平面法求相交构件结合线的作图步骤可总结如下：

①在某一视图中画出的一组或几组平行线，实际上为垂直于该视图的辅助平面与构件形体的截交线在该视图上的投影。

②应用素线法或纬线法把辅助平面在甲形体上的截交线投影到另一视图上，接着再把该辅助平面在乙形体上的截交线也投影到这一视图上。

③找出同一辅助平面上的两条截交线的交点，按投影规律把这些点投到最初确定该辅助平面位置的视图上，即投到该辅助平面的积聚直线上。

④用平滑曲线或折线，将截交线交点及其在另一视图上的投影，分别根据前后位置和可见性连接起来，即同时求出结合线在两个视图上的投影。

用辅助平面法求结合线，对于任何情况下的两形体相交构件都是适用的。

2. 用辅助平面法求结合线的实例

例 26　如图 1－84 所示，求中心线不相交的矩形管斜插正圆锥构件的结合线。

首先根据已知尺寸，画出构件没有结合线的正面视图和水平面视图，然后画出矩形支管

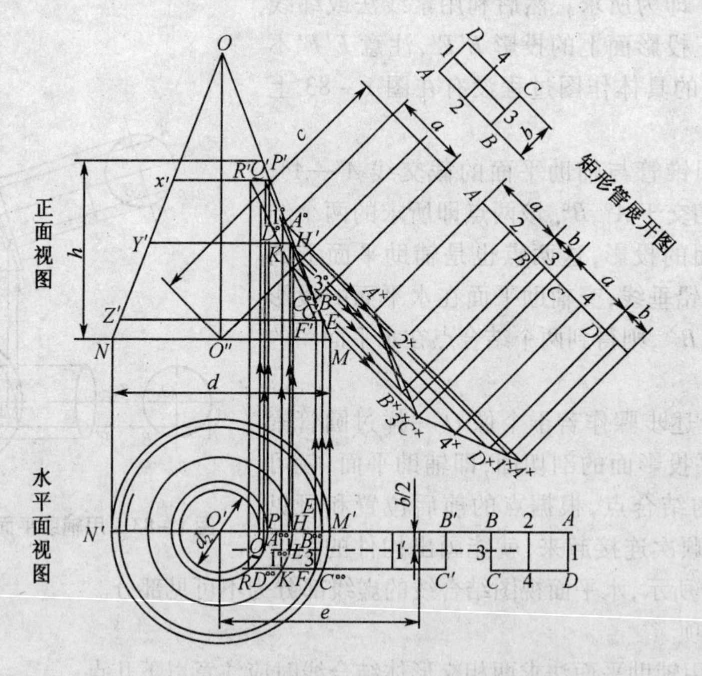

图 1－84　中心线不相交的矩形管斜插正圆锥构件

在正面视图和水平面视图上的端口断面图。之后的问题是确定辅助平面的位置。在本例中，采用了过矩形支管素线又垂直于水平投影面的辅助平面，该辅助平面在水平面视图上积聚为一直线。这里确定了三个辅助平面，即水平面投影图中的 O'—B'，$1'$—Q 和 R—C'。有了上述的三个辅助平面，下面的工作是分别求出这些辅助平面与矩形支管和正圆锥的截交线。注意这些截交线一定在辅助平面上，所以它们在水平面上的投影必积聚为直线，实际上是 O'—B'，$1'$—Q 和 R—C'上的线段。再考虑怎样求出截交线在正面视图上的投影，在这里结合相交形体的特点分别采用了素线法和纬线法，即辅助平面在矩形支管上的截交线通过素线法投影到正面视图上，辅助平面在正圆锥上的截交线，通过纬线法投影到正面视图上。然后找到同一辅助平面上的两截交线的交点，即在正面视图上的结合点。最后把这些结合点投影到水平视图，并在两视图中分别将这些结合点按可见性连接起来，即得到构件在正面视图和水平面视图的结合线。其具体作图步骤如下：

(1)在水平面视图上，沿矩形管素线确定三个垂直于水平面的辅助平面，即 O'—B'，Q—$1'$和 R—C'。

(2)用素线法求上述辅助平面与矩形支管的截交线在正面视图上的投影，这里三个辅助平面与矩形支管的截交线均与正面视图上支管投影边线重合。

(3)用纬线法求上述辅助平面与正圆锥面的截交线在正面视图上的投影。具体作法为在正投影面上任作三条水平线即三条纬线，分别为 X'—P'，Y'—H'，Z'—E'；再在水平面视图中以 O'为圆心画三个同心圆，其直径分别为 X'—P'，Y'—H'，Z'—E'的长度，即对应的三个纬圆；这三个纬圆与辅助平面在水平面的投影 O'—B'相交于 P，H 和 E 三个点，与 Q—$1'$相交于 Q，L，G 三点，与 R—C'相交于 R，K，F 三点。然后过 P，H，E 向上引铅垂线与对应纬线相交于 P'，H'，E'，由于 O'—B'过圆锥水平轴线，因此在正面视图上的截交线 P'—H'—E'为直线,即正圆锥在正面视图上的投影边线。过 Q,L,G 三点向上引铅垂线与对应纬线相交于 Q',L',G',用平滑曲线将 $Q'—L'—G'$ 连接,得 $Q—1'$ 与正圆锥面的截交线在正面视图上的投影。过 R,K,F 三点向上引铅垂线与对应纬线相交于 R',K',F',用平滑曲线将 $R'—K'—F'$ 连接,得 $R—C'$ 与正圆锥面的截交线在正面视图上的投影。

(4)在正投影面上找到同一辅助平面上两条截交线的交点,即图中 $A°,1°,D°$ 及 $B°,3°,C°$,并按投影规律在水平面视图上找到同名投影即 $A°°,1°°,C°°$ 及 $B°°,3°°,C°°$,这些点即所求的结合点。又因辅助平面 $O'—B'$ 和 $R—C'$ 本身就是矩形支管的前后两个表面,因此该两个辅助平面与正圆锥表面的截交线在正面视图上的投影 $P'—H'—E'$ 上的直线段 $A—H'—B$ 和 $R'—K'—F'$ 上的 $D—K'—C$ 是矩形支管前后表面与正圆锥表面的结合线。依照视图,按结合点的可见性,依次在正面视图和水平面视图上把所求出的结合点和结合线连接起来(不可见部分用虚线连接),即得到该构件的结合线。

在展开时,正圆锥部分用放射线展开法,矩形支管用平行线展开法,可详见如图 1-84 所示矩形支管的展开图。

例 27 用辅助平面法求如图 1-85 所示圆锥支管与圆柱面主管相交构件的结合线。

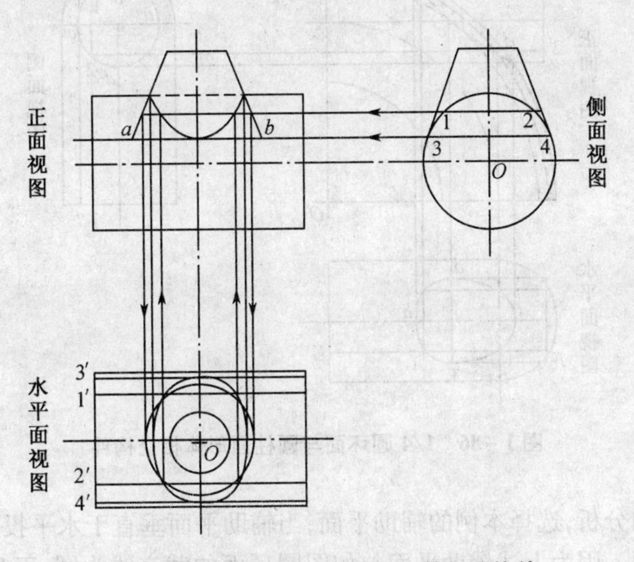

图 1-85 圆锥支管与圆柱面主管相交构件

由视图可知,该构件中心线相交,当用辅助平面法求结合线时,仍然应首先确定辅助平面的位置。在本例中采用的辅助平面为过主管即圆管的素线并垂直于正投影面,作图过程较为简便。其具体步骤如下:

(1)由侧面视图(左视图)可以找出该构件结合线的最低点,由投影规律可以直接确定出最低点在正面视图和水平面视图的投影。在正面视图上因两构件的中心线相交,圆锥面与圆柱面的投影边线的交点也是结合点,并且可以直接找出其在水平面视图的投影。下面的步骤就是借助于辅助平面求一般的结合点。

(2)在正面投影视图上,在上述的投影边线交点(结合点)和结合线最低点之间,任画一沿圆管素线的直线(如图为水平线)交侧面视图的圆管断面圆于 1,2 点。实际上,这一步骤相当于作一辅助平面过圆管素线并垂直于正投影面。

(3)在水平面投影视图上，应用素线法求上述辅助平面与主管圆管面的截交线，即过侧面图上的1,2点，在水平面视图的同名投影1′,2′两点所作的水平线。

(4)应用纬线法求辅助平面与圆锥支管表面的截交线。在正面视图上，延长圆锥支管的投影边线交辅助平面于 a, b 两点，ab 即纬线。在水平面视图上以 O 为圆心，ab 长为直径画圆，即纬圆。上述纬线和纬圆，即为辅助平面与圆锥支管的截交线在正面视图和水平面视图的投影。

(5)在水平面视图上，找出辅助平面与圆锥支管和圆柱面主管的截交线的交点，如图交点即结合点在水平面视图上的投影。然后再将这些结合点投影到正面视图上，即过水平面视图上的结合点，向上引铅垂线交对应辅助平面上的交点。

(6)继续重复上述(2)～(5)的步骤，即再作一个或两个辅助平面，求出较多个结合点，在两视图上分别用光滑曲线将结合点依次连接，得到上述圆锥与圆柱体相交构件的结合线。

例28　如图1－86所示，求1/4圆环面与圆柱面形体相交构件的结合线。

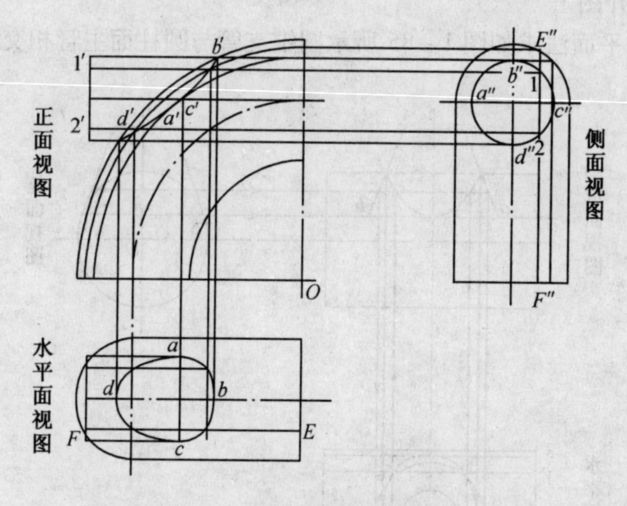

图1－86　1/4圆环面与圆柱面形体相交构件

通过对视图的分析，选择本例的辅助平面，当辅助平面垂直于水平投影面(正平面)时，作图步骤较为简便。因为上述辅助平面与如图圆环面的截交线为圆，而且在正投影面的投影仍为圆；与如图圆柱面的截交线是和轴线平行的素线，其具体作图步骤如下：

(1)首先判断结合线上的特殊点。由侧面视图可以看出，结合线的投影为一圆，即圆柱面的断面图，其上最高、最低、最前、最后的四点，分别位于圆柱面的最高、最低、最前、最后的素线上。这样，只要作出过最高点和最低点的正平面与圆环面的截交线，最高的结合点 b 和最低的结合点 d 就可以求出。同理，只要作出过最前点和最后点的正平面与圆环面的截交线，最前的结合点 c 和最后的结合点 a 即可求出(注意：结合点 c 和 a 在正面视图的投影重合为一点)。

(2)在水平面视图上，在最前点 c 和最后点 a 之间任作一水平线，相当于确定一为正平面的辅助平面。

(3)用素线法求该辅助平面与圆柱面的截交线。由投影规律可知，该辅助平面在侧面视图(左视图)的投影截交圆柱体端口断面圆上于1,2两点。在正面视图上找出1,2两点

的同名投影 $1'$,$2'$,过 $1'$,$2'$引水平线即该辅助平面与圆柱面的截交素线。

(4)用纬线法求出该辅助平面与圆环面的截交线,即以纬线 EF 长为半径,在正面视图上以 O 为圆心,画 1/4 圆周即可,相当于对应纬圆的 1/4 圆周。

(5)在正面视图上找出辅助平面与圆柱面的截交线与辅助平面和圆环面的截交线的交点,然后再把这些交点投影到水平面视图上,即求出结合点。

(6)继续重复上述(2)~(5)步骤。分别在两个视图上把求出来的结合点根据相邻顺序和可见性,用平滑曲线连接,即得到该相交形体的结合线。

例 29 如图 1-87 所示,求一圆管斜插正四棱锥台构件的结合线。

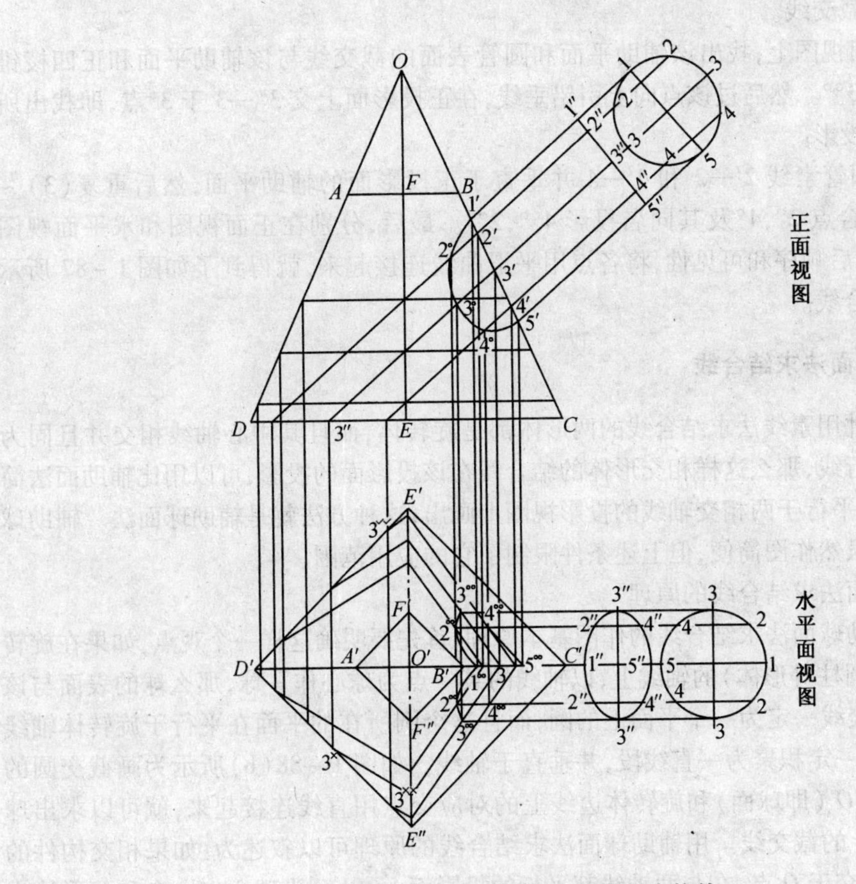

图 1-87 圆管斜插正四棱锥台构件

由视图可知,圆管的中心线在水平视图上的投影与正四棱锥台底面中心线 $D'C'$重合,因此,可借助于过 $D'C'$垂直于水平投影面(同时平行于正投影面)的辅助平面求出如图正投影面上的结合点 1°,5°两点。而一般的结合点通过选择过圆管的素线,并垂直于正投影面的辅助平面来求较为合适。本例实际上采用了两种类型的辅助平面,具体作图步骤如下:

(1)过水平面视图作一过棱锥台的水平中心线(同时通过了圆管中心线),并垂直于水平投影面的辅助平面(正平面)。该平面在正面视图上与圆管和棱锥台的截交线自然为两形体的投影边线,即投影边线的交点 1°,5°为结合点。过 1°,5°分别向下引铅垂线,交水平面视图 $D'C'$直线于 1°°,5°°,即求出结合线点 1°,5°在水平面视图上的投影。

(2)在正投影面上,过圆管素线如 3′—3 作垂直于正投影面的辅助平面,即 3‴—3。

(3)用素线法求出水平面视图上辅助平面3‴—3与圆管表面的截交素线,即3—3″。在这一步骤中,要找准正面视图上圆管端口断面圆3—3点在水平面视图上相应断面圆的位置。

(4)求辅助平面3‴—3在水平面视图上与四棱锥台表面的截交线。由正面视图可知,该辅助平面交四棱锥棱边 *BC* 于3′点,交四棱锥底面边线 *DE* 于3‴点,按投影规律找出3′和3‴点在水平面视图上的同名投影3✓和3×。然后再过该辅助平面与四棱锥棱边 *FE* 的交点作纬线,并求出该纬线在水平面上的投影(为一矩形)。水平面视图上的纬线与四棱锥边线 *F′E′* 和 *F″E″*,分别交于3✓✓和3××点。最后顺序连接3✓,3✓✓,3×和3××点,得到该辅助平面与正四棱锥的截交线。

(5)在水平面视图上,找出该辅助平面和圆管表面的截交线与该辅助平面和正四棱锥的截交线的交点3°°。然后过该点向上引铅垂线,在正投影面上交3‴—3于3°点,即找出所求结合点的同名投影。

(6)再作过圆管素线2′—2和4′—4并垂直于正投影面的辅助平面,然后重复(3)~(5)步骤,求出结合点2°,4°及其同名投影4°°,2°°。最后,分别在正面视图和水平面视图上,按结合点的先后顺序和可见性,将各点用平滑曲线连接起来,就得到了如图1-87所示的相交构件的结合线。

二、用辅助球面法求结合线

如果相交构件用素线法求结合线的两形体都是旋转体,而且其中心轴线相交并且同为某一投影面的平行线,那么这样相交形体的结合线在该投影面的投影,可以用比辅助面法简单的方法,直接在平行于两相交轴线的投影视图上画出,这种方法就是辅助球面法。辅助球面法在某种场合虽然作图简便,但上述条件限制了它的应用范围。

1. 用辅助球面法求结合线的原理

为了说明辅助球面法求结合线的作图基本原理,首先要明确这样一个观点,如果在旋转体(如正圆锥、正圆柱等形体)的轴线上,以轴线的某一点为球心作一球,那么球的表面与该旋转体表面的截交线一定为一个平面上的圆,而且这个圆所在的平面在平行于旋转体轴线的视图上的投影,一定积聚为一直线段,并垂直于轴线。如图1-88(b)所示为画截交圆的投影,只要把圆心 *O*(即球面)和旋转体边线上的对应交点用直线连接起来,就可以求出球面在旋转体表面上的截交线。用辅助球面法求结合线的原理可以叙述为:如果相交构件的两形体,其轴线相交于 *O* 点,在与两轴线都平行的投影面上,以 *O* 为球心作一个和两形体表

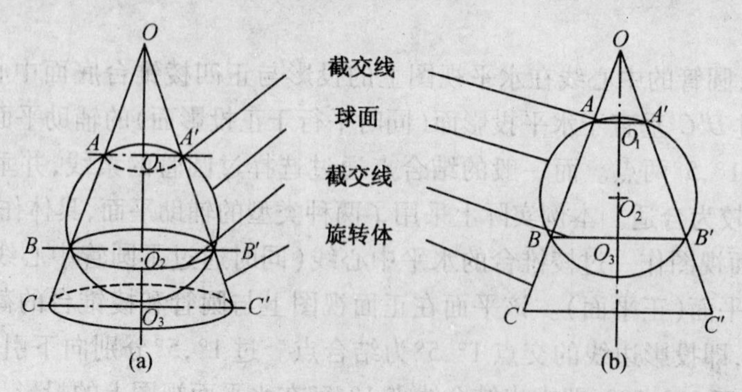

图1-88　球心在旋转体边线上的对应交点,球面与圆锥面的截交线

面都相交的球面，这个球面就是辅助球面。那么，辅助球面各有一条（或各有两条）与相交形体的截交圆在投影面上积聚的直线段。假如上述的两条截交线（圆）有交点，则交点既是球面上的点，同时又分别是两相交形体上的点，即公共点或者是分界点。由结合点的定义可知，上述的交点就是结合点。当再以轴线交点 O 为球心作出较多的辅助球面时，就可以得到更多的结合点，把这些结合点连接起来并分辨其可见性后，就可以求出轴线相交的两旋转体组成的构件在平行于两相交轴的投影面上的结合线。

（1）辅助球面法的使用，必须同时符合下面的三个条件，缺一不可：

①两相交形体必须都是旋转体；

②两旋转体的轴线必须在空间相交，交点就是辅助球面的球心；

③两旋转体的轴线必须同时平行于其投影面（一般为正投影面），或者说两轴线必须在同一视图上表现为实长。

（2）采用辅助球面法求结合线的方法可分两步进行。

第一步，在与两轴线同时平行的投影面上，以两相交旋转体轴线的交点为球心作一系列辅助球面，也就是画一系列同心圆。其半径的大小应使同心圆弧经过两相交构件的结合部位，不宜过大和过小，否则截交线没有交点。

第二步，找出同一球面在两相交形体上的截交线，只要把圆与形体的交点相应连接即可。然后再找到同一球面在两相交形体上截交线的交点，最后用平滑曲线把上述交点和形体边线交点顺序连接起来，即得结合线。

必须注意，上述两个步骤是在同一视图上进行的。

2. 用辅助球面法求结合线的实例

下面结合实例说明用辅助球面法求结合线的具体作图步骤。

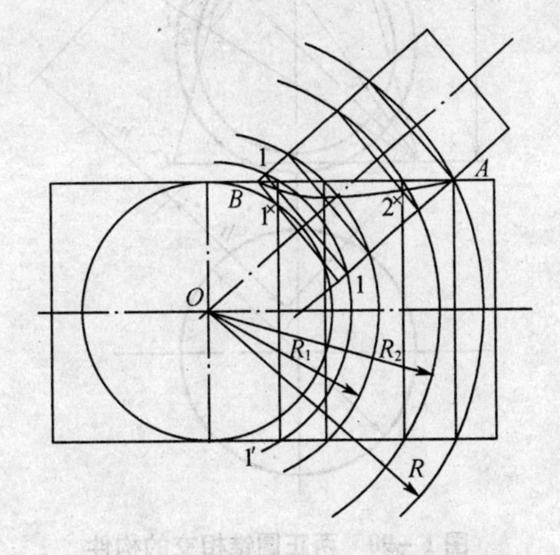

图 1－89　中心线交于 O 点的圆管相交构件

例 30　如图 1－89 所示，支管和主管均为圆管，且中心线交于 O 点的相交构件的正面视图，求结合线。

由视图可知，相交两轴线在正面视图上的投影反映实长，符合辅助球面法的使用条件。作图步骤如下：

（1）以相交轴线的交点 O 为圆心画一系列同心圆弧，实际上是以 O 点为球心作出一系列同心的辅助球面。同心圆不一定完整画出，应视具体情况而定。如图以 R，R_1 和 R_2 为半径的圆弧。

（2）找出同一辅助球面与支管和主管的截交线。如图中 R 圆弧与支管边线交于 1，1 两点，1—1 连线就是 R 圆弧与支管的截交线。同理，R 圆弧与主管的截交线也为 R 圆弧与主管边线交点的连线，即为 1′—1′。1—1 与 1′—1 ′相交于 1 点。按以上叙述作图，求出 R 圆弧与形体截交线的交点 2 及 A 点为 R 圆弧与形体截交线的交点。用平滑曲线把 1，2 和形体边线交点 A，B 连接起来，即可求出结合线。

例 31　如图 1－90 所示为由两个正圆锥相交而形成的构件，求其结合线。

由视图可知，该构件中心线相交并在视图上反映实长，符合辅助球面法的使用条件，求结合线的作图步骤与例 30 完全一致，不再叙述。

对于某些相交构件，如斜圆锥与正圆锥等旋转体相交的构件及椭圆柱和正圆锥等旋转体相交的构件，如果其中心线或轴线相交，并在投影面上反映实长，也可以用辅助球面法求其结合线。这一类问题与上述两个例子相比的主要区别是：辅助球面不再是以轴线交点为球心的一系列同心球（即同心圆），作图时圆心仍在旋转体的轴线上，但辅助球面和斜圆锥或椭圆柱的截交线，仍应保持为一投影直线，即截交圆，详见例 32 和例 33。

例 32 如图 1－91 所示，主管为斜圆锥、支管为正圆锥的两锥轴线相交且反映实长的构件，用辅助球面法求其结合线。作图步骤如下：

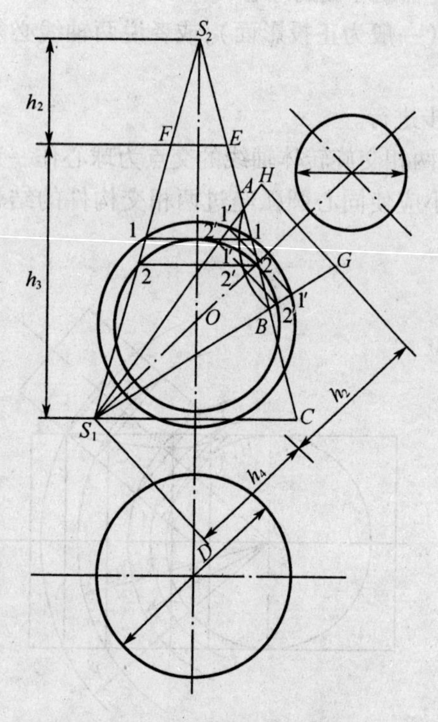

图 1－90 两正圆锥相交的构件

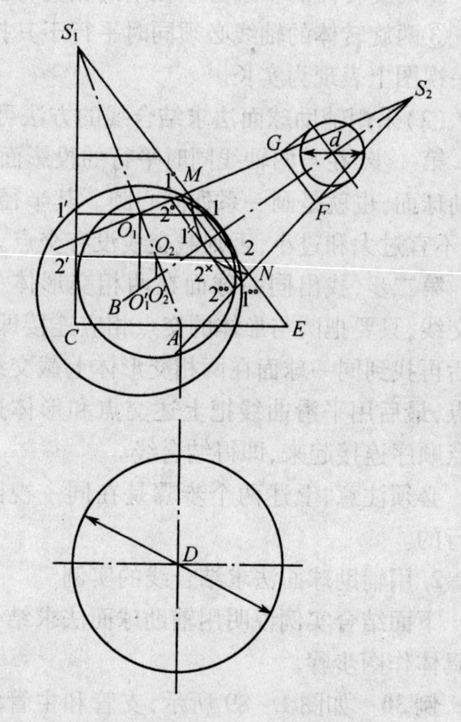

图 1－91 两轴线相交、主管为斜圆锥支管为正圆锥的构件

（1）在正投影面形体投影边线交点 M，N 之间，任画几条水平线，如图所示 1—1′和 2—2′。水平线交斜圆锥轴线于 O_1 和 O_2 两点，过 O_1 和 O_2 分别引垂直于斜圆锥底面的垂线，并与正圆锥支管的轴线交于 O'_1 和 O'_2 两点。O'_1 和 O'_2 就是辅助球面的球心。

（2）以 O'_1 为圆心，O'_1—1 为半径，画圆过 1—1′两点与正圆锥支管边线交于 1°，1°°两点，将 1°，1°°两点连接，并与 1—1′交于 $1^{\times}$ 点，$1^{\times}$ 点即所求的结合点。同理，通过以 O'_2 为圆心，O'_2—2 为半径画辅助球面，可求出结合点 $2^{\times}$。

（3）用平滑曲线将 $1^{\times}$，$2^{\times}$ 及形体投影边线交点 M，N 顺序连接，即求出结合线。

例 33 如图 1－92 所示，主管为椭圆柱，支管为正圆锥，两形体轴线相交且反映实长，并且该椭圆柱水平截面为圆的构件，求其结合线。其作图步骤和例 32 完全一致，因此不再详述。

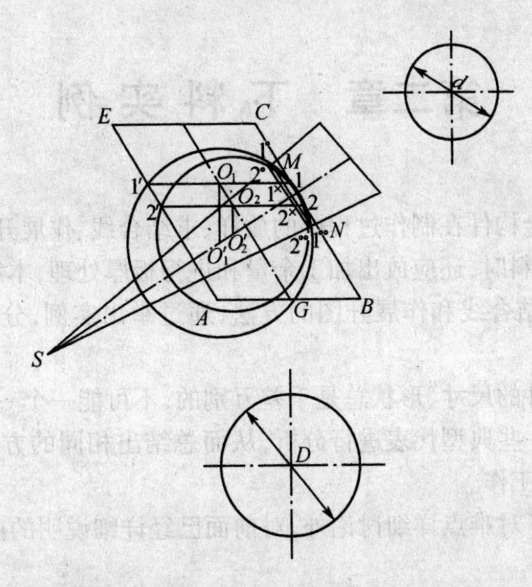

图 1－92　主管为椭圆柱、支管为正圆锥，两形体轴线相交的构件

第二章　下料实例

在第一章中，对钣金构件在制作过程中的放样、求结合线、作展开图，作了比较详细的叙述，但在工程中，钣金下料时，还应放出加工余量和进行板厚处理，本章结合钣金工日常遇到的构件，依据掌握的求结合线和作展开图的方法，通过举出实例，分析、总结钣金工的下料工作。

当然，在工程中构件的尺寸、形状总是千差万别的，不可能一个一个地进行叙述，只能在同一类型的构件中，选一些典型代表进行分析，从而总结出相同的方面和特殊的方面，找出其中的规律来指导下料工作。

本章的叙述中，除了对难点详细讨论外，对前面已经详细说明的内容，在这里仅作提示，不再重复讨论。

第一节　板厚处理和加工余量

一、板厚处理

任何构件的板料都有一定厚度，即内表面和外表面都有一定的距离，在各种情况下，板的厚度对构件的尺寸和形状都会产生一定的影响，必须采取一些措施，保证可以消除板厚对构件的尺寸和形状的影响，这些措施的实施过程就称为板厚处理。如果在下料时不进行板厚处理或者板厚处理不当，就会造成次品和废品的产生，带来浪费和损失，自然板材的厚度愈厚，对构件的尺寸和形状的影响也就愈大。对于薄板，当板的厚度小于或等于 1.5 mm 时，可以忽略板厚的影响，即不作板厚处理。

怎样进行板厚处理呢？这是下面要讨论的主要内容。

1. 根据构件形状的不同进行板厚处理

(1)构件的断面形状为“曲线”时，下料的展开长度应以中心层的展开长度为准，这是因为当板料弯曲时，里皮受压缩，外皮受到拉伸，它们都改变了原来的长度，而只有板厚的中心层长度不变，如图 2 – 1 所示。

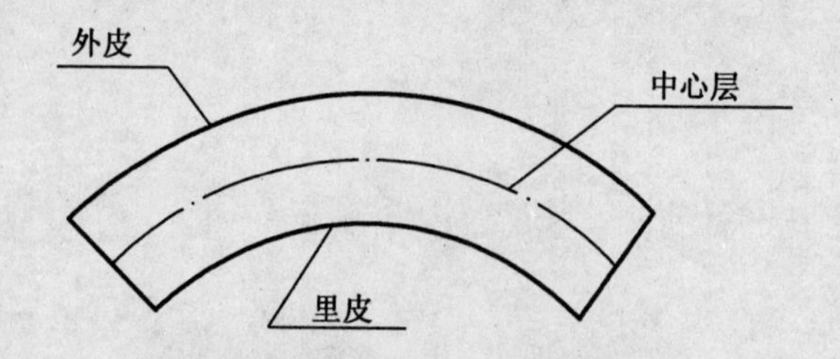

图 2 – 1　弯曲时板厚中心层长度不变

如图 2 – 2 所示为圆管的展开图，圆管是断面为曲线形构件的特例，其展开长度应以中径为准，由于圆管的内径、外径对求展开图没用，因而在放样时只要画出中径即可，也就是说在放样时作了板厚处理。

(2)断面为“折线”形状时，构件的板厚处理如图 2 – 3 所示，断面为方形直管，由于板料在拐角处发生急剧弯折，因而里皮长度变化不大，但板厚的中心和外皮都发生了较大的长度

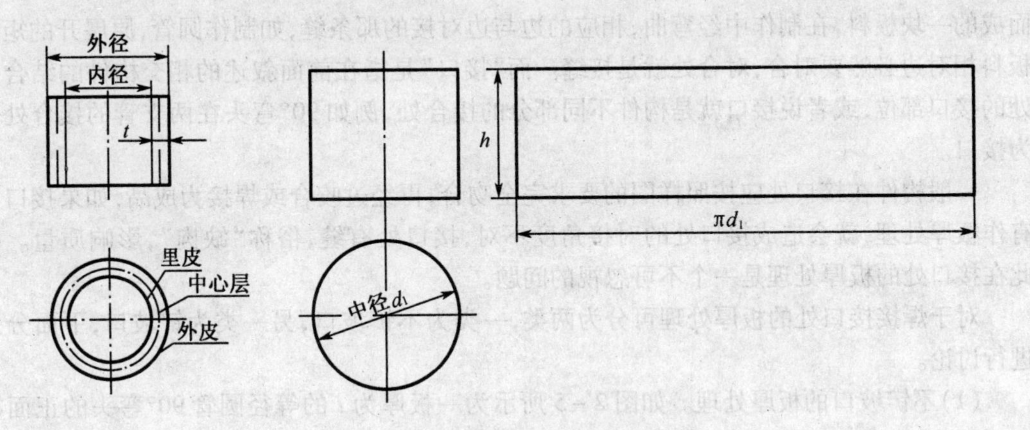

图 2－2　圆管展开长度以中径为准计算

变化，所以呈折线型（矩形断面为其特殊情况）断面的构件的展开长度，应以里皮的展开长度为准。在放样时，只画出里皮就可以了，无须再画出外皮。

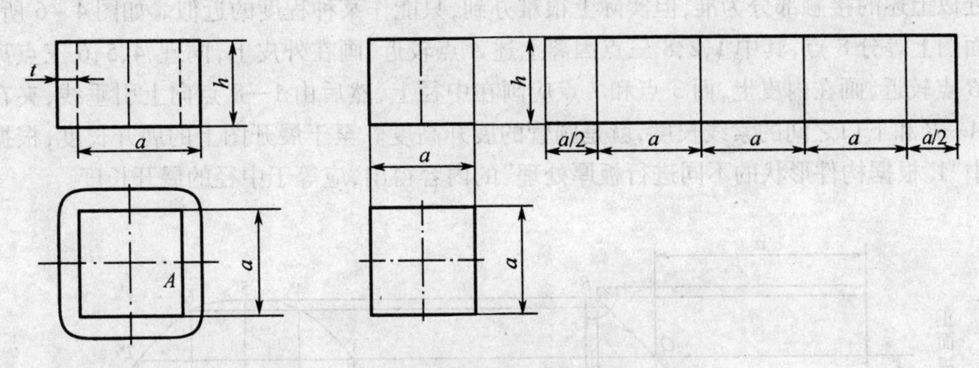

图 2－3　方形管展开长度以里皮尺寸为准

（3）锥形构件和具有倾斜表面的构件的板厚处理。如图 2－4 所示为一锥形构件，因侧表面具有倾斜度（锥度），因此上下口边缘不是平的，在上口和下口均具有里皮低外皮高的特点。这时，放样图的高度 h 应取上下口板厚中心处的垂直距离，如果板并不厚，可不进行板厚处理，放样图的高度直接取正面视图上下边线的高度即可。

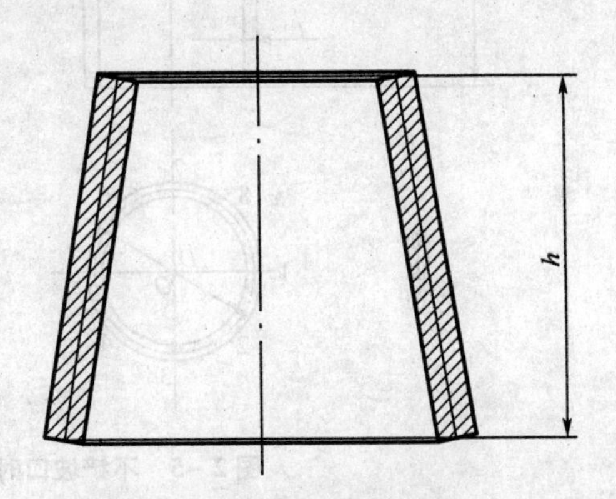

图 2－4　锥形构件放样高度取上下口板厚中心处的垂直距离

凡具有倾斜表面如前面叙述的“天圆地方”的构件，均可按上述的圆锥形构件的情况作板厚处理，放样时的高度以上下口板厚中心之间的垂直距离为准。

2. 根据构件接口处的情况不同进行板厚处理

“接缝”和“接口”是两个不同的概念。“接缝”是指同一块板料或者由几块板料经拼接而成的一块板料，在制作中经弯曲，相应的边与边对接的那条缝，如制作圆管，原展开的矩形板料相对边必然要对合，对合处就是接缝。而“接口”是指在前面叙述的相交构件的结合线处的接口部位，或者说接口就是构件不同部分的接合处，例如90°弯头在两支管的接合处称为接口。

一般构件在接口处应按照样图的要求完全吻合，再经过咬合或焊接为成品，如果接口没有作板厚处理，就会造成接口处的对接角度不对，接口处有缝，俗称“缺肉”，影响质量。因此在接口处的板厚处理是一个不可忽视的问题。

对于焊接接口处的板厚处理可分为两类，一类为不铲坡口，另一类为铲坡口，下面分别进行讨论。

(1)不铲坡口的板厚处理。如图2－5所示为一板厚为t的等径圆管90°弯头的正面视图、断面图及其展开图，由正面视图可知，弯头内侧、圆管外皮在A点接触，而弯头外侧、圆管的里皮在B点处接触，在中间O点附近可以看成圆管在其中径处接触，而其他部位由A到B逐级由内皮接触过渡到外皮接触。这样由板的厚度t而形成的自然坡口，A处坡口在内，B处坡口在外，O处内外均有坡口，所以在作圆管展开图时，圆管的展开高度在理论上应处处以上述的接触部分为准，但实际上很难办到，只能作某种程度的近似。如图4－6所示，断面图上等分8点，其中1，2，8三点因离上述A点较近，画在外皮上，同理，4，5，6三点离上述B点较近，画在内皮上，而3点和7点应画在中径上，然后由1—8点向上引垂线，夹在线段A—B和下口之间的素线长度，就是圆管的展开高度。至于展开图上的展开长度，根据本节中“1. 根据构件形状的不同进行板厚处理”的内容得出，应等于中径的展开长度。

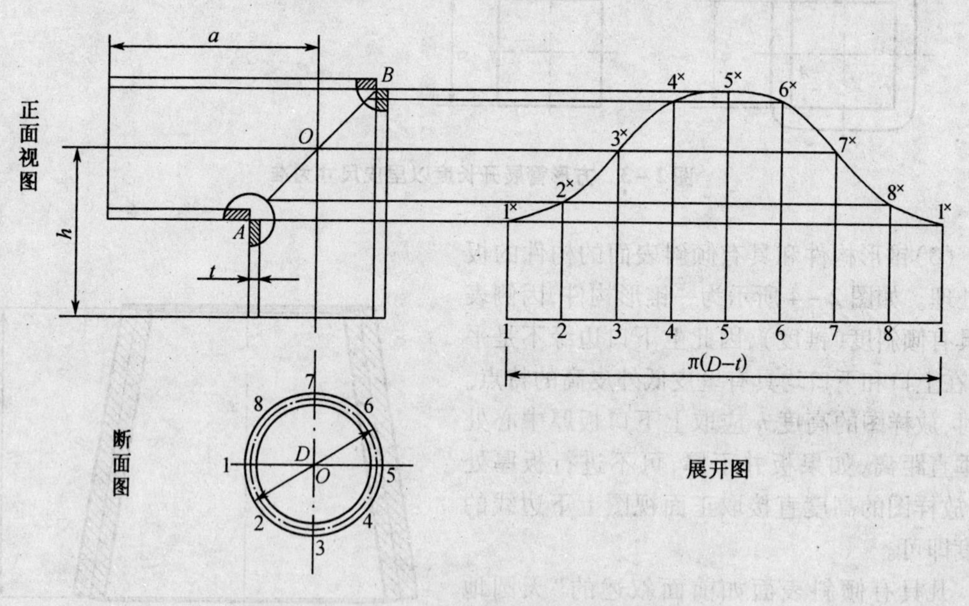

图2－5　不铲坡口时等径圆管90°弯头的展开

如图2－6所示为一T形三通构件的视图及其展开图。从侧面视图可以看出，主管的外皮和支管的里皮相接触，因此支管的放样图与展图中各处的高度应以里皮为准画出，而主管孔的展开图应以外皮为准画出，只有这样才能使接口处严密而无缝隙，于是在放样时，就无须画出与展开图无关的支管外皮和主管的里皮。

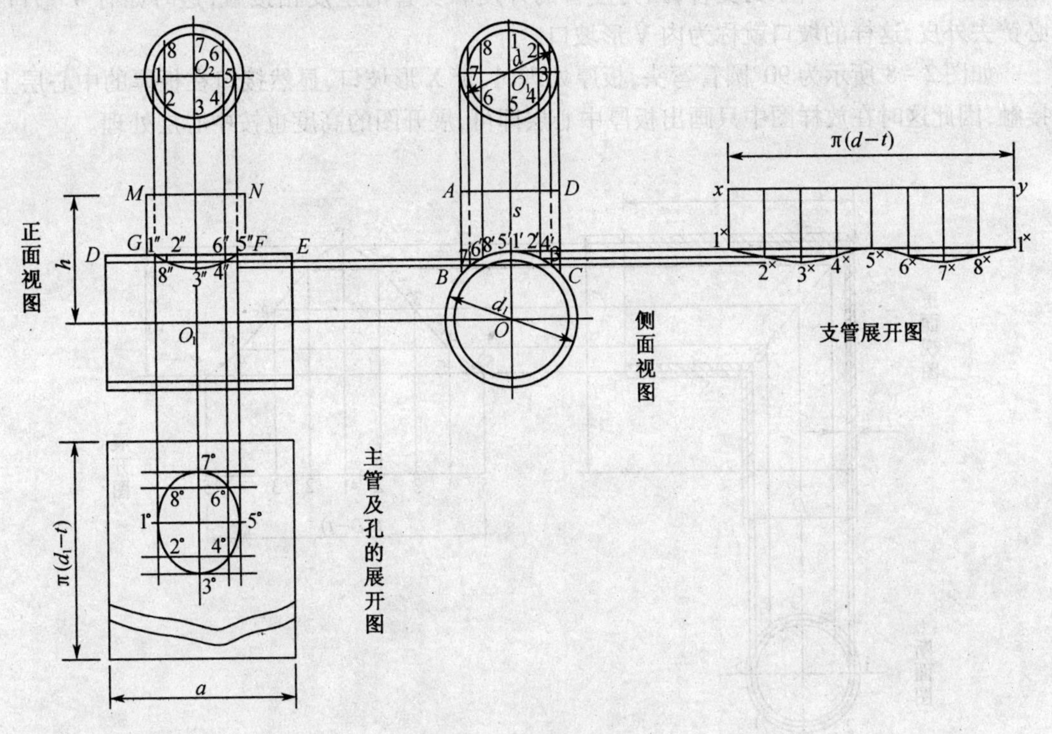

图 2-6　T 形三通构件

(2)铲坡口时的板厚处理对于较厚的钢板铲坡口，不仅有利于提高焊接强度，而且也是取得吻合接口的重要途径。

坡口的形式根据板厚的具体施工要求的不同，可分为 X 形坡口和 V 形坡口两大类。如图 2-7 所示，其中 X 形坡口又有图 2-7(a)，2-7(b)两种情况，而 V 形坡口也有 2-7(c)，2-7(d)两种情况，如果将坡口铲成 X 形的式样，如图 2-7(b)所示，那么接口的接角点均只在板厚的中心层上。如果将坡口铲成 V 形的式样，如图 2-7(d)所示，这时接口处的表皮

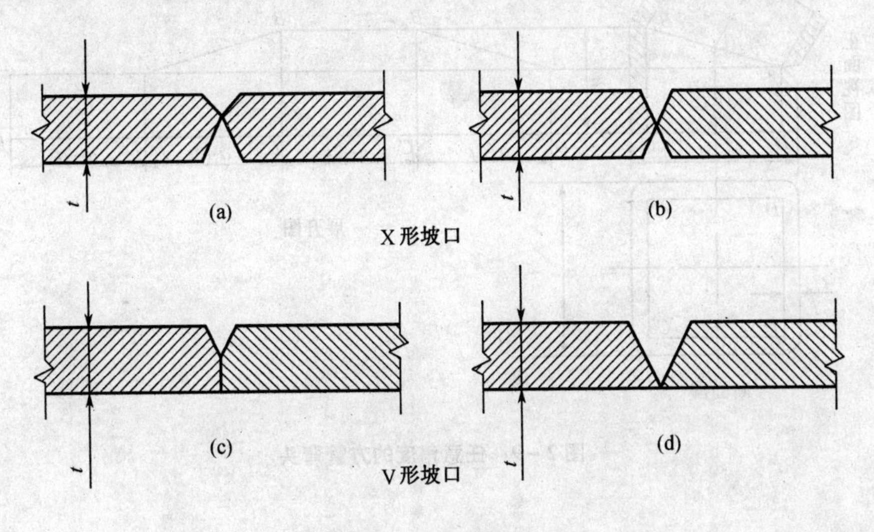

图 2-7　坡口类型

相接触。如图 2－6 所示的支管，因为主管的外皮和支管的里皮相接触，这时如有 V 形口，必铲去外皮，这样的坡口就称为内 V 形坡口。

如图 2－8 所示为 90°圆管弯头，板厚处理时，铲 X 形坡口，显然接口在板厚的中心层上接触，因此这时在放样图中只画出板厚中心层即可，展开图的高度也按中心层处理。

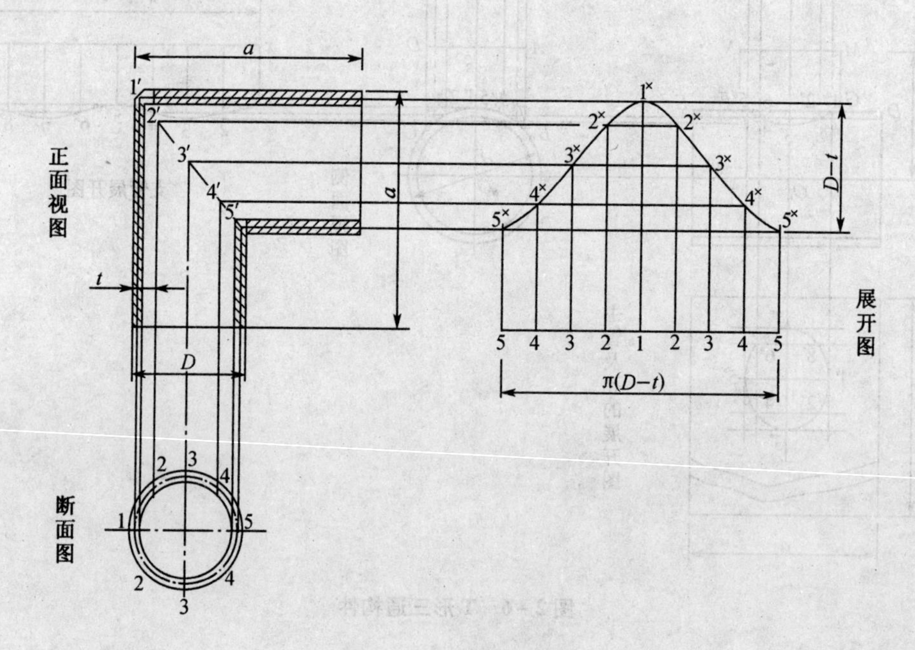

图 2－8　90°圆管弯头

如图 2－9 所示为任意角度的方管弯头，板厚处理为单面外铲 V 形坡口，正面视图接口处为内皮接触，因此在放样和作展开图时只画出内皮尺寸即可。

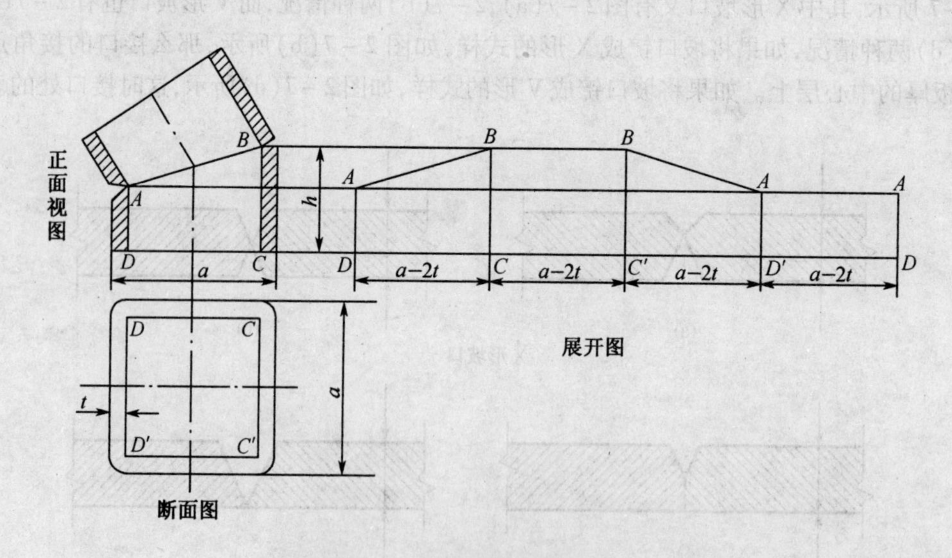

图 2－9　任意角度的方管弯头

3. 板厚处理的基本原则

综上所述，板厚处理的一般原则可以总结为如下四点：

(1)管件或挡板的展开长度。凡断面图为曲线形状，一律以板厚中心层展开长度为准；凡断面图为折线形状，一律以板的里皮伸直长度为准。

(2)侧面倾斜的构件高度。在画放样和展开图时，一般以板厚中心层的高度为准。

(3)相交构件的放样图和展开图的高度，不论是否铲坡口，一般都以接触部位尺寸为准，如果内皮接触，就以内皮尺寸为准，如果中心层接触，则以中心层尺寸为准。

(4)在不铲坡口的板厚处理时，一些构件的接口情况往往是有的地方内皮接触，这时应在放样图的断面图上把相应接触的部位画出来，展开图上各处高度也相应取各接触部位的高度，一般情况按如图 2-5 所示的作图方法即可。

二、加工余量

用一块平板制成立体的空间构件，一定会有上述的接缝和接口，在接缝和接口的地方，要经过一定的加工工艺，如铆接、焊接或者咬口，才能使整个构件制作成一个坚固的整体。那么，在加工连接的地方，就要占用展开图以外的部分面积，这些用于加工、连接的面积，就叫加工余量。

在制作拱曲构件时，展开图的周围总要放出一定宽度的修边余量，这种修边余量也叫加工余量，另外，如法兰的翻边量、板料边缘的卷管宽度等，也是加工余量。

一般情况下，加工余量仅指展开图边线向外扩张的宽度，把在板料放出加工余量的展开图称为展开料。

如图 2-10 所示为等径圆管 90°弯头的展开图上放出加工余量的情况，左边线、右边线和下边线外放出余量 δ_2，用于接缝和接口的留量；展开曲线外加放余量 δ_1，用于接口处的咬口余量，可以看出，加工余量的外边线总是和展开图相应边线平行或并行，这显示出了放加工余量的一般方法。

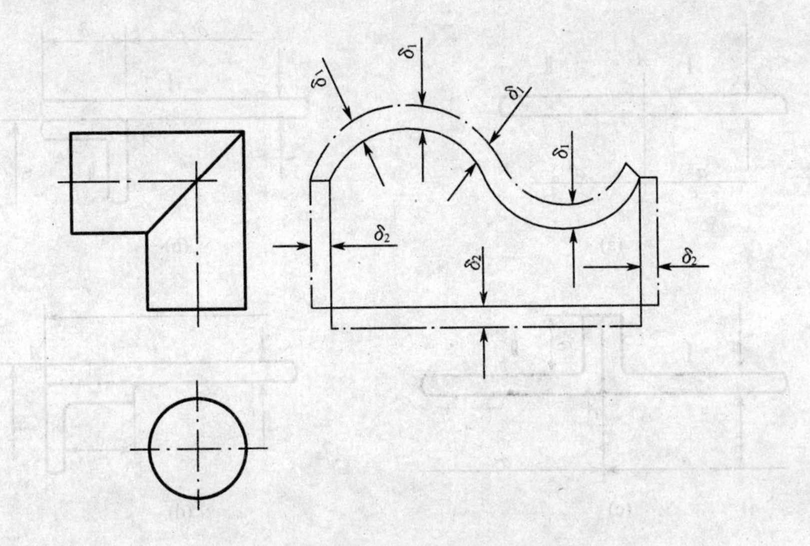

图 2-10　在展开图上放出加工余量

下面仅说明为制作连接缝和接口所设置的加工余量，加工连接的方法主要有三种，即铆接、焊接和咬接，连接方法不同，加工余量也不同。

1. 焊接时的加工余量

(1)对接。如图2－11所示板Ⅰ，Ⅱ的加工余量$\delta=0$。

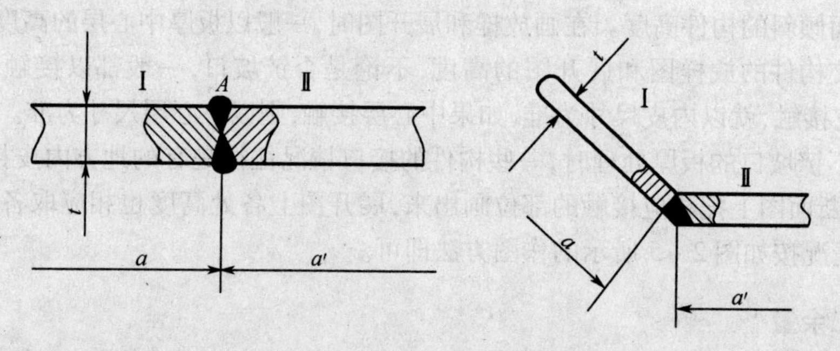

图2－11　对接时加工余量$\delta=0$

(2)搭接。如图2－12所示，设L为搭接量，A为L中点，则板Ⅰ，Ⅱ的加工余量$\delta=L/2$。

(3)薄壁钢板用气焊连接。如图2－13(a)所示，对接时$\delta=0$，如图2－13中(b)，(c)，(d)所示板Ⅰ，Ⅱ的加工余量$\delta=2\sim10$ mm。

2. 铆接时的加工余量

(1)用夹板对接。如图2－14所示，板Ⅰ，Ⅱ的加工余量$\delta=10$ mm。

(2)搭接。如图2－15所示，设搭接量为L，A在L的中点处，板Ⅰ，Ⅱ的加工余量$\delta=L/2$。

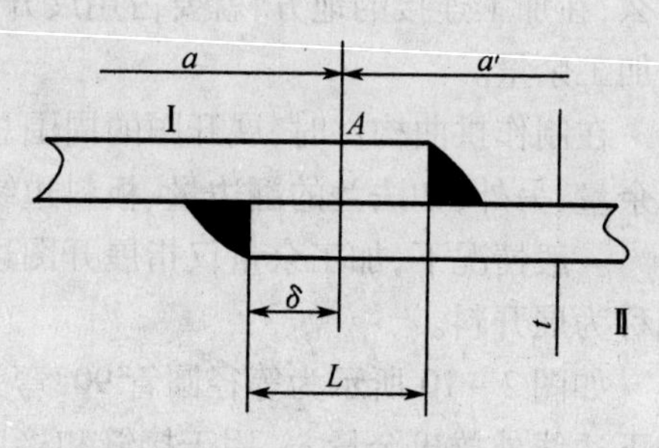

图2－12　搭接时加工余量$\delta=L/2$

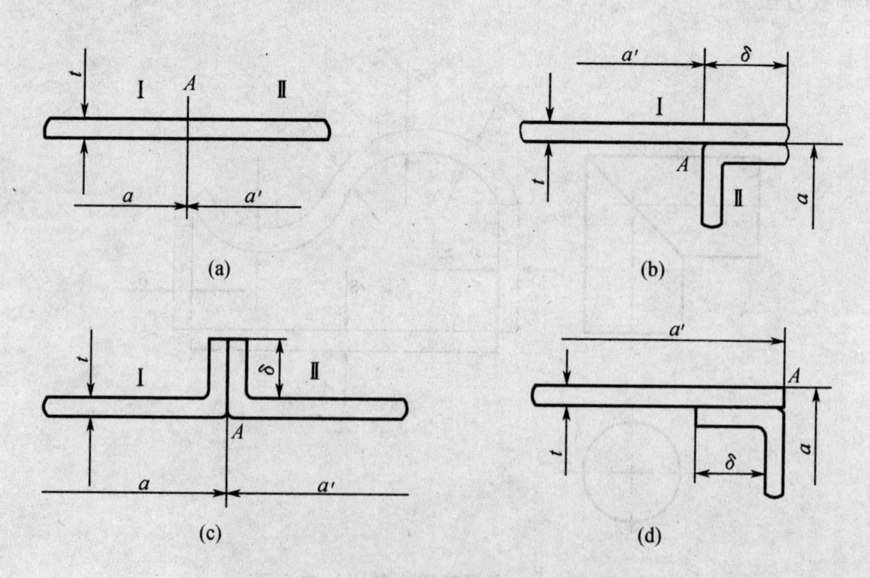

图2－13　薄壁钢板气焊连接加工余量

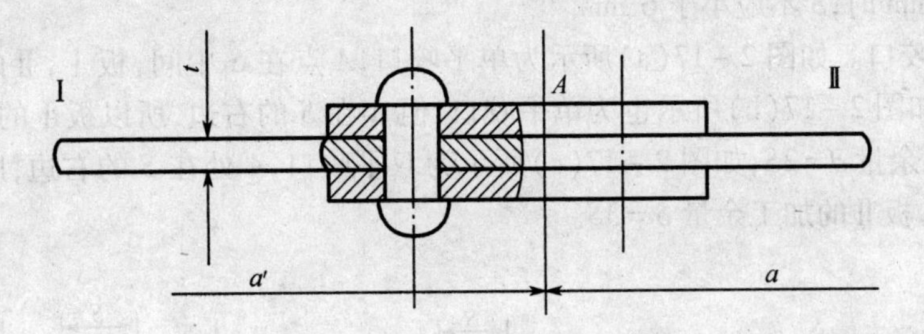

图 2-14　夹板对接加工余量 $\delta=10$ mm

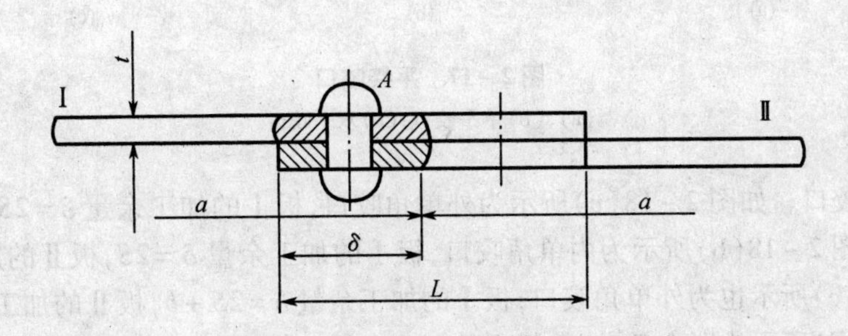

图 2-15　搭接加工余量 $\delta=L/2$

(3)角接。如图 2-16 所示,板Ⅰ的加工余量 $\delta=0$,板Ⅱ的加工余量 $\delta=L$,L 应根据强度和实际需要而定。

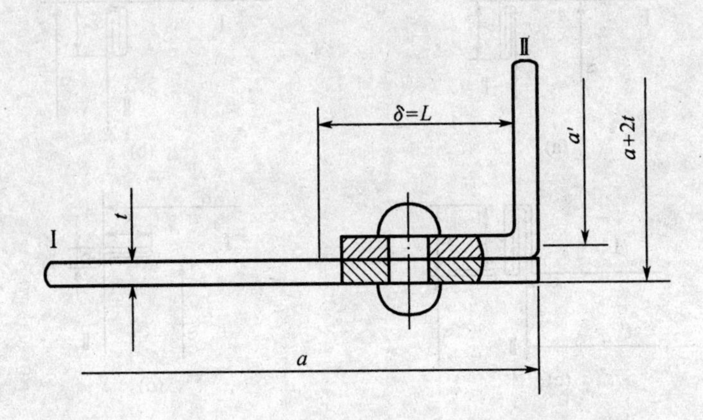

图 2-16　角接,板Ⅰ的加工余量 $\delta=0$,板Ⅱ的加工余量 $\delta=L$

3. 咬口时的加工余量

咬口连接方式适于板厚小于 1.2 mm 的普通钢板。厚度小于 1.5 mm 的铝板和厚度小于 0.8 mm 的不锈钢板,因咬口的形式不同,加工余量也不同,下面讨论几种常见咬口形式的加工余量。

如图 2-17 所示,S 表示咬口的宽度,叫单口量。咬口余量的大小,用咬口宽度即单口量数目来计算。咬口宽度 S 与板厚 t 有关,可用下面的经验公式表示:

$$S=(8\sim12)t$$

式中，$t<0.7$ mm 时，S 不应小于 6 mm。

（1）平接咬口。如图 2－17（a）所示为单平咬口，A 点在 S 中间，板Ⅰ，Ⅱ的加工余量相等，$\delta=1.5S$；如图 2－17（b）所示也为单平咬口，但 A 在 S 的右边，所以板Ⅰ的加工余量 $\delta=S$，板Ⅱ的加工余量 $\delta=2S$；如图 2－17（c）所示为双平咬口，A 处在 S 的右边，所以板Ⅰ的加工余量 $\delta=2S$，板Ⅱ的加工余量 $\delta=3S$。

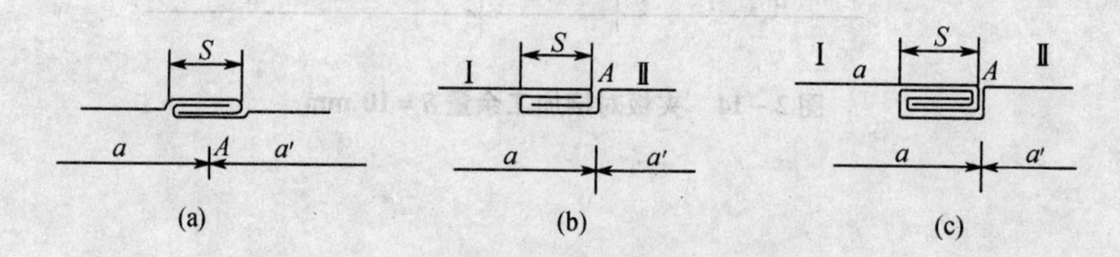

图 2－17　平接咬口

（a），（b）单平咬口；（c）双平咬口

（2）角接咬口。如图 2－18（a）所示为外单角咬口，板Ⅰ的加工余量 $\delta=2S$，板Ⅱ的加工余量 $\delta=S$；如图 2－18（b）所示为内单角咬口，板Ⅰ的加工余量 $\delta=2S$，板Ⅱ的加工余量 $\delta=S$；如图 2－18（c）所示也为外单角咬口，板Ⅰ的加工余量 $\delta=2S+b$，板Ⅱ的加工余量 $\delta=S+b$；如图 2－18（d）所示为联合角咬口，板Ⅰ的加工余量 $\delta=2S+b$，板Ⅱ的加工余量 $\delta=S$。上述的 $b=6\sim10$ mm。

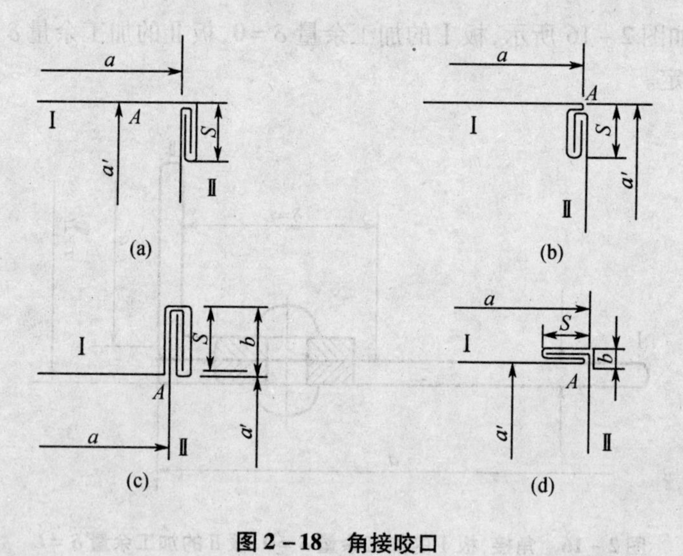

图 2－18　角接咬口

下面再说明构件边缘卷制圆管的加工余量问题。构件的边缘卷圆管，不仅可以避免边缘飞边扎伤使用人员，还可以提高构件的刚度，例如薄壁钢板容器的边缘卷管。卷管可分为两种，一种为空心卷管，一种为卷入铁丝。

如图 2－19 所示，设板厚为 δ，卷管内径或铁丝直径为 d，L 为卷管部分的加工余量，其大小可按下面的经验公式计算：

$$L=\frac{d}{2}+2.35(d+\delta)$$

式中，卷管的直径 d 应大于板厚 δ 的三倍以上，即 $d>3\delta$。

4. 对加工余量的补充说明

(1)在厚板料或型钢焊接的构件，均需预先留有 1～5 mm 的焊缝，这时的加工余量不再是正值，而是负值，即展开图边线应向内收缩。

(2)关于装配加工余量问题。在做通风管道的时候，往往把个别几节管子做得长一些，以便在安装的时候有调节配合的余地，长出来的部分就是装配加工余量。

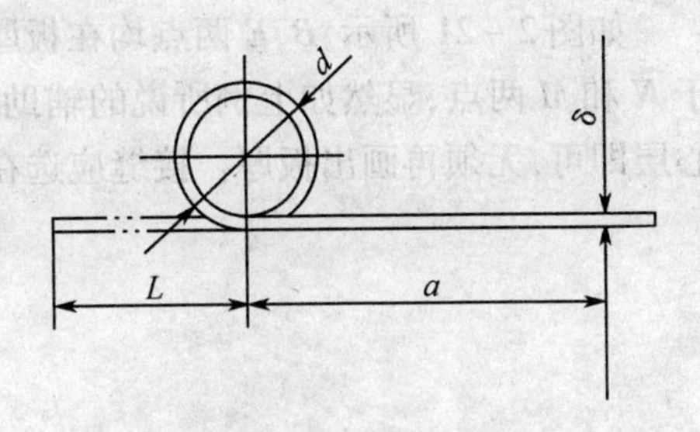

图 2－19　边缘卷管的加工余量

第二节　直圆和直圆管相交构件

一、等径直圆管相交的构件

一般在工程中常用的等径直圆管相交构件常属于中心线长且相交的情形，由前面的叙述可以知道，这一类构件的结合线为直线型结合线，其展开图用平行线法作出。其次，如果板厚处理不同，那么放样图和展开图也就有所不同。

1. 不铲坡口的一定板厚、任意角度的二节等径圆管弯头

如图 2－20 所示，因板厚处理不作铲口，因而 B 处里皮接触，E 处外皮接触；由中心线交点 O 和 E 作 AB 的垂线交内皮于 N 和 M，则 NB 和 NM 就分别是用辅助圆法作展开图时的辅助圆半径 r_2 和 r_1，显然 $r_1>r_2$。用辅助圆法作展开图时，r_1 在 O' 下面，r_2 在 O' 上面，展开图长度以管的中径展开长度为准。接缝选在侧面素线上，把以 r_1 和 r_2 为半径的辅助圆共分为 8 等份，因在上述辅助圆上作出的展开图具有对称性，所以只要画出辅助圆的 1/4 就可以了。

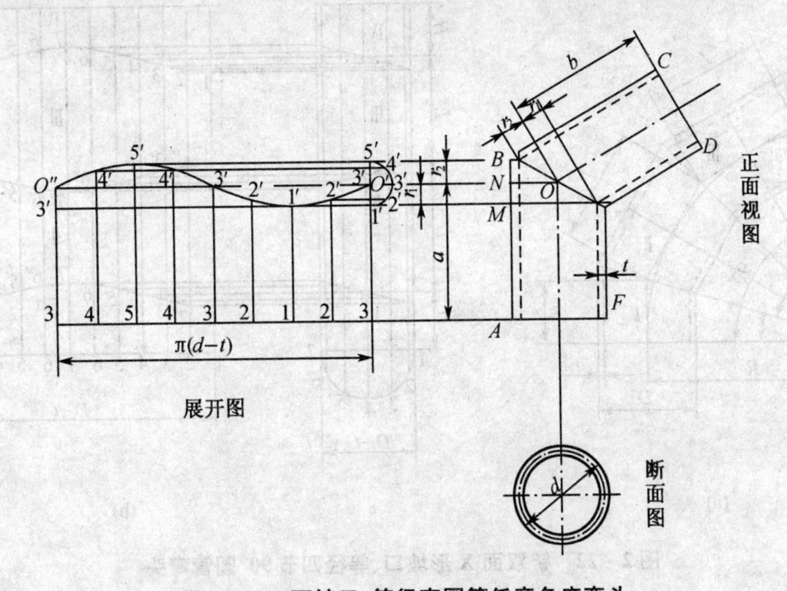

图 2－20　不铲口、等径直圆管任意角度弯头

2. 板厚处理采用双面 X 形铲口、任意角度的二节等径圆管弯头

如图 2－21 所示，B，E 两点均在板厚的中心层处接触。过 O 点和 E 点引 AB 的垂线交于 N 和 M 两点，显然如上例所说的辅助圆半径 $r_1 = r_2$。因而在放样时，只要画出板厚的中心层即可，无须再画出板厚。接缝应选在图中弯头内侧最短的母线上。

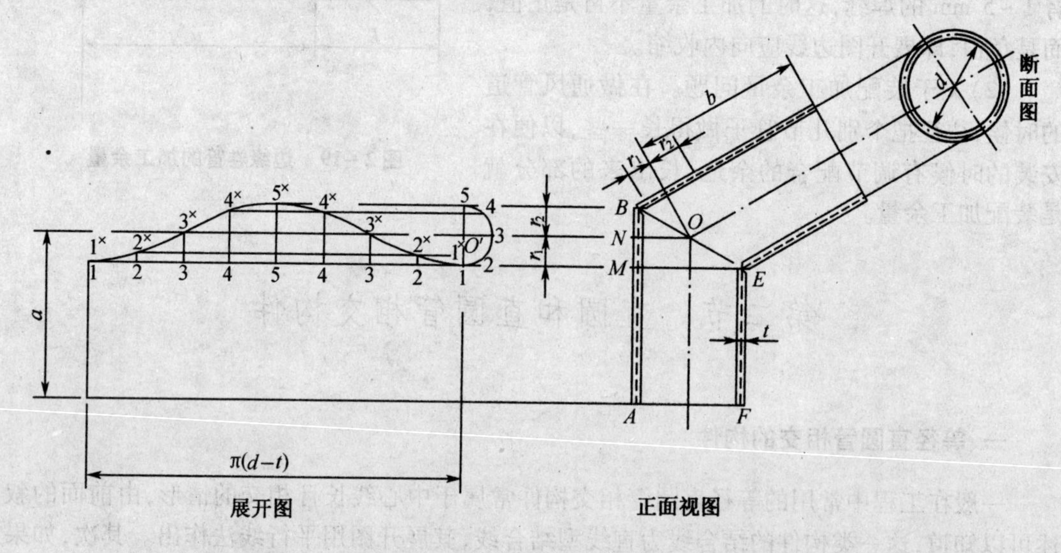

图 2－21 双面 X 形铲口、任意角度的二节等径圆管弯头

从以上两例可以看出，用辅助圆法求斜截圆管构件的展开图的关键，是求辅助圆半径 $r_1 > r_2$。如图 2－20 或 2－21 所示，只需在三角形 EBM 部分画线即可求出 r_1 和 r_2，这样只要依据板厚、管径和弯头角度，就能画出三角形 EBM，无须画出全部的放样图。

3. 铲双面 X 形坡口、等径四节 90°圆管弯头

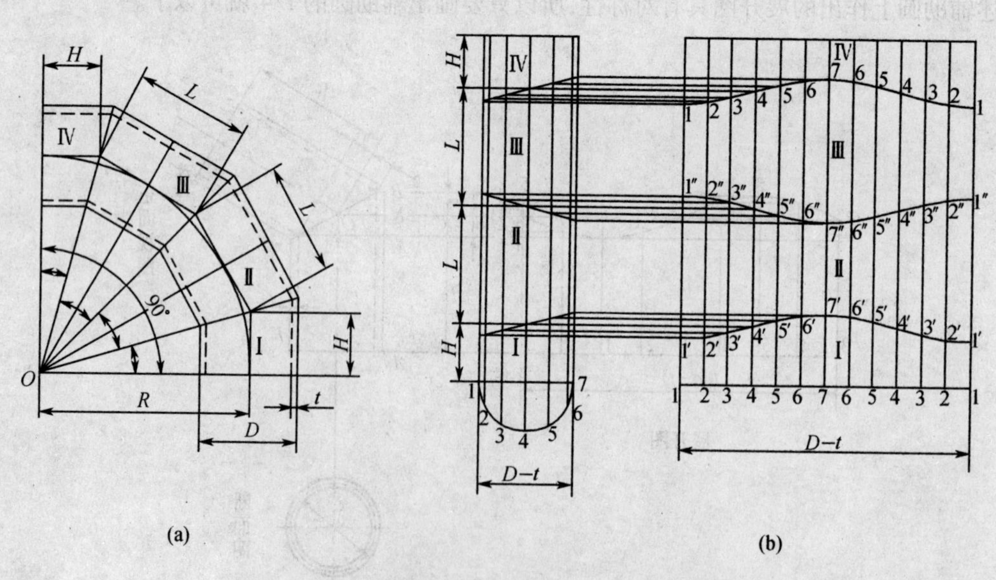

图 2－22 铲双面 X 形坡口、等径四节 90°圆管弯头

(a)放样图；(b)展开图

如图 2－22 所示，从正面视图可以看出弯头由四节直径相同的圆管组成，两端口平面相垂直，件Ⅱ和件Ⅲ的轴线长度相同，件Ⅰ和Ⅳ的轴线长度相同并为中节件Ⅱ和件Ⅲ的一半，相贯线平面和轴线垂直面间的夹角为 15°。图中尺寸为板厚处理的尺寸，因双面铲 X 形坡口，所以应按圆管的板厚中心层尺寸画出。

图 2－22 中弯头的放样展开图，放样图为中心高度为 $2L+2H$、直径为 $D+t$ 的圆柱面投影，两相贯线与底圆投影的夹角均为 $\alpha=15°$。展开图为被三条曲线分割的一边长度为 $\pi(D+t)$，一边长度为 $2H+2L$ 的矩形。将放样图底圆在平面图上的投影画出并将半圆周六等分，过各点作圆柱素线和四管的结合线交于各点，再过各点作水平投影线。在放样图底圆的投影延长线上截取线段长度为圆周的展开长度 $\pi(D+t)$，并将线段作 12 等分，先作出如图 2－22 所示的矩形，将接口位置放在 1 线上，过各等分点作垂线和各水平投线对应交得 1°，2°，…，1″，2″，…和 1′，2′，…各点，光滑连接各点即得到由三条曲线分割的全部展开图形。

4. 双面铲坡口，等径斜 T 形三通

如图 2－23 所示，因板厚处理为双面铲 X 形坡口，构件的接口在板厚中心层的尺寸画出。如果该构件两相交的中心层上接触，样图可直接按板厚中心层尺寸画出。如果该构件两相交的中心轴线夹角为 90°，就变成了等径直角三通，因而不再详述等径直角三通的下料具体方法。

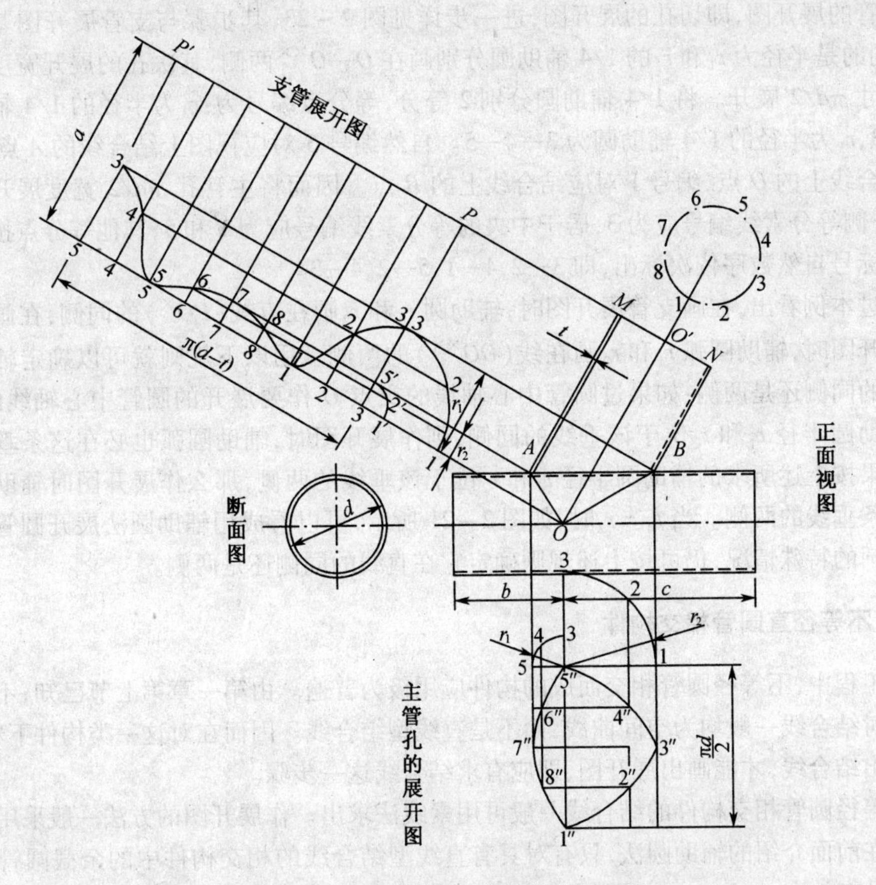

图 2－23　双面铲坡口，等径斜 T 形三通

本例对等径斜 T 形三通构件的展开仍然采用辅助圆法，首先说明支管的展开步骤（显

然该构件的结合线为直线型结合线，即 $A—O—B$）：

（1）如图 2 - 23 所示，过 B，O 分别作 MA 的垂线，并直接量出辅助圆半径 r_1 和 r_2。

（2）延长 MN，MN 为支管端口在正面视图的投影并与支管中心轴线垂直。在 MN 延长线上截取线段 $P'P$，其长度为 $\pi(d-t)$，并将该线段 8 等分。接缝应选在 BN 处，过等分点引 $P'P$ 的垂线。

（3）以 $O^{\times}$ 为圆心，分别以 r_1 和 r_2 为半径画 1/4 同心圆弧位于过 O 点作的 MA 的垂线上方（$O^{\times}$ 为过 O 点引 MA 的垂线和过 P 点引 $P'P$ 的垂线的交点），然后分别把两 1/4 圆弧 2 等分。

（4）如图 2 - 23 所示，以 r_2 为半径的 1/4 圆弧的等分点标为 1—2—3，以 r_1 为半径的 1/4 圆弧的等分点标为 1′—2′—3′。自然 1′，1 对应视图上结合线上的 O 点，3 对应结合线上的 B 点，3′对应结合线上的 A 点。接缝先在 BN 处，即展开图上最外边的等分点的素线应标为 3，展开图上居于中央的等分素线应标为 3′。这样，展开图上其他各等分素线的标号在以上分析的基础上，可按照辅助圆上等分点标号的自然数序依次标出，即 3—2—1（1′）—2′—3′—2′—1（1′）—2—3。

（5）过辅助圆上的等分点作 $P'P$ 的平行线与同名素线相交，用描点法将各交点依次连接，即得到支管的展开线。

主管的展开图，即切孔的展开图，进一步详见图 2 - 23，其步骤与支管展开图基本上一致，不同的是半径为 r_1 和 r_2 的 1/4 辅助圆分别画在 $O—O^{\times\times}$ 两侧，其次孔的展开宽度按主管外皮尺寸 $\pi d/2$ 展开。将 1/4 辅助圆分别 2 等分，等分点编号为：r_2 为半径的 1/4 辅助圆为 1—2—3，r_1 为半径的 1/4 辅助圆为 3—4—5。自然编号 5 对应视图上结合线的 A 点，编号 3 对应结合线上的 O 点，编号 1 对应结合线上的 B 点。因而将主管孔 $\pi d/2$ 宽度展开线 4 等分，最外侧等分素线编号应为 3，居于中央的等分素线编号应为 1 和 5，其他等分点按辅助圆等分点标号自然数序依次标出，即 3—2，4—1，5—2，4—3。

通过本例看出，在画支管展开图时，辅助圆 r_1 和 r_2 画在直线（$PO^{\times}$）的同侧，在画主管切孔的展开图时，辅助圆弧 r_1 和 r_2 画在线（$OO^{\times\times}$）的两侧。用以下规则就可以确定辅助圆在该直线的同侧还是两侧：如果过圆管中心轴线的交点 O 作要展开的圆管中心轴线的垂线，所求辅助圆半径 r_1 和 r_2 位于该垂线的同侧，则作展开图时，辅助圆弧也必在这条垂线的同侧。如果按上述所求的辅助圆半径 r_1 和 r_2 位于该垂线的两侧，那么作展开图时辅助圆弧也必在这条垂线的两侧。当 $r_1=r_2$ 时，如图 2 - 21 所示，可以看成用辅助圆法展开圆管时的两个辅助圆的特殊情况，仍可按上述规则确定它在直线的同侧还是两侧。

二、不等径直圆管相交构件

在工程中，不等径圆管相交而成的构件应用极为普遍。由第一章第七节已知，不等径圆管相交时结合线一般均为空间曲线，而不是直线型结合线。因而在对这一类构件下料时，必须先求出结合线，才能画出展开图，即应有求结合线这一步骤。

不等径圆管相交构件的结合线一般可用素线法求出。作展开图的方法一般采用平行线法。而在前面介绍的辅助圆法，只有对具有直线型结合线的相交构件中的余截圆管展开才能够简易有效。

假设在下面的实例中，构件接口处均铲双面 X 形坡口，因此放样图均按板厚中心层的尺寸画出。

1. 不等径圆管斜 T 形三通

如图 2 - 24 所示，接口处铲双面 X 形坡口，板厚处理后的尺寸有 D,d,a,b,c 和 S。

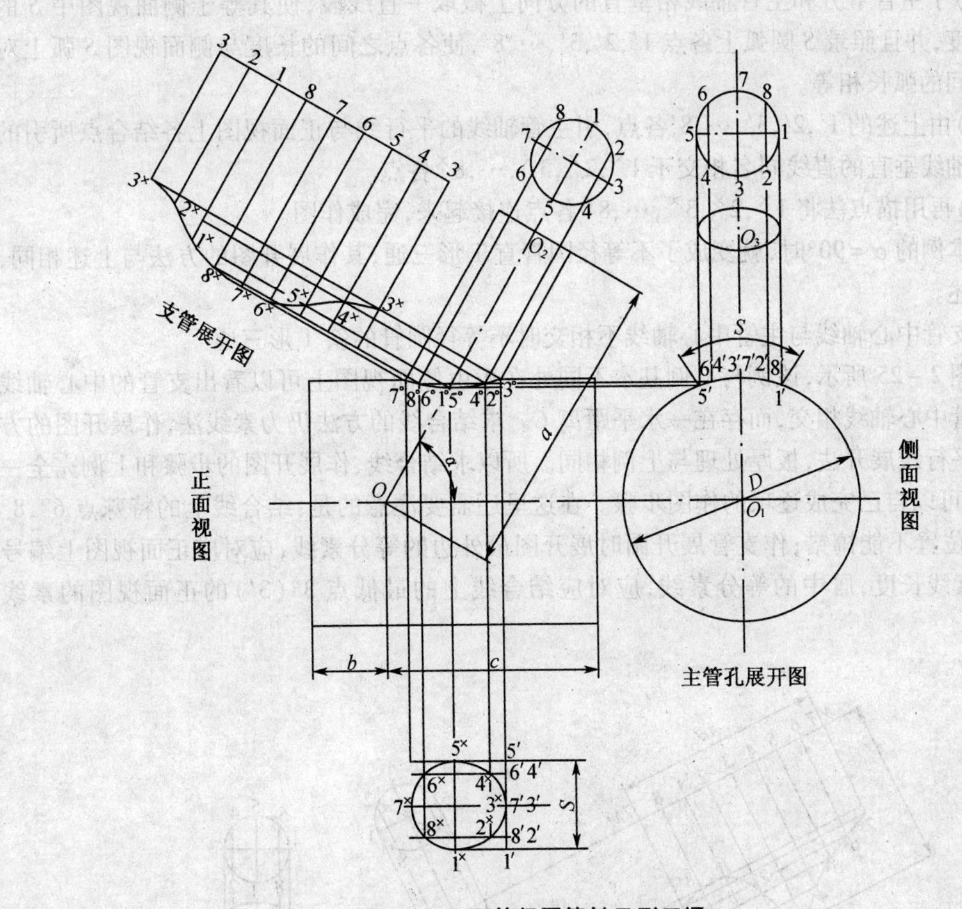

图 2 - 24　不等径圆管斜 T 形三通

采用素线法求结合线，支管的素线由断面图上 8 个等分点决定。具体步骤可详见第一章第七节“用素线法求结合线”应用实例例 1 图 1 - 76 的相应内容。即首先应在侧面图上画出支管瑞口的断面图并 8 等分。过等分点，引支管轴线的平行线交侧面图上的结合线 S 于 $1',2',3',\cdots,8'$。然后在正面视图上画出支管端口的断面图，并按投影规律把侧面视图上支管断面图的 8 个等分点“搬移”到正面视图的支管断面图上，再过这些等分点，引支管轴线的平行线。最后过侧面视图结合线上 $1',2',3',\cdots,8'$ 各结合点，引与主管轴线平行的直线，交正面视图上的同名素线于 $1^\circ,2^\circ,3^\circ,\cdots,8^\circ$，上述 8 个结合点在正面视图上的投影即为正面视图上的结合点。用平滑曲线连接各结合点，即所求的结合线。

支管和主管均采用平行线展开法作展开图。在作支管的展开图时，应同时考虑接缝长度问题。为使其最短，展开图上最外边的等分素线，应对应于视图上标号为 3 的素线，展开图上居中的等分素线，对应于视图上标号为 7 的素线。这样引出正面视图上支管端口的投影线的延长线，并截取出 πd 长度，将其 8 等分，按上述和端口断面图上等分点的自然数序标为 3,2,1,8,7,6,5,4,3。过上述点引与正面视图上支管中心轴线平行的等分线，并截取正面视图上同名素线的长度，截点分别为 $3^\times,2^\times,1^\times,8^\times,7^\times,6^\times,5^\times,4^\times,3^\times$，用平滑曲线连接各点，得到支管的展开图。

下面再将切孔的展开过程略述如下：

(1)于主管下方和主管轴线相垂直的方向上截取一直线段，使其等于侧面视图中 S 的圆弧长度，并且照录 S 圆弧上各点 $1',2',3',\cdots,8'$，使各点之间的长度与侧面视图 S 弧上对应各点间的弧长相等。

(2)由上述的 $1',2',3',\cdots,8'$ 各点，引主管轴线的平行线与正面视图上各结合点所引的与主管轴线垂直的直线同名相交于 $1^{\times},2^{\times},3^{\times},\cdots,8^{\times}$ 各点。

(3)再用描点法将 $1^{\times},2^{\times},3^{\times},\cdots,8^{\times}$ 各点连接起来，完成作图。

当本例的 $\alpha=90°$ 时，就变成了不等径圆管直 T 形三通，其作展开图的方法与上述相同，不再赘述。

2. 支管中心轴线与主管中心轴线不相交时不等径圆管的斜 T 形三通

如图 2－25 所示，该例与上例基本不同处在于由侧面视图上可以看出支管的中心轴线不与主管中心轴线相交，而存在一水平距离 C。求结合线的方法仍为素线法，作展开图的方法仍用平行线展开法，板厚处理与上例相同。所以求结合线、作展开图的步骤和上例完全一致，读者可以自己完成逐项的作图步骤。在这里还需要注意的是：结合线上的特殊点 6°，8°($6',8'$)位置不能搞错；作支管展开图时展开图最外边的等分素线，应对应正面视图上编号为 7 的素线长度，居中的等分素线，应对应结合线上的最低点 3°($3'$)的正面视图的素线长度。

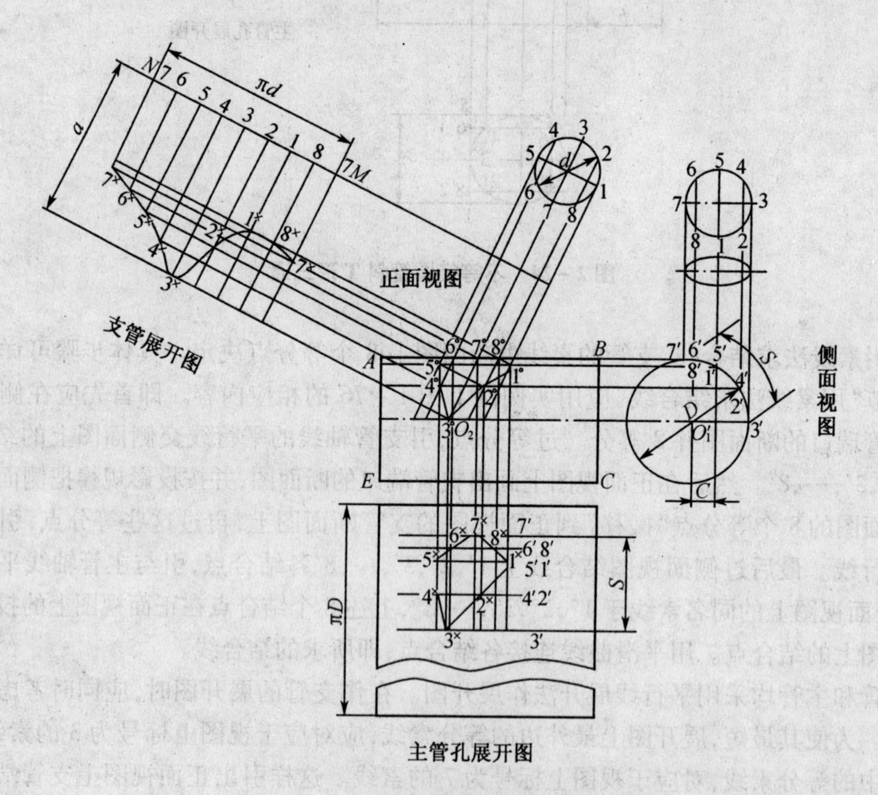

图 2－25　中心轴线不相交时斜 T 形三通

3. 等径二节圆管弯头外侧斜接一小圆管的三通构件

如图 2－26 所示，接口处仍按铲双面 X 坡口进行板厚处理，样图按板厚的中心层画出，仅给出大小半径 R 和 r，其余尺寸未标。该构件由三个管件两两相交而构成，在工程中经常见到，并且必然会遇到求结合线问题。

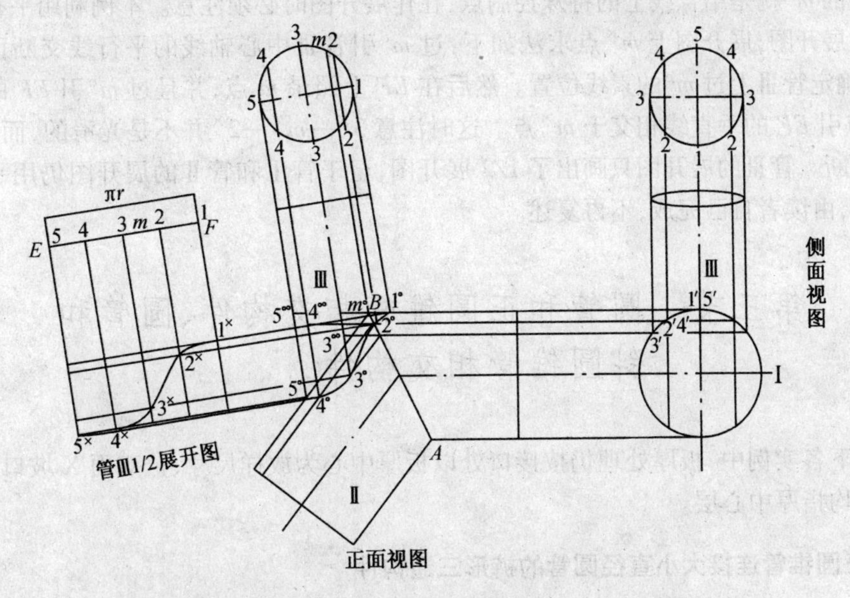

图 2－26　等径二节圆管弯头外侧斜接一小圆管的三通构件

求两两相交多个管件组成的构件的结合线大致的思路是：分别求Ⅰ与Ⅱ，Ⅱ与Ⅲ和Ⅲ与Ⅰ的结合线，即分别求两两结合线，然后再看这些结合线有无公共点，如图 2－26 所示的 m° 点是结合线具有的公共点，实际上可以看成结合线上的特殊点。当存在特殊点时，由于各结合线被特殊点分成几部分，那么就要对整个构件进行综合分析，找出并去掉那些实际上并不存在的"结合线"，或者说去掉与展开无关的部分，剩下的就是实际存在于构件表面的结合线。

本例仍可用素线法求两两管件的结合线，不过管Ⅰ和管Ⅱ组成一等径圆管弯头，由上述可知其结合线为直线型结合线，即图 2－26 所示 AB 直线。由于具有这种特殊情况，可以用下面的稍加变化的素线法，同时求出Ⅲ与Ⅰ构件和Ⅲ与Ⅱ构件的结合线。其步骤是：

(1)先画出管Ⅲ与管Ⅰ的相交构件的侧面图。其主要目的是找出侧面视图上管Ⅲ与管Ⅰ的相交构件的结合线。

(2)在正面视图上画出管Ⅲ端口的断面图，并 8 等分，等分点编号为 1,2,3,4,5,4,3,2,1。过上述等分点引管Ⅲ中心轴线的平行线，即作出管Ⅲ的同名素线。

(3)补画出管Ⅲ与管Ⅰ相交构件的侧面视图上的管Ⅲ端口的断面图，按投影规律把正面视图上管Ⅲ的断面图的 8 个等分点，搬移到侧面视图上管Ⅲ的断面图上，并过这些等分点作管Ⅲ的同名素线与侧面视图上的结合线交于 1′,2′,3′,4′,5′,4′,3′,2′,1′。

(4)过 1′,2′,3′,4′,5′,4′,3′,2′,1′各点引管Ⅰ轴线的平行线与管Ⅰ管Ⅱ的直线型结合线 $A—B$ 相交，再过这些交点引与管Ⅱ中心轴线平行的素线。上述的管Ⅰ和管Ⅱ的平行素线，分别与步骤(1)所作的管Ⅲ的同名素线同名相交于 1°,2°,3°,4°,5°,3°°,4°°,5°°各点，对这些结合点综合分析，其中 1°—2°—3°—4°—5°即为管Ⅰ和管Ⅲ的结合线，这条结合线与 A—B 交于 m°，则 m°—3°—4°—5°为管Ⅱ与管Ⅲ的结合线，而 m°—3°°—4°°—5°°实际上并不存在，所以构件上真正存在的结合线是 A—m°—m°—2°—1°和 m°—3°—4°—5°，至此结合线全部求出。

这里的 m°就是结合线上的特殊控制点，在作展开图时必须注意。本例利用平行线法作出管Ⅲ的展开图，展开图上 $m^{\times}$ 点求法如下：过 m°引管Ⅲ中心轴线的平行线交断面图于 m 点，由此确定管Ⅲ上过 m°的素线位置。然后在 EF 上照录 m 点，并且过 m°引 EF 的平行线与过 m 点引 EF 的垂直线相交于 $m^{\times}$ 点。这时注意 $3^{\times}$—$m^{\times}$—$2^{\times}$ 并不是光滑的，而是在 $m^{\times}$ 点突然折断。管Ⅲ的展开图只画出了 1/2 展开图，至于管Ⅰ和管Ⅱ的展开图仍用平行线展开法画出，由读者自己完成，不再复述。

第三节　圆管和正圆锥管相交构件、圆管和斜圆锥管相交构件

在以下各实例中，板厚处理仍按接口处以板厚中心为放样尺寸、铲双面 X 坡口，样图中的轮廓线均指厚中心层。

一、正圆锥管连接大小直径圆管的裤形三通构件

如图 2－27 所示，由第一章关于直线型结合线叙述部分图 1－44 和图 1－48 可知，该三通构件各管件的结合线应为直线型结合线。其结合线为直线型结合线的条件是，两旋转面（圆管和锥管、锥管与锥管）轴线相交并且所在平面平行于投影面，而且两形体投影边线又能同时切于一圆。

下面首先说明放样和结合线的求法。如图 2－27 所示，先按已知尺寸 a，d_1，d_2，h_1，h_2，h_3 画出构件的正面视图，以 O_1 和 O_2 为圆心画圆管Ⅰ和圆管Ⅲ的断面图，分别连接两个圆的外公切线，与圆管Ⅰ两侧边线交于 1°，G，F 与圆管Ⅲ两侧边线交于 1′，5′及 H 点。连接各管件对应边线交点，连接 1°—F 和 1°—G 得交点 3，则 1°—3°，3°—H，1′—5′即为所求结合线。

求出结合线后，构件被分割成三种类型的管件，其中直圆斜截管件用平行线展开法展开，斜截圆锥形用放射线展开法展开。

圆管Ⅰ的展开，二等分 1/4O_1 圆周，等分点为 2，等分点编号为 1，2，3，对应的圆管Ⅰ表面的素线长度为过结合线上 1°，2°，3°点的素线长度。然后延长端口边线，截取 1—1 等于 O_1 圆周长，并照录圆周上的等分点 1—2—3—2—1—2—3—2—1。过各等分点引垂线与过结合线上 1°，2°，3°所引的平行于端口边线的平行线同名相交，将上述交点连成曲线，即得出圆管Ⅰ的展开图。Ⅲ管为斜截直圆管，其展开可用以上叙述的辅助圆展开法，也可以采用如图 2－27 所示的平行线展开法，具体过程不再复述。

Ⅱ管为两端斜截的正圆锥管。这一类管件的展开应用放射线展开法画出展开图，其原理可详见第一章有关放射线展法的内容。放射线展开法的一个关键问题是，应求出过锥顶圆锥表面素线的实长，即求所谓一般位置直线的实长。Ⅱ管展开步骤如下：

（1）补齐未截切时的正圆锥，即延长正面投影视图管Ⅱ的投影边线交于 O，即锥顶。在管Ⅱ的中心线上任作垂线交投影边线于 1，5 两点，并画出 1—5 截口的断面图。如图 2－27

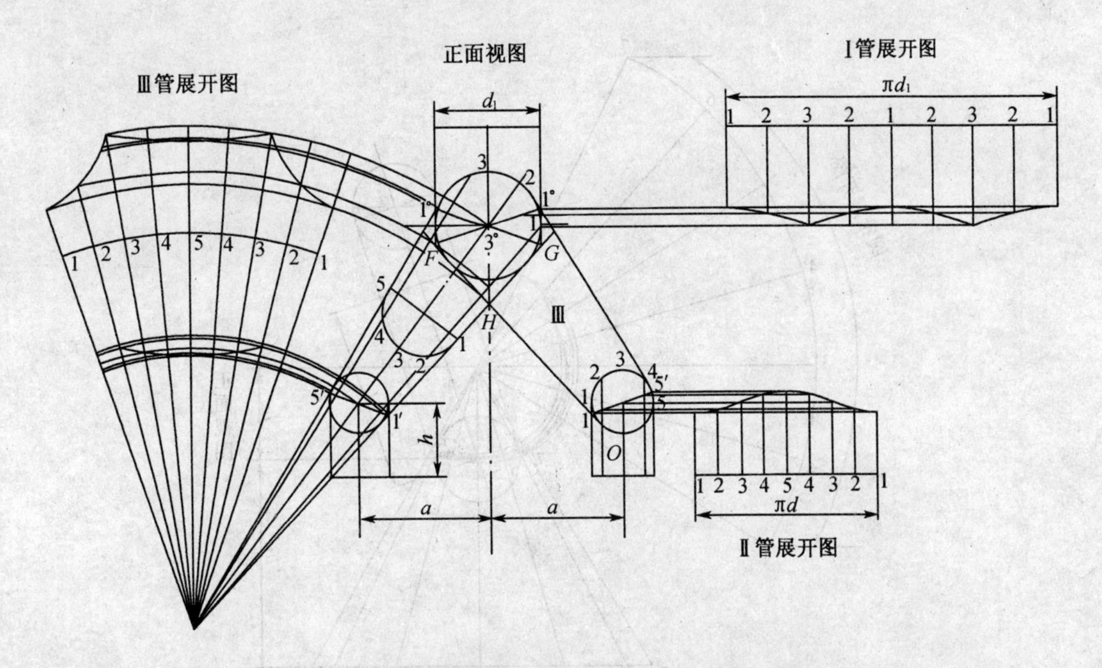

图 2-27　正圆锥管连接大小直径圆管的裤形三通构件

所示仅画出一半,分为 4 等份,等分点 1—2—3—4—5。过等分点作圆锥面的同名素线。

(2)以锥顶 O 为圆心,以 O—1(或 O—5)为半径作圆弧,其圆弧长度为乘以 1—5 连线长度。以编号 5 素线为展开图上居中的等分线,将圆弧 8 等分,依断面圆编号数序标为 1—2—3—4—5—4—3—2—1。

(3)过锥体表面素线与结合线的交点引锥体中心轴线的垂线(即引 1—5 的平行线)交于圆锥投影边线,得到交点。此时交点到锥顶的长,反映了同名素线的实长。这一步骤实际上为用旋转法求表面素线实长,然后以锥顶 O 为圆心,分别以上述交点为半径画圆弧与展开图上过同名等分点 O 的射线相交,得到交点。在展开图上将这些交点连成曲线,即得到管Ⅱ的展开图。

二、圆管和圆锥管组成的两节弯头构件

如图 2-28 所示为圆管和圆锥管组成的两节弯头构件,实际上可作为正圆管和正圆锥相交的吸风罩构件。两形体中心线相交且反映实长,假设板厚处理后放样尺寸为 a,r,d,h_1,h_2 和 α。

放样时画出构件在正面视图上的投影边线,接着就是求结合线问题。依据已知条件,可用辅助球面法求结合点,辅助球面法求结合点可详见第一章的有关叙述。同时依据已知条件,还可以直接判断两管件投影边线的交点 1°和 7°也必是结合点。用辅助球面法求结合点的条件是:构件的两形体均为旋转体,其中心轴线相交且必须在投影面上反映实长,即平行于投影面。如果满足以上条件,这一方法与求结合线的其他方法比较,作图比较简便。如求结合线上某一结合点,以两轴线交点为圆心,某一定半径长画圆(辅助球面在视图上的投影),该圆与两形体投影边线交点连线的交点即为结合线上的点。画出多个同心圆即可以求出多个结合点,由此画出结合线。如图 2-28 所示,展示出了一个辅助球面和对应的一个

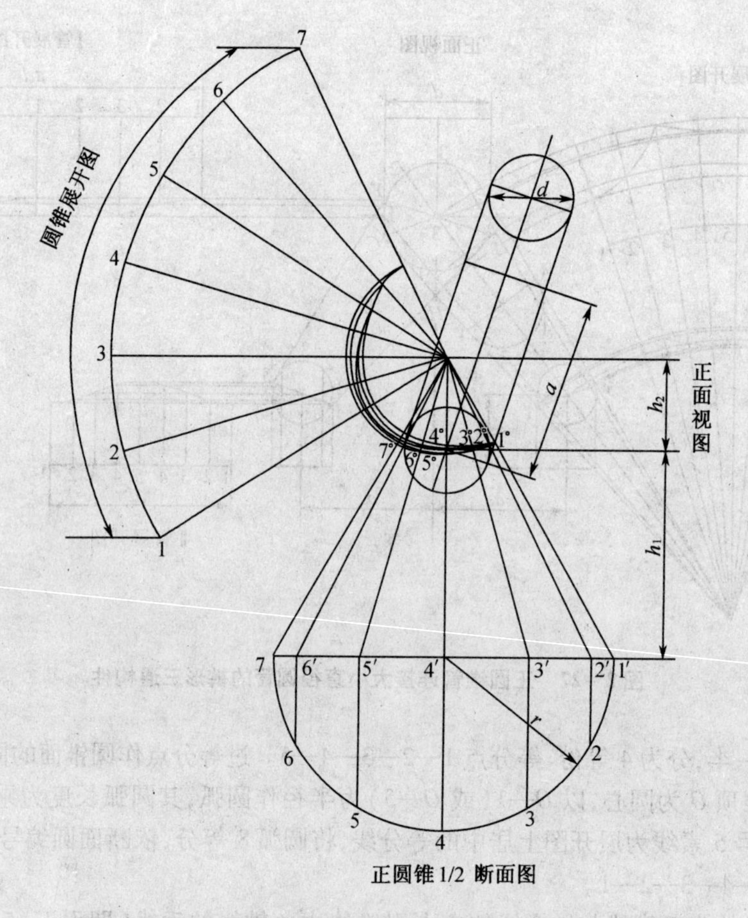

图 2－28　圆管和圆锥管组成的两节弯头构件

结合点。

求出结合线后，圆管的展开图可用平行线展开法。正圆锥的展开图作法为：首先在圆锥面上画出 12 条等分素线，可通过等分圆锥底面断面圆得到。各素线与结合线的交点编号与素线同名。如图 2－28 所示标为 1°，2°，3°，4°，5°，6°，7°。然后用上例说明的旋转法求出第一条素线的实长。最后用放射线展开法作展开图，如图 2－28 所示画出 1/2 的展开图。

这里还需说明的是：形体表面素线是在用辅助球面法、求出结合线后再添加的，因而不能保证这些素线通过用辅助球面法所求出的结合点。这一点和叙述的用素线法求结合线的情况不同。因而要求用辅助球面法求结合线时，结合线必须画得相当精确，不然误差将会增大。

三、主管为直圆管、支管为正圆锥的构件

如图 2－29 所示，该构件两形体中心线相交且反映实长。假设板厚处理后样图 a，b，h_1，h_2，d_1，d_2，d_3 和 α，仍可用辅助球面法求结合点，正面视图上 1，2，3 及 9，10，11 为用辅助球面法求出来的结合点，依照已知条件，6，7，8，12 为投影边线交点，也必然是结合点。

支管为正圆锥管件的展开用放射线展开法，图 2－29 未画出，由读者完成。直圆管件的展开应采用平行线展开法，下面为右侧切口的展开步骤：

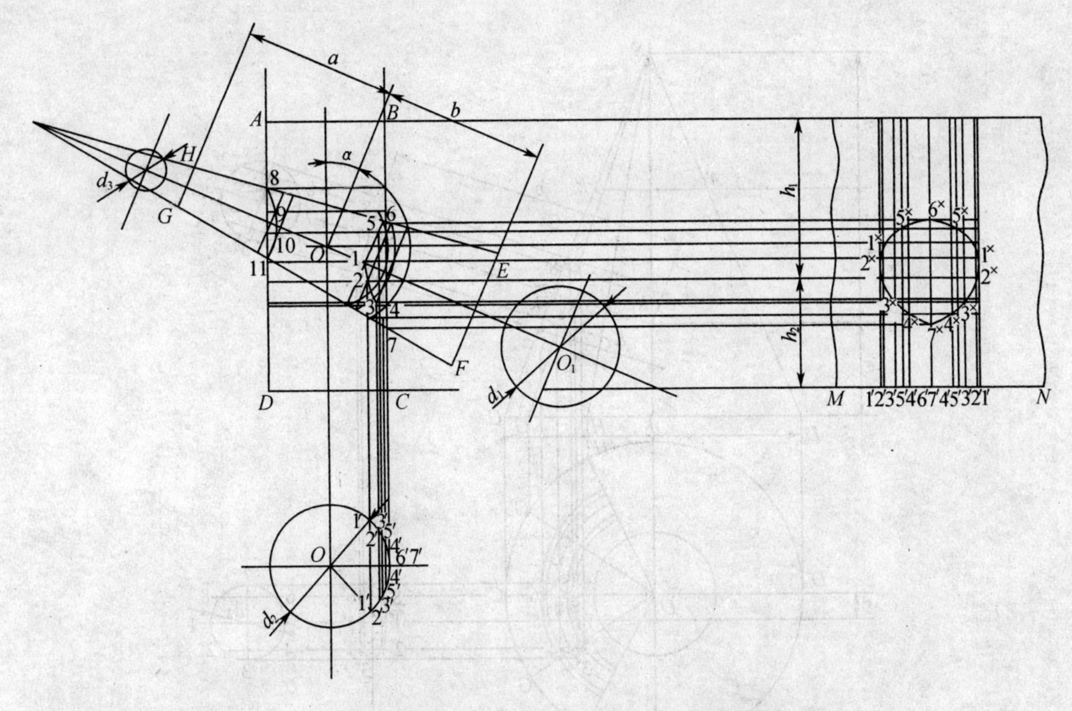

图 2-29　主管为直圆管、支管为正圆锥的构件

(1)在直圆管表面添加过所求结合点 1,2,3 及 6(7)的素线,并过结合线 1—6 和 3—7 添加一素线交结合线于 4 和 5 两点。这些素线交直圆管端口断面圆于 1′,2′,3′,4′(5′),6′(7′)。

(2)过 *DC* 即在与直圆管轴线相垂直的方向上引出延长线 *MN* 并截取一线段,使其长度等于直圆管断面圆上与素线截交范围相同的弧长,并在其上按断面上各点间的弧长照录各点,然后过这些点引出 *M*—*N* 的垂线。

(3)在正面视图上过结合线上 1,2,3,4,5,6,7 各点,引 *M*—*N* 的平行线与 *M*—*N* 上各点所引的垂线同名相交于 1^×^,2^×^,3^×^,4^×^,5^×^,6^×^,7^×^,顺序光滑连接,即获得右侧孔的展开图。

在本例中,如果保留 *A*—*D* 以右部分,就是一个支管为扩张管的三通构件,如果只保留 *BC* 以左部分,就是一个支管为渐缩管的三通构件。

四、直圆管斜插正圆锥管的构件

如图 2-30 所示,假设板厚处理后的放校尺寸有 $a,b,c,d_1,d_2,h_1,h_2,h_3$。

斜插由图 2-30 样图可知,两形体中心线不相交,而有距离 a。因此,不再用辅助球面法求结合线的条件。由第一章相交构件的结合线和结合线的求法的有关叙述可知,采用辅助平面法求结合线比较方便。

首先把圆管的断面圆 8 等分,过水平面视图中的 *D*′—*C*′—8″(6″)直线作垂直于水平面的切面。该切面为一辅助平面,它与正圆锥的截交线在正面视图上就是 *S*—*D*—*C*,而在圆管上的截交线就是圆管上的素线 8′—K_1 和 6′—K_2。显然,同一辅助平面上两形体的截交线,即 8′—K_1 与 *S*—*C* 和 6′—K_2 与 *S*—*C* 的交点 8^✓^ 和 6^✓^ 为结合点。

将完整的结合线求出来还需作出与上述不同的另一类辅助平面,它们分别过正面视图

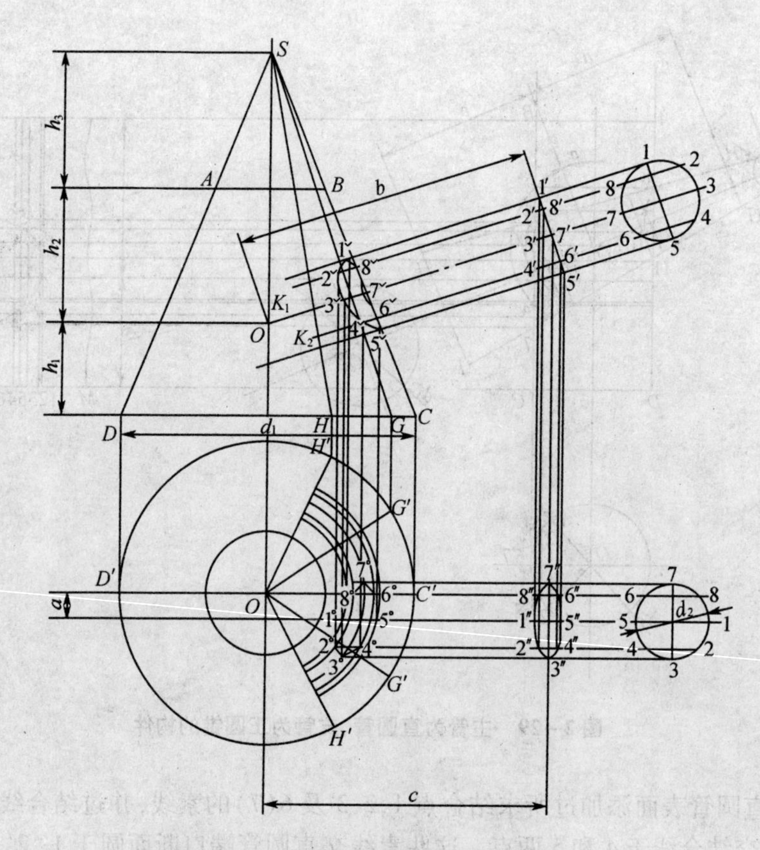

图 2－30　直圆管斜插正圆锥管的构件

中上圆管的 8 等分素线，并且垂直于正投影面，即分别过圆管素线 1，2(8)，3(7)，4(6)，5，垂直于正投影面的五个切面。这些切面与正圆锥的截交线在水平面投影图上为五条曲线，这五条截交曲线利用正圆锥表面的素线 $S—C(O—C')$，$S—G(O—G')$，$S—H(O—H')$ 通过素线法求出。这样在水平面视图中同一切面与两形体截交线，即圆管的素线与对应的正圆锥的截交曲线的交点即结合点，由此可得到结合线 $1^{\circ}—2^{\circ}—3^{\circ}—4^{\circ}—5^{\circ}—6^{\circ}—7^{\circ}—8^{\circ}—1^{\circ}$。最后，再利用圆管 8 等分素线，通过素线法把结合点投影到正面视图上，可得正面视图中的结合线 $1^{\vee}—2^{\vee}—3^{\vee}—4^{\vee}—5^{\vee}—6^{\vee}—7^{\vee}—8^{\vee}—1^{\vee}$。

在本例中，由于在水平面视图上已知圆管 8 等分素线中的 6 和 8 与正圆锥水平轴线重合，由视图的投影关系可知，正圆锥的投影边线 $S—C$ 同圆管的素线 $6^{\vee}$ 和 $8^{\vee}$ 同在一垂直于水平面的平面，因此，圆管素线 6 和 8 与 $S—C$ 的交点 6，8 一定为结合点。但是，如果圆管上所画的 8 等分素线均不能与正圆锥水平轴线重合，那么必须如上述那样作出上述第一类即过圆管素线垂直于水平投影面的辅助平面。另外，$S—C$ 与圆管表面的交点是结合线上的特殊点，是非求不可的。

五、主管为直圆管、支管为斜圆锥的构件

如图 2－31 所示，假设经板厚处理后的放样尺寸有 a,b,c,d_1,d_2,h_1 和 h_2。

由样图的侧面视图可知，两形体中心轴线并不相交，而且有水平距离 a，其中 $\overset{\frown}{7'3'}$ 的直圆

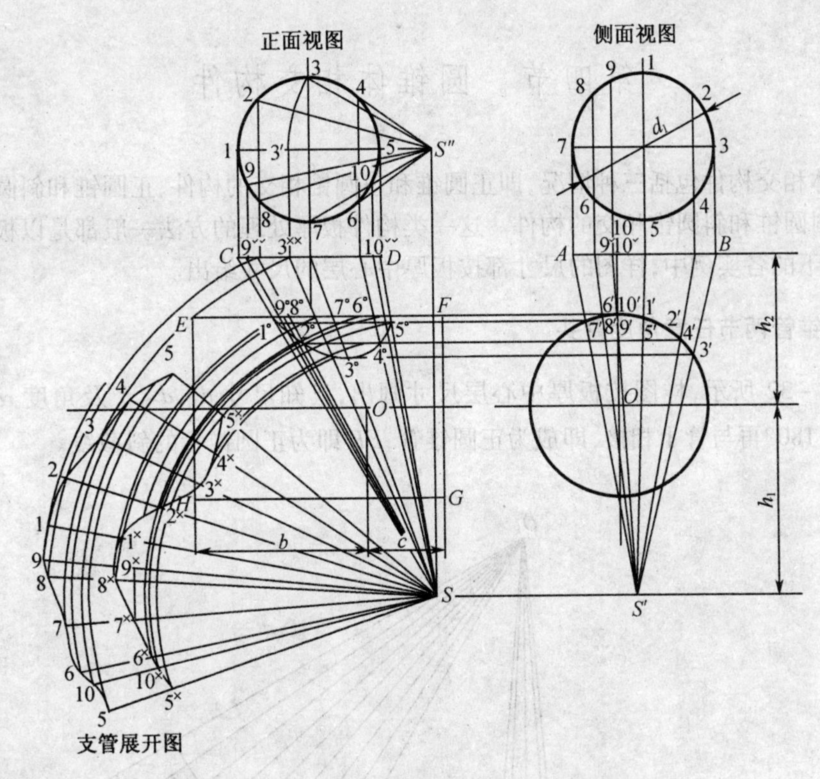

图 2-31　主管为直圆管、支管为斜圆锥的构件

管圆弧就是结合线。本例的主要问题是求出正面视图上两管件的结合线,然后分别作出展开图。将侧面视图上结合线的结合点投影到正面视图上相应点的方法应采用素线法,即把斜圆锥端口的断面圆分为 8 等份,按投影规律画出斜圆锥表面的同名素线。在侧面视图上,上述的同名素线与结合线分别相交于 1′,2′,3′,…,8′点,过这些结合点分别引圆管轴线的平行线与正面视图上斜圆锥的同名素线相交于 1°,2°,3°,…,8°点,用曲线按断面圆上等分点顺序连接,即可求出正面视图上的结合线。除此之外,在上述求结合线的过程中,对结合线上的最高点 9′(10′)应予以重视。把 9′(10′)投影到正面视图上仍然是采用素线法,即首先在侧面视图上作过 9′(10′)点的斜圆锥表面的素线 S'—9✓(10✓),再把 9✓(10✓)在端口断面圆的相应位置 9 和 10 点确定出来。然后在正面视图的断面圆上照录 9 和 10 点,并过 9,10 两点作 C—D 垂线交 C—D 于 9✓✓和 10✓✓,连接 S—9✓✓和 S—10✓✓,得到正面视图上与 S—9✓(10✓)相对应的同一素线。过 9′(10′)引与圆管轴线平行的直线与 S—9✓✓和 S—10✓✓交于 9°和 10°,这样就得到了正面视图上结合线最高点。

圆管的展开图,可以用平行线展开法求出,这里不再详述。斜圆锥管的展开应当采用放射线展开法,主要问题是用放射线展开法必须先求出斜圆锥表面素线(一般位置直线)的实长。求实长的方法可以参照第一章作展开图的方法中一般位置直线实长的求法,可以用旋转法,也可以用直角三角形法。比如求如图 2-31 所示斜圆锥表面素线 S—3××的实长,现在采用旋转法,经 S''为圆心,S—3××在仰视图上的同名投影为 S''—3 半径,作圆弧交与正面视图平行 S''—1 于 3″点,再过 3″引铅垂线与 C—D 相交,交点和 S 的连线即为 S—3××的实长。在本例中略去求其他素线实长的图样,直接给出了斜圆锥的展开图,画展开图的具体过程不再叙述。

第四节 圆锥体相交构件

圆锥体相交构件包括三种情况，即正圆锥和正圆锥相交的构件、正圆锥和斜圆锥相交的构件以及斜圆锥和斜圆锥相交的构件。这一类构件板厚处理的方法一般都是以板厚中心层为准，在以下的各实例中，样图的尺寸都按板厚中心层的尺寸给出。

一、圆锥管两节任意角度弯头

如图 2－32 所示，样图按板厚中心层尺寸画出，已知尺寸 d_1，d_2，R 及角度 α。将管Ⅱ $ABEF$ 掉转 180°再与管Ⅰ相接，即成为正圆锥管，EF 即为正圆锥管的斜截线。

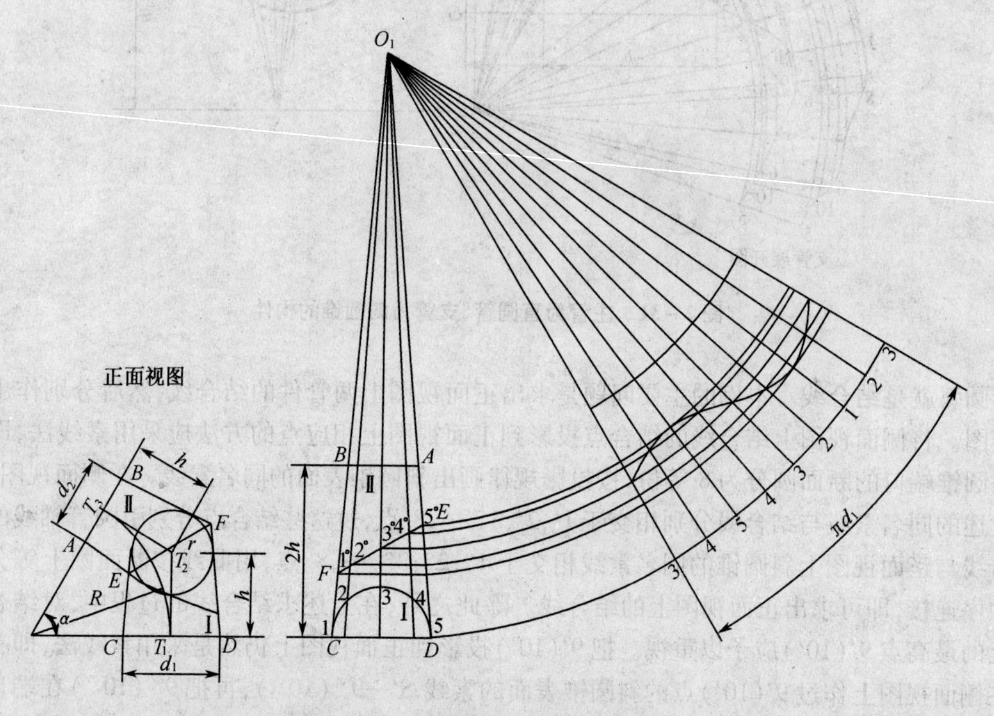

图 2－32 圆锥管两节任意角度弯头

首先叙述构件校图的画法：

（1）以任一点为圆心，已知尺寸 R 为半径，画圆弧，使之对应的圆心角为 α。圆弧与对应的圆心角两边交点分别为 T_1 和 T_3。过 T_1 和 T_3 分别作圆弧的切线相交于 T_2 点。则 T_1T_2 和 T_3T_2 为管件Ⅰ和管件Ⅱ的中心轴线。

（2）以 T_1 为中心，取 CD 等于管件Ⅰ端口断面圆直径 d_1，T_3 为中心取 AB 等于管件Ⅱ端口断面圆直径 d_2，以 T_2 为圆心，半径 $r=(d_1+d_2)/4$ 为半径画圆。

（3）过点 A，B，C，D 作上述圆的切线，得交点 E，F，EF 即为结合线。

展开图画法仍采用放射线展开法。将上述将管件Ⅱ掉转 180°再与管Ⅰ相接，即成为圆锥管。这样作该正圆管的展开图，并将其上的斜截线（结合线 EF）展开，即可同时得到管件

Ⅰ和管件Ⅱ的展开图。

展开图的具体画法可归纳如下：以 T_1 为中心，画出端口断面圆的一半，并将其 4 等分。由 4 等分半圆周的等分点上，引垂线与 1—5 得交点，并与正圆锥 O_1 连线交斜截线 EF 于1°，2°，3°，4°，5°，然后作出正圆锥面的展开图。过 O_1 点将展开图 8 等分，等分线标号依照断面圆等分点数序标为 3—4—5—4—3—2—1—2—3。然后求出正圆锥体表面素线 O_1—1°，O_1—2°，…，O_1—5°的实长。这里采用了旋转法，对于正圆锥体，只要过交点 1°，2°，3°，4°，5°，向右引垂直于圆锥中心轴线的平行线与圆锥的投影边线相交，O_1 至交点长度即所求素线实长。最后以 O_1 为圆心，素线实长为半径，画圆弧在展开图上与同名等分线相交，并用曲线将这些交点连接，把整个圆锥面的展开图分成两部分。EF 展开线以上为Ⅱ管件的展开图，以下部分为Ⅰ管件的展开图。

二、主管和支管均为正圆锥的三通构件

如图 2-33 所示为主管和支管均为正圆锥的三通构件，两圆锥中心轴线相交于 O 点，并在正面视图的投影都反映实长。假设板厚处理后的尺寸为 d_1，d_2，d_3，h_1，h_2 和 α。

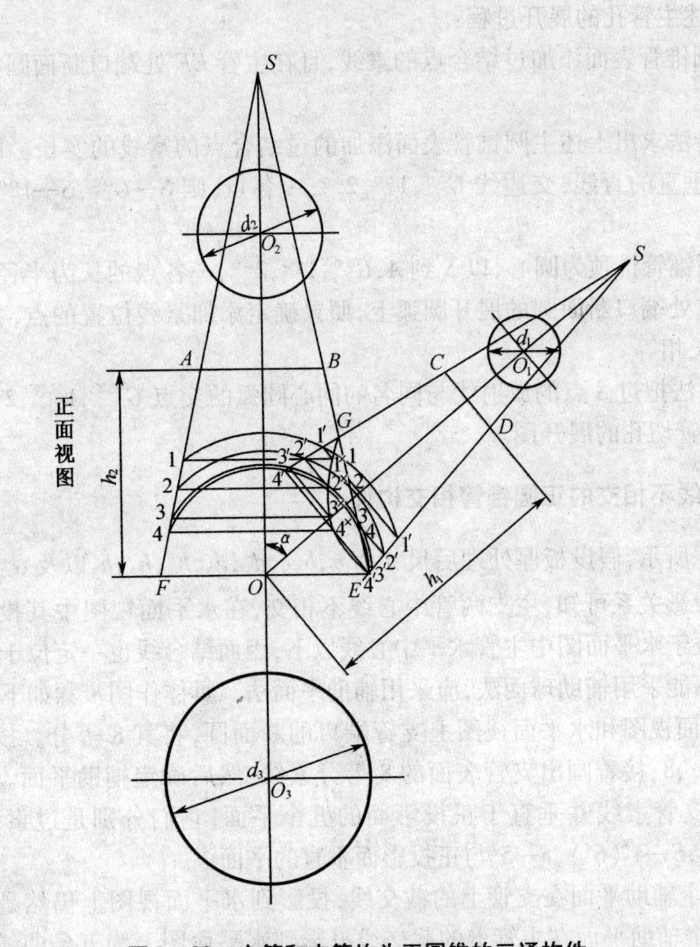

图 2-33 主管和支管均为正圆锥的三通构件

由上述已知条件可知，正面视图上两形体投影边线的交点 G 和 E 必为结合点。本例符合用辅助球面法求结合线的条件，而且用辅助球面法求结合线较为简便。可以归纳为：以 O

为圆心，以 $O—G$ 和 $O—E$ 之间的任意长线段为半径，分别画出若干同心圆与两正圆锥投影边线相交。如同心圆 1 与两正圆锥投影边线交于 1—1，1′—1′。再用直线分别把每个形体上的同名交点连接起来，得 1—1，1′—1′，2—2，2′—2′，…等直线，上述同名直线的交点 $1^{\times}$，$2^{\times}$，…即所求结合点，最后用描点法把 $G—1^{\times}—2^{\times}$，…，E 各点连接起来，这条曲线就是结合线。

作上述管件的展开图均应用放射线展开法，首先说明支管的展开过程，作出支管 $C—D$ 端口处的断面圆，然后由 1′，2′，…各点引支管中心轴线的平行线，交支管 $C—D$ 端口处断面圆于 1，2，3，…各点。这一步的意义上相当于在支管表面添加素线，并且确定添加的素线在断面圆上位置，其后必须求出所添加的素线的实长，在这里依然用旋转法。对于正圆锥，过各结合点 $1^{\times}$，$2^{\times}$，…作支管轴线的垂线交支管投影边线于 $1^{\checkmark}$，$2^{\checkmark}$，…则 $S_1—1^{\checkmark}$，$S_1—2^{\checkmark}$，…即为实长。接着以 S_1 为圆心，$S_1—D$ 为半径，画圆弧，展开弧长为 $C—D$ 处端口断面圆的周长 d。在该弧长上照录断面圆上各点，使各点间的弧长与断面圆上对应的弧长相等。再由 S_1 作过如上各点的放射线，最后在各放射线上截取同名素线的实长，使 $S_1—1^{\times}=S_1—1^{\checkmark}$，…得 $G^{\times}$，$1^{\times}$，$2^{\times}$，…各点。用描点法将其连接起来，即获得支管的展开图。

下面再叙述主管孔的展开过程：

（1）在主圆锥管表面添加过结合点的素线，且在主管 EF 处端口断面圆上确定出所添加素线的位置。

（2）用旋转法求出上述主圆锥管表面添加的过结合点的素线的实长。即过各结合点引与主正圆锥线垂直的直线，交边线 $G^{\circ\circ}$，$1^{\circ\circ}$，$2^{\circ\circ}$，…各点，则 $S—G^{\circ\circ}$，$S—1^{\circ\circ}$，…即为同名素线的实长线。

（3）以主圆锥管锥顶为圆心，以 S 到 A，$G^{\circ\circ}$，$1^{\circ\circ}$，$2^{\circ\circ}$，…各点的长为半径，分别画同心圆弧。在主管 EF 处端口断面圆的展开圆弧上，照录确定添加素线位置的点，各点间弧长与断面圆上相应弧长相等。

（4）用描点法把过 S 点的放射线与同名的同心圆弧的交点 $G^{\times\times}$，$1^{\times\times}$，$2^{\times\times}$，…依次连接起来，就得到主管切孔的展开图。

三、中心轴线不相交的正圆锥管相交构件

如图 2－34 所示，假设板厚处理后尺寸为 a，b，c，d_1，d_2，h_1，h_2，h_3 以及 α。

由视图的投影关系可知，主支两管中心线不相交，在水平面视图中其投影的距离为 a。而且支管全部位于水平面图中主管水平中心线以下，因而结合线也一定位于 $A'—B'$ 以下。

求结合线不能采用辅助球面法，应采用辅助平面法。具体作图步骤如下：

（1）画出正面视图和水平面视图上支管端口的断面圆，将其 8 等分。按投影关系标出等分点 1，2，3，…，8，接着画出支管表面的 8 等分素线，然后确定辅助平面。本例确定的辅助平面，应为过支管素线并垂直于正投影面的五个平面，它们分别是过素线 $S—1'$，$S—2'(8')$，$S—3'(7')$，$S—4'(6')$，$S—5'$ 与正投影面垂直的平面。

（2）上述五个辅助平面在支管上的截交线，投影到水平面视图上仍然是支管的 8 等分素线，但是这五个辅助平面在主管上的截交线投影到水平面图上为五条曲线。这五条曲线利用主管正圆锥的素线通过素线法及纬线法求出。现在说明过支管素线 $S—1'$，垂直于正投影面的切面在主管上截交线的求法。首先分别在正面视图和水平面视图上，作出主管的素线 $O_2—A$，$O_2—E$，$O_2—D$ 和 $O_2—C$，在正投影面上与上述辅助平面 $S—1'$ 相交于 A°，E°，

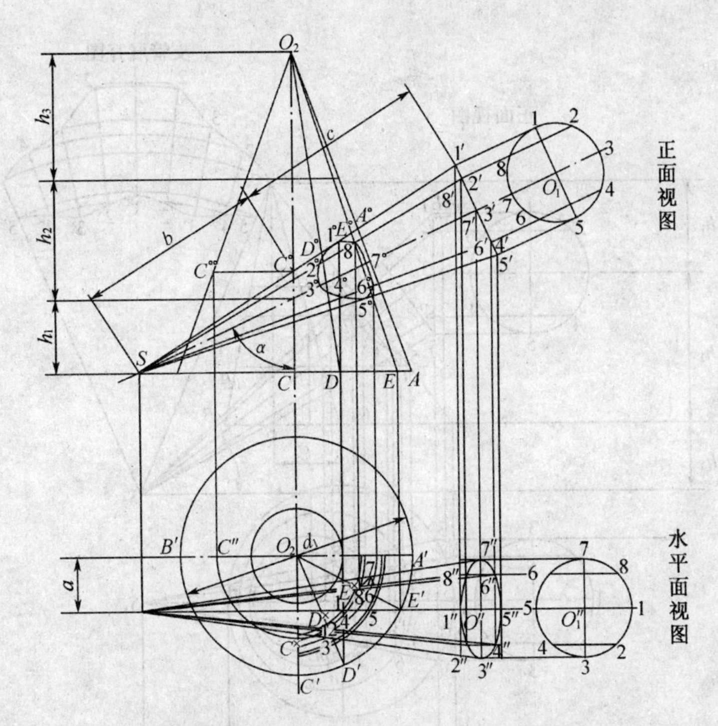

图 2－34　中心轴线不相交的正圆锥管相交构件

$D°$,$C°$,过 $A°$,$E°$,$D°$三点,作铅垂线交水平面视图中相应素线于 $A^{\times}$,$E^{\times}$,$D^{\times}$,这三点用素线法求出。$C°$在水平面上的投影无法用素线法求出,只能借助于纬线法。在正面视图上过 $C°$点作主管轴线的垂直线交边线于 $C°°$,过 $C°°$作铅垂线交水平面视图中主管水平轴线 $A'—B'$于 C'',以 O_2'为圆心,$O_2'—C''$为半径,画圆弧与 $O_2'—C'$相交于 $C^{\times}$,最后用描点法把 $A^{\times}—E^{\times}—D^{\times}—C^{\times}$连接起来,就得到辅助平面 $S—1'$在主管上的截交线的水平面投影。同理,其他四条截交线的求法与之相同。

(3)在水平面视图中,找到同一辅助平面的在两形体上的两条截交线的交点 1,2,3,…,8。分清可见性后,用描点法顺序连接则得到水平面视图上的结合线,然后再利用支管的 8 等分素线,通过素线法把水平面视图上的 8 个结合点一一投影到正面视图上得 1°,2°,3°,…,8°各点,再用描点法连接起来,就得到正面视图中的结合线。

求出结合线后分别作两管件的展开图,均可用放射线展开法,图 2－34 未画出展开图,读者可以按照前面叙述的放射线法完成。

四、斜圆锥和斜圆锥相交的三通构件

如图 2－35 所示,假设板厚处理后的尺寸为 a,b,c,d_1,d_2,h_1,h_2,h_3以及 α。

本例仍然采用辅助平面法。由视图的投影关系可知,因构件对称于过主管上端口中心 O_1平行于正投影面的平面,两形体投影边线的交点即正投影面上的 1°和 5°就是结合点。为求其他结合点,辅助平面是过水平面视图中 8 等分支管素线 $S_2'—2''(4'')$,$S_2'—3''$,并垂直于水平投影面的平面。因为在水平面视图中,支管的 8 等分素线对称于水平轴线 $A'—S_2'$,所以辅助平面在形体上的截交线在正投影面上的投影具有重影性。因此,只要作出 $A'—S_2'$上边的 $S_2'—3''$和 $S_2'—2''(4'')$两个辅助平面就够了。上述辅助平面在支管上的截交线,在正投影

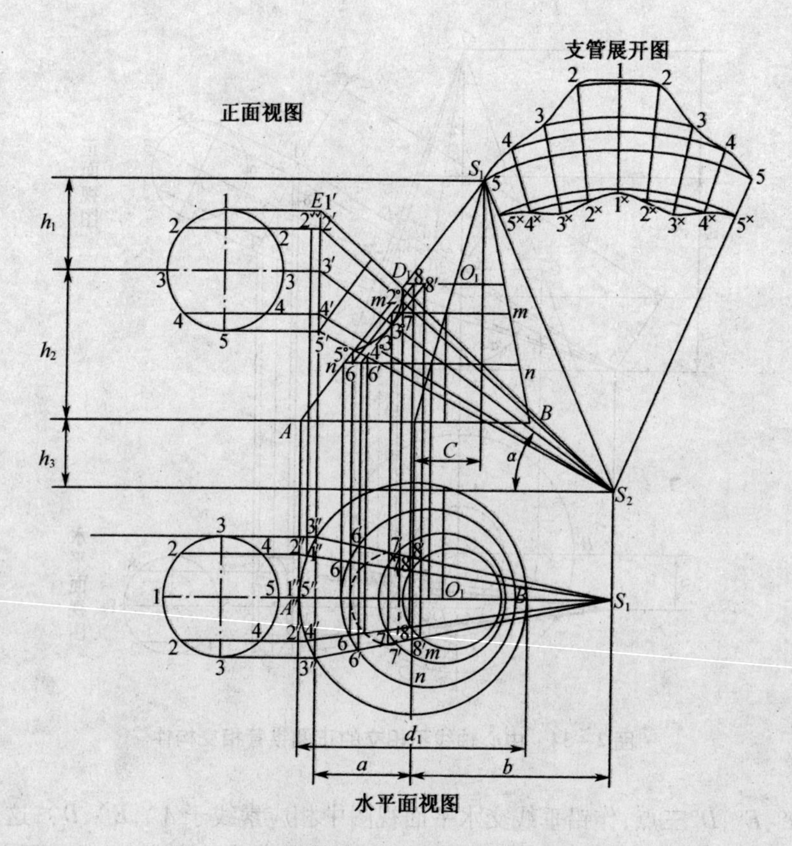

图 2-35　斜圆锥和斜圆锥相交的三通构件

面上就是 S_2—3′,S_2—4′和 S_2—2′。辅助平面在主管上的截交线,在水平面视图上应与支管素线重合。而辅助平面在主管上的截交线在正投影面上的投影用主管的纬线通过纬线法求出。具体求法是:在主管上任意作三条纬线,即正面视图中的 m—m, n—n 和 D—C 三条水平线,将其投影到水平面视图上,应为三个纬圆,并注意作纬圆时圆心的投影位置和纬圆半径的确定。上述的一个纬圆与 S_2'—3″和 S_2'—2″(4″)相交于 6′,7′,8′和 6,7,8 各点。然后过 6′,7′,8′,6,7,8 各点引铅垂线,与正投影面上相应的纬线对应相交于 6′,7′,8′,6,7,8 各点。将 6′—7′—8′和 6—7—8 用描点法连接起来,所获得的两条曲线就是上述辅助平面在主管上的截交线在正面视图上的投影。

最后,在正面投影视图上,找到同一辅助平面在两形体上的截交线的交点,如辅助平面 S_2'—3″与主管的截交线 6′—7′—8′和与支管的截交线 S_2—3′之交点 3°,辅助平面 S_2'—2″(4″)与主管的截交线 6—7—8 和支管的截交线 S_2—2′,S_2—4′之交点 2°和 4°。用描点法把正面视图上的结合点 1°—2°—3°—4°—5°连接起来,就作出了正面视图上的结合线。接着还可以利用支管的 8 等分素线,用素线法把正面视图上的结合点 1°,2°,3°,4°,5°投影到水平面视图上,得到水平面视图上的结合线。

对于圆锥体一类构件的展开,一般应用放射线展开法。其中关键的问题是求出斜圆锥表面素线的实长,这里可以采用直角三角形法或旋转法。如图 2-35 给出了支管的展开图。画该展开图的过程如下:

(1)在正面视图上以 S_2 为圆心,以 S_2—1′为半径,画圆弧。由视图投影关系可知,正面

视图上 S_2—1′素线平行于正投影面而反映素线实长。过 S_2 引射线交上述圆弧于 1 点，并使其在展开图上居中。

(2)求支管表面素线 S_2—2′的实长，在这里仍采用旋转法。具体步骤为在水平面视图上以 S_2' 为圆心，S_2'—2″为半径作圆弧交水平轴线 S_2'—1″于 2✓点(旋转法)。然后过 2✓向上引铅垂线过 2′点的水平线于 2✓✓点，以 S_2—2✓✓即素线 S_2—2′的实长(S_2—2✓✓)为半径画圆弧，在该圆弧上确定 2 点，使在展开图上 1—2 两点之间的曲线长度等于对应端口断面圆上 1—2 两点间的圆弧长度，最后过 S_2 引射线并通过 2 点。同理，按上述步骤继续求出素线 S_2—3′，S_2—4′及 S_2—5′的实长，并在展开图上确定出 3,4,5 点并过 3,4,5 作出 S_2 放射线。

(3)用旋转法或直角三角形法，求出 S_2 到结合点 1°,2°,3°,4°,5°各素线的实长，并以 S_2 为圆心，以上述各结合点素线实长为半径，画圆弧与同名放射线交于 1×,2×,3×,4×,5×，用描点法将 1×—2×—3×—4×—5×连接起来，至此求出了支管的展开图。主管的展开仍用上述方法，不再重复叙述。

五、斜圆锥相交的三通构件

如图 2－36 所示，假设板厚处理后的尺寸为 a,b,c,d,d_1,d_2,h_1 和 h_2。该构件的形体特征是前后对称，底面重合，两形体中心线相交，并在视图上反映实长。该构件的结合线为直线型结合线，视图中的 B 为两形体投影边线的交点，显然是结合线的一端。而结合线的另一端应按下述方法求出：

作两斜圆锥顶连线 S_1—S_2，作 MN 直线平行于 S_1—S_2。M 和 N 分别为平行线与 S_1 锥投影边线的交点(M,N 也可以为平行线与 S_2 锥投影边线的交点。)

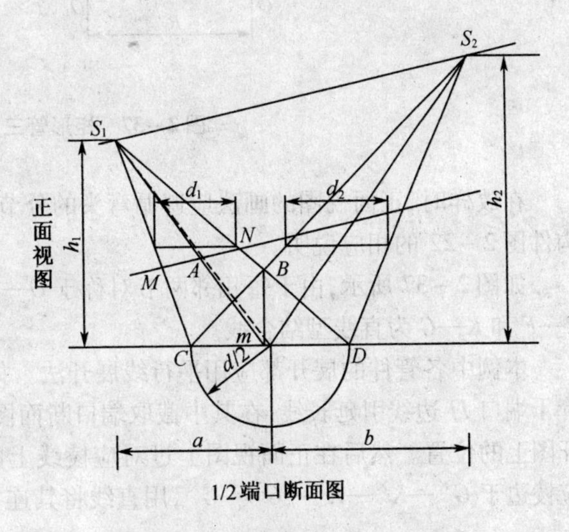

图 2－36　斜圆锥相交的三通构件

画该构件的展开图时应当注意：对于斜圆锥一类的形体，给出正面视图而水平面视图没有画出时，因无法利用旋转法和直角三角形法求出斜圆锥表面素线的实长，展开图是无法完成的。因此应首先补画出水平面视图，然后利用其中一斜圆锥表面的素线，通过素线法把正面视图的结合线 B—m 投影到水平面视图上，再用放射线分别将管件展开。因斜圆锥表面的展开方法在前面章节已多次提到，这里不再叙述。

第五节　多面体相交构件

多面体指由平面组成的形体。多面体相交构件，一般指矩形与矩形管相交构件、棱锥体和棱锥体相交构件以及矩形管和棱锥体相交构件等，即棱体相交构件。多面体与多面体相交时，其结合线必由一段一段首尾相接的直线段所构成，而且结合线上相邻两直线的交点一定是多面体中一个多面体的棱线对另一个多面体的贯穿点，这样的点称为上述结合线的拐点，拐点一定在多面体的棱上。拐点被看成结合线的特殊点之一，在求多面体相交构件的结合线时，应着重把所有拐点一个一个地求出来。

一、矩形管三节 90°弯头

如图 2－37 所示，假设板厚处理为按里皮接触，即接口处铲去外皮而形成的单面坡口。在样图中所标的尺寸均为板厚处理的里皮尺寸。

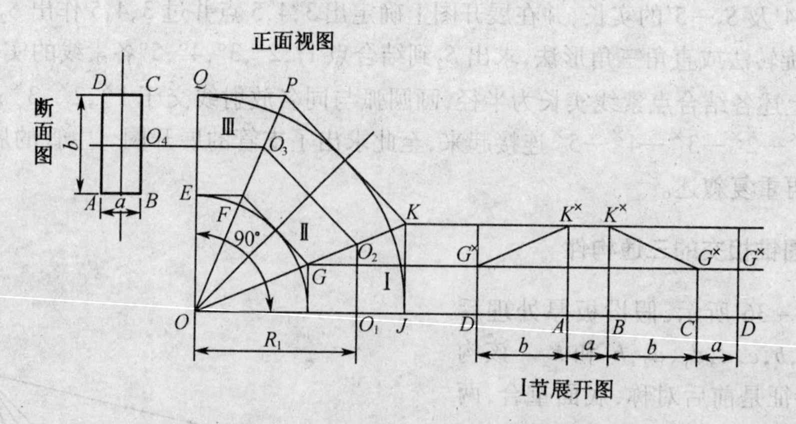

图 2－37　矩形管三节 90°弯头

在放样时，正面视图的画法应遵循弯头的分节规律，具体画法详见本章等径直圆管相交构件图 2－22 的相应说明。

如图 2－37 所示，由于每相邻两节对称于 $O—P$ 和 $O—K$ 直线，显然 $O—P$ 和 $O—K$ 上的 $P—F$ 和 $K—G$ 为直线型结合线。

本例中各管件的展开都应用平行线展开法。如图中首节管Ⅰ的展开图，具体画法为：过管Ⅰ端口 IJ 边线引延长线，在其中截取端口断面图上各边实长，即 a 和 b，确定出棱边在展开图上的位置。然后在正面视图上过对应棱线上的端点 G 和 K 作平行线交展开图上的相应棱边于 $G^{\times}—K^{\times}—K^{\times}—G^{\times}—G^{\times}$，用直线将其连接，即得到Ⅰ的展开图。

二、支管斜接主管的矩形管三通构件

如图 2－38 所示，假设板厚处理后，样图所标尺寸为里皮尺寸。

由视图可知，两管件中心线不相交，并有水平距离 f。首先求出构件在正投影视图上的结合线（侧面视图结合线应作为已知条件），应利用支管的素线通过素线法求出。由于侧面视图上结合线的 B 点在主管的棱线上，B 点即为上面所说的拐点。拐点是结合线上的特殊点，在这里应当画出支管过拐点的素线，如图中 5—5′和 6—6′，并确定出 5 点和 6 点（即拐点）在断面图上的位置。然后在侧面视图上过结合线上的点 1′，2′，3′，4′，5′，6′，作水平线交正面视图支管同名素线于 1″，2″，3″，…，6″各点，按上述点在断面图上的顺序依次连接，得到正面视图的结合线。

主管和支管的展开图均采用平行线展开法画出。支管的展开，首先在与侧面视图上支管轴线垂直的方向上，截取线段 $M—M'$ 等于支管断面图周长，在其上照录支管断面图上各点 1—5—4—3—6—2—1。接着过上述各点引 $M—M'$ 的垂线与过侧面视图结合线上的 1′，

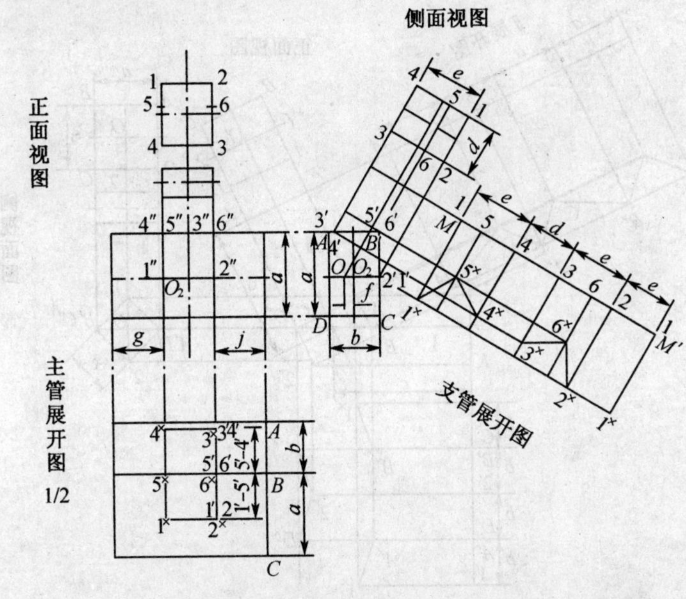

图 2－38　支管斜接主管的矩形管三通构件

2′,3′,4′,5′,6′所引的 $M—M'$ 的平行线相交于 $1^{\times}$,$5^{\times}$,$4^{\times}$,$3^{\times}$,$6^{\times}$,$2^{\times}$,$1^{\times}$ 各点，最后用折线把 $1^{\times}—5^{\times}—4^{\times}—3^{\times}—6^{\times}—2^{\times}—1^{\times}$ 连接起来，由此完成支管的展开图。

主管切孔的展开，如图 2－38 所示，仅把对应于侧面视图上的投影边线 $A—B$ 和 $B—C$ 的表面展开，确定出棱边在展开图的位置，并同时在展开图上画出过结合点 3′,4′,5′,6′及 1′,2′主管表面的素线。接着在正面视图上过结合点 3′,4′,5′,6′及 1′,2′,引铅垂线与主管展开图上的同名素线相交于 $3^{\times}$,$4^{\times}$,$5^{\times}$,$6^{\times}$ 及 $1^{\times}$,$2^{\times}$ 点，并依据支管断面图上述各点的数序，用直线将 $1^{\times}—5^{\times}—4^{\times}—3^{\times}—6^{\times}—2^{\times}—1^{\times}$ 连接起来，即得到主管切口的展开图。

三、端口扭转 90°的方管两节弯头

如图 2－39 所示，管Ⅰ和管Ⅱ构成弯头的条件从侧面视图上可知，管Ⅰ的不相邻的两棱线的投影 $A'(D')$ 与 $B'(C')$ 之间的水平距离，必须等于管Ⅱ的宽度尺寸 a。当 $A'—B'$ 为水平位置（与Ⅱ对称轴线垂直）时，端口扭转角度为 90°，当 $A'—B'$ 为倾斜位置时，则端口扭转角度不等于 90°，如果不满足上述条件，则管Ⅰ和管Ⅱ相互贯通，即构成三通构件。

因管Ⅰ对称轴线为一水平线，而且平行于正投影面，在侧面视图上积聚为 $1'—B'(C')—2'—A'(D')—1'$，即本例的结合线在侧面视图上的投影，为求出正面视图上的结合线，应画出管Ⅱ的端口断面图，并确定出拐点 1′,2′在断面图上的位置 1,2。然后利用Ⅱ表面过 A,B,C,D 和 1,2 点的六条素线，通过素线法求出正面视图上的结合线 $1°—A°(B°)—C°(D°)—2°$。

这里，管Ⅰ和管Ⅱ的展开均应采用平行线展开法，其展开步骤可参照上例说明，不再叙述。

四、对称的斜四棱锥构成的三通

如图 2－40 所示，本例的板厚处理为铲外皮，呈单面坡口，样图应按里皮尺寸画出。

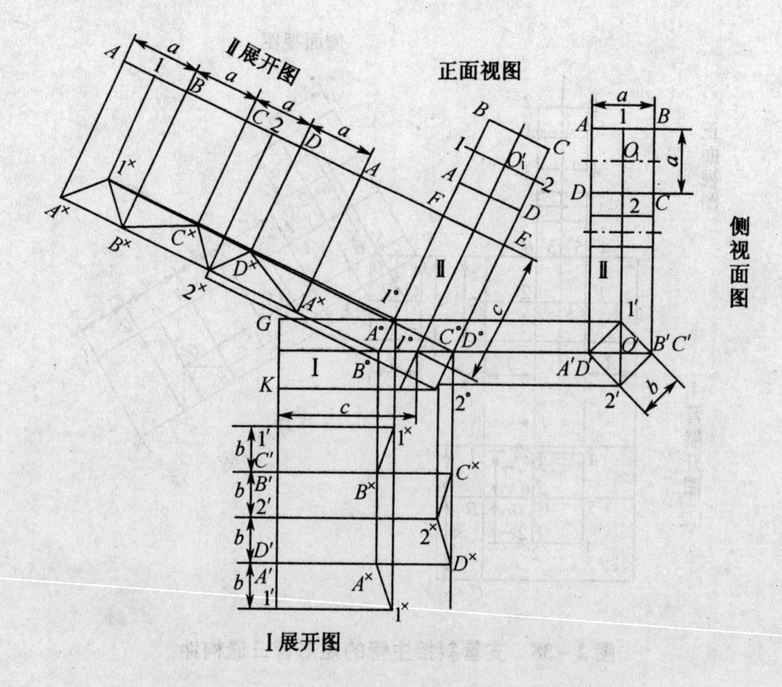

图 2－39　端口扭转 90°的方管两节弯头

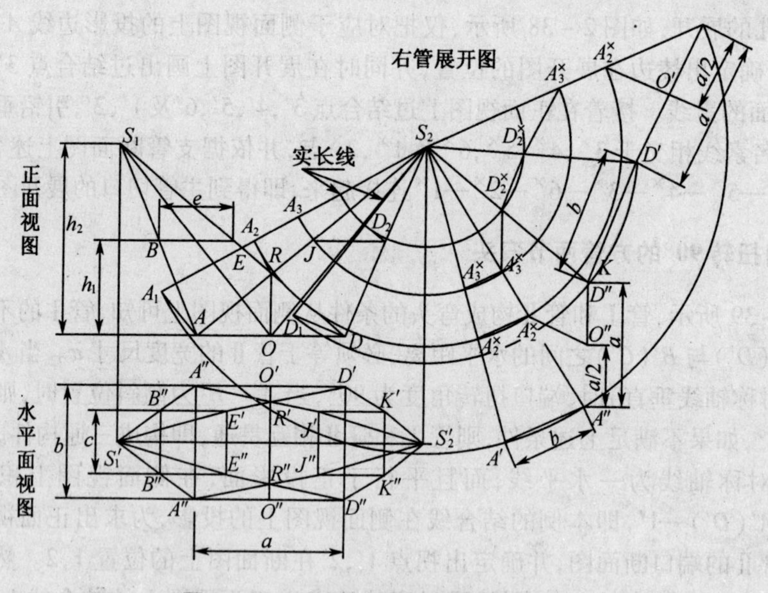

图 2－40　对称的斜四棱锥构成的三通

由第一章第三节"直线型结合线的确定"所述内容可知，因该相交构件对称垂直正投影面的平面，构件与该平面的交线在正投影面上的投影 $O—R$ 即结合线，由已知条件，画出水平面视图上的结合线为 $O'—P'—R''—O''$。

对于棱锥面的展开应采用放射线展开法，本例只需列出其中一个管件的展开图，下面将右支管的展开简述如下：

(1)先求出四棱锥各棱线 S_2'—A_2'(S_2'—A'),S_2'—D'(S_2'—D'')及棱线上 J,K 点到 S_2 和结合线上 R 点到 S_2 的实长。求实长的方法可采用旋转法和直角三角形法,这里采用了直角三角形法,在正面视图上分别过 A 点和 D 点作 S_2—S 和 S_2—D 的垂线,在其上截取 A—A_1 和 D—D_1 分别等于水平面视图上 S_2' 和 A' 及 S_2' 和 D' 之间的垂直距离长度,即 $b/2$,则 S_2—A_1 和 S_2—D_1 的长度为相应棱线的实长,然后过 J,K,R 作所在棱线的垂线,交 S_2—A_1 于 A_2,A_3 两点,交 S_2—D_1 于 D_2 点,则 S_2—A_2,S_2—A_3 和 S_2—D_2 为 S_2—R,S_2—J 和 S_2—K 的实长。

(2)在正面视图上以 S_2 为圆心,以 S_2—A_1 为半径,画圆弧交过 S_2 的射线于 A',再以 A' 为圆心,b 为半径,画圆弧交上述圆弧于 A''。然后再以 A'' 为圆心,以 a 为半径,画圆弧交以 S_2 为圆心,以 S_2—D_1 为半径的圆弧于 D'',在 A''—D'' 上找出该段中点 O'' 以确定出正面视图上的 O 点在展开图上的位置。同理,按上述方法在展开图上找到水平面视图上 D'',D' 和 O' 的位置,然后作出放射线 S_2—A'',S_2—D'',S_2—D' 和 S_2—A' 对应于斜四棱锥的同名棱线。

(3)以 S_2 为圆心,以 S_2—A_2,S_2—A_3 和 S_2—D_2 为半径,画圆弧交同名放射线于 $A_2^{\times}$,$A_3^{\times}$,$D_2^{\times}$,…各点。最后依据视图上对应点的顺序 $A_3^{\times}$—$A_3^{\times}$—$D_2^{\times}$—$D_2^{\times}$—$A_3^{\times}$—$A_2^{\times}$—O'—D'—D''—O''—$A_2^{\times}$—$A_2^{\times}$ 顺次用折线连接起来,得到展开图。上述步骤实际上相当于在完整的斜四棱锥展开图上,确定出视图上所截割的棱锥体投影边线的端点在展开图上的位置,从而得到素线所包围的展开图。

五、由两个正四棱锥台构成的三通构件

如图 2-41 所示,本例板厚处理按单面处理按单面外皮铲口,样图中所标尺寸为里皮尺寸。

求本例结合线应采用辅助平面法,具体步骤为:

(1)首先采用过支管棱线并垂直于正投影面的辅助平面,如正面视图上的 S_1—R 和S_1—E。

(2)利用支管断面图确定支管棱线的位置特性,将正面视图中支管各棱线投影到水平视图上,即过水平视图中断面图的四个角点,作水平线与由正面视图上支管端口处的 1′,2′,3′,4′所作的垂线同名相交于 1′,2′,3′,4′,然后由 S_1' 作过 1′,2′,3′,4′的射线完成作图。这一作图的目的是求出辅助平面 S_1—R 和 S_1—E 与支管的截交线在水平面视图上的投影,作图的方法仍为素线法。

(3)求出辅助平面与主管的截交线在水平面视图上的投影,主管棱线与辅助平面 S_1—R 相交于 6°,F 和 R 点,与辅助平面 S_1—E 相交于 5°和 E 点,其中 6°,R,5°在水平面视图上的投影由素线法求出,F 和 E 点在水平面视图上的投影要用纬线法求出,水平面视图上 F°—6°°—F°为辅助平面 S_1—R 与主管的截交线,与同一辅助平面上支管的截交线 S_1'—1′和 S_2'—2′的交点即结合点 1°°,2°°。又因为辅助平面 S_1—R 实际上是支管的上表面,所以 1°°—6°°—2°°为构件结合线的一部分,同理,辅助平面 S_1—E 与主管的截交线为 E°—5°°—E°,与同一辅助平面上支管的截交线交于 3°°和 4°°两点,该两点为所求的结合点,S_1—E 又为支管的下表面,所以 3°°—5°°—4°°一定为构件结合线的一部分,最后按投影关系把结合点连接起来,水平面视图上的结合线为 1°°—6°°—2°°—5°°—4°°—1°°。接着再利用支管棱线通过素线法把上述各结合点投影到正面视图上,得结合线 5°—3°(4°)—1°(2°)—6°。

下面继续介绍主管和支管展开图的画法。对支管的展开,这里仍应采用放射线展开法。首先确定下面视图上 5°,6°在支管断面图的位置。在水平面视图中 S_1'—5°°(6°°)交断面图

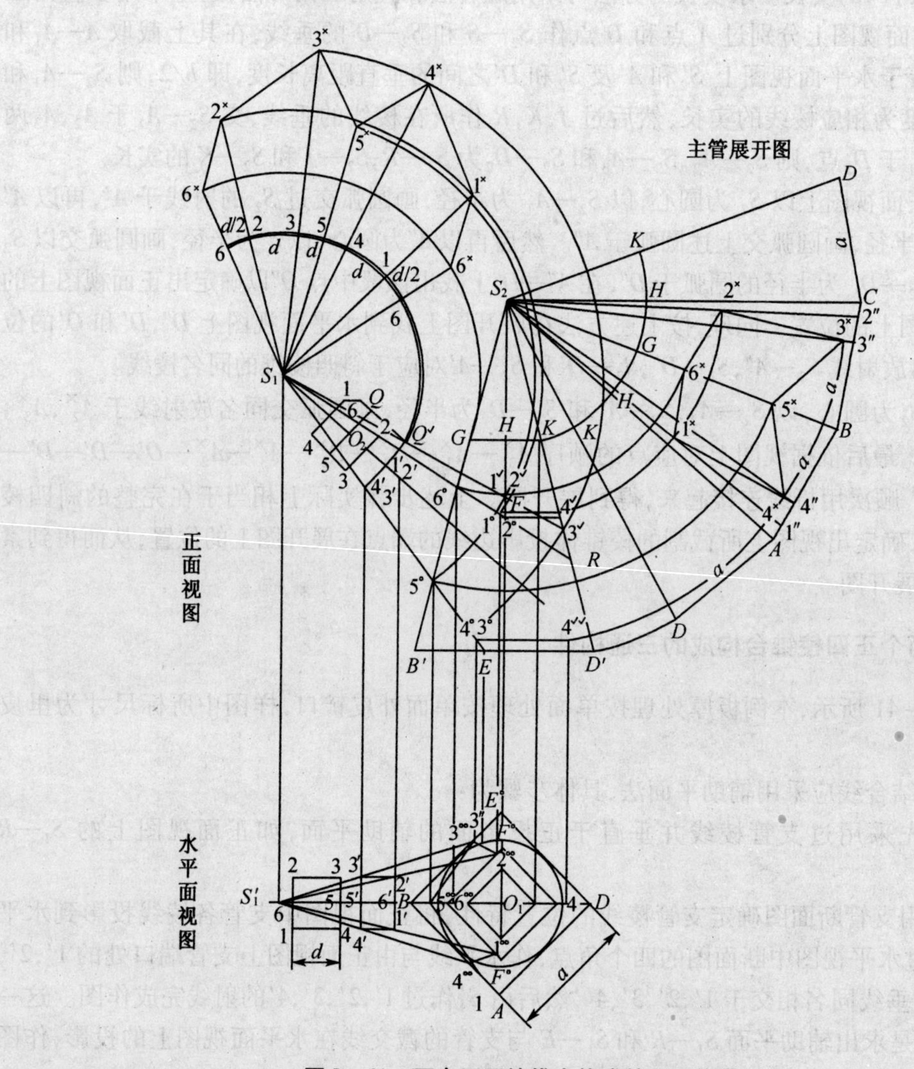

图 2-41 两个正四棱锥台构成的三通构件

于 5,6 两点,并在正面视图的支管断面图上找到 5 和 6 两点的相应位置。接着用旋转法求出所有结合点到 S_1 的实长。在正面视图上以支管断面图 O_2' 为圆心,以 O_2'—1(2,3,4) 为半径,画圆弧交 5—6 轴线于 $Q^{\checkmark}$,连接 S_1— $Q^{\checkmark}$ 并延长与由 3°(4°),1°(2°) 所引支管轴线的垂线分别交于 $3^{\checkmark}(4^{\checkmark})$,$1^{\checkmark}(2^{\checkmark})$。于是 S_1—$Q^{\checkmark}$ 就是 S_1—1′(2′3′4′) 的实长,S_1—$3^{\checkmark}(4^{\checkmark})$ 就是 S_1—3°(4°) 的实长,S_1—$1^{\checkmark}$ 就是 S_1—1°(2°) 的实长。S_1—6′, S_1—5′, S_1—6°,S_1—5° 在水平面的投影为水平线,所以反映自身实长。然后构成放射线,以 S_1 为圆心,以 S_1—$Q^{\checkmark}$ 为半径,画圆弧与过 S_1 的射线交于 6 点,以 6 为圆心,以 $d/2$ 为半径画圆弧,该圆弧与以 S_1 为圆心,S_1—$Q^{\checkmark}$ 为半径的圆弧交于 1,再以 1 为圆心,以 d 为半径画圆弧交以 S_1 为圆心,S_1—$Q^{\checkmark}$ 为半径的圆弧于 4。同理,依次取得 5,3,2,6 各点,把 6,1,4,5,3,2,6 各点与 S_1 相连并延长,于是画完射线。最后以 S_1 为圆心,以所有实长线为半径,分别画圆弧与同名放射线对应相交,把交点依次连接成折线,即得到支管的展开图。

由两个视图可知，正四棱锥的棱线 $K—D'$ 及 $G—B'$ 反映自身实长，$S_2—1°(2°)$ 和 $S_2—3°(4°)$ 即锥顶到结合点的实长，需要用旋转法求出。现以求 $S_2—4°$ 的实长说明如下：在水平面视图上以 O_1 为圆心，$O_1—4°°$ 为半径，画圆弧交于过 O_1 的水平线于 4‴，作过 4‴的铅垂线与正面视图 4°所引的水平线交于 4✓✓，则 $S_2—4$✓✓ 即 $S_2—4°(3°)$ 的实长。为了确定同名放射线在展开图上的位置，还应作过结合点的素线，如图在水平面视图上过结合点的素线交底边线于 1″(2″) 和 4″(3″)。至于作放射线和展开图，读者可以按照上述方法自行完成。

六、正四棱锥接方管的三通构件

如图 2－42 所示，假设板厚处理后构件尺寸表示里皮尺寸。

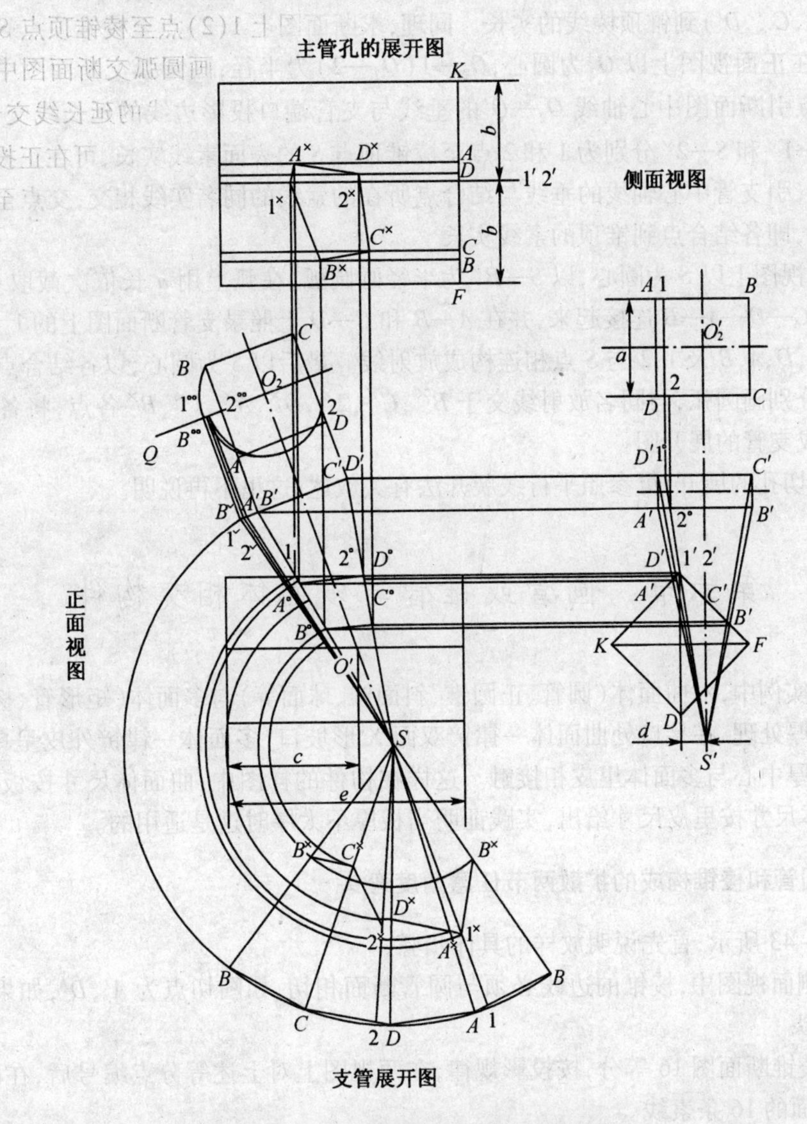

图 2－42　正四棱锥接方管的三通构件

在画放样图时应注意，四棱锥的侧面投影图应利用四棱锥的断面图画出。在侧面视图中，结合线与方管的投影边线重合，即 $A'—D'—1'(2')—C'—B'$。其中 A'，D'，B' 是棱锥侧棱对方管表面的贯穿点，而1′，2′是方管的棱线对棱锥表面的贯穿点。为确定1′，2′在支管断面图上的位置，连接S'—1′(2′)交棱锥端口投影边线于1°，2°，由1°和2°引支管轴线的平行线交断面图相应边于1和2，再按断面图之间的投影规律把1，2标到正面视图的断面图上。确定出上述1′，2′及A'，B'，C'，D'各结合点所在支管的素线位置后，利用素线法求出两条结合线。

主管和切孔应用平行线展开法展开，支管应用放射线展开法展开。支管的展开仍应首先用旋转法求A'(B'，C'，D')到锥顶棱线的实长和所有结合点到锥顶素线的实长。求正四棱锥棱线实长，可在正面视图上以O_2为圆心，O_2—B为半径，画圆弧交断面图中心轴线于$B^{\circ\circ}$点，引断面图中心轴线O_2—Q'的垂线与支管端口投影边线的延长线交于$B^{\checkmark}$点，则S—$B^{\checkmark}$为A'(B'，C'，D')到锥顶棱线的实长。同理，求断面图上1(2)点至棱锥顶点S的表面素线实长，可在正面视图上以O_2为圆心，O_2—1(O_2—2)为半径，画圆弧交断面图中心轴线于1°°，2°°，点引断面图中心轴线O_2—Q'的垂线与支管端口投影边线的延长线交于$1^{\checkmark}$点和$2^{\checkmark}$点，则S—$1^{\checkmark}$和S—$2^{\checkmark}$分别为1和2点至棱锥顶点S的表面素线实长，可在正投影视图上过各结合点，引支管中心轴线的垂线与结合点所在的素线的同名实线相交，交点至锥顶之间的实线长度，即各结合点到锥顶的素线实长。

接着在视图上以S为圆心，以S—$B^{\checkmark}$为半径画圆弧，在弧上用a长依次截取4次，然后把截点B—C—D—A—B连接起来，并在A—B和C—D上照录支管断面图上的1点和2点，然后把B，C，D，A，B及1，2与S点相连构成放射线。最后以S为圆心，以各结合点到S的实长为半径，分别画圆弧，与同名放射线交于$B^{\times}$，$C^{\times}$，$2^{\times}$，$D^{\times}$，$A^{\times}$，$1^{\times}$，$B^{\times}$各点，将各点依次连成折线，完成支管的展开图。

主管的切孔的展开，可参照平行线展开法有关叙述，这里不再说明。

第六节　圆管或锥管与多面体相交构件

在以下实例中，对曲面体(圆管、正圆锥、斜面锥、球面等)与多面体(矩形管、棱锥等)相交构件的板厚处理，在接口处曲面体一律铲双面X形坡口，多面体一律铲外皮呈单面坡口，使曲面体板厚中心与多面体里皮相接触。这样在构件的样图中，曲面体尺寸按板厚中心层给出，多面体尺寸按里皮尺寸给出，实践证明当板厚不太厚时这是适用的。

一、由圆管和棱锥构成的扩散两节任意角度弯头

如图2－43所示，首先说明放样的具体步骤：

(1)在侧面视图中，棱锥的边线必须与圆管断面相切，如图切点为A'，D'，如果不相切，就不构成弯头。

(2)将棱锥断面图16等分，按投影规律，在两视图上对上述等分点编号后，在两视图上画出棱锥表面的16条素线。

(3)侧面图中圆管的投影即为结合线。但在本例中，除S'—A和S'—D外，棱锥上其余的素线均与侧面视图上圆管的投影圆周有两个交点，究竟其中哪个交点才是正存在于构件上的结合点，应通过分析构件前后左右的投影关系加以确定。如左视图断面图C—D—A—B之间的等分点，所对应的素线与圆管的贯穿点即结合点，必在圆管的投影圆A'和D'以上，

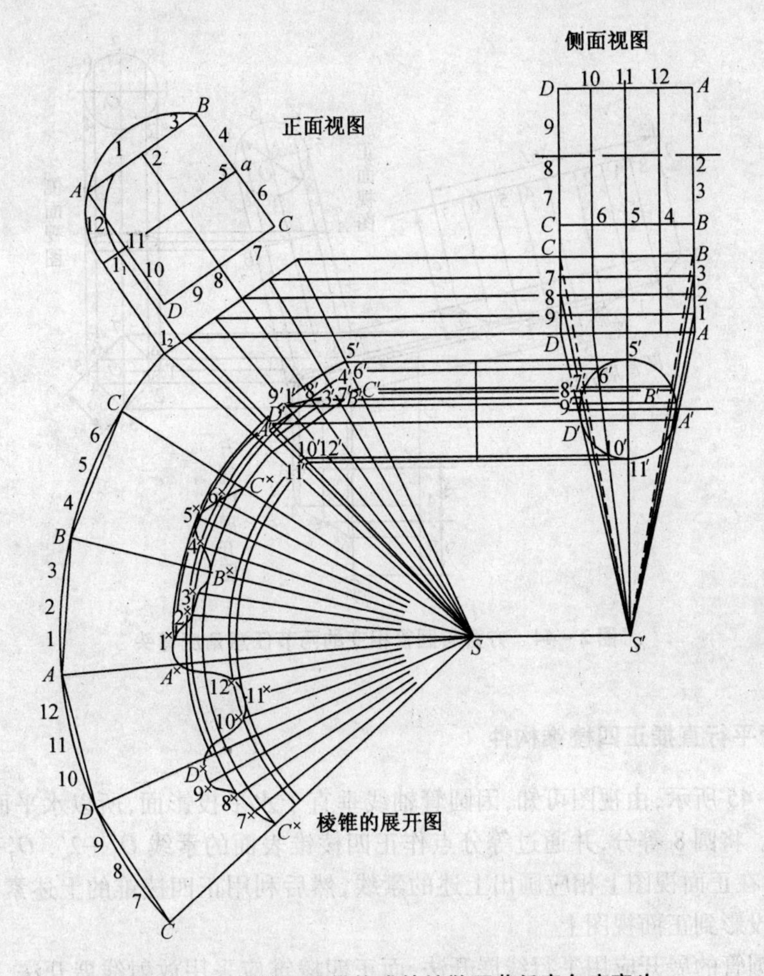

图 2-43　由圆管和棱锥构成的扩散两节任意角度弯头

而 *C*—*B* 之间的等分点所对应的素线与圆管的贯穿点即结合点，结合点一定在上述的 *A*′和 *D*′以下。

(4) 确定出结合点后，利用棱锥的 16 条素线，通过素线法，求出正面视图上构件的结合线。

本例展开图的画法中，棱锥的展开应采用放射线展开法。在展开的过程中，首先应用旋转法求出所有素线的实长，图中仅指示出旋转法求 $S—1°$ 和 $S—A°$ 的实长 $S—1_3$ 和 $S—A_3$。关于展开步骤不再详述，圆管的展开应采用平行线展开法，由读者自己完成。

二、方管与圆管相交的两节任意角度弯头

如图 2-44 所示，在放样时必须注意，在侧面视图中 1′和 5′两点的水平距离等于圆管的直径，否则将不构成弯头构件。在侧面视图上结合线为已知，正面视图上的结合线可利用圆管上的 8 等分素线通过素线法求出；两管件均可用平行线展开法展开，详细的求结合线画展开图的过程不再叙述。

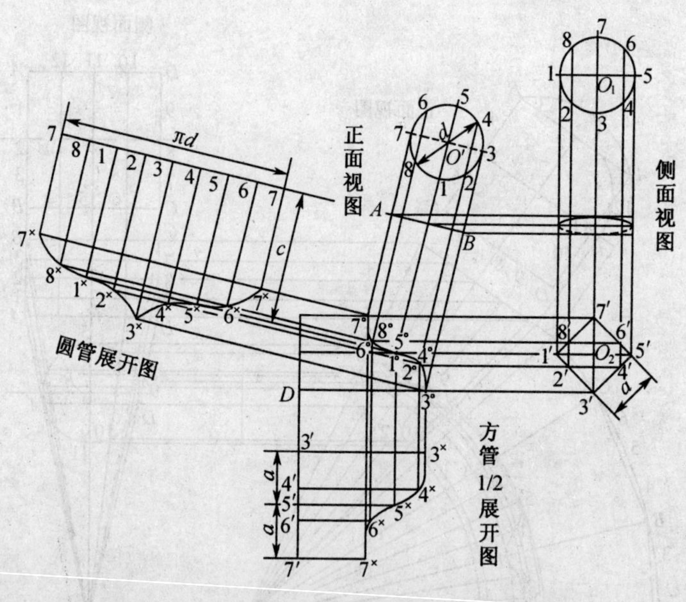

图 2-44　方管与圆管相交的两节任意角度弯头

三、圆管平行直插正四棱锥构件

如图 2-45 所示，由视图可知，因圆管轴线垂直于水平投影面，所以水平面视图的圆 O 即为结合线。将圆 8 等分，并通过等分点作正四棱锥表面的素线 O_1'—2′，O_1'—3′，O_1'—4′，O_1'—5′(1′)，在正面视图上相应画出上述的素线，然后利用正四棱锥的上述素线，通过素线法把结合线投影到正面视图上。

本例中圆管的展开应用平行线展开法，而正四棱锥应采用放射线展开法。画正四棱锥切孔的展开图，需求出结合线上各结合点到四棱锥顶点间的素线的实长。对于正四棱锥体，应先用旋转法求出结合点所在的棱锥表面素线实长，然后过结合点引四棱锥轴线的垂线，与结合点所在的素线的同名实长线相交，交点至锥顶的连线长度即结合点到锥顶的素线实长。画展开图的详细步骤可以由读者参照图 2-43 归纳。

四、正圆锥斜接方管的三通构件

如图 2-46 所示，假设板厚处理后的尺寸有 a,b,c,d,h_1h_2 和 α。

首先画构件的样图并求结合线。利用正圆锥的端口断面圆和构件的正面视图，画出构件的侧面视图；然后利用正圆锥表面上的 8 等分素线，通过素线法将侧面视图上的结合点，投影到正面视图上，求出正面视图的结合线 7°—6°(8°)—5°(1°)—4°(2°)—3°。

构件的展开过程中，方管可用平行线展开法（图 2-46 没有给出，由读者完成），正圆锥支管的展开应采用放射线展开法。在作正圆锥支管的展开图时，必须首先用旋转法求出各结合点所在素线的实长，即结合点至锥顶点 S 的实长。对于正圆锥，只要圆锥中心线与投影面平行，即本例在正面视图上，只要通过各结合点，分别作正圆锥底面投影边线（与中心轴线垂直）的平行线与正圆锥的投影边线 S—3′相交，交点至锥顶连线长即所求结合点至锥顶的实长。有关放射线展开法的具体步骤不再详述。

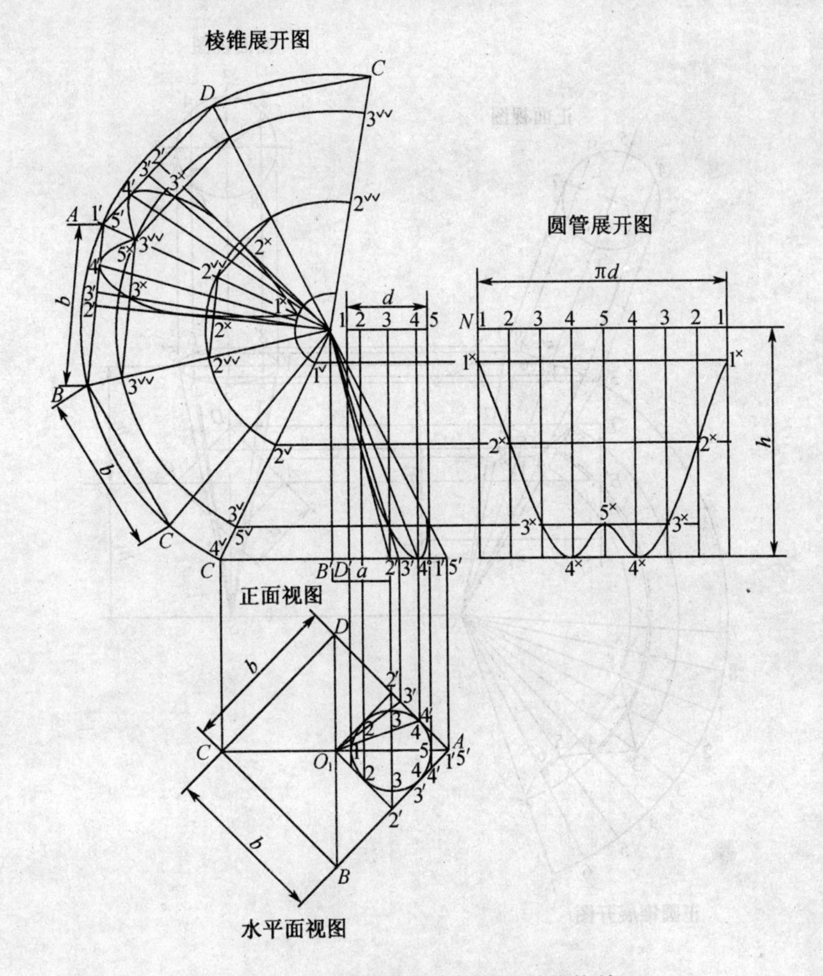

图 2 - 45　圆管平行直插正四棱锥构件

五、斜圆锥斜接方管的构件

如图 2 - 47 所示，假设经板厚处理后的尺寸有 $a, b, c, d, h_1 h_2$ 以及 α。

本例与图 2 - 46 相比，在画样图和求结合线的问题上大同小异，结合线是利用斜圆锥的 8 等分素线，通过素线法求出来的，方管的展开可应用平行线展开法作出。斜圆锥的展开，仍应用放射线展开法，但和正圆锥的展开相比，采用旋转法求表面素线和结合点到锥顶连线的实长要复杂一些。下面重点讨论斜圆锥部分的展开过程。

(1) 应用放射线展开法展开斜圆锥结合线以上的部分，首先采用旋转法求各素线和结合点到 S 点（锥顶）的实长。在正面视图上，过 S 作 A—B（水平线）的垂线，交断面图水平中心线于 O 点；以 O 为圆心，以 O 到断面图上各等分点的长为半径，画圆弧交 1—5 于 $2^{\checkmark}$，$3^{\checkmark}$，$4^{\checkmark}$ 各点，然后过 $2^{\checkmark}$，$3^{\checkmark}$，$4^{\checkmark}$ 引 1—5 的垂线，交斜圆锥底面投影边线于 $2''$，$3''$，$4''$ 各点，将 $2''$，$3''$，$4''$ 分别与锥顶 S 相连接，则 S—$2''$ 为 S—2 的实长，S—$3''$ 为 S—3 的实长，…再过各结合点引 A—B 的平行线，交同名实长线于 $2^{\circ\circ}$，$3^{\circ\circ}$，$4^{\circ\circ}$ 各点，则 S—$2^{\circ\circ}$ 就是 S—2° 的实长，S—$3^{\circ\circ}$ 就是 S—3° 的实长，…

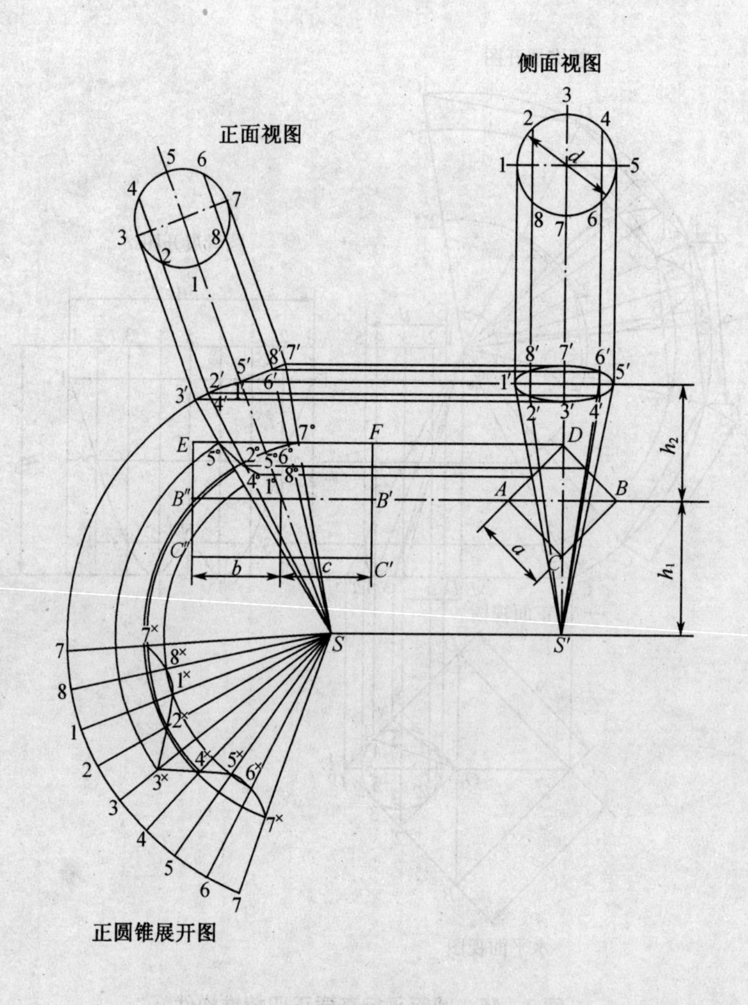

图 2-46　正圆锥斜接方管的三通构件

(2)在正面视图上,以 S 为圆心,以 S—1 为半径,画圆弧与过 S 的射线交于 1 点;以 1 为圆心,以断面图圆周长的 1/8 长度为半径所画的圆弧,与以 S 为圆心,以 S—2″为半径所画的圆弧交于 2 点,然后再以 2 为圆心,以断面图圆周长 1/8 为半径所画圆弧,与以 S 为圆心,S—3″为半径所画圆弧交于 3 点…同理继续作出 4,5 各点,再把所有交点与 S 相连,由此完成放射线(本例将接缝选在 S—5 素线上)。

(3)以 S 为圆心,以 S—1°,S—2°°,S—3°°,S—4°°,S—5°等为半径,分别画同心圆弧与同名放射线对应相交于 5×—4×—3×—2×—1×—2×—3×—4×—5×,最后用描点法连接起来,同时将上述的 5—4—3—2—1—2—3—4—5 也用描点法连接起来,以上就是斜圆锥截体展开图的具体画法。

上述的圆管或锥管与多面体相交构件,其结合线必为几段首尾相接的平面曲线,平面曲线的相接点事实上是多面体的棱线对圆管或圆锥表面的贯穿点。

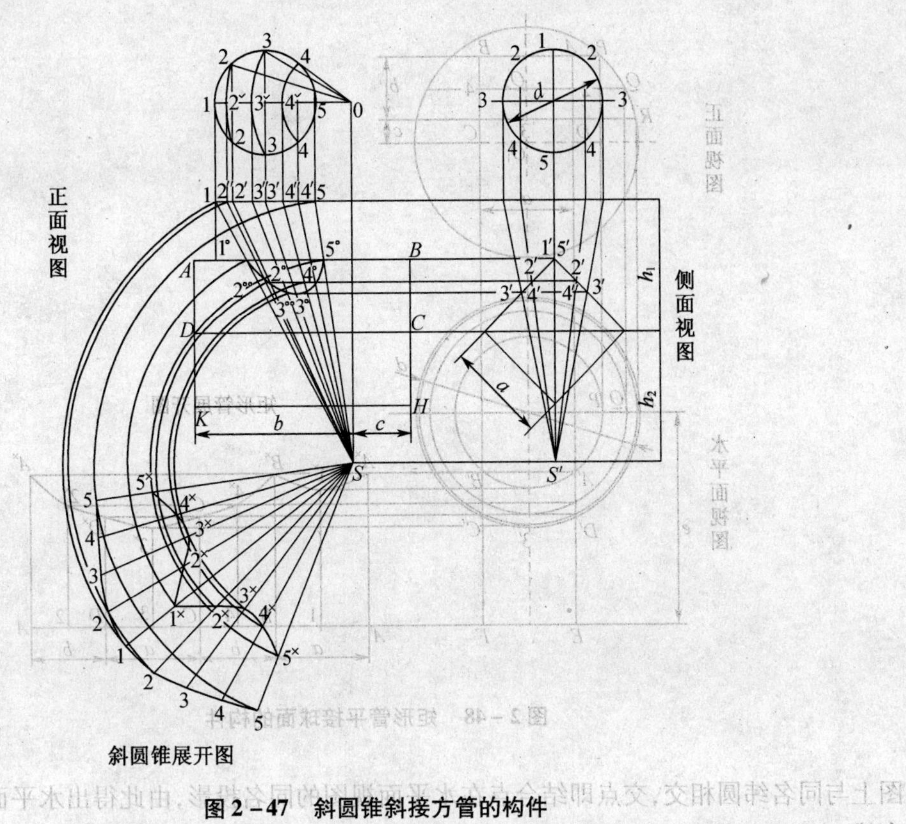

图 2－47　斜圆锥斜接方管的构件

第七节　球面与其他形体相交的构件

首先介绍这一类构件的板厚处理问题，由于球面（体）一般都预先单独做好，在焊接或铆接时再在上面挖孔，因而球面尺寸应以外皮尺寸为准；一般和球面相交的棱体的板厚处理均以里皮为准，和球面相交的圆管等曲面体均以中心层为准。

当球面与其他形体相交时，一般总是先把支管做好，然后放在球面上现场套线，再按线切割出孔来，因而不讨论球面上孔的展开图问题。至于整个球面的展开图，其画法已经在第一章第二节“不可展曲面的近似展开”中作了叙述，不再重复。球面和圆柱体、正圆锥体等旋转体相交，当其中心轴线通过球心时，构件的结合线为直线型结合线。这种情况在第三章也已经讨论过，而且这一类构件一般都比较简单，能很容易地作出与球面相交的圆柱体、正圆锥体的展开图。除此之外，介绍以下实例。

一、矩形管平接球面的构件

如图 2－48 所示，假设板厚处理后构件样图尺寸有 a,b,c,d,e。

首先说明结合线的求法。在正面视图上，结合线即矩形管的投影 $A—B—C—D$，故本例采用纬线法求出水平面视图上的结合线。如图球面上的纬线 P 过结合点 $A,1,B$，纬线 Q 过结合点 2,4，纬线 R 过结合点 $D,3,C$。可在正面视图上过上述结合点，引铅垂线在水平面视

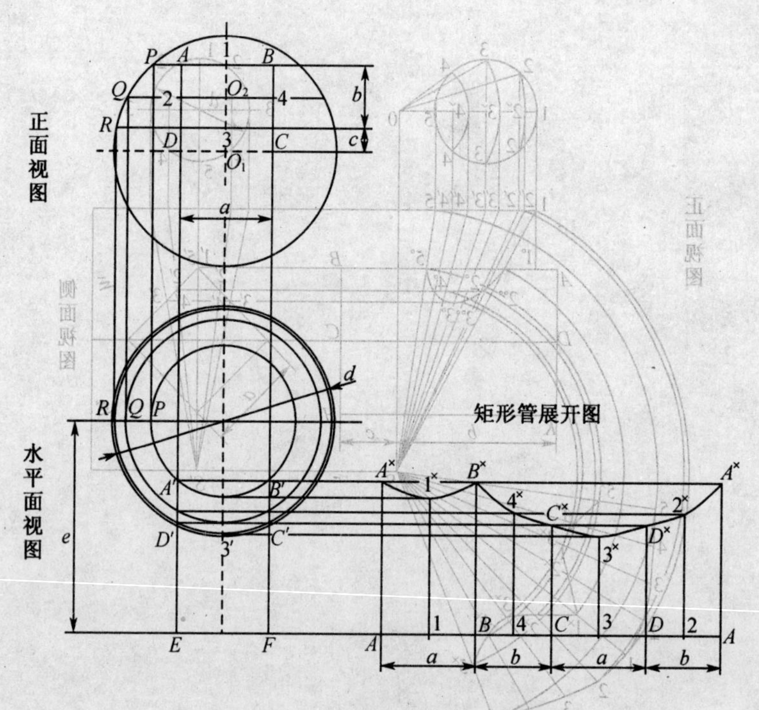

图 2-48　矩形管平接球面的构件

图上与同名纬圆相交，交点即结合点在水平面视图的同名投影，由此得出水平面视图中的结合线 A'—$1'$—B'—$4'$—C'—$3'$—D'—$2'$—A'。

矩形管的展开图应采用平行线展开法。

二、圆管斜插球面的构件

如图 2-49 所示，板厚处理后尺寸有 a,b,d_1,d_2 及 α。

因为在画构件的样图时，在正面视图和水平面视图上，圆管的投影均无“积聚性”，即结合线不能作为已知条件在其中一个视图上给出，所以，遇到这种情况，只能采用辅助平面法求其结合线。结合线的求法为：首先在两视图中画出圆管的 8 等分素线，由水平面视图可知，两形体对称于水平轴线，由此可确定正面视图中的 1°和 5°是结合点，而其余结合点可以应用辅助平面法求出。辅助平面为过视图中圆管的等分素线，并垂直于水平投影面，同时不平行于正投影面的铅垂平面，该平面在水平面上的投影“积聚”为一条直线。如图辅助平面与球面的截交线在正面视图上是三个圆，辅助平面与圆管的截交线就是正面视图中圆管的 8 等分素线，由此可得正面视图上的结合线 1°—2°—3°—4°—5°。同时还可以利用点的投影规律，找出水平面视图上的结合线 1°°—2°°—3°°—4°°—5°°—4°°—3°°—2°°—1°°。

圆管的展开图应采用平行线展开法作出。

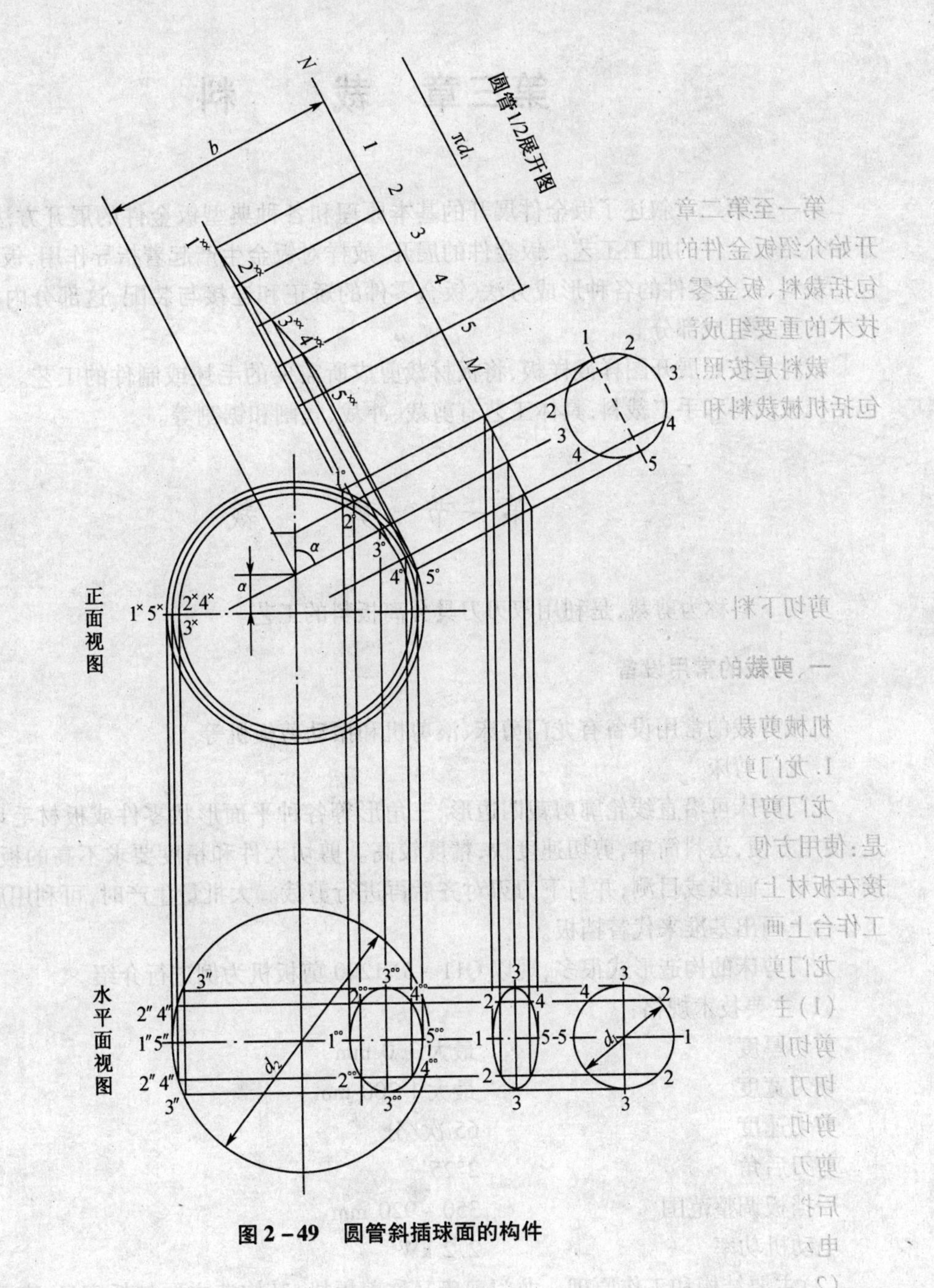

图 2－49　圆管斜插球面的构件

第三章 裁 料

第一至第二章叙述了钣金件展开的基本原理和各种典型钣金件的展开方法,从第三章开始介绍钣金件的加工工艺。钣金件的展开、放样对钣金生产起着指导作用,钣金加工工艺包括裁料、钣金零件的各种形成方法、钣金零件的矫正和连接与装配,这部分内容是钣金工技术的重要组成部分。

裁料是按照展开图样或样板,将板材裁剪成所需要的毛坯或制件的工艺。裁料的方法包括机械裁料和手工裁料,具体工艺有剪裁、冲裁、气割和锯割等。

第一节 剪 裁

剪切下料称为剪裁,是利用双刃刀具分离板料的工艺。

一、剪裁的常用设备

机械剪裁的常用设备有龙门剪床、滚剪机和振动剪板机等。

1. 龙门剪床

龙门剪床可沿直线轮廓剪裁四边形、三角形等各种平面形状零件或板材毛坯。其优点是:使用方便,送料简单,剪切速度快,精度较高。剪切大件和精度要求不高的板料时,可直接在板材上画线或目测,并与下刀刃对齐后再进行剪裁。大批量生产时,可利用后挡板或在工作台上画出基准来代替挡板。

龙门剪床的构造形式很多,现以 Q11 - 3X1200 剪板机为例进行介绍。

(1)主要技术规格:

剪切厚度	最大 3.0 mm
切刀宽度	最大 1 200 mm
剪切速度	65 次/分
剪刃后角	2°25′
后挡板调整范围	350 ~ 920 mm
电动机功率	2.2 kW

(2)主要结构和工作原理。龙门剪床又称剪板机,其构造主要包括床身、床面、上刀片、压料装置和传动系统等,如图 3 - 1 所示。铸铁的床身为主体,床面为放置被割板料的工作面。电动机通过传动系统(传动带、齿轮、连杆、偏心轮等零件)将动力传给上刀片,使其完成冲击动作,而下刀片固定在床身上,在上下刀片共同作用下完成板料的切割工作。

剪板机的工作装置,除完成剪切动作的机构外,还设有压料装置、挡料架、制动装置和安全装置。压料装置是当上刀架下移准备剪切时,通过偏心机构使压料脚先行压紧被剪切的板料,以防板料错位或翻转。前后挡料架和角挡架用来靠紧样板,以便按样板切割板料。制动装置用来控制主轴凸轮在停车时处于上止点的位置,并借助它来保持上刀架在往复运动中的稳定性。安全装置即在刀片前安设的栅板,防止事故发生。

(3)使用和维护保养:

①剪板机必须有专人负责维护使用,操作人员必须熟悉设备的技术性能和特点。

②刀片刃口应保持锋利,发现损坏应及时调换。

③开机前应检查板料表面质量,如果有硬疤、电渣等弊病,则不能进行剪切。

④使用机器应严格遵守操作规程,严禁过载剪切。

⑤使用中如发生不正常现象,应立即停车并检查修理。

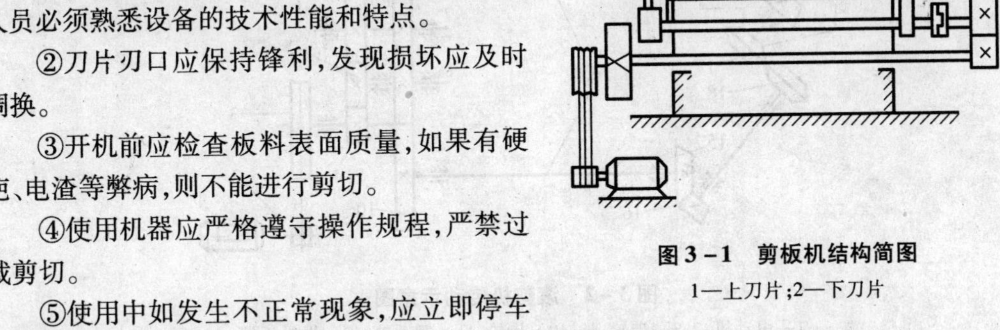

图3-1 剪板机结构简图

1—上刀片;2—下刀片

⑥使用完毕后,应立即切断电源。

⑦机器检修完毕后,应开车试运转并注意电动机转向和规定转向是否一致。

2. 滚剪机

滚剪机可剪切直线外形零件或毛坯,还能完成曲线的剪切,并能剪切圆形内孔。但滚剪机是手工操纵板料按线剪切,滚刀转速较低,所以精度较低,而且剪切断面质量较差,因此常被用来剪切精度要求不高的工件。如果使板料厚度和滚刀直径的比例适当,就可以控制滚刀口与板料间的摩擦力,使之大于手工送料的推力,这时滚刀可以起到自动送料的作用。

滚剪机又称圆滚剪床,现以 Q23-3X1500 mm 双盘滚剪机为例作介绍。

(1)主要技术规格:

剪切厚度	0.5~3.0 mm
主机悬臂长(喉口深度)	1 500 mm
滚刀直径	60 mm
板料直线剪切宽度	150~1 200 mm
板料剪切直径(四角形坯料)	400~1 500 mm
电动机功率	1.5 kW

(2)主要结构与工作原理。滚剪机的传动系统如图3-2所示,电动机通过带传动,再经过一组齿轮传动,使摆动轮11和传动轴19作同速反向的滚剪动作。由于剪切的板料厚度不同,设置了滚刀的升降机构,它将上滚刀压装在导轨上,借连杆与偏心套的作用上下滑动,上滚刀的升降通过操纵手柄控制。

(3)使用和维护保养:

①滚剪机要专人负责和维护,定期加注润滑油。

②工作前应清理场地,清除无关物件。

③工作前要检查滚刀是否锋利,发现损坏时应及时调换。

④检验板料牌号、厚度和质量是否符合工艺要求。板料表面如有硬疤、电渣等则不能剪切。

⑤应根据板料厚度调整机床转速和滚刀间隙。一般垂直间隙 $a=\frac{1}{3}\delta$(δ 为板厚),水平

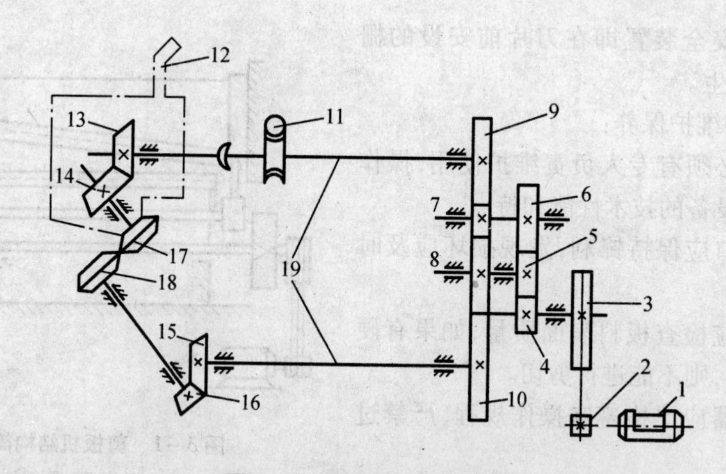

图 3－2　滚剪机传动示意图

1—电动机；2，3—带轮；4～10—齿轮；11—摆动轮；12—操纵手柄；
13～16—伞齿轮；17，18—滚刀；19—传动轴

方向间隙 $b=\frac{1}{4}\delta$，如图 3－3 所示。调节垂直间隙需要调整上滚刀，调节水平间隙则要调整下滚刀。上滚刀与下滚刀的重叠量一般为 $h=\left(\frac{1}{5}\sim\frac{1}{3}\right)\delta$，如图 3－4 所示。

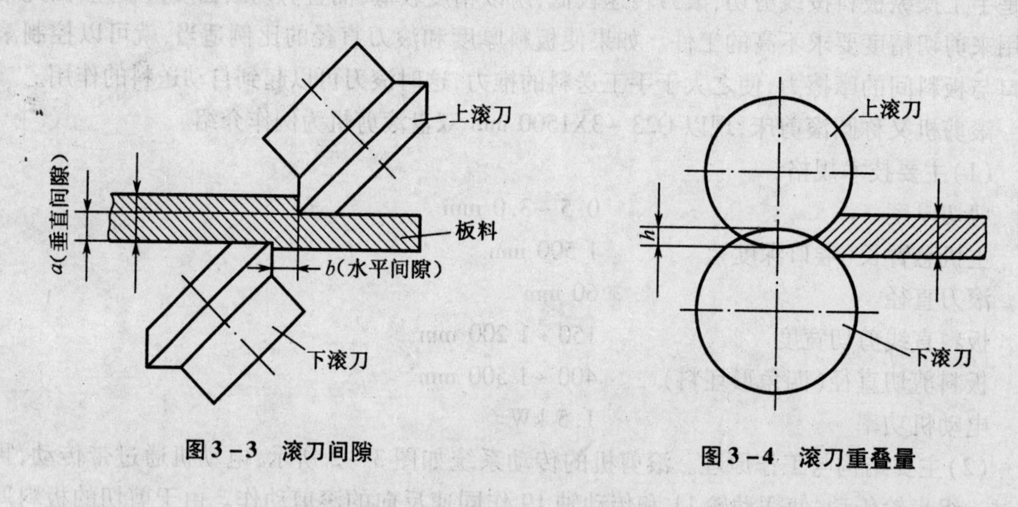

图 3－3　滚刀间隙　　**图 3－4　滚刀重叠量**

⑥剪切时，虽然滚刀在滚剪过程中也起着自动送料的作用，但操作者仍要平稳托住板料，按画线严格控制进料方向，否则易使所剪工件报废。

⑦两人或两人以上操作时，要密切配合。

⑧在使用过程中，如果发生不正常现象，应立即停车检修。

⑨机器使用完毕后应立即切断电源，清理场地，并将工件码放整齐。

3. 振动剪板机

振动剪板机又称振动剪床，如图 3－5 所示。不同型号的振动剪床可以剪切 5 mm 以下的低碳钢板或有色金属板材，主要用于剪切直线或曲线内外轮廓的板料及内孔零件，还可用于切除零件内外余边。但振动剪板机切制的板料断面比较粗糙，所以在剪切后还需要修边，即对边缘修光。

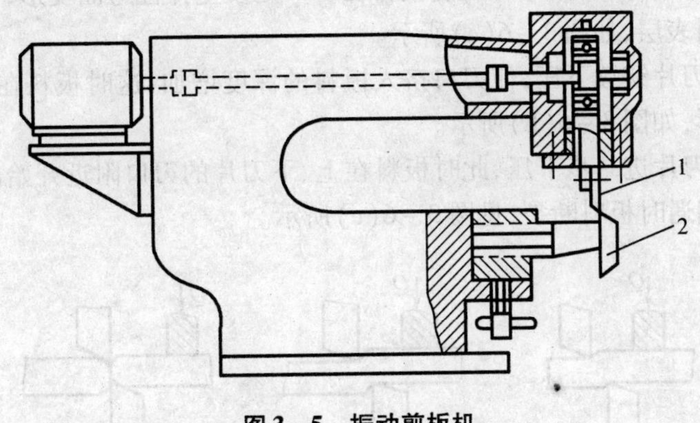

图 3-5　振动剪板机

1—上刀片;2—下刀片

(1)主要技术规格:

最大剪切厚度	2 mm
振动频率	1 500 ~ 2 000 次/分
臂长(喉口深度)	300,400,500,600,700,800,900,1 000 mm
电动机功率	1.5 kW

(2)主要结构与工作原理。振动剪床主要由电动机、传动系统、工作机构、机架与机座等组成,机座和机架分别起到稳固机身和支承其他零件的作用。工作机构由两个剪刀片组成,下刀片固定在机架上,上刀片固定在滑块刀座上,在上、下刀片的刀刃同时作用下切断板料,如图 3-5 所示。工作时,由电动机带动偏心主轴旋转,再通过连杆使滑块作快速往复直线运动,实现上剪刀的振动。

(3)使用和维护保养。

①工作前清理场地,将与工作无关的物件收拾干净。

②检查配合部位的润滑情况,加足润滑油。

③开机前要紧固上下刀片,并使上刀片与下刀片相对倾斜成 20° ~ 30°的夹角。上刀片走到下止点时应与下刀片重叠 0.3 ~ 0.5 mm,并应根据板料厚度进行调整。重叠量过小则板料剪不断,重叠量过大则会使送料费力。同时,上、下刀片的侧面之间应保持相当于板料厚度 0.25 倍的间隙。调好后,应进行空载试车。

④振动剪床不得剪切超过技术规格规定的最大剪切厚度的板料。

⑤发现机床工作不正常时,应及时停车检修。

⑥剪切内孔时,需操纵杠杆系统,将上刀片提起,板料放入后再对合上、下刀片。

⑦剪切一般工件时,应先在板料上画线。开动剪床后,两手平稳地把握板料,按照划线保持板料沿水平面平行移动。

⑧工作完毕后应立即关闭电源,清理场地,并将剪切下的废料妥善处理。

⑨将工件码放整齐,并擦拭机床。

二、剪裁过程及其受力分析和剪刃间隙的确定

1. 剪切过程及其受力分析

板料在剪床上的剪裁过程可以分为三个阶段,如图 3-6 所示。

第一阶段，剪刃对板料施加压力，使板料在切口处发生弹性弯曲变形，与此同时，刀片的刃口局部挤压板料表层，如图3－6(a)所示。

第二阶段，上刀片继续下压，使刃口挤入板料的深度增加，这时板料在切口处由弹性形变进入了塑性变形，如图3－6(b)所示。

第三阶段，上刀片进一步下压，此时板料在上、下刀片的刃口附近开始出现裂缝，当裂缝相向扩展至最后相遇时板料断裂，见图3－6(c)所示。

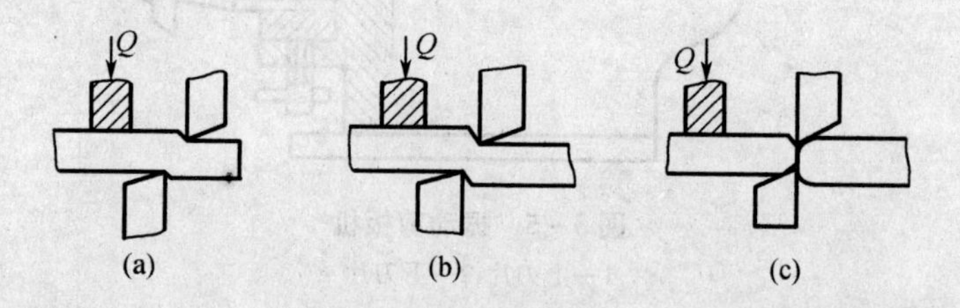

图3－6　剪裁过程

(a)板料弹性变形；(b)板料塑形变形；(c)板料断裂

在刃口间隙正常的情况下，剪裁断面上出现了三个不同的区域，如图3－7所示。在图上的A区表面，由于剪刃剪切并与剪刀侧面摩擦，所以带有光泽；B区主要因受到挤压后变形直至断裂，因而比较粗糙；C区主要是因受拉变形，所以出现圆角。如果刃口间隙较大，在B区的外表层会出现较大的毛刺。

如图3－8所示为板料剪裁时的受力分析。当上、下刀片切入板料时，刀刃作用于板料的合力$\boldsymbol{P}$的作用点并不在刀尖上，这样就会产生一个使板料转动的力矩$\boldsymbol{Pa}$，使板料在剪裁过程中转动。与此同时，由于剪刃挤入板料，在剪刃的侧面产生对板料的侧向压力$\boldsymbol{T}$，因此同时产生作用方向与剪切力矩$\boldsymbol{Pa}$作用方向相反的力矩$\boldsymbol{Tb}$，所以如果剪裁时出现转动这一现象，可在剪床上备有压料装置以在剪切时产生与剪切力矩方向相反的力矩与之平衡，从而防止板料在剪切时的翻转和错位。

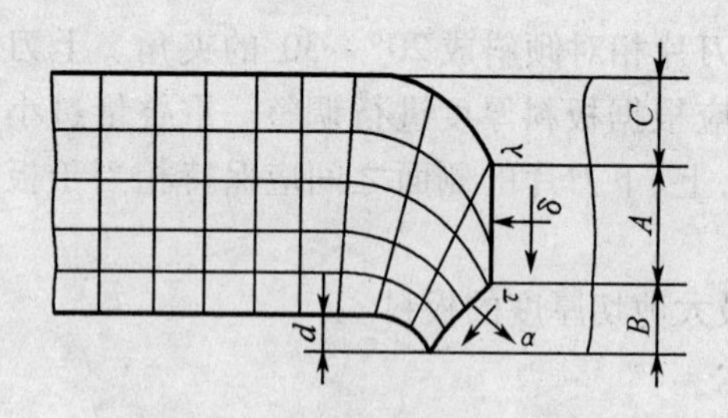

图3－7　剪裁断面的三个区域

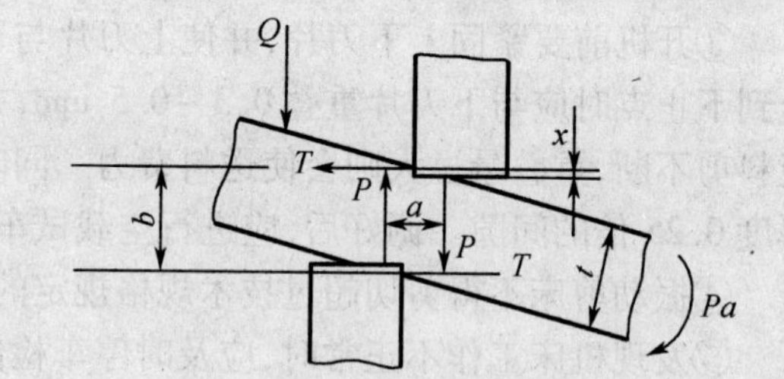

图3－8　板料剪裁时的受力分析

2. 剪刃间隙的确定

剪刃间隙即上、下刀片刃口侧面之间的间隙，也称刃口间隙。剪刃间隙对裁件的断面质量、尺寸、精度以及裁剪力都有影响。如果刃口间隙过大，板料切口会产生毛刺，同时转动力矩增加，会引起工件翻转，甚至无法剪断。刃口间隙过小会使两刀片受到的摩擦力增加，损伤刀刃。剪床上的刃口间隙应按照具体情况而定，一般来说，刃口间隙为板料厚度的$\frac{1}{10}\sim\frac{1}{20}$。

剪刀的角度根据剪工件的形状和板料的厚度、硬度的不同,通常在55°~85°之间。剪刀角度越小,剪刀越锋利,但也容易磨损和崩口;反之,角度越大,剪切越费力。此外,在剪刀的侧面制出后角,可以降低剪刀侧面与板料间的摩擦力,从而降低剪切力,后角约为2°。各类剪床上的剪刀片一般用碳素工具钢或合金工具钢制造,如T7A,T8A等,经热处理加工后其硬度可达到HRC58~62。

三、手工剪裁

1.剪裁工具

手工剪裁的主要工具是手剪刀。手剪刀有直剪和弯剪两种,如图3-9所示。直剪刀用于剪切直线,弯剪刀用于剪切曲线。为了便于剪切,手剪柄有直柄和弯柄两种形式,弯柄手剪的稳定性好且省力。当剪切较厚的板料时,把剪柄的弯曲部位压在地上可以起到省力的作用。弯柄手剪所限制的刀口咬合度的碰合点恰好在手掌握着的部位,不小心就会把手夹住,直柄手剪没有这种问题,但在剪切时比较费力。

手剪的刃口间隙应在板厚的$\frac{1}{10}$~$\frac{1}{20}$之间,为了保险,剪刀片都经过预弯0.1~0.2 mm,如图3-10所示。因此手剪刀的两个刀片只在剪端相接触,在剪切过程中,接触点沿刀刃变动。

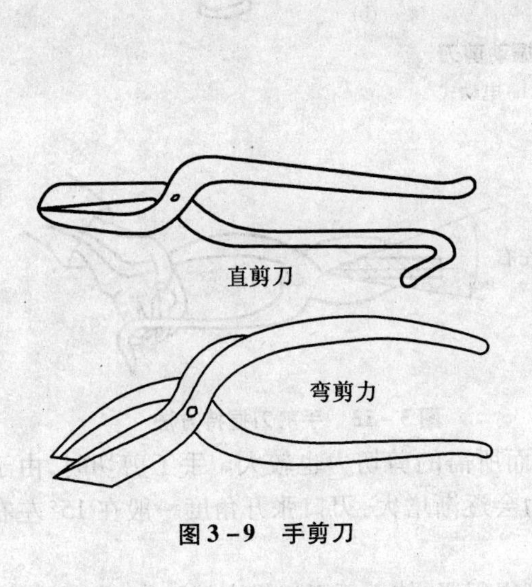

图3-9 手剪刀

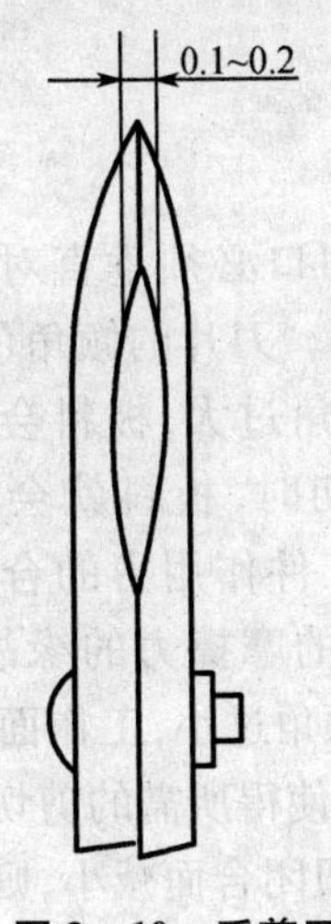

图3-10 手剪刀预弯

根据剪刀的位置,手剪刀可分为右式剪刀和左式剪刀两种。右式剪刀的上刀片在右边,左式剪刀的上刀片在左边。右式剪刀在作业时刀刃不会遮盖剪切的标记线,并且还可利用左手向上来提取被剪的板料,所以国内各工厂所采用的手剪刀大多数为右式剪刀,其剪切方式如图3-11所示。左式手剪刀在作业中,不易看到剪切的标记线,而且左手还要跨过持剪的右手来提取被剪切的板料,使用极为不便,故很少采用,已逐渐被淘汰。

手剪刀由含碳量0.4%以上的中碳钢制造,其刃部经过淬火硬化后可达HRC54~58。手剪刀的规格是按剪刃的长度划分的,常用的有100 mm,150 mm,200 mm等。剪刀的全长一般为剪刃长度的2.5~3倍。

另外,对大型钣金零件的修边和开口常使用手提式振动剪刀。手提式振动剪刀有气动式和电动式两种,能裁剪厚度不超过2.5 mm的硬铝板和2 mm以内的薄钢板,如图3-12

所示。

2. 剪切方法

图 3－11　右式剪切方式

手剪刀一般用于剪切厚度为 1 mm 以下的薄钢板和厚度不超过 1.2 mm 的铜、铝板等，主要用于白铁皮的裁料。

使用手剪刀剪切时握剪的方法很多，一般来说，右手要握持剪柄末端，以增加力臂长度，既省力又便于剪刀刃口向剪切方向推进。握剪时用拇指和手掌的虎口夹住上剪柄，食指在剪柄的中间抵住上剪柄，其余三个手指握牢下剪柄。刀口在闭合时应使上下刀片彼此贴紧，不应出现缝隙，否则被剪板料的断面就会出现毛刺，有时还会把板料夹在两刀片中间，如图 3－13 所示为手剪刀握持方法。还可以将剪刀的弯柄夹持在台钳上，如图 3－14(a)所示。对于单柄固定式手剪，要将一柄固定起来，如图 3－14(b)所示。

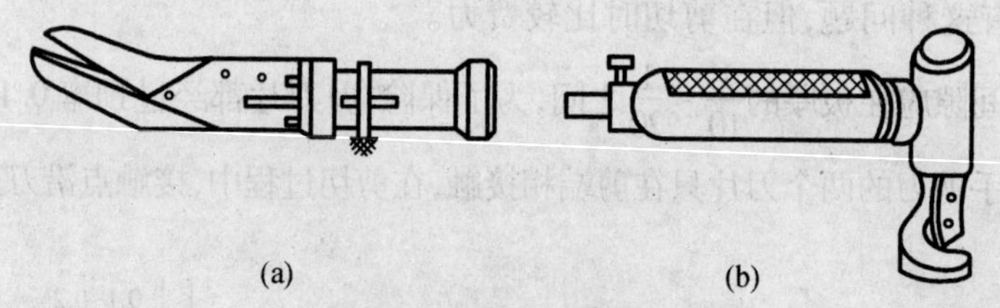

图 3－12　振动剪刀

(a)气动式；(b)电动式

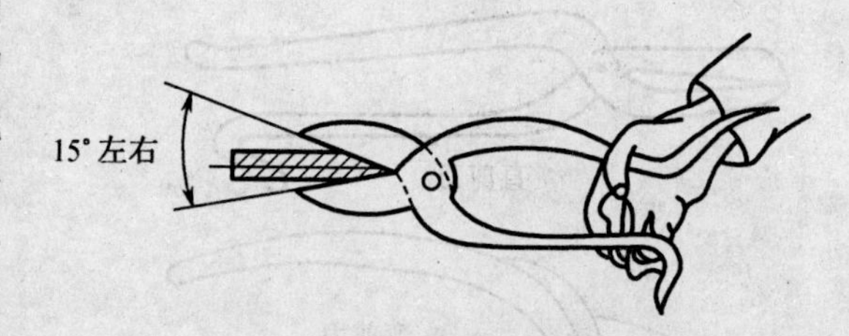

图 3－13　手剪刀握持方法

在剪切时，刀口必须垂直对准剪切线，剪口不要倾斜。刀片的倾角(张开的角度)要适当，倾角过大，板料会过近地推向剪轴，在剪切时，板料就会往外滑移，这是剪刀对工件作用力的合力大于工件与刃口之间的摩擦力的缘故，如图 3－15 所示。但倾角过小，工作面集中在剪刃的刃口前端，使得所需的剪切力矩增大，因而所需的剪切力也较大。手工剪切时，由于刀片倾角随着剪刃闭合而减小，则所需的剪切力会逐渐增大，刃口张开角度一般在 15°左右为宜。

初次使用手剪的人，大多喜欢把手剪剪轴铆得很紧，使上下刃口没有间隙，这是不对的。剪轴铆得过紧，不仅刀口张合费力，而且也容易使刃口磨损变钝，所以要调出适当的间隙。

在剪切作业中，应注意使标记线始终能够看得清楚。在剪切曲线外形时，应逆时针方向进行，如图 3－16(a)所示；在剪切曲线内形时，应顺时针方向进行，如图 3－16(b)所示。这样操作，标记线就不会被剪刀遮住。在面积较小的板料上剪切窄条时，可用左手拿着板料，如图 3－17 所示。

手剪的刃口变钝时，应重新刃磨。刃磨一般在水磨石上进行，但最好在油石上进行。如果刃口出现崩裂豁口时，应首先在砂轮上磨去豁口，再在磨石上进行刃磨。刃磨时用力要适当，要使刃部的斜面保持平整，从剪刀片的端部开始刃磨到根部，直到刃部锋利为止。

此外，在使用手剪时还应注意：刃口处不得有油，以免剪切时发生滑动；禁止剪切比刃口还硬的板料和用锤锤击剪刀背;剪刀用完后,应放在指定地方,以防摔坏刃口或被重物压坏。

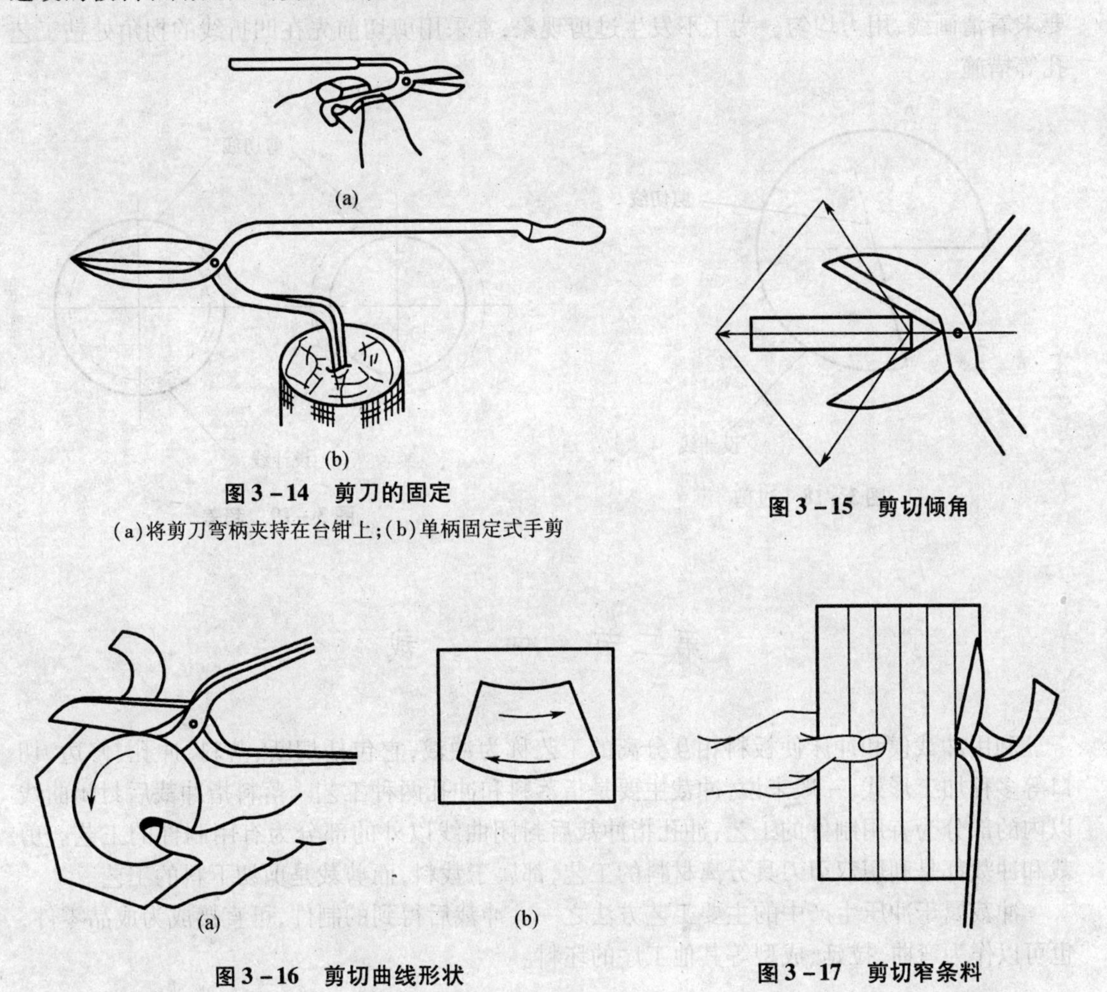

(a)

(b)

图 3-14　剪刀的固定

(a)将剪刀弯柄夹持在台钳上;(b)单柄固定式手剪

图 3-15　剪切倾角

(a)　(b)

图 3-16　剪切曲线形状

(a)对外形逆时针方向剪切;(b)对内形顺时针方向剪切

图 3-17　剪切窄条料

二、剪裁质量分析

剪裁质量的好坏,会直接影响到钣金工件的成型和产品的质量。剪裁质量受到多方面的影响,常见的问题有拱曲和扭曲变形、过剪和超差等。刀片的刃口间隙、刃口的磨损程度是影响剪裁质量的主要因素。

1. 拱曲和扭曲变形

在剪裁过程中,材料受到剪切力等外力的作用,使材料内部组织发生变化所产生的残余应力,引起拱曲和扭曲变形,手工剪裁尤其如此。当刃口间隙过大或过小,或刃口磨损变钝时,拱曲、扭曲变形就明显。在剪裁过程中,要选择合理的刃口间隙,保持刃口的锋利和适当的压料力。特别是在手工剪裁时,不应将板料抬得过高,以防剪切时出现拱曲和扭曲变形。

2. 过剪和超差

过剪是在手工剪切的过程中,由于导向不准或用力过猛,使剪刃进入非剪切线,如图 3-18 所示。超差是指剪切件不符合设计要求,使剪切的形状和尺寸过大或过小,如图 3-19

所示。为了获得比较理想的剪切件，除了保证合理的刃口间隙和锋利的刃口外，在操作时还要求看清画线、用力均匀。为了不发生过剪现象，常采用剪切前先在凹折线的拐角处钻工艺孔等措施。

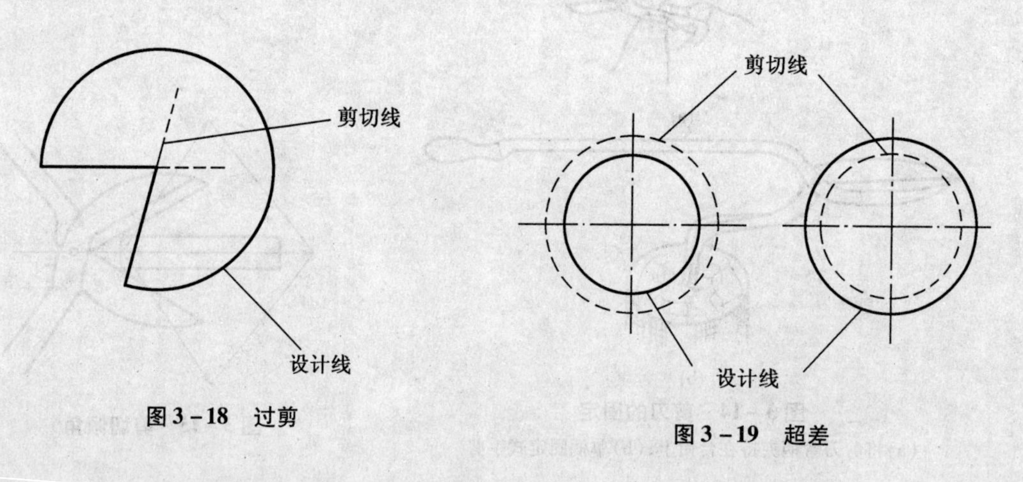

图 3－18　过剪

图 3－19　超差

第二节　冲　　裁

利用冲裁模和冲床使板料相互分离的工艺称为冲裁，它包括切断、落料、冲孔、修边、切口等多种加工形式，一般来说，冲裁主要是指落料和冲孔两种工艺。落料指冲裁后封闭曲线以内的部分为有用制件的工艺；冲孔指冲裁后封闭曲线以外的部分为有用制件的工艺。剪裁和冲裁都是利用双刃刀具分离材料的工艺，都属于裁料，而剪裁是剪切下料的工艺。

冲裁属于冲压生产中的主要工艺方法之一。冲裁后得到的制件，可直接成为成品零件，也可以作为弯曲、拉延、成型等其他工序的坯料。

一、冲裁设备

冲裁设备即冲压加工设备，简称冲床。冲床按其结构和工作原理主要分为曲柄冲压机、螺旋压力机和液压冲压机三大类。一般工厂最常用的冲床为曲柄冲压机，它包括各种结构的偏心冲床和曲轴冲床。

典型冲床的结构和工作原理

如图 3－20 所示为一偏心冲床的结构简图。电动机 5 通过小齿轮 6 和大齿轮（飞轮）7 及离合器 8 将动力传给偏心轴 1，偏心轴 1 在轴承中作回转运动。连杆 2 将偏心轴的回转运动转换为滑块 3 的直线往复运动。冲裁模的上模固定在滑块 3 上，下模固定在床身的工作台 10 上。离合器在电动机和飞轮不停的运转中，可使偏心轮机构开动或停止。工作时，踩下脚踏板 9 离合器接合，偏心轴回转并通过连杆带动滑块作直线往复运动，将被加工的板料放在上下模之间，即可进行冲裁。

如图 3－21 所示为曲轴冲床的结构简图。电动机 1 通过带传动减速，带传动的从动轮 2 即飞轮，飞轮的重量和尺寸比其他传动零件大，所以运转起来后具有很大的惯性，能储存和释放出一定的能量以减少机器转动速度的波动。飞轮通过齿轮 3，4 并经离合器与主轴 6（曲轴）联系，由曲轴上的曲柄轴带动连杆 7，从而使滑块 8 沿轨道作直线往复运动。在滑块上固定上模，下模固定在工作台上，工作机构是靠上模的冲压动作和下模一起完成冲压工作的。可以通过控制机构操纵离合器，以控制上模的运动和停止。

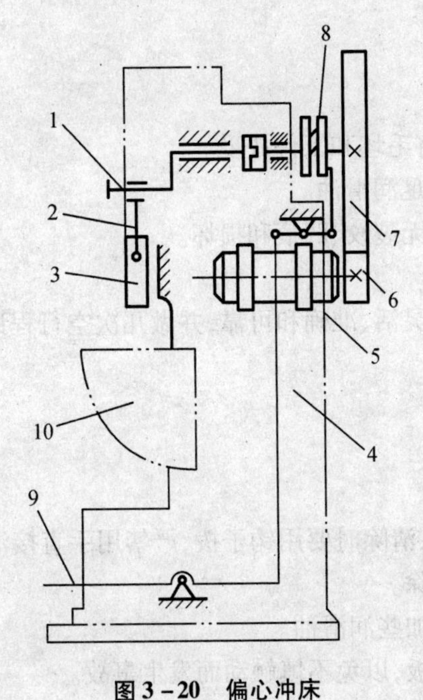

图 3-20　偏心冲床

1—偏心轴；2—连杆；3—滑块；4—床身；
5—电动机；6—小齿轮；7—大齿轮（飞轮）；
8—离合器；9—脚踏板；10—工作台

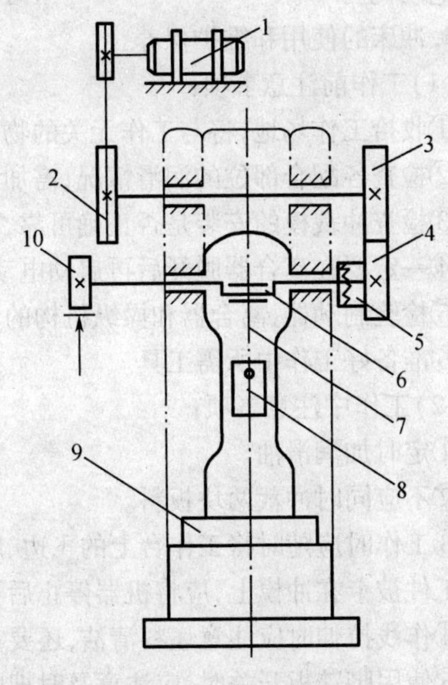

图 3-21　曲轴冲床

1—电动机；2—从动轮；3，4—齿轮；
5—离合器；6—主轴；7—连杆；
8—滑块；9—工作台；10—制动器

由上面叙述的内容可知，曲轴冲床的结构和工作原理与偏心冲床基本相同，其主要区别是所用的主轴不同。偏心冲床的主轴为偏心轴，可以通过调整偏心距来改变滑块的行程；曲轴冲床的主轴为曲轴，滑块的行程较大，约为曲柄长度的两倍，但不能调整。由于曲柄冲压机的传动机构为曲柄连杆机构，属于刚性零件的传动机构，滑块的运动是强制性的，所以在超负荷时，往往容易造成机床的损坏。

为了安装不同闭合高度的模具，一般通过改变曲柄冲压机上连杆的长度，或通过工作台的升降来调整适应模具的闭合高度。冲床的机体可倾斜一定角度，以使工件自行从冲模上滑下。

2. 冲床的主要技术规格

冲床既是冲切下料设备，又是压延成型设备，前者用冲裁模具，后者用压延模具。冲床配上适当的刃具和模具，可用于剪切、冲孔、落料、弯曲及拉伸等冷冲压工艺。大型工件的加工需用 80 t 位以上的大型冲床，常用于中小型工件的有 10 t，16 t，25 t 等几种规格。现以 10 t 开式双柱可倾压力机为例，作简单介绍。

10 t 开式双柱可倾压力机是曲轴式冲床，其主要技术规格是：

公称力	10 吨力（1 吨力≈9 800 N）
滑块行程	45 mm
最大封闭高度	180 mm
工作台面积	240 mm×370 mm
工作台孔尺寸	120 mm×200 mm×170 mm（前后×左右×直径）

模柄孔尺寸　　　　　　　　　30 mm × 55 mm(直径 × 深度)
最大倾斜角度　　　　　　　　35°
电动机功率　　　　　　　　　1.1 kW

3. 冲床的使用和维护保养

(1)工作前注意事项:

①收拾工作场地,将与工作无关的物料清除,将毛坯和工件放妥。

②检查各配合部位的润滑情况,需加油处应加足润滑油。

③检查冲裁模的安装是否正确可靠,刃口上有无裂纹、凹痕和损坏。

④一定要在离合器脱开后再启动电动机。

⑤检验制动器、离合器和操纵机构的动作是否灵活、准确和可靠,并做几次空行程试车。

⑥准备好工作中所需工具。

(2)工作中注意事项:

①定时加润滑油。

②不应同时冲裁两块板料。

③工作时应随时将工作台上的飞边、废料除去,清除时要用钩子拨,严禁用手直接清除。如果工件被卡在冲模上,应将机器停止后再及时清除。

④作浅拉伸时应注意坯料清洁,还要在工件上加些润滑油。

⑤使用脚踏板开关时,应注意及时把脚撤离踏板,以免不慎触动而发生事故。

⑥压力机工作时不得将手伸入冲裁模。

⑦当发现冲床工作不正常时,如滑块自由下落、有不正常敲机声及噪声、成品上有毛刺或质量不好等,应立即停车检查并排除故障。

⑧不得随便拆除保护装置(如罩壳等)。

(3)工作完毕应注意的事项:

①使离合器脱开。

②关闭电源。

③将工作场地清理干净。

④收拾工具及冲压零件,将其放在合适的地方。

⑤擦拭机床和冲裁模。

二、冲裁模的基本结构

装在冲压机上,对板材进行成型加工的专用工具称为模具。而把一部分板材分离出的模具称为冲裁模。冲裁模的类型很多,按工艺可分为落料模、冲孔模、切边模、切口模、切断模等;按工序的结合可分为简单冲裁模、连续冲裁模、复合冲裁模等;按导向方式可分为有导向模和无导向模,导向模如导板模、导柱模;按冲裁磨的材料可分为金属模和非金属模。

冲裁模的结构应满足冲裁生产的要求,不仅应在尺寸、形状上符合要求,还必须具备制造方便、使用方便、有一定的使用寿命和操作安全及成本低廉等特点。下面介绍几种简单冲裁模,也称单工序冲裁模。

1. 敞开式冲裁模

如图 3 - 22 所示。板料采用固定挡料销 9 定位,卸料工作由箍在凸模 5 上的硬橡皮 4 来完成,无导向装置。它的优点是结构简单,制造成本低。但由于凸模的运动是依靠冲床滑轨来导向的，所以不易保证冲裁模刃口间隙的均匀，因此冲裁件精度不高，且模具安装不方便，生产效率低，工作部分也容易磨损。敞开式冲裁模常用于小批量、对精度要求不高、外形较简单的零件的冲裁。

2. 导板式冲裁模

如图 3－23 所示为导板式冲裁模，它特点是：由于使用了导板 3，不仅能保证凸模 4、凹模 1 之间有均匀的刃口间隙，在工作中凸模不发生偏斜，从而提高冲裁件的质量，而且还可以起到卸料的作用。导板与凸模配合的尺寸公差为 H7，导板式冲裁模的精度较高，使用寿命较长，安装容易，并且安全性能较好。

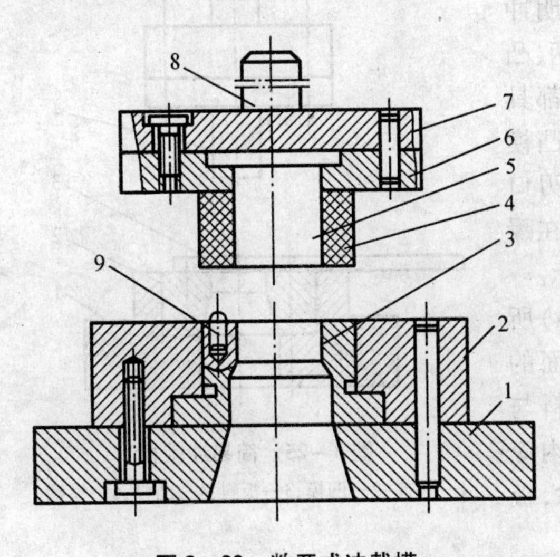

图 3－22　敞开式冲裁模

1—上模板；2—下模板；3—凹模；4—硬橡皮；5—凸模；

6—上模座；7—上模板；8—模柄；9—固定挡料销

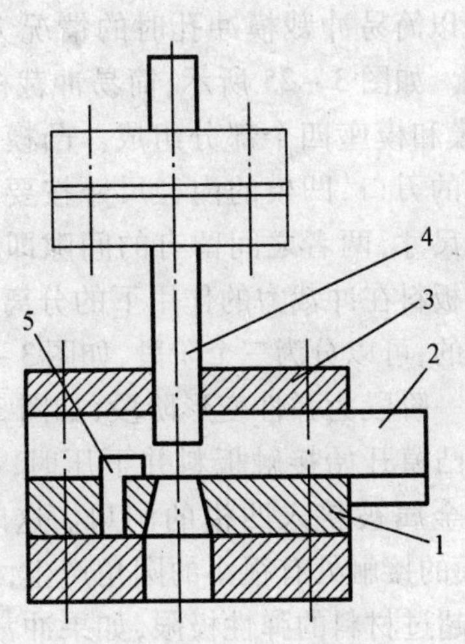

图 3－23　导板式冲裁模

1—凹模；2—导尺；3—导板；

4—凸模；5—定位销

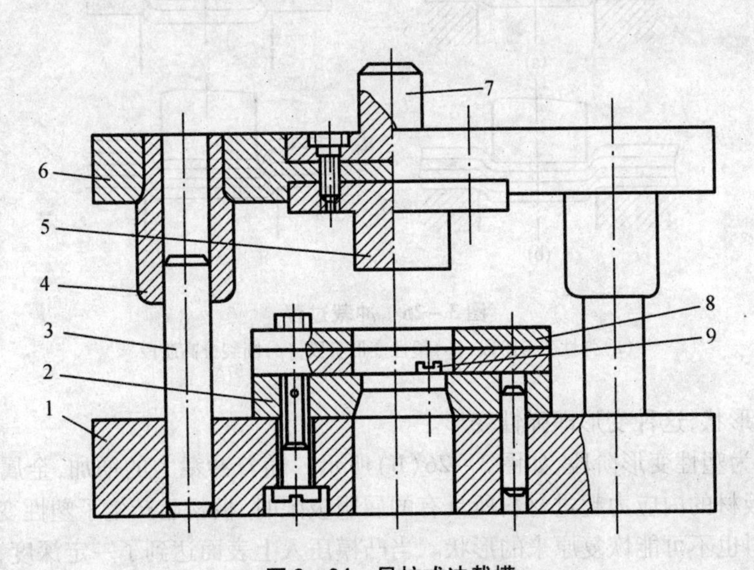

图 3－24　导柱式冲裁模

1—模座；2—凹模；3—导柱；4—导套；5—凸模；

6—上模座；7—模柄；8—卸料板；9—定位销

3. 导柱式冲裁模

如图 3－24 所示为导柱式冲裁模。它在工作时由导柱 3 与导套 4 进行导向，故能很好地保证凸模 5 与凹模 2 有均匀的刃口间隙，可提高冲裁件的精度，减轻冲裁模的磨损，安装也比较方便。所以导柱式冲裁模适用于生产批量较大、精度要求较高的零件。

当生产批量很大时，为了提高生产效率和冲裁质量，还可以使用连续冲裁模和复合冲裁模。

三、冲裁过程

现以简易冲裁模冲孔时的情况为例，说明冲裁过程。如图 3－25 所示，简易冲裁模由模柄、凸模、凹模和模座四个部分组成。凸模和凹模都具有锋利的刃口，凹模的内径尺寸按要求大于凸模的外径尺寸，两者之间留有的间隙即冲裁模刃口间隙。板料在冲裁力的作用下的分离过程是在瞬间完成的，可以分为三个阶段，如图 3－26 所示。

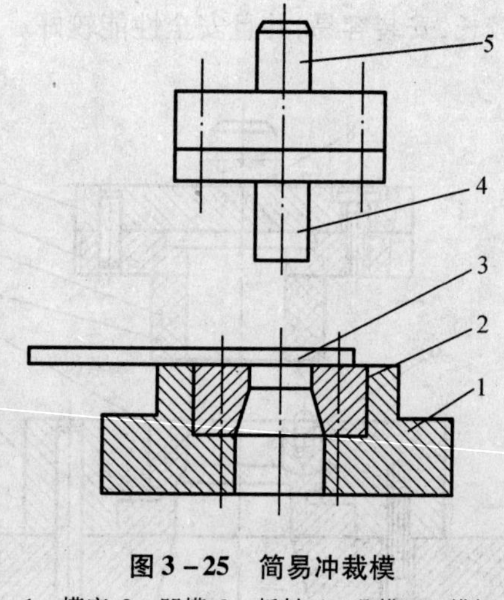

图 3－25 简易冲裁模

1—模座；2—凹模；3—板料；4—凸模；5—模柄

第一阶段为弹性变形阶段，如图 3－26(a) 所示。当凸模开始接触板料并下压时，板料下面的一部分金属被挤入凹模的洞口。这时的板料与凸、凹模的接触处有很小的圆角产生，但由于内应力并未超过材料的弹性极限，如果冲裁力消除，板料将恢复原来形状，这种变形即弹性变形。

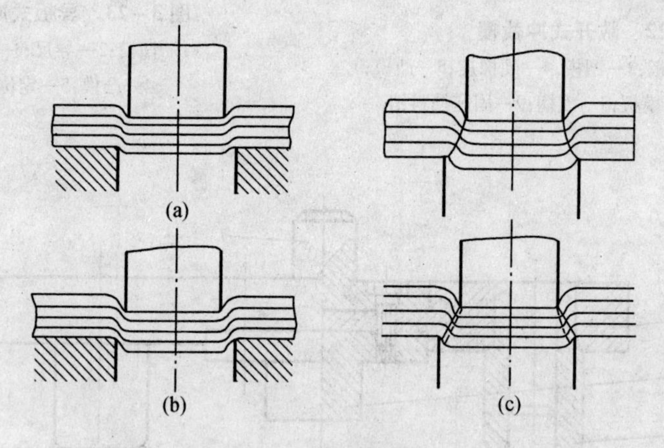

图 3－26 冲裁过程

(a) 弹性变形阶段；(b) 塑性变形阶段；(c) 断裂分高阶段

第二阶段为塑性变形阶段，如图 3－26(b) 所示。随着冲裁力的增加，金属继续被压入凹模洞口，当板材的内应力超过材料所具有的屈服极限时，板材已产生了塑性变形。此时冲裁力消除，板料也不可能恢复原来的形状。当凸模压入上表面达到了一定深度，板料的下表面也相应地被挤入凹模洞口一定深度时，在凸模和凹模刃口处的金属开始出现裂纹，这表明变形阶段已结束。

第三阶段为断裂分离阶段，如图 3－26(c)所示。凸模、凹模周边的刃口处的板料发生裂纹时，板料内部应力达到了材料的抗剪强度，此时冲裁力达到最大值。冲裁所需的时间往往取决于材料性质，材料较脆时冲裁持续的时间就较短。在冲裁件的断面上可以明显地出现三个不同的区域，断面的下部具有很小的圆角，称为圆角带，它是在冲裁过程中塑性变形开始时由金属纤维的弯曲和拉伸形成的；接着圆角带的是与底面垂直的光亮带，它是在金属产生塑性变形时形成的；在光亮带上面是表面粗糙且带有锥度的部分，称为断裂带。断裂带主要是由于拉应力的作用，使金属纤维断裂而形成的。冲裁件断面如图 3－27 所示。

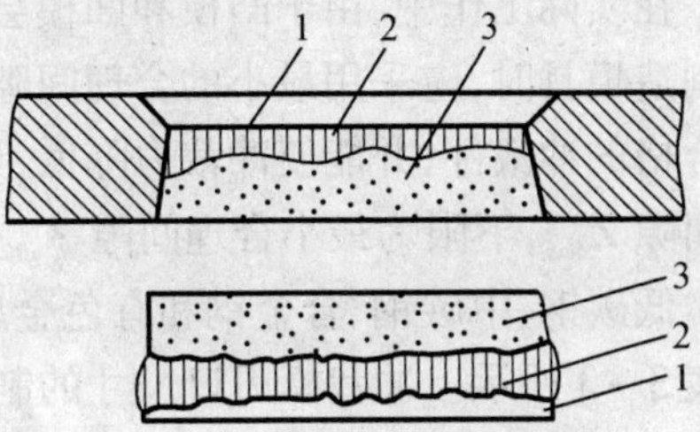

图 3－27　冲裁件的断面情况

1—圆角带；2—光亮带；3—断裂带

四、冲裁模刃口间隙的确定

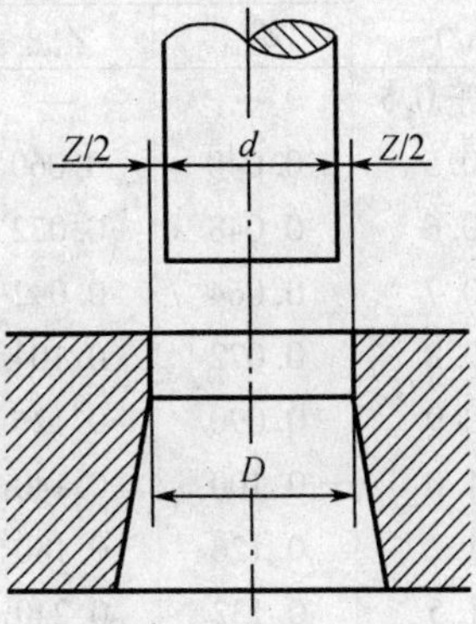

当冲床上的滑块行程到达下止点时，上模和下模完全吻合。这时在凸模和凹模的工作表面之间的空隙，称为冲裁模的刃口间隙。凸、凹模刃口侧面之间的间隙即侧面间隙，也称单面间隙，两侧间隙之和称为双面间隙。一般在无特殊说明的情况下，冲裁模刃口间隙指双面间隙(如图 3－28 所示)。冲裁模刃口间隙的数值等于凸模和凹模刃口部分的尺寸之差，可用下式表示：

图 3－28　冲裁间隙

$$Z = D - d \tag{3-1}$$

式中　Z——冲裁刃口间隙，mm；

D——凹模刃口尺寸，mm；

d——凸模刃口尺寸，mm。

冲裁模刃口间隙是一个非常重要的工艺参数。若间隙过大，材料中的拉应力将增大，促使塑性变形结束较早，容易产生裂纹；若间隙过小，材料中的拉应力将减小，静压效果增强，使裂纹的产生受到抑制。无论间隙过大还是过小，都会对断面光亮带的大小、塌角、毛刺及冲裁件的翘曲等产生较大的影响，是影响冲裁质量的重要因素。当间隙合适时，上下裂纹基本重合于一线，光亮带占板厚的 1/3 左右，塌角、毛刺和斜度也不大，可满足一般冲裁件的质量要求。如表 3－1 所示为冲裁毛刺的允许高度。

表 3－1　冲裁毛刺的允许高度

板厚	生产时	试模时
≤0.3	≤0.05	≤0.015
0.5～1.0	≤0.10	≤0.03
1.5～2.0	≤0.15	≤0.05

在实际工作中，由于凸模和凹模会逐渐磨损，导致间隙增大，影响冲裁质量，因此在设计和制造模具时，应采用最小的合理间隙。合理间隙表示一个间隙范围，在这个范围内可以得到合格的冲裁件，并能使冲裁力降低，延长模具的使用寿命。这个间隙范围的上限为最大合理间隙 Z_{max}，下限为最小合理间隙 Z_{min}。

低碳钢、中碳钢、合金钢和有色金属板材的冲裁，冲裁模合理刃口间隙的确定见表 3-2 和表 3-3 所示。冲裁模刃口尺寸的制造公差如表 3-4 所示。

表 3-2　冲裁模初始双边间隙

单位：mm

材料厚度/t	08 10 35 09Mn Q235A Q235B		16Mn		40 50		65Mn	
	Z_{min}	Z_{max}	Z_{min}	Z_{max}	Z_{min}	Z_{max}	Z_{min}	Z_{max}
小于 0.5	—	—	—	—	—	—	—	—
0.5	0.040	0.060	0.040	0.060	0.040	0.060	0.040	0.060
0.6	0.048	0.072	0.048	0.072	0.048	0.072	0.048	0.072
0.7	0.064	0.092	0.064	0.092	0.064	0.092	0.064	0.092
0.8	0.072	0.104	0.072	0.104	0.074	0.102	0.074	0.102
0.9	0.090	0.126	0.090	0.126	0.090	0.126	0.090	0.126
1.0	0.100	0.140	0.100	0.140	0.100	0.140	0.090	0.126
1.2	0.126	0.180	0.132	0.180	0.132	0.180		
1.5	0.132	0.240	0.170	0.240	0.170	0.230		
1.75	0.220	0.320	0.220	0.320	0.220	0.330		
2.0	0.246	0.360	0.260	0.380	0.260	0.380		
2.1	0.260	0.380	0.280	0.400	0.280	0.400		
2.5	0.360	0.500	0.380	0.540	0.380	0.540		
2.75	0.400	0.560	0.420	0.600	0.420	0.600		
3.0	0.460	0.640	0.480	0.660	0.480	0.660		
3.5	0.54	0.740	0.580	0.780	0.580	0.780		
4.0	0.640	0.880	0.680	0.920	0.680	0.920		
4.5	0.720	1.000	0.680	0.960	0.680	0.960		
5.5	0.940	1.280	0.730	1.100	0.780	1.100		
6.0	1.080	1.440	0.840	1.200	0.840	1.200		
6.5			0.940	1.300				

表 3-3　冲裁模合理间隙（双边）

材料种类	材料厚度 t/mm				
	0.1～0.4	0.4～1.2	1.2～2.5	2.6～4	4～6
软钢、黄铜	0.01～0.02	7%～10%t	9%～12%t	12%～14%t	15%～18%t
硬钢	0.01～0.05	10%～17%t	18%～25%t	25%～27%t	27%～29%t
磷青铜	0.01～0.04	8%～12%t	11%～14%t	14%～17%t	18%～20%t
铝及铝合金（软）	0.01～0.03	8%～12%t	11%～12%t	11%～12%t	11%～12%t
铝及铝合金（硬）	0.01～0.03	10%～14%t	13%～14%t	13%～14%t	13%～14%t

表 3-4　规则形状冲裁凸、凹模的制造公差　　单位:mm

公称尺寸	凸模偏差($\delta_{凸}$)	凹模偏差($\delta_{凹}$)
≤18	-0.020	+0.020
>18~30		+0.025
>30~60		+0.030
>80~120	-0.025	+0.035
>120~180	-0.030	+0.040
>180~260		+0.050
>260~360	-0.035	+0.050
>360~500	-0.040	+0.060
>500	-0.050	+0.070

冲裁模合理刃口间隙的大小涉及许多因素,其中最主要的因素是材料的机械性能及厚度。合理刃口间隙值的理论计算非常复杂,而且在实际应用中意义也不大,因此在实际生产中常常用试验的方法来确定其间隙值。当对裁件表面质量要求高时,间隙值应减少1/3;当凹模孔口型为圆柱形时,取 Z_{max};当凹模孔口型为锥形时,则取 Z_{min}。当冲较小孔时,为防止废料反跳到凹模表面,间隙数值可按下列情况选取:

当板厚 $t<1$ mm 时,$Z=5\%t$;

$t=1\sim2$ mm 时,$Z=7\%t$;

$t=2\sim4$ mm 时,$Z=10\%t$;

此外,要获得同样的冲裁质量,冲孔的间隙应比落料的间隙略大一些;在材质一定的情况下,间隙随材料的厚度增加而增大;在材料厚度一定的情况下,间隙值随材料硬度的增加而增加。

五、冲裁模刃口尺寸的计算

冲裁件的精度受到很多因素的影响,其中有凸、凹模刃口间隙,模具的制造精度及其安装,凸、凹模的尺寸及其公差,合理刃口间隙数值的确定,其中以冲裁模刃口的尺寸及其公差最为重要。

1. 确定冲裁模刃口的尺寸的原则

(1)由于凸模、凹模之间存在间隙,所以冲裁件的切断面,不论是冲孔件还是落料件,都是带有锥度的,如图3-29所示。在装配时,对于落料件实际起作用的尺寸是它的大端尺寸,对于冲孔件,是它的小端尺寸。所以,落料件的尺寸是落料件的大端尺寸,而冲孔件为小端尺寸。实际上,落料件的尺寸接近凹模刃口尺寸,冲孔件的尺寸接近凸模刃口尺寸。因此计算冲裁模刃口尺寸时,应分别按落料和冲孔两种不同情况进行。落料时以凹模为设计基准,应先确定凹模刃口尺寸,使其基本尺寸接近或等于零件的最小尺寸,这时相应凸模的尺寸为凹模的基本尺寸减去 Z_{min}(最小合理间隙,如表3-2、表3-3所示)。冲孔时取凸模为设计基准,应先确定凸模的刃口尺寸,使其基本尺寸接近或等于零件的最大尺寸,这时相应凹模

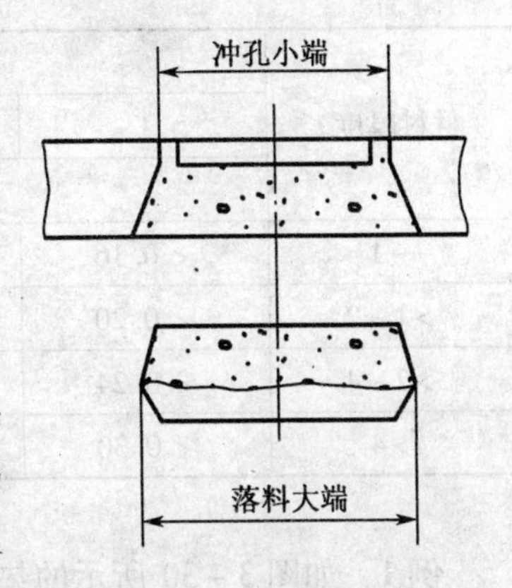

图 3-29　冲裁件的尺寸

的尺寸为凸模的基本尺寸加上 Z_{min}。

(2)凸模、凹模的制造公差主要与冲裁件的精度和形状有关,一般要比冲裁件的精度高2~3级。当凸模和凹模分别按图纸要求加工时,应使凸模、凹模的制造公差的总和小于或等于最大、最小合理间隙之差,即

$$|\delta_{凸}|+|\delta_{凹}| \leq Z_{max} - Z_{min} \tag{3-2}$$

式中 $\delta_{凸}$,$\delta_{凹}$——凸模、凹模的制造公差,如表3-4所示。

Z_{max},Z_{min}——最大、最小合理间隙,如表3-2,3-3所示。

2. 冲裁模刃口尺寸的计算方法

针对简单规则形状的冲裁件和形状复杂的冲裁件,目前通用的有两种计算方法。

(1)凸模、凹模按图纸要求分开加工。这种方法只适用于简单、规则形状的冲裁件。对于小间隙冲裁件或当精度要求较高时,往往很难得到合理间隙。刃口尺寸计算方法如下:

落料时,设冲裁件基本尺寸为 $D^{0}_{-\Delta}$,计算公式为

$$D_{凹} = (D - \Delta X)_{0}^{+\delta_{凹}} \tag{3-3}$$

$$D_{凸} = (D_{凹} - Z_{min})^{0}_{-\delta_{凸}} \tag{3-4}$$

冲孔时,设冲裁件尺寸为 $d_{0}^{-\Delta}$,计算公式为

$$d_{凸} = (d + X\Delta)^{0}_{-\delta_{凸}} \tag{3-5}$$

$$d_{凹} = (d_{凸} + Z_{min})_{0}^{\delta_{凹}} \tag{3-6}$$

式中 $D_{凹}$,$D_{凸}$——落料凹、凸模基本尺寸,mm;

$d_{凹}$,$d_{凸}$——冲孔凹、凸模基本尺寸,mm;

D,d——落料件、冲孔件基本尺寸,mm;

Δ——零件的制造公差,mm;

Z_{min}——最小合理间隙(双边),mm;

$\delta_{凸}$,$\delta_{凹}$——凸,凹模的制造公差,如表3-4所示;

X——磨损系数。在0.5~1.0之间,与制造精度有关,如表3-5所示。零件精度5级以下,取 $X=1$;零件精度6~7级,取 $X=0.75$;零件精度8级以上,取 $X=0.5$。

表3-5 磨损系数 X 单位:mm

材料厚度 t	非圆形			圆形	
	1	0.75	0.5	0.75	0.5
	零件公差 Δ				
~1	<0.16	0.17~0.35	≥0.36	<0.16	≥0.16
>1~2	<0.20	0.21~0.41	≥0.42	<0.20	≥0.20
>2~4	<0.24	0.25~0.49	≥0.50	<0.24	≥0.24
>4	<0.30	0.31~0.59	≥0.60	<0.30	≥0.30

例1 如图3-30所示的垫圈,材料为Q235A的钢板,板厚 $t=3.0$ mm,分别计算落料和冲孔的凸模、凹模刃口部分的尺寸。

落料:

凹模刃口尺寸为 $D_{凹}=(D-\Delta X)_{0}^{+\delta_{凹}}$

凸模刃口尺寸为 $D_凸 = (D_凹 - Z_{min})^{0}_{-\delta_凸}$

查表 5－2、表 5－3、5－4、表 5－5 得

$Z_{max} = 0.64 \quad Z_{min} = 0.46 \quad \delta_凸 = -0.02$

$\delta_凹 = +0.03 \quad X = 0.5$（因 $\Delta \geqslant 0.24$）

故能满足 $|\delta_凸| + |\delta_凹| \leqslant Z_{max} - Z_{min}$，将数据代入公式，得

$$D_凹 = (80 - 0.5 \times 0.74)^{+0.03}_{0} = 79.63^{+0.03}_{0}$$

$$D_凸 = (79.63 - 0.46)^{0}_{-0.02} = 79.17^{0}_{-0.02}$$

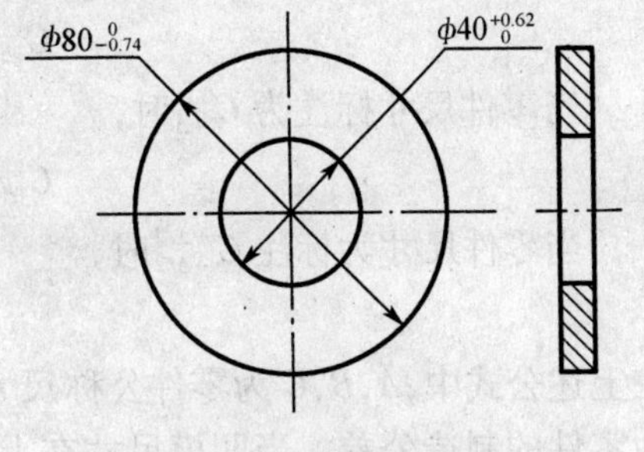

图 3－30　计算落料和冲孔的凸模、凹模刃口部分尺寸举例

冲孔：

凸模刃口尺寸为 $d_凸 = (d + X\Delta)^{0}_{-\delta_凸}$

$$d_凹 = (d_凸 + Z_{min})^{+\delta_凹}_{0}$$

查表 3－2、表 3－3、表 3－4、表 3－5 得

$Z_{max} = 0.64 \quad Z_{min} = 0.46 \quad \delta_凸 = -0.02 \quad \delta_凹 = +0.03 \quad X = 0.5$

故能满足 $|\delta_凸| + |\delta_凹| \leqslant Z_{max} - Z_{min}$，将数据代入公式，得

$$d_凸 = (40 + 0.5 \times 0.62)^{0}_{-0.02} = 40.31^{0}_{-0.02}$$

$$d_凹 = (40.31 + 0.46)^{+0.03}_{0} = 40.77^{+0.03}_{0}$$

（2）凸模和凹模按要求配合加工。配作的方法是按制件的尺寸和公差加工凸模（或凹模），然后以此为基准件加工凹模（或凸模）。这种加工方法易保证间隙，形状复杂的零件更应采用这种方法。

如图 3－31 所示的冲裁件，图 3－31（a）所示为落料件，图 3－31（b）所示为冲孔件。

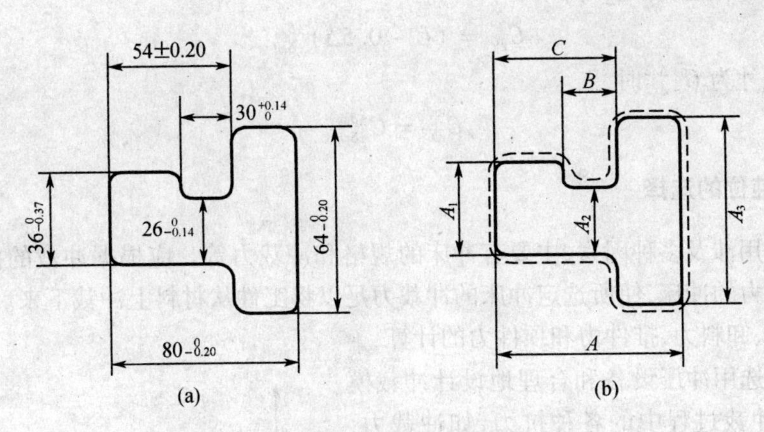

图 3－31　凸模和凹模按要求配合加工的刃口计算

（a）落料件；（b）冲孔件

落料时应以凹模作为基准件来配作凸模，并按凹模磨损后尺寸变大、变小、不变的情况分别进行计算。

凹模磨损后可能变大的尺寸，如图中 A_1, A_2, A_3，按一般落料凹模的尺寸计算，即

$$A_凹 = (A - \Delta X)^{+\delta_凹}_{0} \tag{3-7}$$

凹模磨损后可能变小的尺寸，如图中 B，按类似于一般冲孔凸模计算公式，即

$$B_凹 = (B + \Delta X)^{0}_{-\delta_凹} \tag{3-8}$$

凹模磨损后没有变化的尺寸，如图中 C，可分为三种情况：

当零件尺寸标注为 $C_0^{+\Delta}$ 时，

$$C_{凹} = (C + 0.5\Delta)_{-\delta_{凹}}^{+\delta_{凹}} \tag{3-9}$$

当零件尺寸标注为 $C_{-\Delta}^{0}$时，

$$C_{凹} = (C - 0.5\Delta)_{-\delta_{凹}}^{\delta_{凹}} \tag{3-10}$$

当零件尺寸为标注 $C_{-\Delta/2}^{+\Delta/2}$时，

$$C_{凹} = C_{-\delta_{凹}}^{+\delta_{凹}} \tag{3-11}$$

在上述公式中，A，B，C 为零件公称尺寸，$A_{凹}$，$B_{凹}$，$C_{凹}$ 为凹模尺寸，$\delta_{凹}$ 为凹模的制造公差，Δ 为零件的制造公差。当凹模尺寸在上式标注中，上偏差为 $+\delta_{凹}$、下偏差为 0 或上偏差为 0、下偏差为 $-\delta_{凹}$ 时，取 $\delta_{凹} = \Delta/4$。当标注为上偏差 $+\delta_{凹}$、下偏差 $-\delta_{凹}$ 时，取 $\delta_{凹} = \Delta/8$。

在这种情况下，图纸上一般要注明：相应的凸模按凹模尺寸配作，保证最小间隙 Z_{min}。

冲孔时应以凸模为基准件来配作凹模。同样要求按凸模磨损的变化分三种情况计算，计算方法与落料时类似。

凸模磨损后变小的尺寸，A_1，A_2，A_3 可按冲孔凸模计算，即

$$A_{凸} = (A + \Delta X)_{-\delta_{凸}}^{0} \tag{3-12}$$

凸模磨损后增大的尺寸，B 按类似于一般落料凹模计算公式，即

$$B_{凸} = (A - \Delta X)^{+\delta_{凸}} \tag{3-13}$$

凸模磨损后没有变化的尺寸，C 可分为三种情况：

当零件尺寸标注为 $C_0^{+\Delta}$ 时，

$$C_{凸} = (C + 0.5\Delta)_{-\delta_{凹}}^{+\delta_{凸}} \tag{3-14}$$

当零件尺寸标注为 $C_{-\Delta}^{0}$时，

$$C_{凸} = (C - 0.5\Delta)_{-\delta_{凹}}^{+\delta_{凸}} \tag{3-15}$$

当零件尺寸为 $C_{-\Delta/2}^{+\Delta/2}$时，

$$C_{凸} = C_{-\delta_{凹}}^{+\delta_{凸}} \tag{3-16}$$

六、冲床吨位的选择

冲床的选用涉及多种因素，主要有冲床的规格和冲裁力等。应根据冲裁的抗力来选择一定公称冲裁力的冲床，使所选定冲床的冲裁力足以将工件从材料上冲裁下来。

1. 冲裁力、卸料力、推件力和顶件力的计算

为了正确选用冲压设备和合理地设计冲裁模具，必须计算冲裁过程中的各种抗力，如冲裁力、卸料力、推件力和顶件力等，才能保证冲裁成功。计算冲裁过程中各种抗力的主要目的是合理选择冲床的吨位，不使机床超载而损坏，以提高使用寿命和效率。

(1) 冲裁力的计算。在冲裁过程中，冲裁力的大小是不断变化的。Q235A 钢冲裁力的变化曲线如图 3－32 所示。

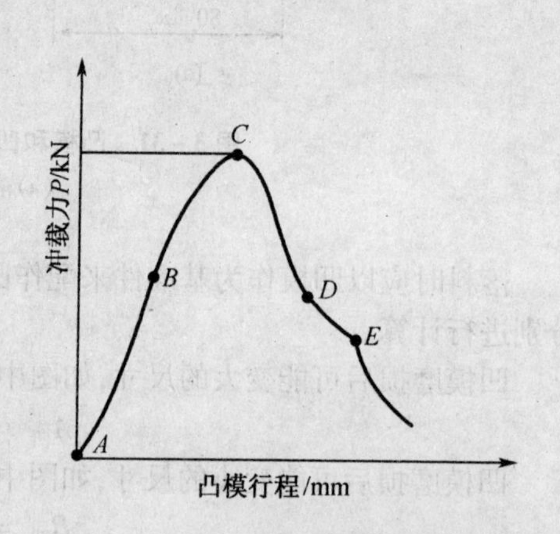

图 3－32　Q235A 钢冲裁力的变化曲线

AB 为材料弹性变形阶段，BC 为塑性变形阶段，在 C 点冲裁力达到最大值，CD 为断裂阶段。

在 DE 阶段所用的力，主要是用于克服摩擦力和将冲裁件或废料从凹模中推出。一般来说，冲裁力是指冲裁时，材料对凸模的最大抗力，它是选用冲裁设备和检验冲裁模强度的重要依据。冲裁力的大小主要与材质、板厚、零件的周边长度有关。

用平刃冲模冲裁时，可按下式计算：

$$P = KLt\tau \tag{3-17}$$

式中 P——冲裁力，N；

L——零件周长，mm；

t——零件厚度，mm；

τ——材料的抗剪极限强度，MPa；

K——冲裁力系数，一般取 $K=1.3$。

也可用下面的简化公式来计算冲裁力：

$$P = Lt\sigma_b \tag{3-18}$$

式中 σ_b——材料抗拉极限强度，MPa。

上式冲裁力即材料塑性变形阶段结束时 C 点处的冲裁力。因为此时材料的应力达到极限强度，所以冲裁力达到最大值。由于冲裁变形过程比较复杂，计算中还有许多因素没有考虑，故计算的冲裁力 P 并不是实际的最大冲裁力，但与实际值较为接近，能可靠地实现冲裁。

(2) 卸料力、推件力和顶件力的计算。当冲裁工作结束时，由于冲裁中材料的弹性变形及摩擦力仍然存在，冲孔部分的板料紧箍在凸模上，落料部分的材料卡在凹模的洞口中，为继续下一步的工作，必须将他们从凸模或凹模上取下。把从凸模上取下材料所需的力称为卸料力；把卡在凹模中的材料沿冲裁力的方向推出所需的力称为推件力；把卡在凹模中的材料沿冲裁力的反方向顶出所需的力称为顶件力，如图 3-33 所示。

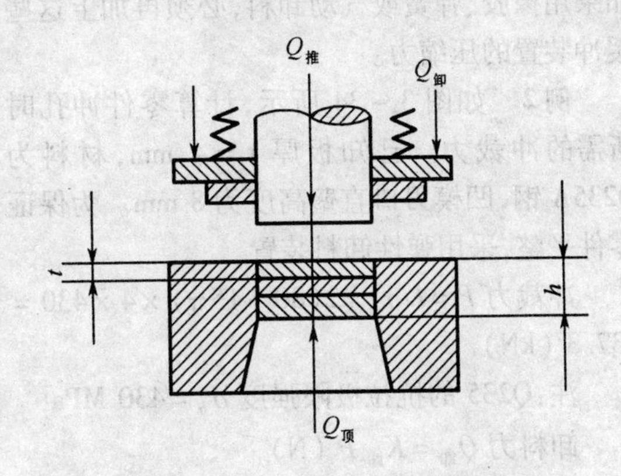

图 3-33 卸料力、推件力和顶件力

卸料力、推件力和顶件力是冲床和卸料装置或顶件器中获得的。这三个力的影响因素有很多，如材质、冲裁模刃口间隙，零件的形状、尺寸和厚度，模具结构、润滑情况及搭边大小等。在实际生产中，常按经验公式来计算：

$$卸料力\ Q_卸 = K_卸 P\ (\mathrm{N}) \tag{3-19}$$

$$推料力\ Q_推 = K_推 Pn\ (\mathrm{N}) \tag{3-20}$$

$$顶料力\ Q_顶 = K_顶 P\ (\mathrm{N}) \tag{3-21}$$

式中 $K_卸, K_推, K_顶$——分别为三个力的系数，如表 3-6 所示；

P——最大冲裁力，N；

n——同时卡塞在凹模洞口内的冲压件或废料件数，一般情况下 $n=\dfrac{h}{t}$，h 为凹模洞口高度，t 为材料厚度，如图 3-33 所示。

表 3-6　卸料力、推件力和顶件力系数

板厚 t/mm		$K_{卸}$	$K_{推}$	$K_{顶}$
钢	≤0.1	0.06～0.09	0.1	0.14
	>0.1～0.5	0.04～0.07	0.065	0.8
	>0.5～2.5	0.025～0.06	0.05	0.06
	>2.5～6.5	0.02～0.06	0.045	0.05
	>6.5	0.02～0.05	0.25	0.03
铝及铝合金		0.03～0.08	0.03～0.07	
紫铜、黄铜		0.02～0.06	0.03～0.09	

在计算压力机所需的总力时，若采用刚性卸料装置，则

$$P_{总} = P + Q_{推} \tag{3-22}$$

若采用弹性卸料装置，则

$$P_{总} = P + Q_{推} + Q_{卸} \tag{3-23}$$

或

$$P_{总} = P + Q_{顶} + Q_{卸} \tag{3-24}$$

如果用橡胶、弹簧或气动卸料，必须再加上这些缓冲装置的压缩力。

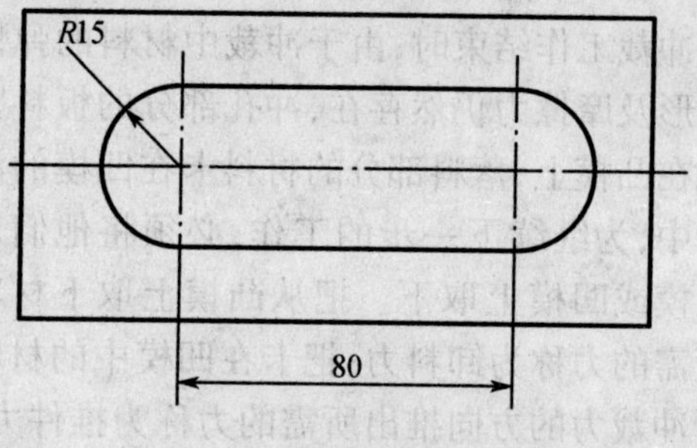

例 2　如图 3-34 所示，计算零件冲孔时所需的冲裁力。已知板厚 $t = 4$ mm，材料为 Q235A 钢，凹模刃口直壁高度为 8 mm。为保证零件平整，采用弹性卸料装置。

图 3-34　计算冲裁力示意图

冲裁力 $P = Lt\sigma_b = 2(80 + 15\pi) \times 4 \times 430 = 437.3$ (kN)

注：Q235 的抗拉极限强度 $\sigma_b = 430$ MPa

卸料力 $Q_{卸} = K_{卸} P$ (N)

查表 3-6，$K_{卸} = 0.04$，则 $Q_{卸} = 0.04 \times 437.3 = 17.5$ (kN)

推料力 $Q_{推} = K_{推} Pn$

查表 3-6，$K_{推} = 0.045$，$n = \frac{8}{4} = 2$，则推料力 $Q_{推} = K_{推} Pn = 0.045 \times 437.3 \times 2 = 39.3$ (kN)

总力 $P_{总} = P + Q_{推} + Q_{卸} = 437.3 + 39.3 + 17.5 = 494.1$ (kN)

2. 冲床吨位的选择

曲轴冲床的滑块在不同的位置上的力是不同的，但在冲压过程中滑块在任一位置上的力必须大于或等于该位置上的冲裁的最大抗力。滑块在下止点时力最大，冲床的公称力是指滑块在距下止点某一距离的位置时的力。从变形过程分析，选择冲床时，还要根据冲裁力和它的持续时间长短来决定冲床的公称力。当板料较薄时，只要冲床的公称力能大于压力机所需的总力即可。所以正确选择冲床的公称力，可以保证冲床在工作中不发生超载的问题。为了方便使用，一般采取比较简单的计算方法，只要使冲床的公称力大于或等于冲裁

力、卸料力、推件力或顶件力之和即可。冲床的公称力 $P_{公}$，一般用冲床的吨位表示。

采用弹性卸料装置和推料方式的冲裁模，

$$P_{公} \geqslant P + Q_{卸} + Q_{推} \tag{3-25}$$

采用弹性卸料装置和顶料方式的冲裁模，

$$P_{公} \geqslant P + Q_{卸} + Q_{顶} \tag{3-26}$$

采用刚性卸料装置和推料方式的冲裁模，

$$P_{公} \geqslant P + P_{推} \tag{3-27}$$

如果用较小吨位的设备冲裁较大的工件，常采用阶梯刃口冲裁及斜刃口冲裁或采用对工件加热等方法来降低所需的冲裁力。

七、影响冲裁质量的主要因素

冲裁件应保证具有一定的尺寸精度和良好断面质量。影响冲裁件质量的主要因素有：冲裁模间隙过大、过小或偏移，刃口磨损变钝，材质和板厚，冲裁力过小和冲裁模结构等。

1. 冲裁件尺寸精度的影响因素

冲裁模的制造精度、材质、刃口间隙和冲裁件的尺寸、形状是影响冲裁尺寸精度的主要因素，其中冲裁模的制造精度对冲裁件尺寸精度的影响尤为突出。冲裁模的制造精度越高，冲裁件的尺寸精度也愈高。

冲裁模必须具有锋利的刃口和合理的刃口间隙。当冲裁件为落料件时，如果冲裁模刃口间隙过大，冲裁后由于回弹的作用使工件的尺寸有所减小，原因是材料此时除受剪切外还发生了受径向拉伸的弹性变形；如果冲裁模刃口间隙过小，工件的尺寸会有所增加。当冲裁件为冲孔件时，出现的情况与落料件正好相反。

2. 冲裁件断面质量的影响因素

冲裁件断面的质量问题包括毛刺过大、圆角和锥度增大、光亮带减小和断口处出现翘曲等(见图 3 - 27)。冲裁模刃口间隙是对冲裁件断面的质量起决定作用的因素。此外，冲裁模刃口磨损变钝、冲裁模的常见故障也是造成冲裁件报废的直接原因。

如果冲裁的刃口间隙合理，在冲裁过程中，在凸模和凹模刃口处的板料金属的裂纹就能重合，圆角、毛刺、锥度也不大，冲裁件的断面质量就能满足要求。当刃口间隙过大或过小时，所产生的裂纹就不能重合。若间隙过小，凸模刃口附近的裂纹要向外错开一段距离，这段距离内的材料就会随冲裁的继续进行而产生第二光亮带，若进行第二次剪切，容易产生撕裂的毛刺和断层。若间隙过大，凸模刃口附近的裂纹要向里错开一段距离，材料受到很大的拉伸，使光亮带减小，毛刺、圆角和锥度就会随之增大。

冲裁模刃口变钝、凸模折断、崩刀、漏料堵塞或回升时造成冲裁模损坏，卸料装置因调整不当造成模具损坏等，均可造成冲裁件报废。

由于凸模、凹模之间总有间隙存在，在冲裁过程中凸、凹模的刃口处在相互磨损状态，因此板料冲裁的毛刺是不可避免的。当刃口磨损出现圆角，刃口就不能有效地用楔形作用切入板料，导致毛刺发生。当凸模刃口变钝时，落料件上产生毛刺；当凹模刃口变钝时，冲孔件的孔边产生毛刺；当凸模、凹模刃口都磨钝，则落料件和冲孔件都会出现毛刺。毛刺的大小与刃口的磨损程度有关，正常情况下，磨损的过程分为初期磨损、正常磨损和剧烈磨损三个阶段。刃口磨损一旦达到剧烈磨损阶段，刃口的磨损速度会显著加快，毛刺会急剧增大，这时必须及时将模具重新刃磨。

另外，凸、凹模本身的尺寸精度，表面粗糙度，凹模偏移，刃口相碰，凸、凹模或导向零件不垂直等，对冲裁质量也有一定影响。

3. 材质与板厚对冲裁件的影响

在冲裁模间隙、刃口锋利程度、模具结构和冲裁速度相同时，一般塑性差的材料因断裂倾向严重，经塑性变形的光亮带及圆角部分所占的比例较小，毛刺也较小，而且断面大部分为断裂带。而塑性好的材料则与之相反。

对于同一种材料来说，光亮带、断裂带、毛刺、圆角的比例也不尽相同，它们和板厚有一定关系。在冲裁作业中，板厚较小时，要求冲裁模间隙也较小，这样可以保证上、下裂纹能够重合，所以这时冲裁模的制造精度高些。板料愈厚，冲裁力愈大，同时板厚还会使工件加工硬化。

第三节　割　　裁

割裁一般指用气体燃料如氧、乙炔气体火焰切割板料的工艺。当零件的加工精度及表面粗糙度的要求都不太高时，气割比用机械裁料的方法还要经济、方便。

一、气割的基本原理和特点

气割是利用技术在纯氧气流中能够剧烈燃烧，生成熔渣和大量热量的原理而进行的。下面以氧－乙炔切割说明氧气切割的过程。

先用氧－乙炔火焰（中性焰）将金属切割处预热到金属的燃烧温度即点燃，碳钢的燃点为 1 100 ~ 1 150 ℃。接着向加热到燃点的被切割金属开放切割氧气，使金属在纯氧中剧烈燃烧（氧化）。金属燃烧后，生成熔渣并放出大量的热，熔渣被切割氧气流吹走的同时，产生的热量和氧－乙炔火焰一起，又将下一层金属预热到燃点，这样的过程一直继续下去，直到金属被割穿为止。氧气切割过程如图 3－35 所示。

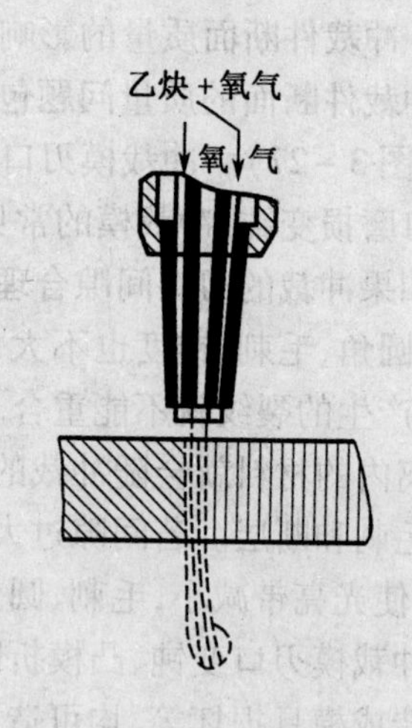

图 3－35　氧气切割过程

上述的氧气切割过程说明，并不是所有的金属都能用氧气切割。能用氧气切割的金属应具备以下条件：

1. 被切割金属的燃点低于其熔点

这是保证切割顺利进行的最基本条件。否则金属在未燃烧之前就已熔化，形成熔割。由于熔化的金属流动性大，会造成切口不平、割缝质量低劣；而且熔割要消耗更多的热量，使切割过程无法进行。

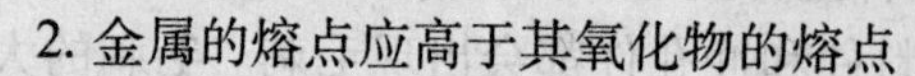
2. 金属的熔点应高于其氧化物的熔点

生成的金属氧化物的熔点若高于金属熔点，则高熔点的金属氧化物将阻止下层金属与切割氧气流动的接触，造成下层金属不能氧化燃烧，使切割中断。

3. 金属氧化物黏度、燃烧时放出的热量、导热性等应符合要求

为保证氧气切割顺利进行，还要求金属氧化物黏度低、流动好，以免粘在切口上影响切口边缘整齐；金属在燃烧时应能放出大量的热量，这些热量对下层金属起到预热作用，以保证切割过程的延续；金属的导热性应差，否则金属燃烧所产生的热量及预热火焰的热量会很快地传散，使切口金属的温度很难达到燃点，切割过程难以进行；金属中含有阻碍切割过程进行和提高淬硬性的成分及杂质要少。

由于铜、铝的燃点高于熔点且导热性较强，所以不能用氧－乙炔预热的普通方法进行气割；高铬及铬镍不锈钢、铝及其合金，高碳钢、灰铸铁等氧化物的熔点均高于材料本身的熔点，所以不能采用氧气切割的方法进行。

通过以上叙述，氧气切割主要用于切割低碳钢和低合金钢，广泛用于钢板下料，管道敷设的裁料、开坡口；在容器加工和钢梁结构的施工中，可在钢板上切割出各种外形复杂的零件等。含碳量小于0.5%的碳钢具有优良的气割性能，但随碳钢中含碳量的增加，燃点接近熔点，同时淬硬倾向增大，气割性能将恶化。在气割淬硬或产生裂纹时，应适当加大火焰能率和放慢切割速度，甚至在割前进行预热。对于高铬钢、铬镍不锈钢、铜、铝及其合金等金属材料，常用熔剂切割、等离子弧切割等其他方法进行气割。

二、割炬和割嘴

割炬是气割的主要工具。割炬的作用是使氧与乙炔按比例进行混合，形成预热火焰，并将高压纯氧喷射到被切割的板料上，使被切割金属在氧的射流中燃烧，氧射流把燃烧生成的金属氧化物吹走而形成割缝。

割炬按预热火焰中氧和乙炔的混合方式不同分为射吸式和等压式两种，其中以射吸式割炬的使用最为普遍。气割薄钢板时，采用小型号割炬和割嘴。下面介绍G01－30型割炬及其割嘴。

1. G01－30型割炬的构造和割嘴的工作原理

G01－30型割炬是常用的一种射吸式割炬，能切割2～30 mm厚的低碳钢板。它备有三个割嘴，可根据不同的板厚进行选用。割炬的型号及主要技术数据如表3－7所示。

G01－30型割炬主要由主体、乙炔调节阀、预热氧调节阀、切割氧气阀、喷嘴、射吸管、混合气管、切割氧气管、割嘴、手柄以及乙炔管接头和氧气管接头等部分组成。

G01－30型割炬使用的割嘴为环形割嘴，如图3－36(b)所示。割嘴的构造与焊嘴不同，如图3－36(a)所示。焊嘴上仅有一小圆孔即混合气孔，所以气焊火焰呈圆锥形，而割嘴上的混合气孔呈环形(组合式割嘴)或梅花形(整体式割嘴)，因而气割时的预热火焰呈环状分布。

割嘴的工作原理是：气割时，先稍微开启预热氧调节阀，同时打开乙炔调节阀并立即点火。然后增大预热氧流量，氧气与乙炔的混合气从割嘴的混合气孔喷出，形成环形预热火焰，对工件进行预热。等到起割处的金属被预热至燃点时，立即开启切割氧调节阀，使金属在氧气中燃烧，并且氧气将割缝处的熔渣(氧化物)吹掉，不断移动割炬，在工件上形成割缝。

表 3 – 7

割炬型号	G01 – 30			G01 – 100			G01 – 300				G01 – 100		
结构型式	射 吸 式										等压式		
割嘴号码	1	2	3	1	2	3	1	2	3	4	1	2	3
割嘴孔径 /mm	0.6	0.8	1	1	1.3	1.6	1.8	2.2	2.6	3	0.8	1	1.2
切割厚度范围/mm	2 ~ 10	10 ~ 20	20 ~ 30	10 ~ 25	25 ~ 30	50 ~ 100	100 ~ 150	150 ~ 200	200 ~ 250	250 ~ 300	5 ~ 10	10 ~ 25	25 ~ 40
氧气压力 /MPa	0.20	0.25	0.30	0.20	0.35	0.50	0.50	0.65	0.80	1.00	0.25	0.30	0.35
乙炔压力 /MPa	0.001 ~ 0.10	0.001 ~ 0.10	0.001 ~ 0.10	0.001 ~ 0.10	0.001 ~ 0.10	0.001 ~ 0.10	0.001 ~ 0.10	0.001 ~ 0.10	0.001 ~ 0.10	0.001 ~ 0.10	0.025 ~ 0.10	0.030 ~ 0.10	0.040 ~ 0.10
氧气消耗量 /(m^3/h)	0.8	1.4	2.2	2.2 ~ 2.7	3.5 ~ 4.2	5.5 ~ 7.3	9.0 ~ 10.8	11 ~ 14	14.5 ~ 18	19 ~ 26	—	—	—
乙炔消耗量 /(L/h)	210	240	310	350 ~ 400	400 ~ 500	500 ~ 610	680 ~ 780	800 ~ 1 100	1 150 ~ 1 200	1 250 ~ 1 600	—	—	—
割嘴形状	环行			梅花形和环行			梅花形				梅花形		

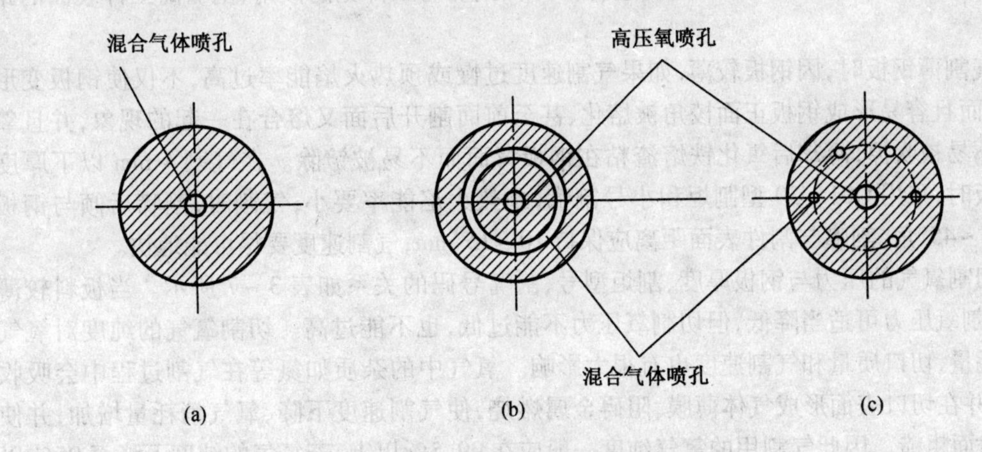

图 3-36　割嘴与焊嘴的截面结构比较

(a)焊嘴;(b)环形割嘴;(c)梅花形

2. 割炬的安全使用和维修

(1)选择合适的割嘴。应根据切割工件的厚度,选择合适的割嘴。装配割嘴时,必须使内嘴和外嘴保持同心,以保证切割氧气流位于预热火焰的中心。安装割嘴时注意拧紧割嘴螺母。

(2)检查射吸情况。射吸式割炬经射吸情况检查正常后,方可把乙炔皮管接上,以不漏气并容易插上、拔下为准。

(3)火焰熄灭的处理,点火后,当拧预热氧调节阀调整火焰时,火焰立即熄灭,其原因是各气体通道内存有脏物或是射吸管喇叭口接触不严,以及割嘴外套与内嘴配合不当。此时,应将射吸管螺母拧紧,若无效,应拆下射吸管,清除各气体通道内的赃物及调整割嘴外套与内套的间隙,并拧紧。

(4)割嘴芯漏气的处理。预热火焰调整正常后,割嘴头发出有节奏的“叭、叭”响声,但火焰并不熄灭,若将切割氧开大,火焰就立即熄灭,其原因是割嘴芯漏气。此时应拆下割嘴外套,轻轻拧紧嘴芯,如果仍然无效,可拆下外套,并用石棉绳垫上。

(5)割嘴头和割炬配合不严的处理。点火后火焰碎调整正常,但一打开切割氧调节阀时,火焰就立即熄灭。其原因是割嘴头和割炬配合面不严。此时,应将割嘴再次拧紧,若无效,应拆下割嘴,用细砂纸轻轻研磨割嘴头配合面,直到配合严密。

(6)回火的处理。当发生回火时,应立即关闭切割氧调节阀,然后关闭乙炔调节阀及预热氧调节阀,在正常工作停止时,应先关切割氧调节阀,再关乙炔和预热氧调节阀。

(7)保持割嘴通道清洁。割嘴通道应保持清洁光滑,孔道内污物应随时用通针清除干净。

(8)清理工件表面。工件表面的厚锈、油、水、污物要清理掉,在水泥地面上切割时应垫高工件,以防锈皮和熔渣在水泥地面爆溅伤人。

除以上叙述外,焊炬使用的有关内容基本上也适用于割炬。

三、气割薄钢板的工艺参数

气割的工艺参数有:割炬型号、割嘴号码、切割氧气的压力、气割速度、预热火焰能率即单位时间内可燃气体(乙炔)的消耗量(升/时)、割嘴与工件见的倾角、割嘴离工件表面的距离等。

气割薄钢板时,因钢板较薄,如果气割速度过慢或预热火焰能率过高,不仅使钢板变形过大,而且容易形成钢板正面棱角被熔化、甚至前面割开后面又熔合在一起的现象,并且氧化铁不易被吹掉,冷却后氧化铁熔渣粘在钢板背面而不易被铲除。在气割 4 mm 以下厚度的钢板时,采用 G01 - 30 型割炬和小号割嘴,预热火焰能率要小;气割时,割嘴后倾与钢板成 25° ~45°角,割嘴与割件表面距离应保持 10 ~15 mm,气割速度要尽可能地快。

切割氧气的压力与钢板厚度、割炬型号、割嘴号码的关系如表 3 - 7 所示。当板料较薄时,切割氧压力可适当降低,但切割氧压力不能过低,也不能过高。切割氧气的纯度对氧气的消耗量、切口质量和气割速度也有很大影响。氧气中的杂质如氮等在气割过程中会吸收热量,并在切口表面形成气体薄膜,阻碍金属燃烧,使气割速度下降、氧气消耗量增加,并使切口表面粗糙。因此气割用的氧气纯度一般应在 99.5% 以上,若氧气的纯度下降至 95% 以下,气割将很难进行。

当大批薄钢板零件需要切割时,可将钢板叠在一起切割,这样可以得到很高的切口质量和生产率。被重叠切割的薄板在重叠前应仔细矫平,清除氧化皮和尘垢。重叠时,要求板与板之间紧密相贴,彼此之间不留空隙。否则在切割时,钢板局部会被烧熔。为了起割方便,在开始气割处,钢板可以叠成 3° ~5°的倾角,如图 3 - 37 所示。

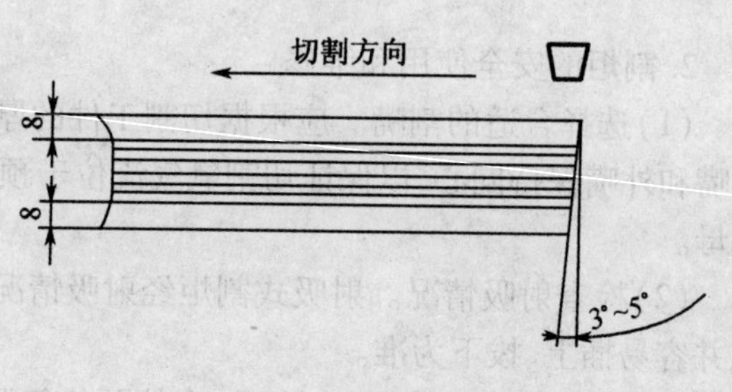

图 3 - 37　钢板叠合方式

钢板叠好后应压紧,可用专用夹具或在上下用厚钢板压住,也可用电焊将叠好的钢板点固焊在一起。

重叠切割可切割厚度 0.5 mm 以上的薄钢板,一般重叠后总的厚度不应大于 120 mm。重叠切割和切割同样厚度的钢板相比较,气割工艺参数可按气割同样厚度的钢板选择,如表 3 - 7 所示。但切割氧气压力要增加 0. 10 ~0. 20 MPa,割嘴与工件间的倾角应保持在 20° ~30°,割嘴离工件表面的距离应保持在 3 ~5 mm 的范围内,同时还要求气割速度慢些。

四、手工气割操作技术

1. 气割前的准备

(1)去除工件表面污垢、油漆、氧化皮等。工件应垫平、垫高,与地面保持一定高度有利于熔渣吹除,切勿在距水泥地面很近的位置气割,以防爆溅伤人。

(2)气割前应仔细检查整个气割系统的设备及工具是否正常,工作现场是否符合安全生产要求。应检查溶解乙炔瓶或乙炔发生器和回火防止器的工作状态是否正常。使用射吸式割炬,应将乙炔皮管拔下,检查割炬是否有射吸力。若无射吸力,不得使用。将气割设备连接好,开启乙炔瓶阀和氧气瓶阀,调节减压器,将氧气和乙炔调节到工作所需的压力。

(3)根据工件的厚度正确选择气割工艺参数、割炬和割嘴号码。开始点火并调整好火焰性质(中性焰)及预热火焰长度。然后试开切割氧调节阀,观察切割氧气流(风线)的形状。切割氧气流应为笔直而清晰的圆柱体,并要有适当的长度,这样才能使切口表面光滑干净、宽窄一致。如果风线形状不规则，应关闭所有阀门，用通针修整割嘴内表面，使之光滑。

2. 抱切法

手工气割操作姿势因各人习惯不同而不同，初学者可按基本的“抱切法”练习。即双脚成八字蹲在工件割线后面，右臂靠住右膝盖，左臂空悬在两膝之间，以保证方便的移动割炬。右手握住割炬把手，并用右手拇指和食指靠住把手下面的预热氧调节阀，以便随时调节预热氧焰，当发生回火时，能及时切断通向混合室的氧气。左手拇指和食指握住切割氧调节阀门并控制其开关，左手其余三指平稳地托住割炬混合室，以便掌握方向，切割方向一般是由右向左。上身不要弯得太低，呼吸要平稳，两眼要注视着切口前面的割线和割嘴。

3. 手工气割操作技术

(1)起割。开始切割工件时，先在工件边缘预热，待工件边缘呈亮红色时(达到燃烧温度)，慢慢开启切割氧气调节阀。当看到铁水被氧气流吹掉时，再加大切割氧气流，待听到工件下面发出“噗、噗”的声音时，说明已被割透，这时应按工件的厚度灵活地掌握气割速度。

(2)气割过程。在切割过程中，割炬的运行始终要均匀，割嘴离工件的距离要保持不变。手工气割薄钢板时，割嘴沿气割方向后倾25°~45°，以提高气割速度。气割速度对气割质量有较大影响，气割速度是否正常，可以从熔渣的流动方向来判断。当熔渣的流动方向基本与割件表面垂直时，说明气割速度正常；若熔渣成一定角度流出，则说明气割速度过快。当气割较长的直线或曲线割缝时，一般切割300~500 mm后，需移动操作位置。此时，应先关闭切割氧气调节阀，将割炬火焰离开工件后再移动身体位置。继续气割时，割嘴一定要对准割缝的切割处，并预热到燃点，再缓慢开启切割氧。气割薄板时，可先开启切割氧，然后将割炬对准切割处继续切割。

(3)切割过程结束。气割临近结束时，割嘴应向气割方向后倾斜一定角度，使钢板下部提前割开，并注意余料的下落位置，这样可使收尾的割缝平整。气割过程完毕后，应迅速关闭切割氧调节阀，并将割炬抬高，再关闭乙炔调节阀，最后关闭预热氧调节阀。如果停止工作时间较长，应将氧气瓶阀关闭，松开减压器调压螺钉，并将氧气皮管中的氧气放出。

(4)回火处理。气割过程中，当发现鸣爆及回火，应迅速关闭切割氧调节阀，以防氧气倒流入乙炔管内，并使回火熄灭。如果此时割炬内还在发出“嘘、嘘”的响声，则说明割炬内的回火还没有熄灭，应迅速将乙炔调节阀关闭。经几秒钟后，再打开预热氧调节阀，将混合气管内的碳粒和余焰吹尽，然后重新点燃，继续气割。回火和鸣爆现象一般是由于割嘴过热和氧化物熔渣飞溅堵住割嘴所致，因此在制止回火后，应用剔刀剔除粘在割嘴上的熔渣，用通针通切割氧喷射孔和预热火焰的氧气和乙炔的出气孔，并将割嘴放在水中冷却，再继续点火切割。

第四节 裁料方法的选择

裁料时，主要应依据零件的尺寸、几何形状、材料、板料厚度、批量、加工精度和切口质量要求等，选择合适的裁料方法，以提高工效和减少板料的消耗，生产出合格的零件。选择适当的裁料方法，应从以下几方面综合考虑。

一、零件的尺寸和几何形状

一般来说，零件的外形尺寸若超过 300 mm，且为薄板（板厚≤1.5 mm）零件、生产批量小时，均采用手工剪裁；对于零件外形尺寸超过 300 mm 的板厚（板厚≥1.5 mm）零件，一般采用机械剪裁或其他裁料方法；对于外形尺寸小于 300 mm 的零件，如果生产批量较大，一般采用冲裁。

冲裁件的形状要尽量简单，最好是比较规则的几何形状，应避免狭长槽或狭长条。这样既便于模具的制造和维修，也便于排样时材料有较高的利用率。

由于凸模强度的限制，冲裁件上的小孔一般不小于如表 3－8 所示的数值。如果采用了有保护凸模的导向机构，则冲孔的最小尺寸可为表 3－8 所列数值的 1/2～1/3。冲裁件的最小宽度一般不应小于如表 3－9 所示的数值。

表 3－8　最小冲孔尺寸

材料	孔的形状			
	圆孔	方孔	长方孔	长圆孔
硬钢	$d \geq 1.3t$	$b \geq 1.2t$	$b \geq 1.0t$	$b \geq 0.9t$
软钢、黄铜	$d \geq 1.0t$	$b \geq 0.9t$	$b \geq 0.8t$	$b \geq 0.7t$
铝	$d \geq 0.8t$	$b \geq 0.7t$	$b \geq 0.6t$	$b \geq 0.5t$

表 3－9　冲裁件的最小宽度

材料	宽度 B
硬钢	$(1.3 \sim 1.0)$
软钢、黄铜	$(0.9 \sim 1.0)t$
铝	$(0.75 \sim 0.8)t$

冲裁件上孔的分布，必须考虑到孔与孔之间、孔与边缘之间的距离不应太小，否则会使凹模强度过弱，容易破裂，而且还容易使冲裁件边缘胀出或变形，一般允许的最小距离为 $(1 \sim 1.5)t$。冲裁件内形或外形的转角处，要避免出现尖角，以便于模具加工，减少模具在热处理或冲压时在尖角处产生开裂的现象，同时也能防止尖角部位的刃口过快磨损。转角处的圆角半径 r 可按板厚 t 来确定。在夹角 $\alpha \geq 90°$ 时，取 $r = (0.3 \sim 0.5)t$；在夹角 $\alpha < 90°$ 时，取 $r = (0.6 \sim 0.7)t$。

二、零件的厚度

板厚 $t \leqslant 1.5$ mm 时，可用手工剪裁，板厚 $t \leqslant 3$ mm 时，可用剪床剪裁。板厚也是安排冲裁工艺过程、选择冲床和设计模具的重要依据之一。在冲裁加工中板料可以薄到几毫米，可以厚达十几毫米。一般来说，冲裁时，板料的厚度愈小，所需的冲裁力就小，若冲裁模刃口间隙小，塑性变形的时间响应缩短，冷作硬化现象就不明显。

三、零件的材质

钣金零件所用到的板料的材质多种多样，材料的种类也是选择裁料方法的重要因素。一般来说，材料的抗剪强度愈大，裁料就愈困难。如同样 1.2 mm 厚的白铁皮和不锈钢板材，用手剪裁白铁皮比剪裁不锈钢就容易得多。气割广泛用于板厚 $t \geqslant 2$ mm 的低碳钢板和低合金钢板的裁料，但随碳素钢含碳量的增加，气割性能将会恶化，使切口不平整，割缝质量低，无法满足钣金工艺要求。对于高铬钢，铬镍不锈钢，铜、铝及其合金，不能采用氧气切割的方法进行切割，通常需要用氧溶剂切割、等离子弧切割，但主要使用手工剪切或使用剪床、冲床等机械裁料的方法裁料。

裁料方法除了上面叙述的剪裁、冲裁和割裁外还有锯割和铣裁等方法。

锯割就是使用锯条将板料分割，可以用手工进行，也可以在锯床上进行。在钣金下料时，应使用细齿锯条，以避免锯齿的齿距大于板厚，使锯齿被材料勾住而崩齿。

铣裁工作是在铣床上进行的，铣刀为多刃刀具，切削时无空行程，切割速度快，切口质量高，尺寸和粗糙度、精度均高于剪裁和冲裁及割裁等。铣裁主要用于较厚的钢板、型材的下料和加工，一般情况下，钣金裁料极少选用铣裁方法。

第四章　成型加工

钣金成型工艺是将按展开图或样板下料所获得的钣金毛胚加工成一定形状零件的工艺。本章主要讨论钣金零件的弯曲变形及弯曲件的强度计算、手工成型、冷冲压成型、钣金专用设备和其他成型工艺。

第一节　手工成型

一、手工成型的工具、夹具和量具

1. 手工成型的常用工具

(1)手锤。钣金手锤是手工成型中不可缺少的工具,常用的几种手锤形状如图4-1所示。手锤重量和材料如表4-1所示。在钣金工作中,还有一些专用手锤,其形状如图4-2所示,其形状说明和重量如表4-2所示。

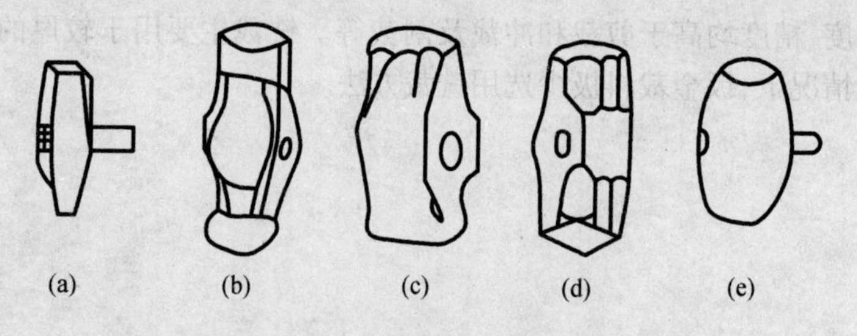

图4-1　常用的手锤形状

(a)钣金锤;(b)乃子锤;(c)大锤;(d)小锤;(e)木锤

表4-1　常用手锤的重量和材料

形状	名称	重量/kg	材料
图4-1(a)	钣金锤	0.25~0.75	工具钢
图4-1(b)	乃子锤	0.25~0.75	工具钢
图4-1(c)	大锤	3~8	工具钢
图4-1(d)	小锤	0.25~1.5	工具钢
图4-1(e)	木锤	0.25~1.5	檀木

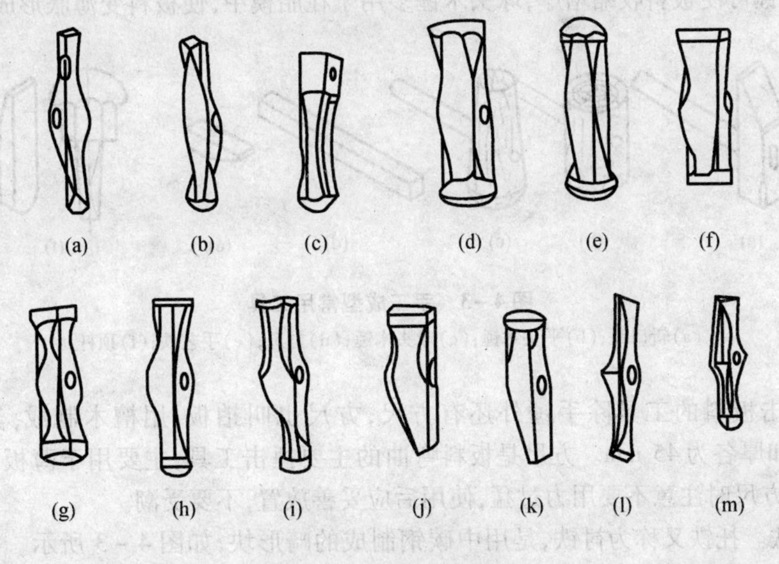

图 4－2　专用手锤形状

表 4－2　专用手锤的形状和重量

形状	形状的简单说明	重量/kg
图 4－2(a)	两头厚度不等,曲度也不等	0.25～0.5
图 4－2(b)	两球面,曲度大小也不等	0.25～0.5
图 4－2(c)	锤面成半球面	0.5～0.625
图 4－2(d)	两头均微成球面,凸出程度不等	0.35
图 4－2(e)	一头微成球面,一头成半球面	0.35
图 4－2(f)	两面都是平面	0.25～0.5
图 4－2(g)	一面平,一面微成球面形	0.25～0.5
图 4－2(h)	一面平,一面微成球面形	0.25～0.5
图 4－2(i)	两面都是平的	0.25～0.5
图 4－2(j)	四方形锤面,微成球面形	0.2～0.75
图 4－2(k)	圆形锤面,微成球面形	0.2～0.75
图 4－2(l)	两锤面平正,而厚薄不同,锤面精抛光	0.25～0.5
图 4－2(m)	一头平正,一头稍斜	0.25～0.5

2 kg 以上的手锤为大锤,2 kg 以下的手锤为小锤。使用大锤时应右手在前、左手在后,两手紧握锤柄,两脚呈八字形分开站立,右脚向前一步或半步多。使用小锤时,右手握住锤柄,握法要适当,握得过前或过后都没有力量。使用手锤前应检查锤头是否装牢;手上有油时不得用手锤,以防锤从手中飞出伤人;锤顶有油污和凹痕时不能使用,以防止被加工工件表面不光滑。

手工成型中,用以锤击板料的手锤还有木锤,木锤一般用檀木制成。用木锤加工板料,锤击痕迹不明显,制件表面平整、光滑。木锤有平头木锤和球头木锤两种,如图 4－3 所示。

使用平头木锤可使板料收缩增厚,球头木锤多用于在胎模中,使板料变薄胀形成为曲面。

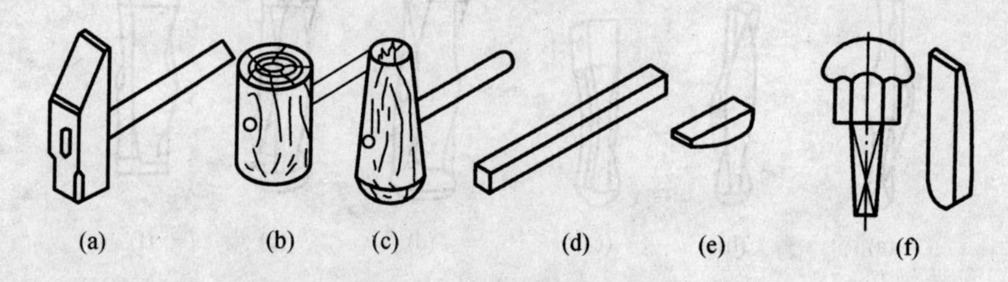

图 4-3 手工成型常用工具

(a)斩口锤;(b)平头木锤;(c)球头木锤;(d)方尺;(e)手艺铁;(f)顶杆

用以锤击板料的工具除手锤外还有方尺,方尺也叫拍板,用檀木制成,其规格为长 400 mm、宽和厚各为 45 mm。方尺是板料弯曲的主要捶击工具,主要用于薄板件的卷边和咬接。使用方尺时注意不要用力过猛,使用后应妥善放置,不要受潮。

(2)托铁。托铁又称为衬铁,是用中碳钢制成的畸形块,如图 4-3 所示。托铁的主要作用是整形时用于承受锤子的锤击力,即修复或整形薄板时,将托铁衬在反面以抵抗锤的击力。托铁根据需要可以做成各种尺寸和形状,但为了便于手持,其重量一般为 1~3 千克。应根据不同的需要选用不同的托铁,并保持托铁的清洁。

除了托铁外,整形或成型的工具还有顶杆,如图 4-3 所示。顶杆用于拱曲或小型工件成型时支撑内腔。

(3)铳子。钣金工常用的铳子为实心铳,用于在薄板上冲孔或扩孔。铳子由中碳钢制造,并无固定规格,可由操作者按需要自制,制作时铳头部分要淬火,但受锤击的铳尾部分不能淬火,以防被锤击出的碎块飞出伤人。使用铳子时,应使铳头垂直向下。

(4)线痕錾。线痕錾又称为踩子,是一种没有锋刃的錾子,主要用于板料弯曲或按棱线加工,无固定规格,需要自制。线痕錾在使用时应检查刃口有无缺口,如有应修复后再用;使用时刃口应对准所踩线痕,被加工板料的反面要垫木块或其他软质垫物,以防将板料击裂。

2. 常用工具

(1)砂轮机。砂轮机是一种以高速旋转的砂轮来磨削金属工具的机具。常用的规格按砂轮直径分为 150 mm,250 mm,300 mm 等几种。砂轮机的使用和维护保养方法如下:

①使用前应检查砂轮有无损坏之处。

②开始工作前,砂轮应空转 1 分钟左右。

③磨削时工件要用两手握牢,使刃磨处压在砂轮上的力均匀,用力不可过大。当工件发热时,应及时将工件浸在水中冷却。

④操作者应站在砂轮机的侧面,不可正对砂轮机,避免发生意外事故。

⑤砂轮必须装有防护罩。

⑥工作完毕要切断电源。

(2)手砂轮。手砂轮是钣金工常用的一种磨削机具,主要用于磨削飞边、毛刺及磨平焊口。手砂轮有电动和风动两种类型,常用的手砂轮规格按砂轮直径有 150 mm,80 mm,40 mm 三种。使用手砂轮时,要用两手握牢与被磨削件轻轻接触,不能对工件压力过大;砂轮应装防护罩,防止发生意外事故;手砂轮要轻拿轻放,用完后立即切断电源或气源。

(3)平板。平板大都是用铸铁制造的,背面有加强筋以增加其强度。小块平板的厚度为 50 ~ 80 mm，大块平板厚度为 200 ~ 300 mm。平板的主要用途是为矫平板料提供一个平面。常用的平板有以下几种规格：600 × 1 000，800 × 1 200，1 500 × 3 000（单位为 mm^2）。平板必须固定在架子上，并有一个合适的高度，以便于操作；要保持平板表面的光滑平整，不应随意捶击或在平板上从事电焊、气焊工作，以免烧伤平板平面。

（4）方杠和圆杠。方杠即长方形钢棒，长约 2 m 左右，断面尺寸为 30 mm × 50 mm，主要用于制作方管和板料的咬接工作。方杠一端有时被削成斜形，其目的是便于进行板料的板檐工作等。当没有方杠时，可以用小型钢轨代替。注意在使用和放置方杠时，不要将其摔弯。圆杠是圆形的低碳钢或中碳钢钢棒，长约 1.2 ~ 2.5 m，直径为 30 ~ 50 mm，主要是在制作圆管、空心圆部件时作铁砧用，使用过程中也要防止摔弯。

（5）铁砧。铁砧由铸铁制成，供薄板手工冲孔时作垫铁，以及制造手工工具时用来打制铳子、线痕錾等。钣金工常用的铁砧重量多为 50 千克，使用时注意保护工作面，勿击出凹痕。

（6）拐针。拐针用碳钢制造，适用于小件的咬接等工作，无统一规格，操作者可根据需要自制。使用中不要损坏边角，更不能摔砸。

3. 常用夹具

（1）虎钳。虎钳又叫台钳，主要用在工作台上夹持工件，以便于加工。虎钳的种类很多，一般常用的有转座虎钳、平口虎钳，还有不用在工作台上，用于拼装和固定钣金零件的手虎钳等。虎钳的规格由虎钳口的宽度来决定，常用的虎钳口宽度是 100 ~ 150 mm。手虎钳的常用规格为 45 mm。

虎钳的使用和维护保养方法如下：

①转座虎钳和平口虎钳是用螺栓固定在工作台上的。夹持工件时不可太松或太紧。当工件表面要求平整光滑时，钳口上可垫紫铜片，以防损伤工件表面。

②虎钳的钳口和转柄上不得有油。

③不允许用锤敲击转柄和其他活动部分。

④虎钳应经常保持清洁，并经常在丝杠和其他活动部位加注润滑油。

（2）卡兰。卡兰是一种夹紧工件的工具，它没有具体的规格，但根据工作要求和被夹紧工件厚度和刚度（抵抗变形的能力）来制造。使用时转柄不可再加套管，防止损坏卡兰；丝杠活动部分要加注润滑油；卡兰不能摔砸，以防变形后影响使用效果。

4. 常用量具

钣金工最常用的量具有以下几种：普通尺即木折尺、钢板尺和钢卷尺。使用时应注意的是，不能直接测量高温物体的尺寸，以免毁坏尺面；要轻拿轻放，不可摔砸；不要放在潮湿处，以防生锈、生霉；用后擦净灰尘，并涂上一层防锈油，妥善存放。

二、弯曲

手工操作弯曲板料，用于简单少量生产或用机床难以成型的中小型零件。具体操作根据制件的形状有折边、弯卷和弯压等方法。

1. 折边

折边是指弯曲半径很小的角形弯曲。

对于短小零件的折边可以在虎钳上进行。为避免钳口网纹压痕，可以在钳口处垫角钢或金属片，如图 4－4 所示。弯曲时，手拉板料上端，用木锤锤击根部，借助于规铁还可以弯曲闭合的弯曲件。

对于宽长板的弯曲折边，首先下好展开料，画出弯曲线，弯曲时将弯曲线对准方杠边沿并用手虎钳固定，左手压住板料，右手用小木锤先把两端敲成一定角度，以便定位。再用人力全部压弯成型后，用方尺修整弯角，如图 4－5 所示。

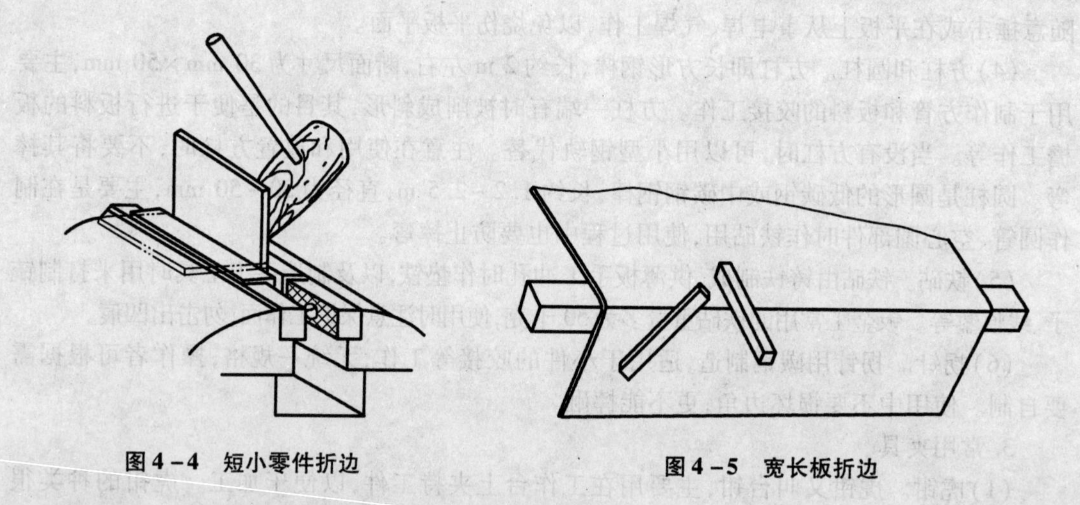

图 4－4 短小零件折边　　图 4－5 宽长板折边

手工折边往往还用于机床很难弯曲成型的工件。如果是先下好展开料并开好孔进行弯曲，则当尺寸 a 和 c 范围内的弯边很小的，用机床很难弯曲，往往需要用手工弯曲。弯曲时，应首先在展开料上画好弯曲线，然后以方孔定位。用模具夹在虎钳上，如图 4－6(b) 所示弯

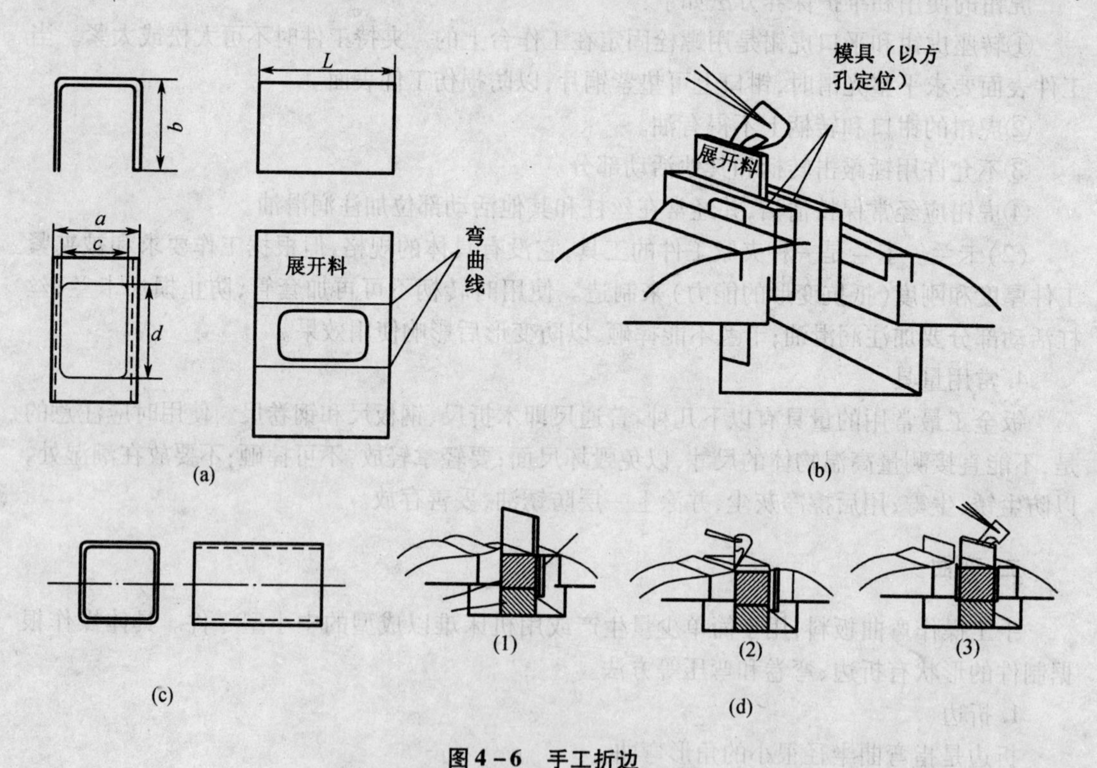

图 4－6 手工折边

1—垫铁；2—规铁；3—垫块；

(a) U 形零件；(b) U 形零件弯曲；(c) 口形零件；(d) 口形零件弯曲

(1) 弯曲线对准规铁的角；(2) 弯曲双边成口形；(3) 弯曲成形

曲两边。弯曲时要用力均匀，并有向下压的分力，以免把弯曲小的 d 段拉出。

如图 4-6(c) 所示，由于零件是封闭的，因机床只能变成 U 形，不能封闭，则留出一边或两边仍需手工操作。弯制过程如图 4-6(d) 所示。装夹时要使规铁高出垫铁 2~3 mm，弯曲线对准规铁的角，如图 4-6(d)(1) 所示，然后按图 4-6(d)(2) 弯曲双边成口形，最后使口朝上，如图 4-6(d)(3) 所示弯曲成型。

2. 弯卷

用板料弯曲圆筒时，首先应按圆筒的展开长度(周长)下料。然后将板料搁置在圆杠上，用方尺将两端向下敲打弯曲，在两端先各敲成 1/4 圆，如果是咬缝连接，要掌握方尺敲击的合适部位，以防咬缝被敲扁。最后由两端逐渐向板料中心压弯或敲打，如图 4-7(a)、图 4-7(b) 所示。两端敲打处的圆弧一定要和规定直径的圆弧一致，如图 4-7(c) 所示。如不易掌握，可制作一个规定直径的圆周的 1/6 圆弧作样板，或在平台上按规定直径画一圆周作为弯曲目标。当圆筒按口弯曲到近于合拢时，可放在平台上或地面上进行压弯，如图 4-7(d) 所示，直到合拢为止。

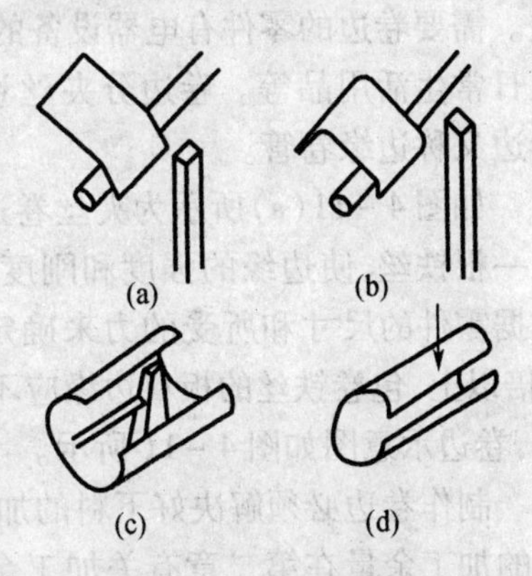

图 4-7 弧形弯曲程序图

如果不按上述程序进行，而是从板料中部开始敲打弯曲，起初会感到很容易，但快到合拢时却很困难。特别是弯卷较厚的板料或带有咬接边时，困难将会更大，其主要原因是最后弯卷两端圆弧时工件不便握持。

对于材质较差的板料，按上述弯卷操作程序在圆杠上压弯时，会出现不规则的棱线，这时可先向弯曲的方向弯卷。当圆筒弯卷完成发现不圆，椭圆筒弯卷完成发现不圆，椭圆或不规定圆弧弯曲过多时，如图 4-8 所示，可在板件咬接或焊接后，再将其套在圆杠上矫圆。矫圆时可用铁锤、木锤或方尺敲打修整，究竟选择上述哪种工具，应根据板料的厚度确定。

图 4-8 弯曲过多

矫圆有两个方面，一是消除棱角，用方尺敲打该部位，如图 4-9 所示；二是找圆时应以两端为着重点，借助光线在筒件上的反射来判别曲率的均匀程度，在曲率小的两侧按消除棱角的方式。使中部凸起。锥形筒件的制作过程与圆筒类似。

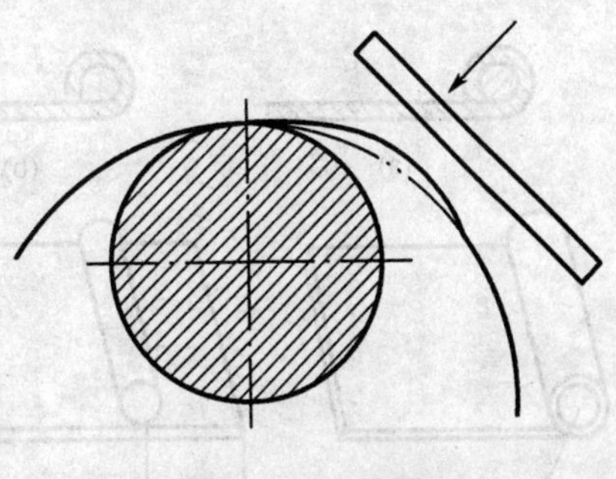
图 4-9 矫圆

3. 凹凸形工件的手工弯压

弯压前，在工件需要弯压的部位上画出弯压的始线、中线和终线，然后把工件放在角钢和圆管中间，角钢和圆管用螺栓连接，中间夹有垫块，留有凹凸工件的间隙，凹凸形工件手工弯压示意图如图 4-10 所示。由弯压始线逐渐向弯压终线压制时，用力应当均匀，直至弯压成型。因弯压工件在弯压的过程中，内层受到压缩，外层受到拉伸，使凹凸面产生变形，故要用手锤、踩子和仿形葫芦进行修整。

三、卷边

为了增加零件边缘的刚度和强度，避免板料边缘的锐边或飞边扎伤使用人员，有时也为了便于零件间的连接或美观，将零件边缘的直边和曲边卷曲成管状称为卷边。需要卷边的零件有电器设备的罩壳、机罩、防护罩以及日常生活用品等。卷边分夹丝卷边和空心卷边两种，卷边又称边缘卷管。

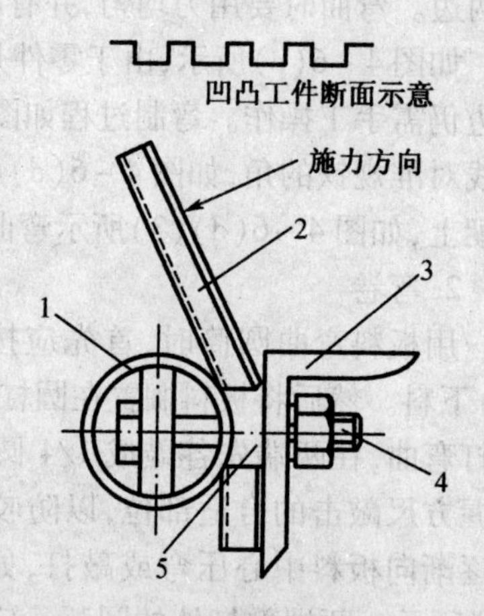

图 4－10 凹凸形工件手工弯压示意图

1—圆管；2—工件；3—角钢；4—螺栓；5—垫块

如图 4－11(a)所示为夹丝卷边，即在卷曲边缘内嵌入一根铁丝，使边缘的强度和刚度更大。铁丝的直径应根据零件的尺寸和所受的力来确定，一般为板料厚度的 3 倍以上，包卷铁丝的板料边缘应不大于铁丝直径的 2.5 倍，卷边示意图如图 4－11 所示。

制作卷边必须解决好下料的加工余量。关于卷管部分的加工余量在第二章有关加工余量问题中已经说明，下面再作详细补充。如图 4－12 所示为夹丝卷边过程，卷边部分是由不卷和卷曲的两部分组成的，总展开尺寸为上述两部分尺寸之和，其展开长度为

$$L = L_1 + L_2 \qquad (4-1)$$

式中 L_1——板料不卷部分长度；

L_2——板料卷曲部分长度；

$L = \frac{d}{2} + 2.35(d + t)$

d——铁丝直径；

T——板料厚度。

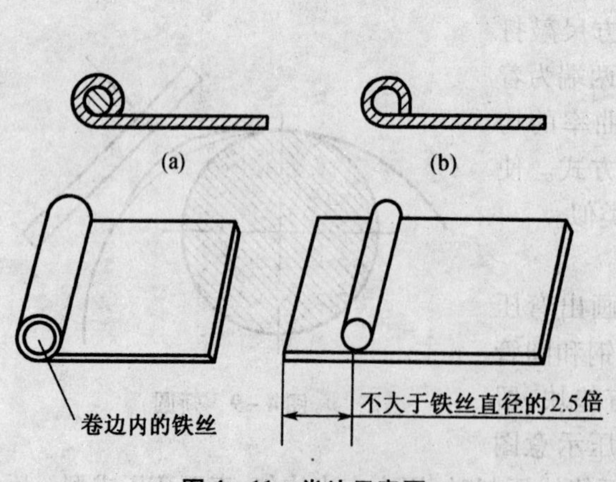

图 4－11 卷边示意图

(a)夹丝卷边；(b)空心卷边

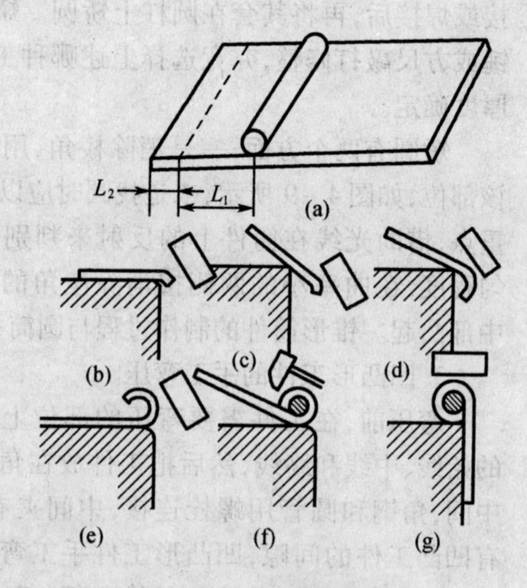

图 4－12 夹丝卷边过程

手工夹丝卷边操作的具体步骤如下：

(1)在板料上边画出两条卷边线，如图 4－12(a)所示，$L_1=2.5d$，$L_2=(1/4\sim1/3)L_1$。

(2)将板料在平台上(或方杠、轨道上)，使其露出平台的尺寸等于 L_2。左手压住板料，右手用手锤或方尺敲打露出平台部分边缘，使其向下弯成 85°～90°角，如图 4－12(b)所示。

(3)再将板料向外伸并进行弯曲，直至平台边缘对准第二条卷边线为止，也就是使露出平台的部分等于 L_1 为止，并使第一次敲打的边缘靠上平台，如图 4－12(c)、图 4－12(d)所示。

(4)将板料翻转，使卷曲部分朝上。轻而均匀地敲打卷边使之向里扣逐渐成圆弧形，如图 4－12(e)所示。

(5)将铁丝放入卷边内，为防铁丝弹出，先从一端开始，放一段扣一段，全扣完后轻轻敲打，使卷边紧靠铁丝，如图 4－12(f)所示。

(6)翻转板料，使接口靠住平台的缘角，并使接口咬紧，如图 4－12(g)所示。

手工空心卷边的过程与夹丝卷边的制作过程一样，只是使卷边与铁丝不要靠得太紧，将零件板料一边转一边向外拉即可。

四、放边与收边

放边是指用手工成型工具使钣金零件的边缘或周边产生变薄延展的变形，收边是使钣金零件的边缘或周边增厚收缩的变形。

1. 放边的操作

如图 4－13 所示，是将截面为 L 形的型材，用斩口锤斩击，使其一边的纤维伸长而制成的法兰制件，为放边的典型。放边的操作方法有三种。

(1)打薄放边。将锤放的一边置于铁砧上，用斩口锤锤击。在锤击时，应注意斩击线垂直于型材的外边缘线，斩击的中点距外缘为总宽的 1/3 处，锤子稍向外倾斜，斩击落点要稠密均匀。

(2)拉薄放边。拉薄放边是将锤放的一边置于橡胶或硬木上锤放。由于垫物的材料较软且有弹性，因而斩击时材料同时还受斩击线两侧方向的拉应力的作用。拉薄放边的零件表面比较光滑，但成型速度不如打薄方便快捷，如图 4－13(a)所示。

(3)型胎放边。将 L 形型材嵌入按所需曲率半径做的型胎中，然后用顶木捶放，如

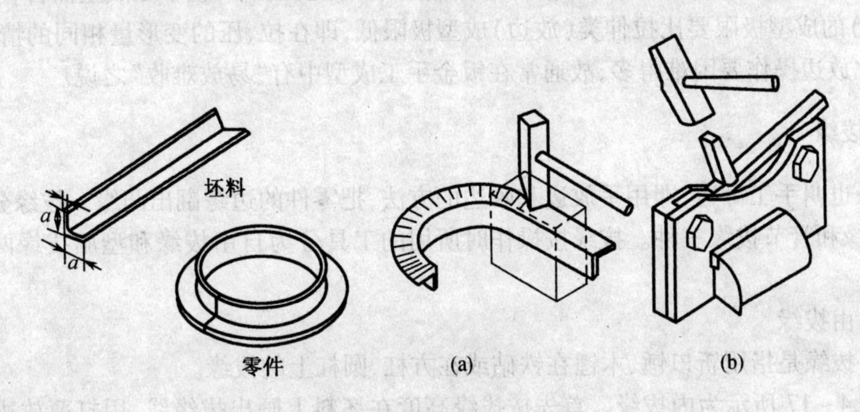

图 4－13　放边

(a)拉薄放边；(b)型胎放边

图 4－13(b)所示。型胎放边相当于对一定截面形状型材或板料进行弯曲，但较薄的材料容易弯裂或发生扭曲变形。这种方法一般为打薄或拉薄到一定程度后的型胎校形。

2. 收边的操作

如图 4－14 所示，是将截面为 L 形的型材，使其一边的纤维增厚收缩而制成的法兰零件，为收边的典型。如图 4－14(b)所示，收边部分指四个圆角区域。

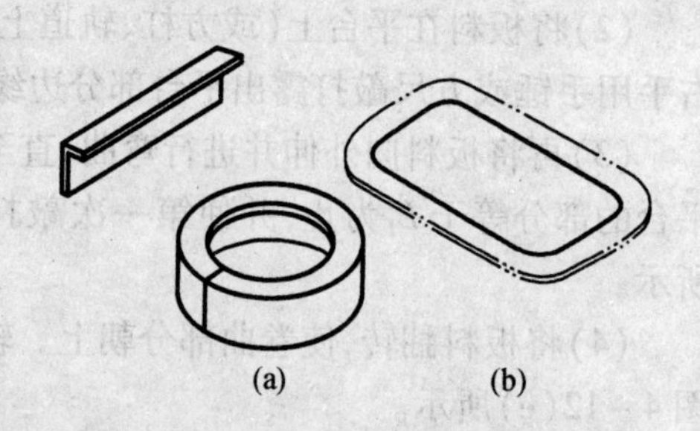

图 4－14　收边

(a)截面为 L 形的型材面板收边；
(b)平板的四个圆角收边

收边的操作方法通常有两种：

(1)起皱钳收边。如图 4－15 所示，用起皱钳(尖头钳)将收边部位钳成波纹。要求波纹尽可能细密并使坯料收缩弯曲至比工件要求更小的曲率半径。然后用木锤将起皱波纹打平，用铁锤平整皱折，并使坯料展放至工作要求的曲率半径。

(2)起皱模收边。对较厚的坯料，起皱钳不易操作，可用硬木制成起皱模，将坯料放在起皱模上，用斩口锤斩出波纹，再用铁锤消除、平整皱折，如图 4－16 所示。

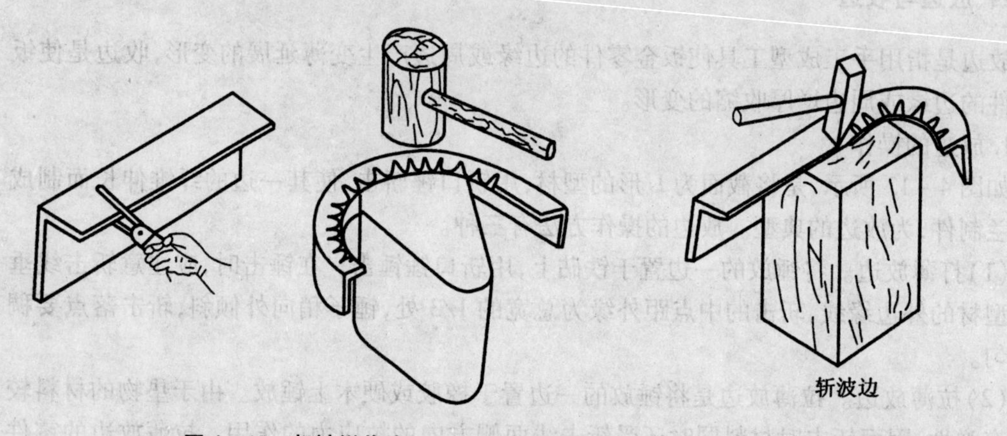

图 4－15　起皱钳收边　　**图 4－16　起皱模收边**

放边与收边的成型极限主要取决于手工操作者的技术水平，就手工成型而言，压缩类变形(收边)的成型极限要比拉伸类(放边)成型极限低，即在拉、压的变形量相同的情况下，收边操作比放边操作要困难得多，故通常在钣金手工成型中有“易放难收”之说。

五、拔缘

拔缘也叫手工翻边，即用手放边和收边的方法，把零件的边缘翻出凸缘。拔缘分为内拔缘、外拔缘和管节拔缘三种。拔缘按操作时所用的工具分为自由拔缘和型胎拔缘两种操作方法。

1. 自由拔缘

自由拔缘是指用斩口锤、木锤在铁砧或在方杠、圆杠上的拔缘。

如图 4－17 所示为内拔缘。首先按拔缘高度在坯料上画出拔缘线，用打薄放边的锤击方法翻出凸缘。若将凸缘翻成直角，每次放边的塑性变量不可太大，可按 30°角翻放一圈，分三次捶放直至翻成 90°，而且凸缘越高，需要捶放的次数就应该越多，以防止翻放时变形量过大致使凸缘撕裂。

外拔缘的手工操作如图 4－18 所示。先按拔缘高度在坯料上画出拔缘线，然后用收边的锤击方法翻起凸缘。当凸缘较高时，单用收边方法操作容易出现难以消除的突棱，如图 4－18(a)所示。此时，可按图 4－18(b)～(f)的操作过程以达到良好的质量要求。这种操作过程是使每次收边的相对凸缘高度降低，并且外端的圆角产生的刚度还使坯料不容易褶皱。

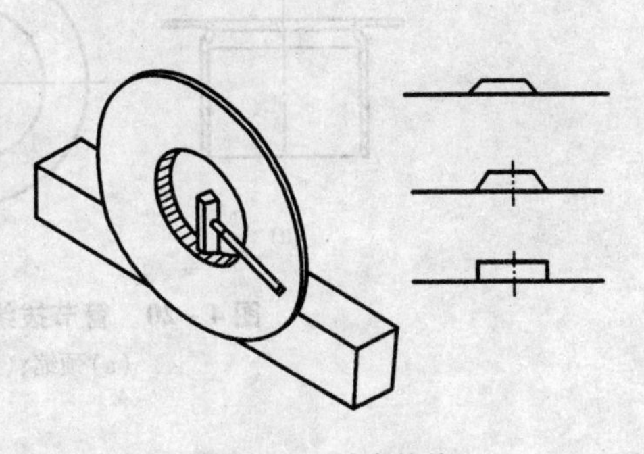

图 4－17 内拔缘

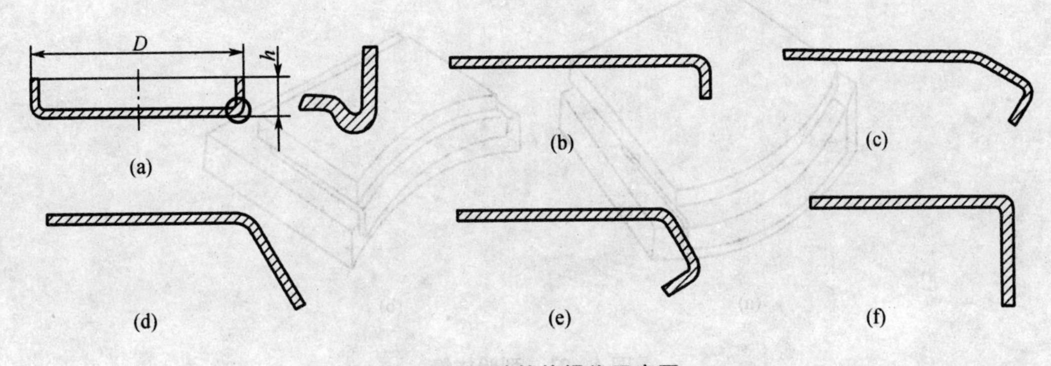

图 4－18 外拔缘操作示意图

(a)零件疵病；(b)～(f)外拔缘操作过程

管节拔缘如图 4－19 所示。在管节扣内侧画出拔缘线，然后按放边的锤击方法翻出凸缘，其操作过程与内拔缘相似，需要分若干次捶放才能捶放出直角凸缘，否则会出现撕裂。管节拔缘的应用之一，是手工制作多节弯头时弯头各节的咬口连接。

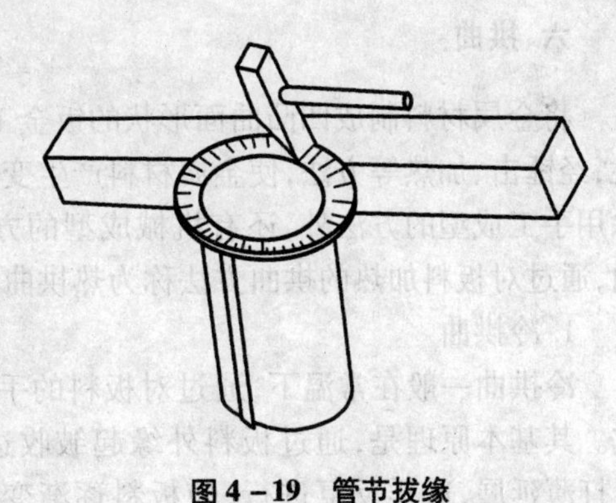

图 4－19 管节拔缘

在管节拔缘的操作中，若在拔缘线处斩击捶放的延伸量过大或者凸缘外端斩击的延伸量不够而硬将凸缘翻成直角，会出现颈缩的质量问题，如图 4－20(a)所示。当凸缘外端斩击延伸量不够时，又会出现外凸的情况，如图 4－20(b)所示。如果凸缘外端斩击延展量过大，则会出现内凹的形状，如图 4－20(c)所示。出现内凹后，一般较难修复到正确的形状。

2. 型胎拔缘

型胎拔缘是利用型胎的工作边(铁砧)制成和工件拔缘部分具有相同的曲率来实现拔缘的方法。型胎拔缘可分为外拔缘和内拔缘两种，如图 4－21 所示。

型胎拔缘与自由拔缘相比较，可以提高成型质量和效率，主要在制件批量生产时采用。

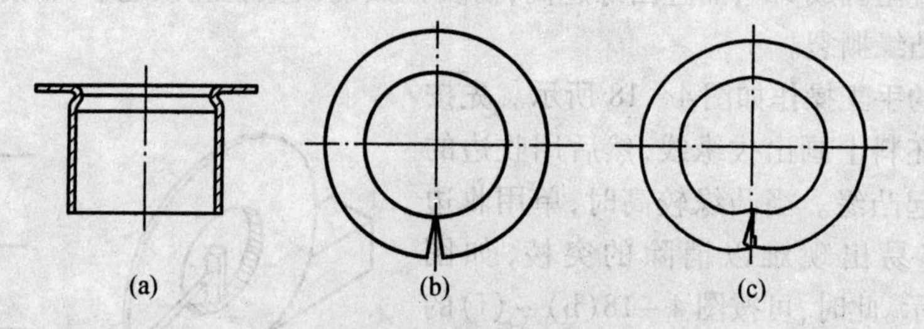

图 4－20　管节拔缘操作不当易出现的问题

(a)颈缩；(b)外凸；(c)内凹

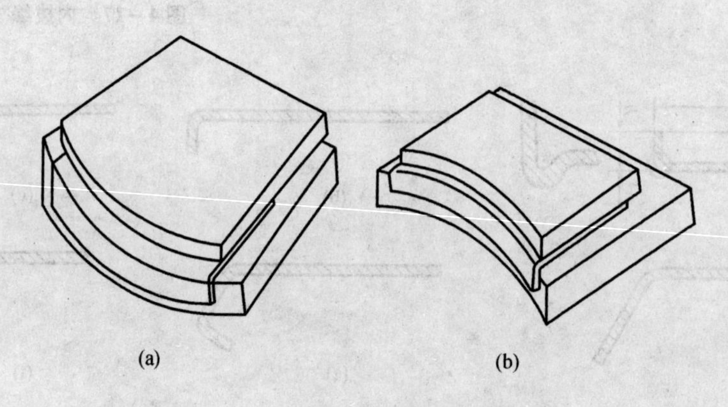

图 4－21　型胎拔缘

(a)外拔缘；(b)内拔缘

六、拱曲

将金属材料制成凹凸曲面形状的钣金工件，称为拱曲。拱曲充分利用金属材料的延展性，经锤击、加热等方法，使金属材料产生变形，从而获得满足设计要求的不可展曲面。拱曲除用手工成型的方法外，还有机械成型的方法，将在后面叙述。不经加热的拱曲称为冷拱曲，通过对板料加热的拱曲方法称为热拱曲。

1. 冷拱曲

冷拱曲一般在常温下，通过对板料的手工锤击而成。其基本原理是，通过板料外缘起皱收边、中间锤击打薄延展，这样反复进行，使板料逐渐变形得到所需形状。所以，手工拱曲的零件一般具有壁厚增加、底部减薄的特点，如图 4－22 所示。

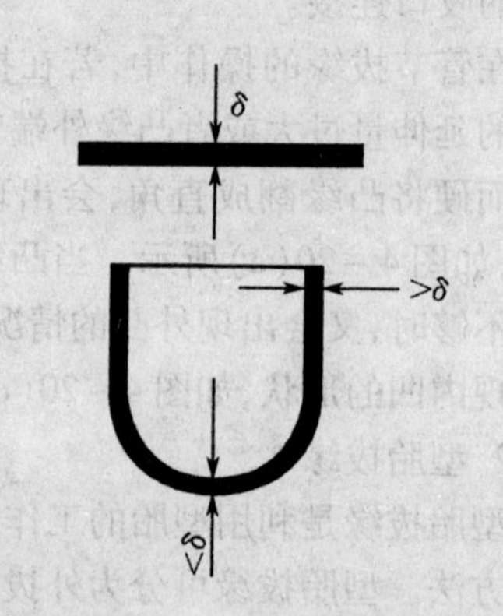

图 4－22　拱曲零件厚度的变化

手工拱曲的锤击操作可分为顶杆拱曲和模拱曲两种。

顶杆拱曲如图 4－23 所示。顶杆拱曲深度较大的钣金工件时，可在顶杆上用收缩和排展交错的方法进行，用平头锤在顶杆上操作。对板料需放展的部分，锤击落点在顶杆支承点上；对收边部分，锤击落点应在稍过支承点偏向外缘的一侧。每锤击一下，工件略加转动，使落点均匀稠密，始终保持坯料变形的对称性。为使拱曲顺利进行，板料应该在加工前退火，对尺寸较大或在拱曲过程中发现有加工硬化的工件，应在加工中及时作中间退火，否则容易开裂。顶杆拱曲的操作顺序是：

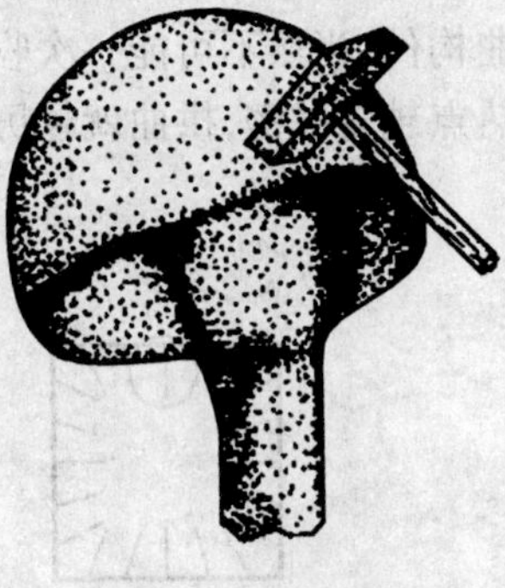

图 4－23　顶杆拱曲

先将坯料边缘作出皱褶，然后在顶杆上将皱褶打平，使边缘的坯料因皱褶向内弯曲，即收边。然后用木锤轻轻而均匀地锤击中部，使中间的坯料伸展拱曲。

在锤击的过程中，应随时目测调整锤击部位，使表面光滑。若出现局部凸出应立即停止锤击，否则越打越凸起。当锤击到坯料中心时，要沿圆周转动进行，不可集中到一处锤击，以防止中心板料伸展过多而凸起。

依次收边并锤击中部，配合中间检查，直到符合要求为止。考虑到最后修光时可能产生回弹，一般拱曲曲率要大一些。

最后，用平头锤在圆顶杆上把拱曲成型好的零件修光，再按要求画线并切割后锉光边缘。

利用胎膜手工拱曲，可拱曲尺寸较大而深度较浅的零件，如图 4－24 所示。

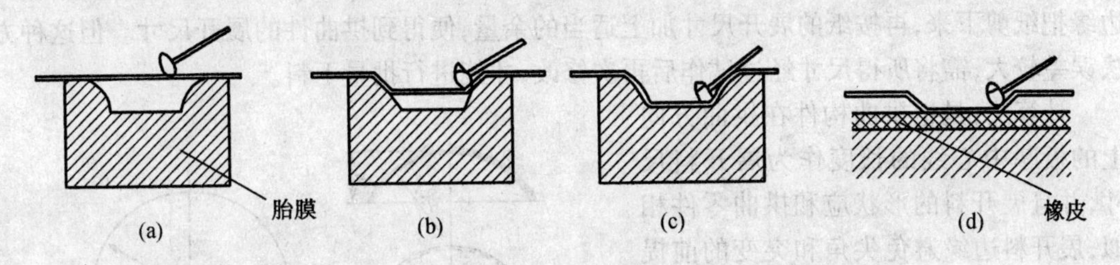

图 4－24　胎膜拱曲

(a)拱曲第一步；(b)拱曲第二步；(c)拱曲第三步；(d)利用橡皮伸展坯料

操作时，先将坯料压紧在胎膜上，手锤从边缘开始，逐渐向中心部位锤击。在图 4－24 中，(a)，(b)，(c)是拱曲过程。(d)是利用橡皮伸展坯料，手锤由边缘逐渐向中心的拱曲过程。

在胎膜拱曲过程中，锤击要轻而均匀，使整个加工表面均匀地伸展成凸起的形状。请注意，操作不可过急，应分几次，使坯料逐渐地全部贴合胎膜成型，最后用平头锤在顶杆上打光锤击凸痕。

当拱曲件较深时，采用胎膜拱曲应有一组内胎与各次拱曲外形相适合的胎膜，按顺序进行拱曲。

2. 热拱曲

热拱曲可用于零件尺寸较大、板较厚的拱曲件，若采用冷拱曲就较为困难。

热拱曲原理主要是利用金属具有热胀冷缩的性质，并可同时施加外力进行拱曲。如图 4－25(a)所示，如在 *A* 处沿三角形 *abc* 进行加热，三角形内的材料因受热而膨胀，但由于材料加热时其机械性能降低，无法向周围未被加热的材料方向胀出去，反而会被压回缩小；而在冷却后本身又发生收缩，于是冷却后的三角形由原来的 *abc* 缩小为 *a′b′c′*，因此，*A* 处的坯料被收缩。如果沿坯料的周边对称而均匀地进行分区加热，便可收缩成图 4－25(b)所示的拱曲构件，当然不可能一次收成。热拱曲的程度与加热点的多少和每一点的加热范围有关，加热点越多越密，拱曲就越厉害。加热的温度根据材料确定。

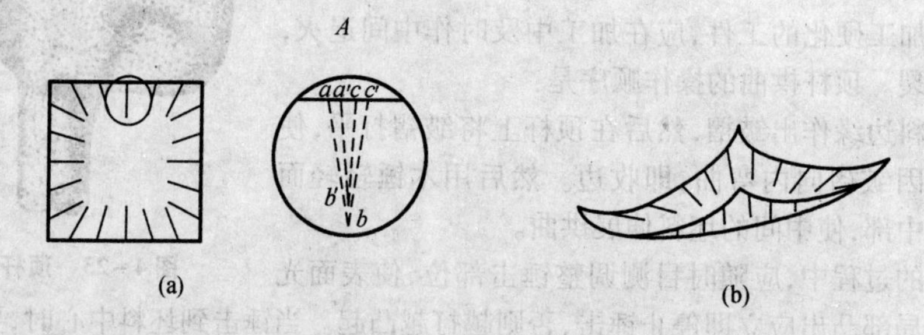

图 4－25　热拱曲原理

一般加热的方法有两种：一种是利用普通气焊枪加热，另一种是用炉子加热。加热的面积较小时用气焊枪加热较为方便，当加热面积较大时可用炉子加热。

3. 拱曲零件的下料

一般拱曲零件展开尺寸的确定(下料)，可采用实际比量法和计算法。

实际比量法：将纸按实物或胎膜的形状压成皱褶，包在实物或胎膜上，沿实物或胎膜的边缘把纸剪下来，再按纸的展开尺寸加上适当的余量，便得到拱曲件的展开尺寸。但这种方法误差较大，需将所得尺寸经过试作后再次修改，才能进行批量下料。

计算法：是把拱曲构件在拱曲方向上的板厚中心线的长度作为展开料尺寸，并且展开料的形状应和拱曲零件相似，展开料边缘避免尖角和突变的前提下通过计算来确定展开尺寸的方法。这种方法比实际比量法精确。

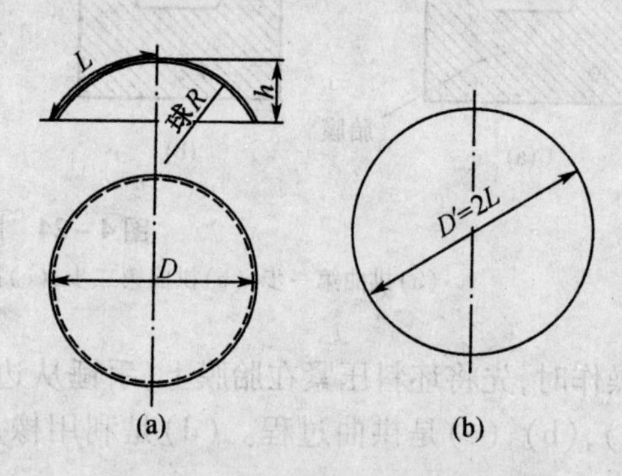

图 4－26　球面封头的展开

(a)施工图；(b)展开图

对于旋转面的拱曲零件，其展开料的形状必为圆形。如图 4－26 所示为一球面封头，展开料的圆半径可通过计算得出。按板料在拱曲前和拱曲后体积不变的原理，计算步骤分下列三步：(1)把拱曲零件板厚中心层面积计算出来；(2)与圆的面积公式建立方程式；(3)解方程求出展开料的半径。

为了便于下料，避免过多计算，常见的旋转面拱曲封头零件展开料圆直径的计算公式如表 4－3 所示。

表 4-3　展开料圆直径公式表

封头断面图	展开料直径 D'
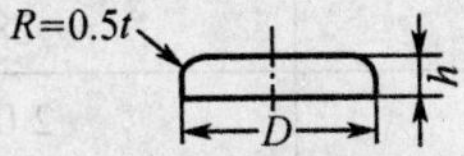 $R=0.5t$，h，D	$D'=\sqrt{D^2+4Dh}$
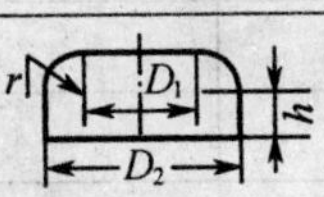 r，D_1，D_2，h	$D'=\sqrt{D_1^2+4D_2h+2\pi D_1r+8r^2}$
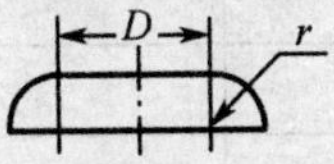 D，r	$D'=\sqrt{D^2+2\pi Dr+8r^2}$
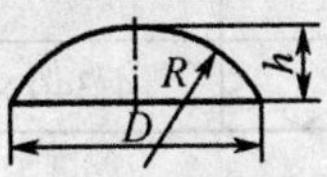 R，D，h	$D'=\sqrt{8Rh}=\sqrt{D^2+4h^2}$
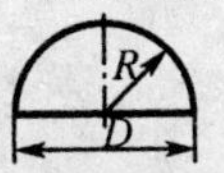 R，D	$D'=R\sqrt{8}=D\sqrt{2}$
 R，D，h	$D'=2\sqrt{2R^2+2R}=\sqrt{2D^2+4D}$
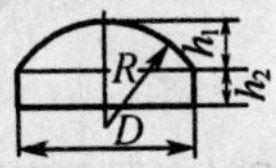 R，h_1，h_2，D	$D'=\sqrt{D^2+4(h_1^2+Dh_2)}=2\sqrt{2Rh+Dh_2}$

第二节　大型弯曲件的机械弯曲

由于钣金制件一般尺寸较大，所以用普通冲床实现成型的不多。对大尺寸工件的弯曲，大多需要在滚弯机、折边机、闸压机、水压机、拉弯机等钣金专用设备上实现成型。

一、滚弯

板料或型材在滚弯机上通过旋转的辊轴，使平板产生弯曲成型的方法称为滚弯。滚弯的专用设备滚弯机也称滚床，又称为滚板机。板料通过滚弯，可以成型出单曲率的圆柱面、圆锥面和变曲率柱面制件，也可成型出双曲率的球面和双曲面等。

1. 滚弯机的主要技术规格、构造原理及使用维护

（1）主要技术规格：现以 W11-12×2000A 型三辊滚弯机为例，其主要技术规格如表 4-4 所示。

表 4-4　W11-12×2000A 型滚弯机主要技术规格　　单位：mm

序号	项目	数据
1	机器规格	12×2 000
2	上轴直径	240
3	下轴直径	200

表 4-4(续) 单位:mm

序号	项目	数据
4	下轴中心距	280
5	弯曲的最大板宽 B	2 000
6	弯卷最大板宽时的最大厚度 t	12
7	弯卷最大规格时的最大弯卷直径	600
8	弯卷速度	5. 5
9	上轴升降速度	80
10	弯卷板材的屈服极限 σ_s	250
11	外形尺寸(长×宽×高)	4 340×1 460×1 600

(2)构造和工作原理。三辊滚弯机的工作装置为三个辊轴,三轴有对称的布置和非对称布置两种,如图 4-27 所示。W11-12×2000A 为对称上调式三辊滚弯机,两根下轴为主动轴,其位置固定。上轴为从动轴,可以上下移动,借助于离合器,上轴对于下轴可以调成平衡或倾斜位置,以分别适应弯卷圆形和圆锥形的工作。在上轴左端还设有翻倒轴承,右端设有压下机构,以便成型后的筒形件从上辊轴上取下。滚弯机的工作原理是:由于上辊轴的最低点低于两下辊轴的最高点,使得板料在旋转的辊轴的滚压力和摩擦力的作用下自动推进并弯曲成型。板料的成型曲率取决于辊轴的相应位置,板料的厚度和板料的机械性能。

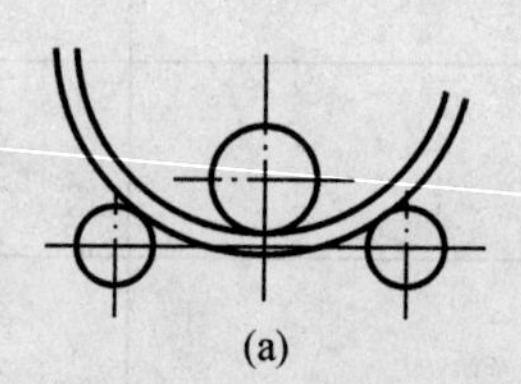
(a)

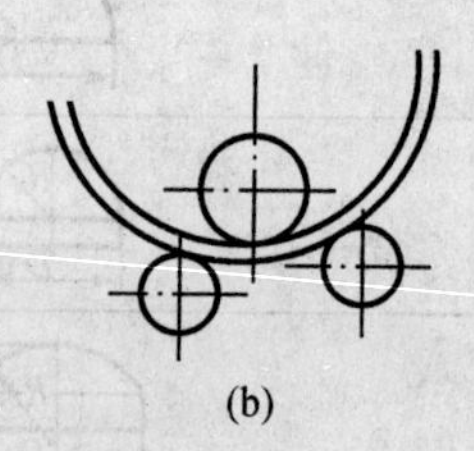
(b)

图 4-27 辊轴布置示意图

(a)对称布置;(b)排对称布置

W11-12×2000A 型三辊滚弯机的构造如图 4-28 所示。由主传动电机 13 通过减速比为 78. 39 的减速器 16 和主传动连接轴 11 将动力传递给两根下辊轴 8,使下轴获得设计给定的转速(55 转/分)。上述为主传动系统,该系统中设有电器控制的制动器 10,使得两下轴可以正反向旋转和快速制动。

上辊轴的升降运动是辅助传动电机 14 通过减速比为 3. 714 的一级齿轮副减速,带动装在机架上的蜗杆蜗轮副 5 转动,使嵌入蜗轮内的螺母旋转,迫使连接上轴的丝杆作直线移动,从而实现上辊轴的上升和下降运动。当需要分别调整上轴两端对下轴的相对位置时,可通过手动操作使蜗杆上的离合器 9 分离,使右端丝杆获得单独的升降。

在滚床左端的三个轴头上,可以装钻用滚轮,即弯曲模 2,3,可弯卷相当于 $\phi60\times6$ 的各种型材。

(3)使用和维护保养。

①开机前应首先润滑机床的各部并检查是否正常,试运转,发现问题应及时检修。

②不得超载运行,即弯卷板料的厚度和最大弯曲半径应符合滚弯机的技术规格。

③不允许未经铲平焊缝,未经校验的钢板直接在滚弯机上进行滚弯。

④在弯卷锥筒件时,调整所需斜度,锥筒的小端应翻到轴承一侧。

⑤卸料时,使上轴上升到适当高度,一般应使上、下轴间可塞进工件厚度的 1. 5 倍的平

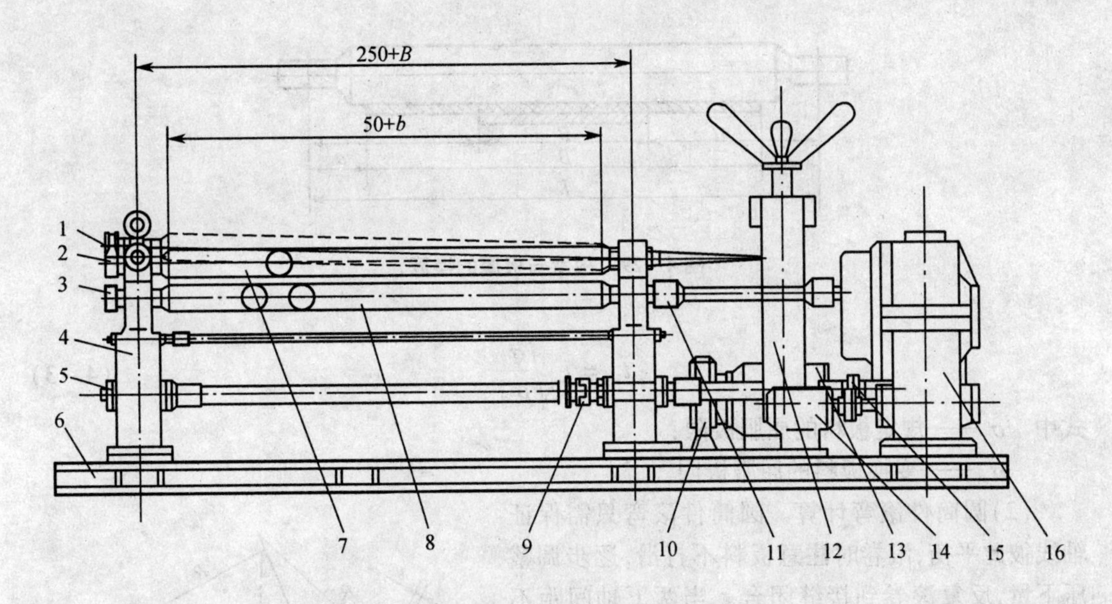

图 4-28　三辊滚弯机结构图

1—翻到轴承；2—上轴弯曲模；3—下轴弯曲模；4—机架；5—上辊轴升降涡轮装置；6—机座；
7—上辊轴；8—下辊轴；9—离合器；10—制动器；11—主传动连接轴；12—压下机构；
13—主传动电机；14—辅助传动电机；15—上辊轴升降传动万向联轴节；16—减速器

板；操纵压下机构的手轮，使压块与轴尾部的球头接触。然后把上辊轴翘起 3°左右，直到可卸料为止，取出工件。在卸料前，上轴上升时，上轴的尾部不得直接与压下机构的压块接触，以免造成零件损坏。

⑥使用完毕，立即切断电源并擦拭机床。

2. 滚弯计算

(1)滚板机的能量换算。滚板机主要技术规格参数如板厚（一般指弯卷最大板宽时的厚度）、弯曲的最大板宽、弯卷板料的屈服极限等，是指该机在合理使用条件下的最大工作能力。当弯卷板材的宽度、屈服极限、圆筒的外径有所改变时，相应的板料厚度可增加或减少。在滚卷时不允许工作表面与轴表面有相对滑动，所以在一定滚卷直径下，应对板的厚度有一定的限制。滚板机的能力换算可按如下两个经验公式进行。

①厚板在板宽改变时的换算公式。如图 4-29 所示，在同一材料、同一弯卷直径的条件下，

$$t_1 = t\sqrt{\frac{B}{B_1} \times \frac{2a(2L+B)+B^2}{2a_1(2L+B_1)+B_1^2}} \tag{4-2}$$

式中　t——规定板厚；

t_1——变换板厚；

B——规定板宽；

B_1——变换板宽。

a, a_1, L 尺寸数如图 4-29 所示。

②板厚在板料的屈服极限不同时的换算公式。同一板宽，同一弯卷直径的条件下，

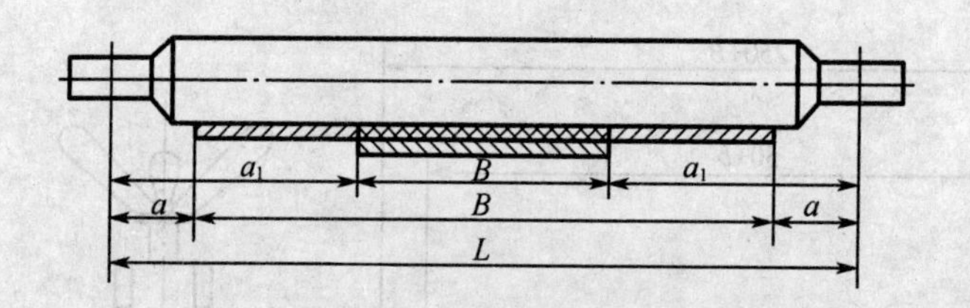

图 4-29 板宽与板厚的换算

$$t_1 = t\sqrt{\frac{\sigma_s}{\sigma_{s1}}} \tag{4-3}$$

式中 σ_s——规定板料的屈服极限；

σ_{s1}——变换板料的屈服极限。

(2)圆筒件滚弯计算。圆筒件滚弯只需保证轴线彼此平衡，滚卷时注意板料不打滑，逐步调整压下量，反复滚卷到接缝闭合。当两下轴间距不可调时，滚弯板料的曲率半径 R_Q 是 H 的函数，如图 4-30 所示。在两个下轴面构成支点的范围内，曲率半径为 R_Q；在支点范围外，由于材料的弹性发生回弹，曲率半径为 R_H。所以板料经滚弯所要求的曲率半径为 R_H，是由滚弯时曲率半径 R_Q 经卸载回弹得到的。

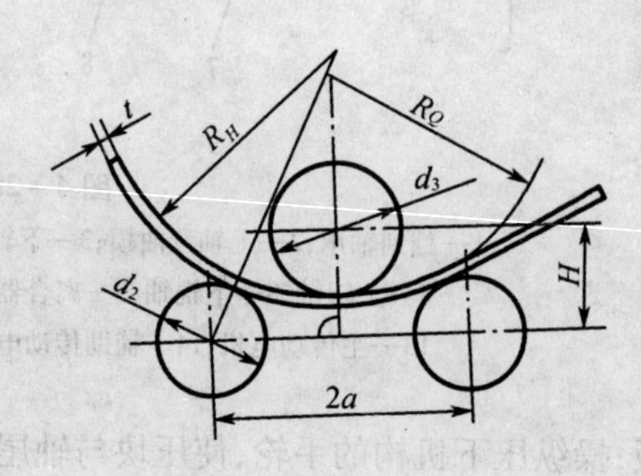

图 4-30 R_H, R_Q, H 的关系

根据弹回规律，图 4-30 中 R_H, R_Q 的关系可近似表示为

$$R_Q = \frac{R_H}{MR_H/EI + 1} \tag{4-4}$$

式中 M——滚弯加载时的弯矩值；

E——板料的弹性模量；

I——板料弯曲时剖面对中性轴的惯性矩；

R_Q——滚弯时的曲率半径(如图 4-30 所示)；

R_H——卸载后的曲率半径(如图 4-30 所示)。

由三角形的两直角边平方和等于斜边平方(勾股定理)可得

$$\left(\frac{d_2}{2} + t + R_Q\right)^2 = a^2 + \left(H + R_Q - \frac{d_1}{2}\right)^2 \tag{4-5}$$

经整理，得

$$H = \frac{d_1}{2} - R_Q + \sqrt{\left(\frac{d_2}{2} + t + R_Q\right)^2 - a^2} \tag{4-6}$$

式中，H, a, d_1, d_2, t 如图 4-30 所示。

(3)锥筒件滚弯计算。锥筒件的滚弯参数如图 4-31 所示。锥筒件滚卷首先要计算出上辊轴与水平面的倾斜角 a 和上辊轴两端的 H 值(H_A, H_B)，然后考虑滚卷的送料方式。

进行锥筒件滚弯计算时，在计算 a 和 H_A, H_B 之前应首先计算出锥筒两端的 H 值，即 H_A, H_B, H_A 和 H_B 根据圆筒件滚卷计算公式(4-4)和(4-6)参照图 4-31 进行计算(公式

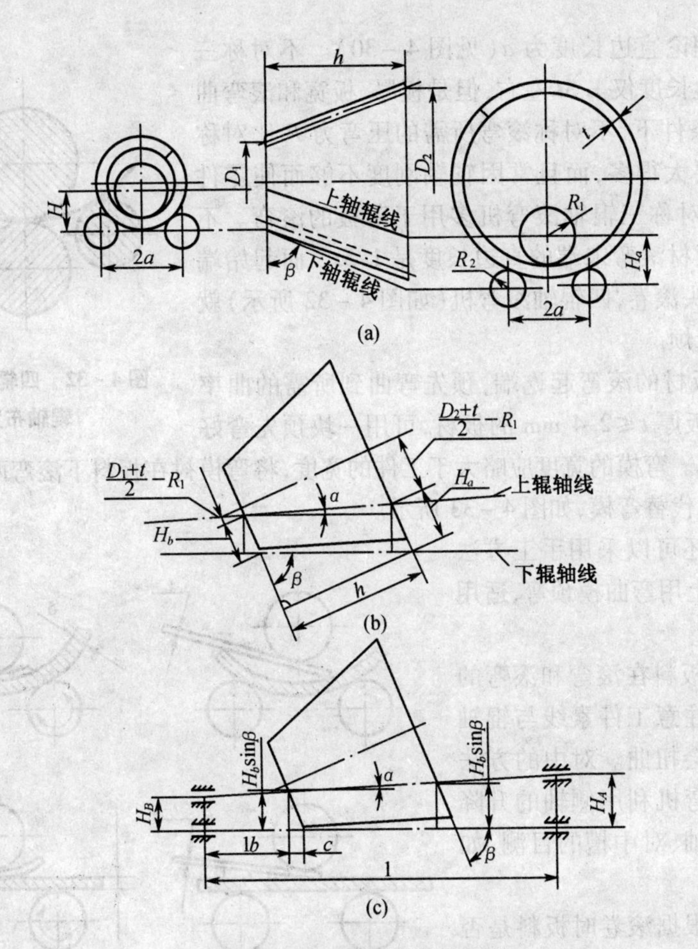

图 4－31　锥筒件的滚弯参数

(4－4)中的 R_H 相当于图 4－31 中的$\frac{D_2}{2}$或$\frac{D_1}{2}$，(4－6)式中的 d_1，d_2 相当于图 4－31 中的 $2R_1$ 和 $2R_2$。然后计算出图 4－31 中的 β，α 角和 H_A，H_B 的值。H_A 和 H_B 与工件在下辊轴上的位置 L_b+C 有关，$C=(R_1+t)\cos\beta$。

$$\beta = \arctan\frac{2h}{D_2 - D_1 + 2(H_A - H_B)} \tag{4-7}$$

$$\alpha = \arcsin\frac{(H_A - H_B)\sin\beta}{\sqrt{\left(\frac{D_2 - D_1}{2}\right)^2 + h^2}} \tag{4-8}$$

$$H_A = H_B + l\tan\alpha \tag{4-9}$$

$$H_B = H_B\sin\beta - l_b\tan\alpha \tag{4-10}$$

上述公式中的各个参数如图 4－31 所示，如果经计算，得 $H_B \leqslant \sqrt{(R_1+R_2)^2 - a^2}$，必须减小 l_b 的数值，重新计算 H_A 和 H_B。

3. 滚卷过程和滚弯工艺

滚卷过程分预弯、对中、滚卷、矫卷四个阶段。

(1)预弯。在滚弯板材的起讫处，各有一段直边无法直接在滚弯机上卷弯。对称式三辊轴滚弯机的理论直边长度为 a(见图 4－30)。不对称三辊轴滚弯机直边长度仅 $1.5t$ 左右,但是板厚、板宽和滚弯曲率半径相同的条件下,不对称滚弯所需的压弯力 P 比对称三辊轴滚弯机要大得多,而且常因辊轴刚度不够而使零件成鼓状,所以不对称三辊轴滚弯机多用于薄板的滚弯。不对称滚弯机在板材滚弯末端的直边长度是 $1.5t$。而起始端直边较长,需掉头滚卷,四辊轴滚弯机(如图 4－32 所示)就避免了调头的麻烦。

图 4－32　四辊轴式滚弯机辊轴布置图

预弯即将板材的滚弯起讫端,预先弯曲到所需的曲率半径 R_H。对于板厚 $t \leqslant 2.4$ mm 的板材,可用一块预先弯好的钢板作为弯模。弯模的宽度应略大于工件的宽度,将弯模衬在板料下滚弯两端,可以用平板加契形垫块来代替弯模,如图 4－33 所示。

对于薄板,还可以采用手工方法预弯,在压力机上用弯曲模预弯,适用于所有的板厚。

(2)对中。板料在滚弯和滚弯的过程中,要时时注意工件素线与辊轴平行,否则工件会扭曲。对中的方法有:四辊轴式滚弯机利用侧轴的升降及利用挡板、下轴、对中槽的目测,如图 4－34 所示。

(3)滚卷。根据滚卷时板料是否经过加热,分冷卷、热卷和温卷。

常温下滚卷即冷卷,适用于不太厚的板料加工。由于材料会因弹性发

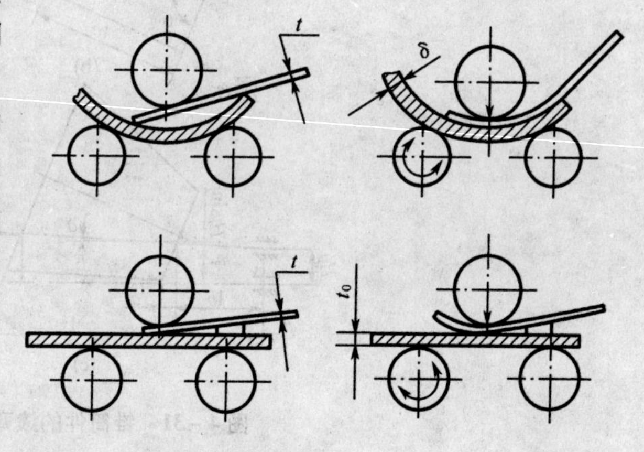

图 4－33　预弯

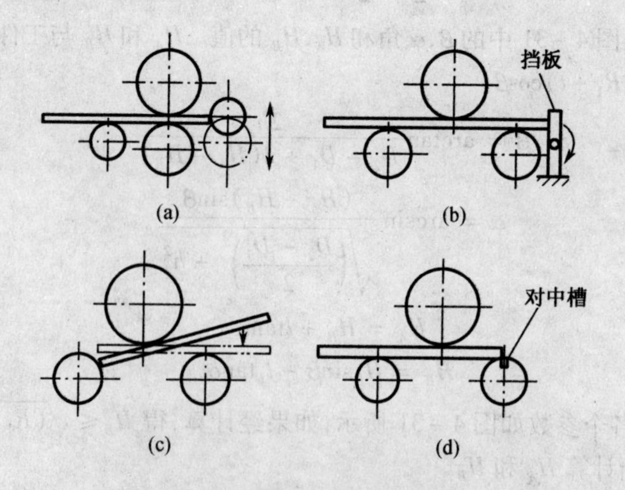

图 4－34　对中的方法

(a)利用侧轴;(b)利用挡板;(c)利用下轴;(d)利用对中槽

生回弹，冷卷工件的最小直径是辊轴1.1～1.2倍，板料在弯曲塑料变形中有加工硬化的现象，在变形量大的时候容易产生裂纹，所以一般当板厚$t \geq \frac{1}{20}R_H$（R_H为滚弯所要求得到的曲率半径）时应采用热卷。

热卷板料在室式加热炉内加热，在整个热卷过程中，温度不低于该材料的再结晶温度。热卷时不考虑回弹问题，能防止材料的加工硬化，可减轻机器负荷，但操作困难。由于高温下严重的氧化现象，滚卷中氧化皮的剥落会使工件内外表面产生麻点和压坑，并使钢板变薄。另外，热卷工件在滚卷后要合理放置，如图4－35所示，或竖直放在地面上。

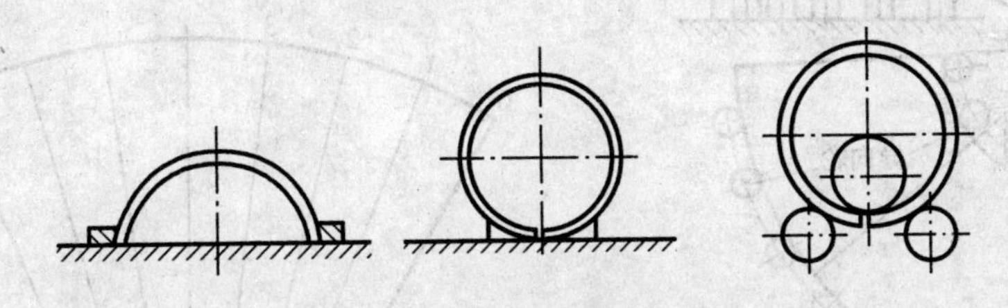

图4－35　热卷工件的放置

温卷是指钢板加热至500～600 ℃，它比冷卷有较好的塑性，又可使氧化皮危害减小，操作也方便。

①圆筒件的滚卷，首先应按公式4－4和4－6进行滚弯计算，确定出上、下辊轴线的相对位置，即H值，并通过试卷逐步调整到合适程度。放料时，用手柄将上辊轴提升，工件靠挡板放好，再下降上辊轴压住工件，进行滚卷。由于电动机正反旋转时带动辊轴反复滚卷，使板料被滚弯成所需曲率半径的圆筒，直到接缝闭合。在滚弯时要注意送料正确，不要偏斜，即保证滚弯件素线上、下辊轴线彼此平行，并防止板料在滚弯时发生打滑，以免被加工的工件歪斜和扭曲。

对凹凸形工件也可以在滚弯机上滚弯。一般采用三轴和四轴滚弯机，如图4－36所示，凹凸形工件滚弯时，要根据工件断面的形状和尺寸来设计和制造辊轴。

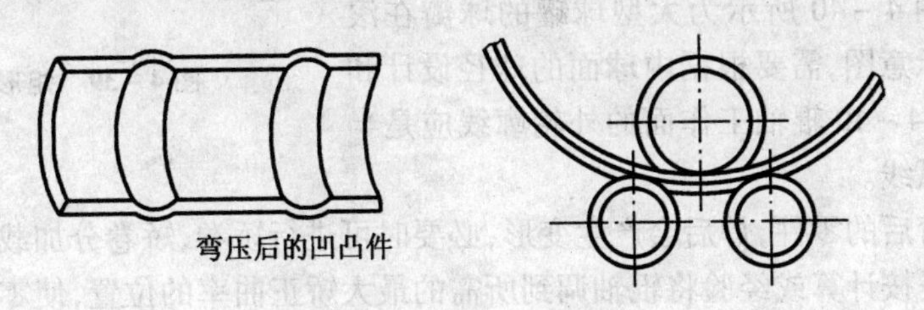

图4－36　凹凸形工件的滚弯

②锥筒件的滚卷。锥筒件的滚卷计算可参照图4－31，按公式（4－7）至（4－10）计算出β，α值和H_A，H_B的值。滚弯前，考虑锥筒小端位于翻转轴承的一侧，调节上辊轴的倾角X，并标出X的位置，滚弯时逐步增加曲率。同时分别用两块样板测试锥筒两端的曲率半径，反复滚弯直至符合要求。

滚弯锥筒时，理论上要求上辊轴始终与板料上零件的素线接触，因此必须采用旋转送料的方法。如图4－37所示，在滚弯机旁边设附加工作台，并在工作台的T形槽中安装弧形布置的向导轮，迫使扇形坯料绕锥顶点旋转送进。若不设附加工作台，也可采用分段滚弯和矩形送料法。

分段滚弯法，先将扇形坯料分成几个等分，使大端各分点的间距约为上辊轴直径的 1.5 倍，如图 4－38 所示，在两端预弯后，先使上辊轴对准坯料上的 1－1 线施加弯曲，再在 0－0 到 2－2 区间内滚弯；然后提起上辊轴，转动坯料，将 2－2 线对准上辊轴，在 1－1 到 3－3 区间内滚弯；依次类推直至滚遍坯料，符合要求为止。

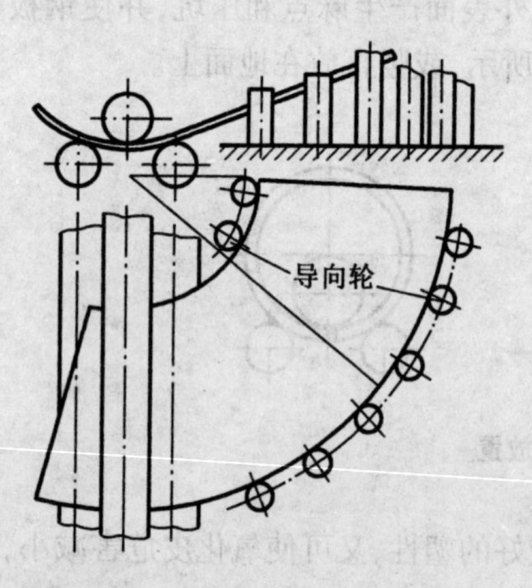

图 4－37　附加工作台和旋转送料

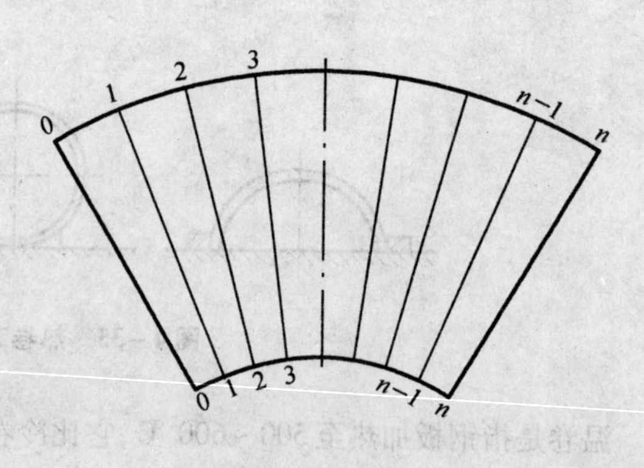

图 4－38　分段滚弯法

矩形送料法适用于滚弯锥度不大的锥筒件，如图 4－39 所示。将坯料 *ABCD* 看成 *AEFD* 的矩形，首先把坯料中心线 *H*—*K* 对准辊轴，将整个坯料滚弯。然后提起上辊轴，分别使边缘 *A*—*B* 和 *C*—*D* 线对称。

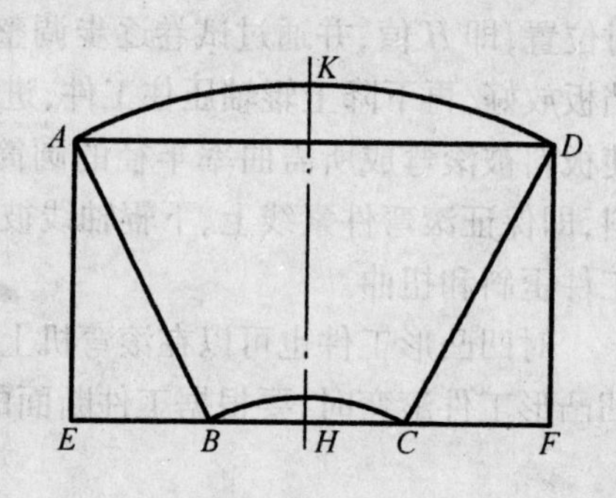

图 4－39　矩形送料法

球面或双曲面的滚弯。球面球径较大，如大型球罐或双曲面至少有一个方向的曲率半径较大时，可在滚弯机上滚弯。否则应在压力机上用模具压制或用拉弯工艺。如图 4－40 所示为大型球罐的球瓣在滚弯机上的滚弯示意图，需要根据内球面的球径设计和制造辊轴，即图 4－40 辊轴工作面的外轮廓线应是半径为球径的圆弧线。

矫卷。滚弯后的零件，焊后会产生变形，必要时可进行矫卷，矫卷分加载、滚卷和卸载三个步骤。加载是按计算或经验将辊轴调到所需的最大矫正曲率的位置，使零件的板料受压。滚弯是工件的矫正曲率半径下，来回滚卷 1～2 圈，并应着重滚卷接缝区域（接缝若为焊缝，在滚卷前应铲平）。卸载是在滚卷状态下，逐步减少弯曲力，使工件在逐步减少的矫卷载荷下滚卷几周。

4. 滚弯质量分析

（1）外形缺陷。外形缺陷有锥形、腰鼓形、束腰、歪斜、过弯和棱角。缺陷形状、成因、预防和矫正措施如表 4－5 所示。

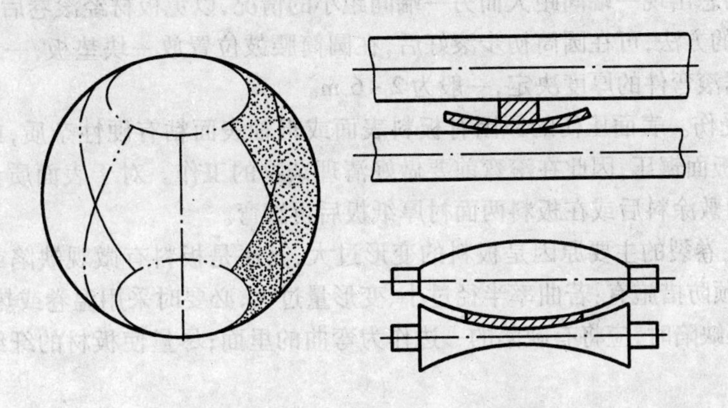

图 4－40　大型球罐球瓣的滚弯

表 4－5　滚弯外形缺陷

缺陷名称	图　例	成　因	预防或矫正措施
锥形		滚轴轴线不平行	滚弯时用样板检测两端。在滚床上矫圆
腰鼓形		滚轴刚度不足	按工件尺寸选择滚床类型和规格。滚弯中,加支撑滚轴
束腰		上、下滚部压力过大,板料受到辗压	矫滚
歪斜		没有对中;板料沿滚轴方向受力不均	加强对中;滚弯时注意板材两侧进料速度是否一致
过弯		滚轴间距过小	滚轴压下量分段施加,每调一次用样板检测。捶击筒身边缘可消除
棱角	外棱角　内棱角	预弯不准确。预弯不足成外棱角;预弯过曲成内棱角	加强接缝处矫卷

使用滚弯机滚制圆筒形工件时,由于辊轴的直径相对板料的厚度较细,使得滚卷时辊轴受力后产生弯曲变形,致使被滚弯的板材产生腰鼓形现象。再者,因操作不当也容易产生鼓腰现象。假如辊轴一端压得过紧,则经滚卷的板材出现喇叭形状;为了解决这一问题,不致使另一端压得过紧,而结果是板料再经过一次滚弯,又在另一端产生了“倒喇叭”而形成腰鼓。防止腰鼓的方法主要有:当加工相对较厚的板材时选用的滚弯机要合理,即辊轴的刚度要足够。操作者应认真地根据板厚、弯曲曲率半径、辊轴半径,通过计算并调整好上、下辊轴

线间的距离，切忌出现一端间距大而另一端间距小的情况，以免板材经滚卷后出现锥形。

消除腰鼓的方法，可在圆筒初步滚好后，在圆筒腰鼓位置放一块垫板，一起滚扎。垫板的厚度，要根据滚弯件的厚度决定，一般为 2 ~ 6 m。

(2)表面受伤。表面压伤的原因有板料表面或辊轴表面粘有硬性杂质，或在热卷时氧化皮脱落并随板面辗压，因此在滚弯前要做好清理杂物的工作。对于表面质量要求较高的零件，可将板面敷涂料后或在板料两面衬厚纸板后再滚弯。

(3)卷裂。卷裂的主要原因是板料的变形过大，其次是板料有微观缺陷或存在应力集中的因素等。预防措施有：若曲率半径过小、变形量过大，必要时采用温卷或热卷；板料表面有点蚀、划痕等缺陷时，应将有缺陷的一边作为弯曲的里面；尽量使板材的纤维方向垂直于弯曲线等。

二、折边机弯曲

折边机主要用于对板料作简单的直线弯曲，即折边。折边机有手动和机动两种，由于手动折边机消耗人力较大、效率低，所以一般都使用机动折边机。现以 4 mm ×2 000 mm 折边机为例简单介绍。

1. 主要技术规格

最大折边厚度	4 mm
有效工作宽度	20 000 mm
折边最大厚度时，有最小折边高度	16 mm
最小折边内圆半径	6 mm
折边梁最大工作角度	130°
下梁最大行程	200 mm
上梁及折边梁最大调整量	160 mm
电动机功率	5.5 kW

2. 主要构造和工作原理

折边机主要由电动机、传动系统、立柱、压紧机构、折边机构、定位机构和电气控制系统等组成。

折边机的工作原理如图 4 - 41 所示。折边机的下梁(即固定横梁)起放置工件，上梁起压紧工件的作用，折边梁旋转使工件弯曲，即折边。

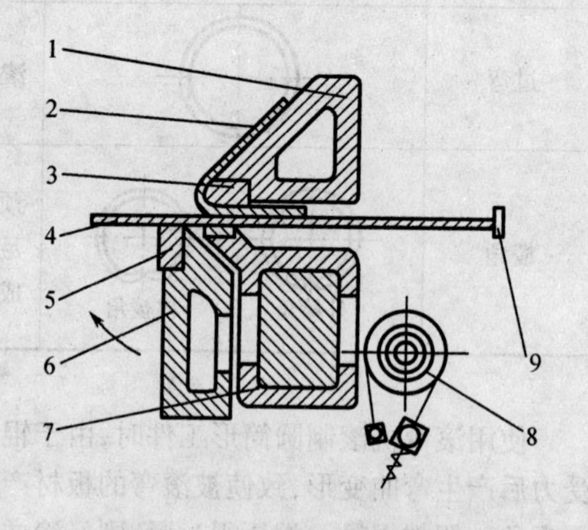

图 4 - 41　折边机工作原理示意图

1—活动横架；2—特种垫板；3—上梁模具；4—板料；5—折边梁模具；6—折边梁；7—固定横梁；8—韧带式制动器；9—挡板

折边时，将承受弯曲的板料铺在固定横梁(下梁)上，并借助于机床后侧的定位挡板定位；操纵压紧手柄，上梁向下运动压紧板料后由过负荷离合器自动脱开传动链；操纵多片摩擦离合器，使折边梁顺时针方向旋转，按弯曲工件的角度要求，控制折边梁的旋转角度。

工件的弯曲半径取决于上梁模具工作部分

的圆角半径，若增大工件的弯曲半径，可以加置特种垫板。准确的折边工作条件是上梁模具圆角的中心应与折边梁的旋转中心重合，折边梁和下梁都是可调整的。板料弯曲后，折边梁返回时，由折边传动系统中的韧带式制动器平衡返回的折边梁的重力矩控制。

3. 折边机的使用规则及维护保养

(1)工作前应先将工作场地清理干净，把待弯曲的工件码放整齐。把机器所有油眼注满润滑油。

(2)根据工件的工艺要求，调整挡块位置和折边梁的旋转角度。

(3)工作完毕切断电源，擦拭机床。

(4)清理场地，把工件码放整齐。

三、闸压机弯曲

闸压机又称板料折弯压力机。闸压机主要用来对条料或板料进行直线弯曲而形成各种型材，同时也可以用于剪切或者冲孔。闸压机最适合加工窄而长的直线零件，零件的长度可达十几米。从零件的弯曲断面形状来看，闸压机的加工范围要比折边机加工的范围广泛。

闸压机分机械传动和液压传动两类，机械传动的闸压机从工作原理和结构上看，可以认为是双点单动曲柄冲床，其特点是滑块(板)窄长，行程可调节。

闸压机的弯曲模都是简单模具，有通用和专用模具两种，通用的弯曲模如图 4－42 所示。凸模(上模)一般是 V 形的，有直臂式和曲臂式两种；凸模下端的圆角半径和夹角做出几种固定尺寸的一套，圆角半径较小的凸模夹角制成 15°。凹模(下模)是在柱形体的四个面上分别制成不同尺寸的槽口，有 V 形和槽形两种，凹模的长度与闸压机工作台长度大致相同。

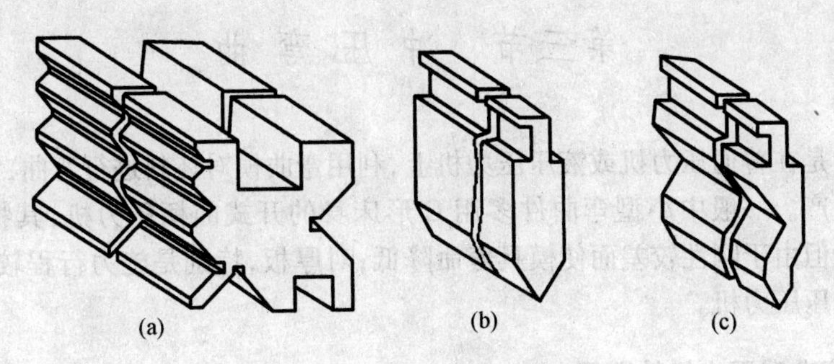

图 4－42　闸压机通用弯曲模

(a)通用凹模；(b)直臂式凸模；(c)曲臂式凸模

如图 4－43 所示，通用和专业模具配合使用，在闸压机上能压制出多种断面形状的零件。对于通过多道工序压制的零件，必须根据零件的断面形状来选择和考虑模具的断面尺寸，并确定合理的弯曲顺序。

四、水压机弯曲

水压机用于板料的弯曲，零件的长度一般为 1～3 m。水压机的弯曲模可以按加工需要制成多种形状，如图 4－44 所示。一般来说 V 形模和半圆形模为通用模，由铸钢制成；可以压制双曲率曲面的零件的弯曲形模为专用模具，按弯曲件所需形状用钢板焊接制成。

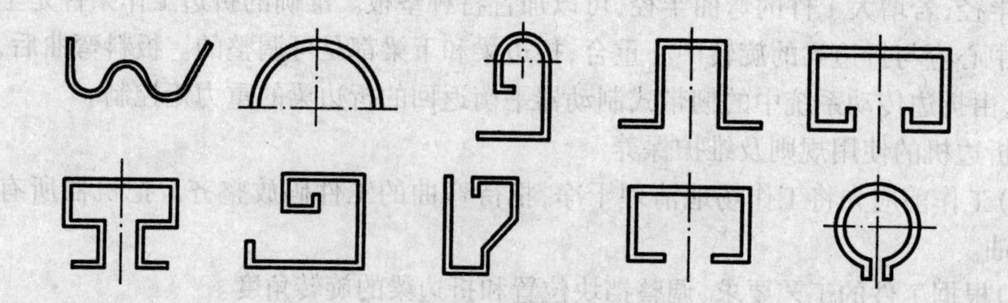

图 4－43　用闸压机弯曲的各种零件断面

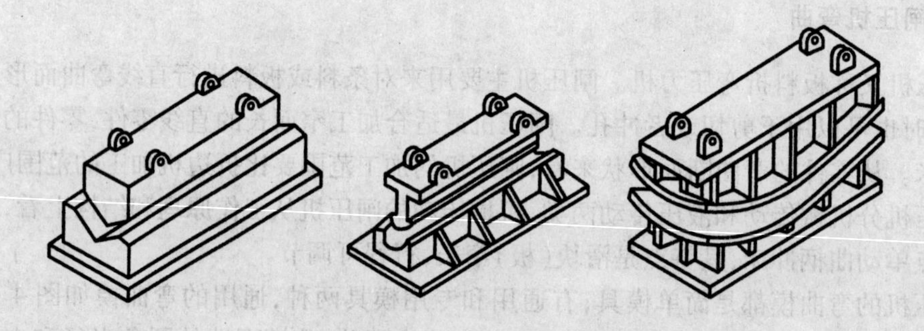

图 4－44　水压机弯曲模

(a)V 形模;(b)半圆形模;(c)弯曲形模

第三节　冲 压 弯 曲

冲压弯曲是在普通压力机或液压压力机上,利用弯曲模对坯料进行弯曲,它用于大批量小型工件的生产。一般中小型弯曲件多用 C 形床身的开式曲柄压力机,其特点是操作方便、成本低廉,但由于刚性较差而使模具寿命降低;对厚板,特别是施力行程较长的弯曲件,可考虑采用液压压力机。

一、冲压弯曲时压力机的选用

在冲压弯曲时,首先应根据冲压弯曲工艺参数确定压力机的规格,如确定公称力、行程长度和封闭高度等。

1. 公称压力

选用的压力机吨位应满足

$$P \geqslant P_W + Q \tag{4-11}$$

式中　P——压力机公称力;

P_W——弯曲工件所需力,可按不同的弯曲方式而定;

Q——顶件力。

(1)自由弯曲,如图 4－45 所示,有

$$P_W = \eta \frac{KBt^2\sigma_b}{R_n + t} \tag{4-12}$$

式中 η——形状系数，V 形件 $\eta = 0.6$，U 形件 $\eta = 0.7$；

K——安全系数，$K = 1 \sim 1.3$；

B——板宽，mm；

t——板宽；

σ_b——材料抗拉强度极限，MPa；

R_n——凸模的圆角半径，mm。

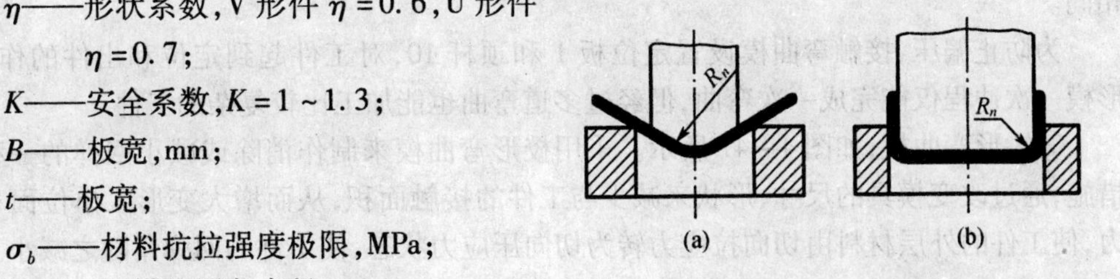

图 4-45 自由弯曲

(a)弯曲件为 V 形件；(b)弯曲件为 U 形件

若设置顶板，顶件力 $Q = (0.3 \sim 0.8)P_W$。

(2)校型弯曲

$$P_W = Fq \tag{4-13}$$

式中 F——校形部分投影面积，mm^2；

q——单位面积所需校形力，MPa，如表 4-6 所示。

表 4-6 单位面积所需要校形力 单位：MPa

材料	材料厚度/mm			
	<1	1~3	3~6	6~10
铝	15~20	20~30	30~40	40~50
黄铜	20~30	30~40	40~60	60~80
10~20 号钢	30~40	40~60	60~80	80~100
25~30 号钢	40~50	50~70	70~100	100~120

校形弯曲是指顶件板，顶件力 Q 取自由弯曲所需弯曲力 P_W 的 0.3~0.8 倍。一般由于校型压力远大于顶件力 Q，所以要求压力机的公称压力 $P \geqslant P_W$ 即可。

2. 行程长度

保证压力机滑块的行程大于冲压弯曲时所需的工作行程即可。

3. 封闭高度和工作台尺寸

计算模具的封闭高度是否介于压力机最大和最小封闭高度之间，工作台的尺寸应比模具底边尺寸大 50~70 mm，并保证模具能禁锢在工作台面和滑块上。

二、冲压弯曲模

冲压弯曲模可分为简单弯曲模、符合弯曲模和复杂弯曲模三大类。符合弯曲模指在一次冲程中同时进行下料或冲孔的弯曲模具。复杂弯曲模常指有摆块、斜切等机构的模具。

1. 弯曲模的结构

(1)V 形件弯曲模。V 形弯曲模可分为三种。

①自由弯曲模，自由弯曲模的特点是：通过调整凸模的下止点位置来保证弓箭的形状，因此一套模具能加工出各种不同的材料和多种角度及弯曲半径的工件，但自有弯曲由于工件的回弹量大，所以保证工件的形状精度。

②接触弯曲模,典型的接触弯曲模如图 4 -46 所示。这种弯曲模具有校形作用,凹、凸模的角度几乎相等或凸模的角度比凹模角度小 2°~3°,而工件的弯曲角度与凹模的角度相同。

为防止偏压,接触弯曲模设置定位板 1 和顶杆 10,对工件起到定位和出件的作用。V 形模一次冲程仅能完成一次弯曲,但经过多道弯曲也能加工比较复杂的工件。

③矫形弯曲模,如图 4 -47 所示。采用校形弯曲模来制作消除或减小回弹的一种工艺措施,通过改变模具的尺寸、形状来减少与工件的接触面积,从而增大变形区单位面积上的力,使工件的外层材料由切向拉应力转为切向压应力状态,使工件的回弹角随之减小。

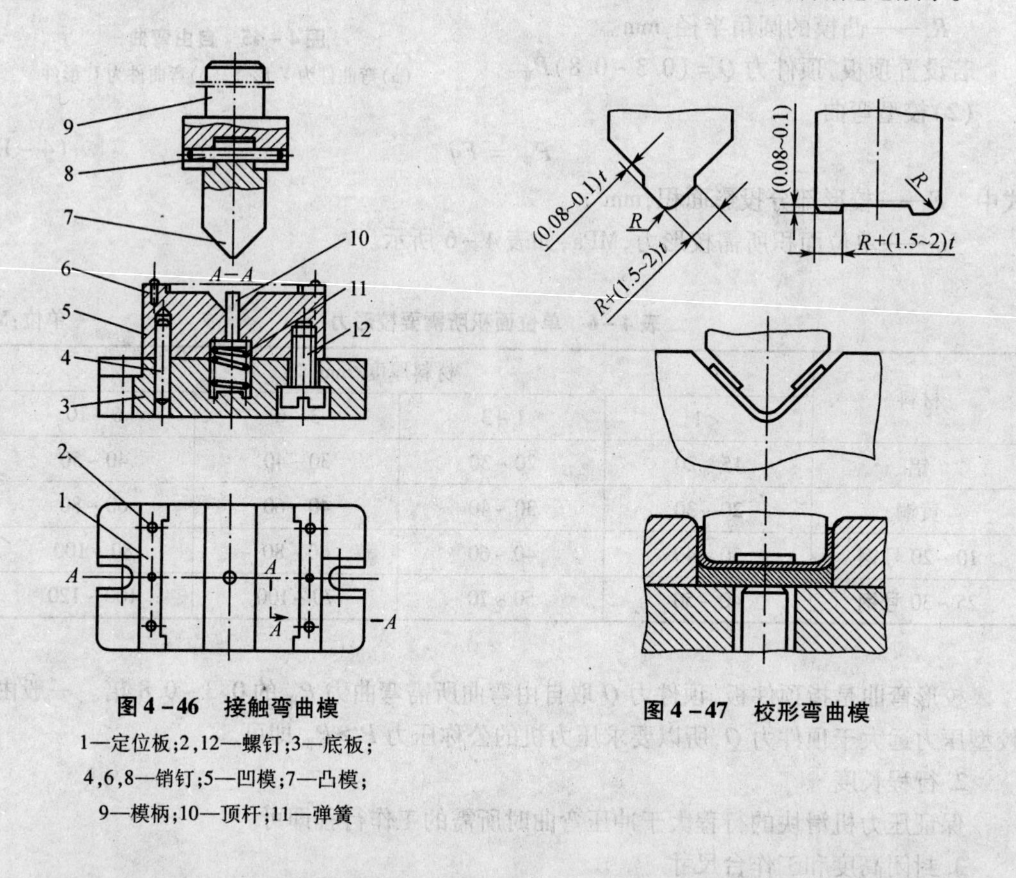

图 4 -46　接触弯曲模

1—定位板;2,12—螺钉;3—底板;
4,6,8—销钉;5—凹模;7—凸模;
9—模柄;10—顶杆;11—弹簧

图 4 -47　校形弯曲模

(2)U 形弯曲模。U 形件同 V 形件一样,也可以用自由、接触、校型三种方式弯曲。如图4 -48 所示为典型的 U 形接触弯曲模的结构。这种弯曲模在一次冲程中弯曲出两个直角。压料板 2 在顶件器 1 的作用下贴紧坯料,防止弯曲过程中坯料偏移并可减小回弹;弯曲后,如果工件嵌入凹模内,压料板可将工件顶出,当凸模回程时推杆 6 顶出顶杆 5 将包在凸模上的工件顶落。

2. 冲压弯曲模具工作部分尺寸

(1)凸模、凹模的间隙。V 形工件冲压弯曲模的间隙是靠调整压力机的闭合高度来控制的,与模具的尺寸无关。L 形工件弯曲模凸模、凹模间隙 Z,结合图 4 -49 所示由下式确定:

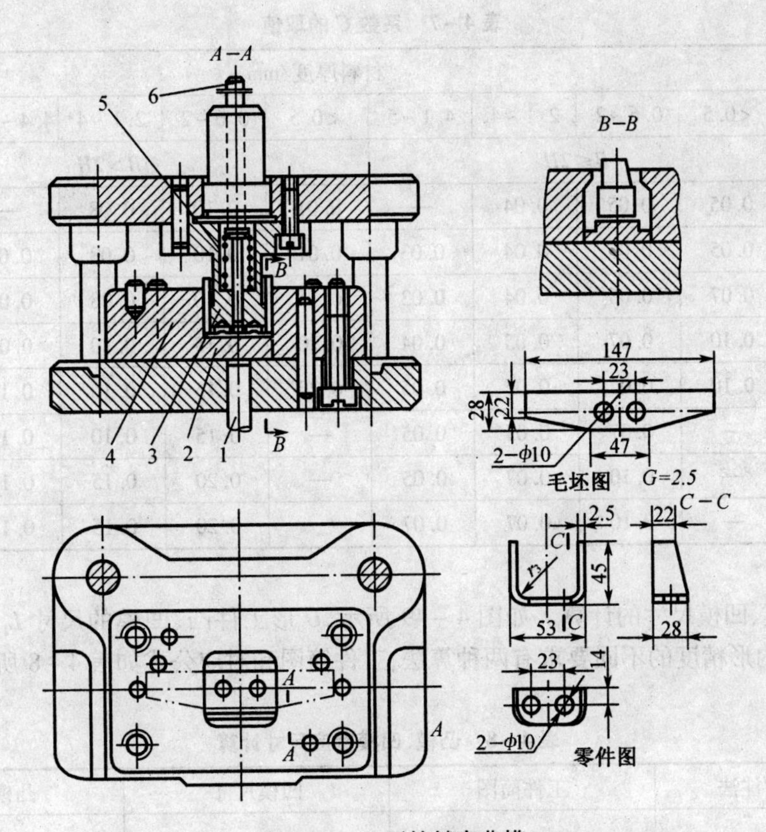

图 4-48　U 形接触弯曲模

1—顶件器;2—压料板;3—凸模;4—凹模;5—顶杆;6—推杆

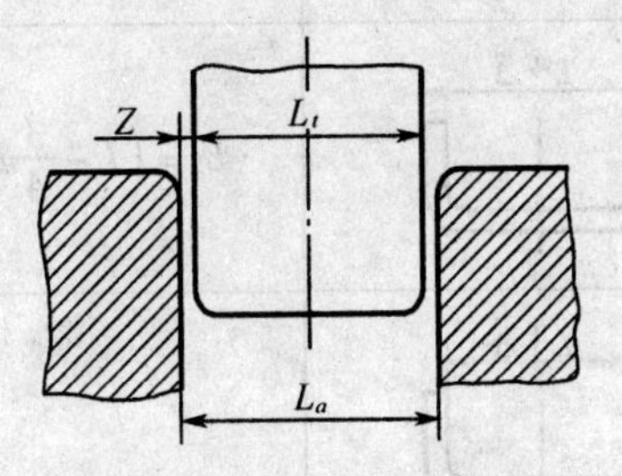

图 4-49　U 形工件弯曲凸模、凹模的间隙与尺寸

$$Z = t + \Delta + Ct$$

式中　Z——单边间隙,mm;

t——板料厚度,mm;

Δ——板料厚度偏差,mm;

C——由弯曲工件高度 H 和弯曲线长度(坯料板宽)B 所决定的系数,如表 4-7 所示。

表 4-7　系数 C 的取值

弯曲件高度/mm	材料厚度/mm								
	<0.5	0.6~2	2.1~4	4.1~5	<0.5	0.6~2	2.1~4	4.4~7.5	7.6~12
	$B\leqslant 2H$				$B>2H$				
10	0.05	0.05	0.04	—	0.01	0.10	0.08	—	—
20	0.05	0.05	0.04	0.03	0.01	0.10	0.08	0.06	0.06
35	0.07	0.05	0.04	0.03	0.15	0.10	0.08	0.06	0.06
50	0.10	0.07	0.05	0.04	0.20	0.15	0.10	0.06	0.06
75	0.10	0.07	0.05	0.05	0.20	0.15	0.10	0.10	0.08
100	—	0.07	0.05	0.05	—	0.15	0.10	0.10	0.08
150	—	0.10	0.07	0.05	—	0.20	0.15	0.10	0.10
200	—	0.10	0.07	0.07	—	0.20	0.15	0.15	0.10

(2)凸模、凹模尺寸的计算。如图 4-49 所示，U 形工件凸、凹模的尺寸 L_t 和 L_a 按保证外形精度或内形精度的不同要求有两种算法，工件简图和对应公式如表 4-8 所示。

表 4-8　凸模、凹模宽度尺寸计算

工件尺寸注法	工件简图	凹模尺寸	凸模尺寸
保证外形精度	$L\pm\Delta$	$L_a=\left(L-\frac{1}{2}\Delta\right)_{0}^{+\delta_a}$	$L_t=(L_a-2Z)_{-\delta_t}^{0}$
	$L+\Delta$	$L_a=\left(L-\frac{3}{4}\Delta\right)_{0}^{+\delta_a}$	
保证内形精度	$L+\Delta$	$L_a=(L_t-2Z)_{0}^{+\delta_a}$	$L_t=\left(L+\frac{1}{2}\Delta\right)_{-\delta_t}^{0}$
	$L+\Delta$		$L_t=\left(L+\frac{3}{4}\Delta\right)_{-\delta_t}^{0}$

(3)凸模、凹模圆角半径 r_t，r_a 和凹模深度 L 的计算。如图 4-50 所示尺寸，若工件内侧弯曲半径为 R，则取 $r_t=R$；r_a，L 与工件的板厚 t、直边高度 H 有关，如表 4-9 所示。

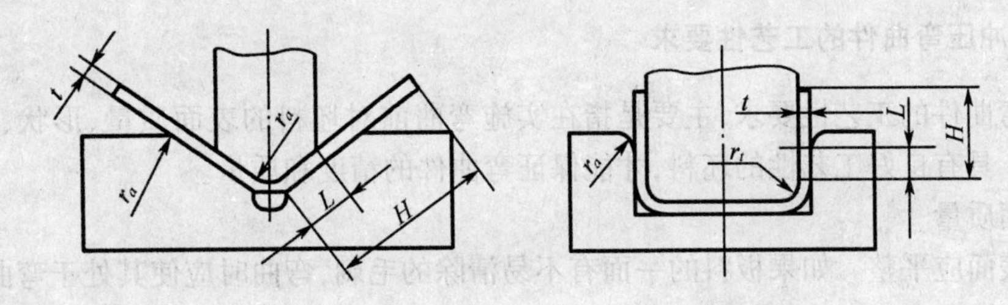

图 4-50 凸模、凹模圆角半径 r_t, r_a 和凹模深度 L

表 4-9 凹模圆角半径和凹模深度

单位:mm

板厚 t	<0.5		0.5~2.0		2.0~4.0		4.0~7.0	
直边长 H	L	r_a	L	r_a	L	r_a	L	r_a
10	6	3	10	3	10	4	—	—
20	8	3	12	4	15	5	20	8
35	12	4	15	5	20	6	25	8
50	15	5	20	6	25	8	30	10
75	20	6	25	8	30	10	35	12
100	—	—	30	10	35	12	40	15
150	—	—	35	12	40	15	50	20
200	—	—	45	15	55	20	60	25

3. 冲压弯曲模凸模、凹模材料及热处理硬度

冲压弯曲模具材料的选择及热处理硬度如表 4-10 所示。

表 4-10 凸模、凹模材料的选择及热处理硬度

零件名称	材料	热处理硬度(HRC)	
		凸模	凹模
一般弯曲模凸模、凹模和镶件	T8A, T10A	55~60	
要求耐磨的凸模、凹模和镶件;形状复杂的凸模、凹模和镶件;大量生产的凸模、凹模和镶件	CrWMn, Cr12MoV 9Mn2V, Cr6WV Cr4W2MoV, GCr15 Cr2Mn2SiWMoV	60~64	
加热弯曲的凸模和凹模	5CrMo, 5CrNiTi 4Cr5MoSiVCr5M2SiV 4Cr5MoSiV1	56~60	

此外,弯曲不锈钢板料的模具,其工作表面需要镀铬,镀层的厚度为 0.01~0.03 mm,以防止毛料的黏附。

三、对冲压弯曲件的工艺性要求

冲压弯曲件的工艺性要求，主要是指在实施弯曲前对坯料的表面质量、形状、结构参数等的要求。具有良好工艺性的坯料，才能保证弯曲件的精度和质量。

1. 表面质量

板料表面应平整。如果板料的一面有不易清除的毛刺，弯曲时应使其处于弯曲的内层。

2. 弯曲线方向

弯曲线方向应尽可能与板料的轧制方向垂直。对于沿几个方向都有弯曲线的工件，应使每一条弯曲线都与轧制方向尽可能大于 30°，如图 4－51 所示。

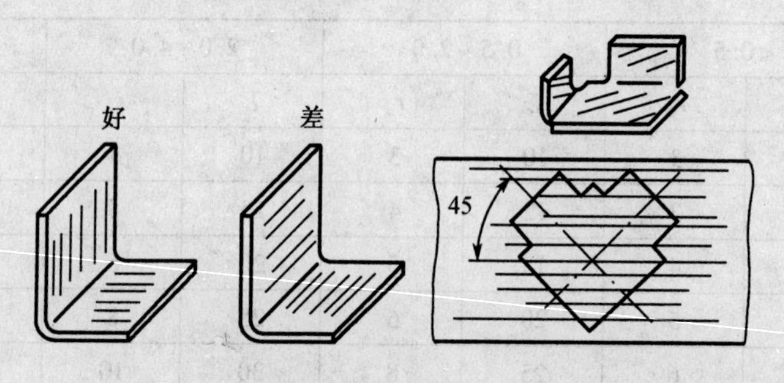

图 4－51　弯曲线方向

3. 最小弯曲半径 R_{min}

板料的弯曲半径若小于 R_{min}，将在弯曲的外层产生裂纹。不同材料的最小弯曲半径 R_{min} 的取值如表 4－11 所示。

表 4－11　最小弯曲半径的取值（R_{min}）

材料	退火或正火状态		冷作硬化状态	
	弯曲的方向			
	垂直于纤维方向	平行于纤维方向	垂直于纤维方向	平行于纤维方向
08,10,A1,A2	0.1t	0.4t	0.4t	0.8t
15,20,A3	0.1t	0.5t	0.5t	1.0t
25,30,A4	0.2t	0.6t	0.6t	1.2t
35,40,A5	0.3t	0.8t	0.8t	1.5t
45,50	0.5t	1.0t	1.0t	1.7t
55,60	0.7t	1.3t	1.3t	2.0t
铝	0.1t	0.35t	0.5t	1.0t
紫铜	0.1t	0.35t	1.0t	2.0t
软黄铜	0.1t	0.35t	0.3t	0.8t
半硬黄铜	0.1t	0.35t	0.5t	1.2t
磷铜	—	—	1.0t	3.0t

4. 最小直边高度 H

为保证工件质量，必须满足直边高度 $H>2t$（t 是板厚），如果要求 $H<2t$，则在弯曲时应加高直边，弯曲后再切除多余部分，如图 4－52 所示。或者在满足强度和刚度的前提下，采用压槽弯曲，这样可以减少最小弯曲半径 $R_{\min}$，如图 4－53 所示。

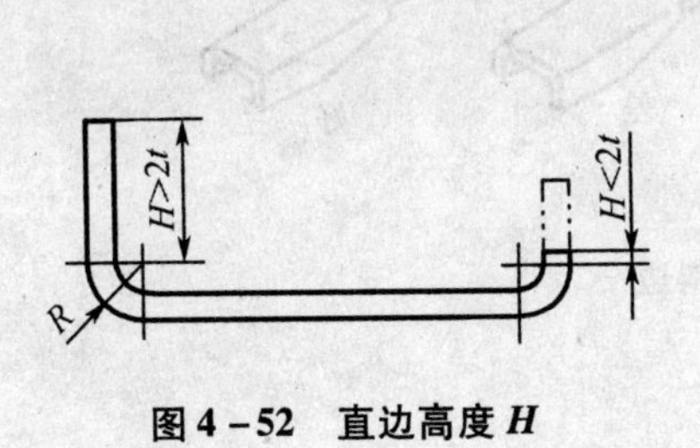

图 4－52　直边高度 H

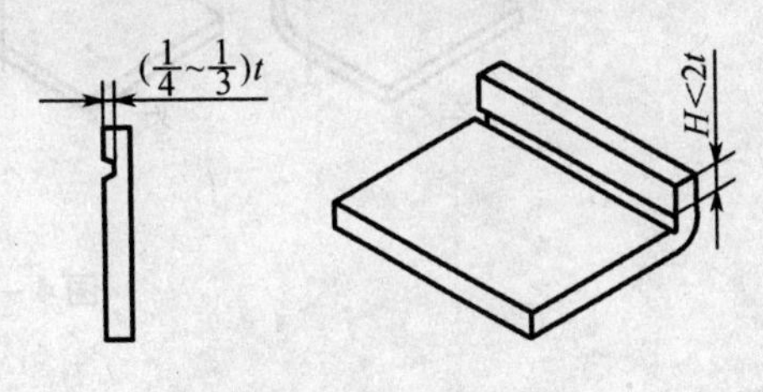

图 4－53　压槽弯曲

5. 孔边距离

先打孔后弯曲的工件，必须使孔处于变形区外，而且要求孔边到弯曲曲率中心的距离 L，满足：当板厚 $t<2$ mm 时，$L\geqslant t$；当板厚 $t\geqslant 2$ mm 时，要求 $L\geqslant 2t$。如果无法满足上述条件，可在弯曲线上冲工艺孔，如图 4－54 所示。

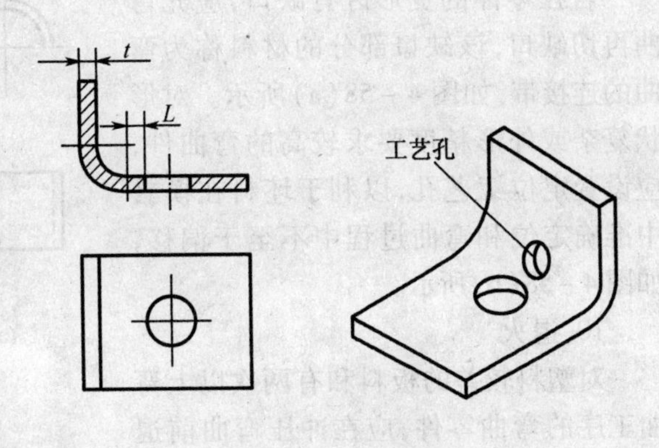

图 4－54　孔边距离

6. 止裂孔和止裂槽

如果在坯料形状的突变处是弯曲形变区，则应预先开止裂孔或裂槽，如图 4－55 所示。止裂槽宽度 $K\geqslant t$（t 为板厚），止裂槽的长度 $L=t+R$（R 为弯曲半径），止裂孔直径 $d\geqslant t$。

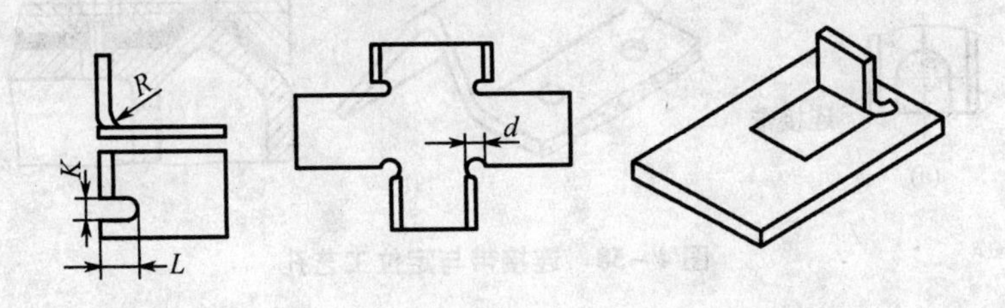

图 4－55　止裂孔、止裂槽

7. 避让斜边

板料冲压弯曲的变形区应尽量避免在斜边上，无法避让时应制出凸台，如图 4－56 所示，凸台的高度应不小于 $2t$（t 为板厚）。

8. 限制滑行

应尽可能使用弯曲件有一个弯曲受力的对称面，以避免坯料在弯曲时发生滑移。如图 4－57 所示，如果要弯曲成图 4－57（a）的零件，可先弯曲成图 4－57（b）的坯件，再将其

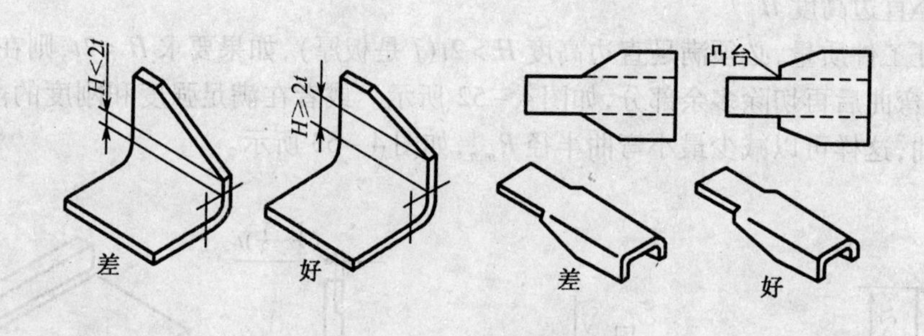

图 4-56　避让斜边

切开。

9. 连接带和定位工艺孔

若在零件的变形区有缺口，应先弯曲再切缺口，该缺口部分的材料称为弯曲的连接带，如图 4-58(a)所示。对形状复杂或外形精度要求较高的弯曲件，应设置定位工艺孔，以利于坯料在模具中准确定位和弯曲过程中不至于偏移，如图 4-58(b)所示。

10. 退火

对塑料较差的板料和有两次以上弯曲工序的弯曲零件，应在冲压弯曲前退火或在弯曲工序间进行中间退火。

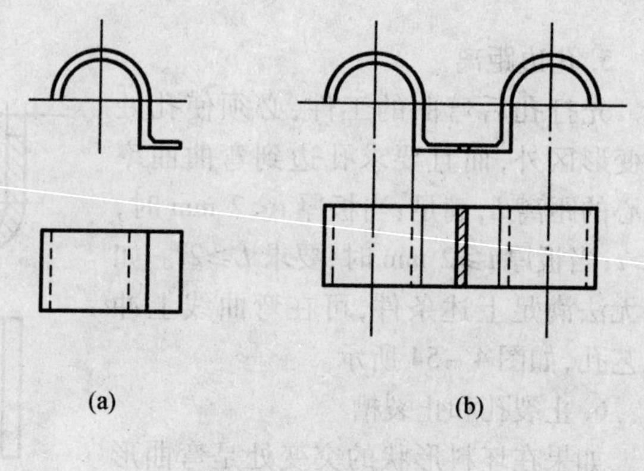

图 4-57　成对弯曲

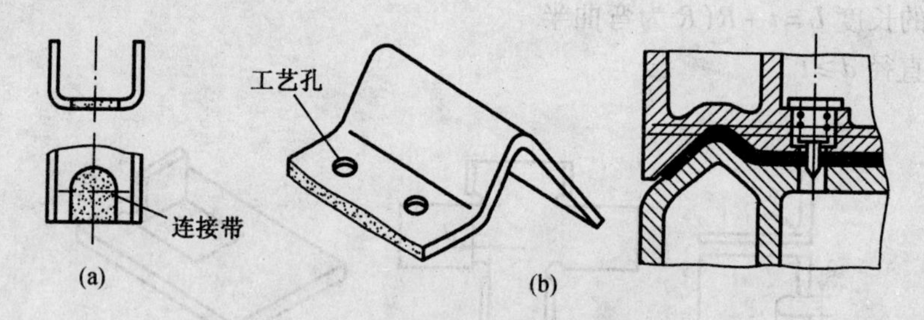

图 4-58　连接带与定位工艺孔

第四节　其他成型方法

一、拉伸成型

拉伸成型也称为板料的压延或拉延成型，拉伸成型是利用冲压模具，使平板坯料成为开口的空心零件的成型方法。如图 4-59 所示为从直径为 D_0 的平板坯料拉伸成高为 H，内口

直径为 d 的筒形工件的拉伸过程。拉伸成型主要用于制作筒形件，有凸缘的筒形件、台阶筒形件、抛物面形件和方形件及长方形件等。

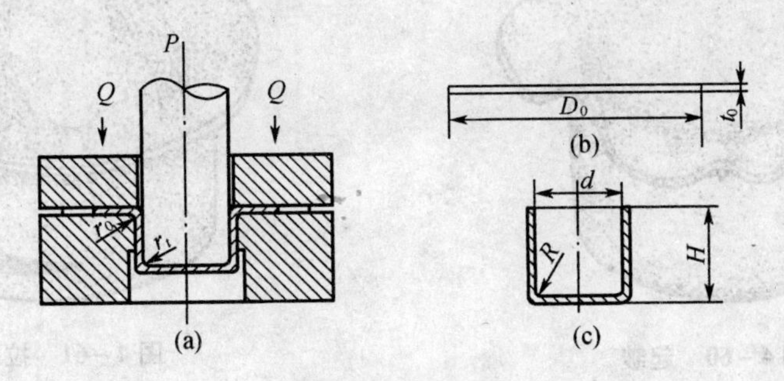

图 4－59　拉伸过程

(a)模具；(b)坯料；(c)工件

1. 拉伸成型的特点

如图 4－59 所示，在凸模压力的作用下，除底部直径为 d 的部分的形状基本不变外，在 $D_0—d$ 的环形经塑料变形形成高为 H 的筒壁。其成型特点是：拉伸的任一瞬间在凹模以外的环形板料产生切向压缩的同时，径向发生很大的延伸，使得 $D_0—d$ 的环形区内的材料通过塑料变形不断流入凸、凹模的间隙中。由于板料在拉伸的过程中经受了切向压缩和径向延伸，所以按其变形特点拉伸可称为压延。

在拉伸工艺中，如图 4－59 所示，$D_0—d$ 的环区，若能够全部进入凹模，称为普通拉伸成型；若 $D_0—d$ 环区不能全部进入凹模，成型在留有平半环形区时已经结束，称为宽凸缘拉伸。

一般来说，拉伸成型的零件壁厚与板料厚度 t 相接近，如果壁厚均小于 t 则为变薄拉伸。

2. 拉伸系数

如图 4－59 所示，拉伸后的工件直径与拉伸前的直径之比，$m = d/D$，式中 m 称为拉伸系数，也称为压延系数。拉伸系数除了用于确定拉伸次数外，还用于确定拉伸的工艺过程，拉伸系数是设计拉伸模的一个主要参数，在计算拉伸力时也会用到拉伸系数。

在拉伸过程中，板料的成型同时受到压缩和拉伸两个方面的制约。如果拉伸系数过小，就有可能出现压缩失稳和拉伸失稳的现象。

压缩失稳，如图 4－60 所示，在凸模边缘处的板料产生皱纹。如果皱纹比较细小，拉伸还可以继续进行，但在筒壁上会留下褶皱的痕迹；如果皱纹较大，进而形成了板材的重叠，拉伸就不能继续下去。不会发生压缩失稳的条件是

$$\frac{t_0}{D_0} \times 100 > 4.5(1 - m) \tag{4-14}$$

式中　t_0 和 D_0——如图 4－59 所示；

m——拉伸系数。

防止起皱和皱纹过大的工艺措施是在模具中加压边圈。

拉伸失稳，如图 4－61 所示，圆筒件的危险截面被拉裂。$D_0—d$ 越大，板料的塑料变形也就越大，加工硬化的现象就越严重，容易出现拉伸失稳现象，所以拉伸件的成型受到 $D_0—d$ 或 $\frac{d}{D_0}$ 的限制（如图 4－59 所示）。

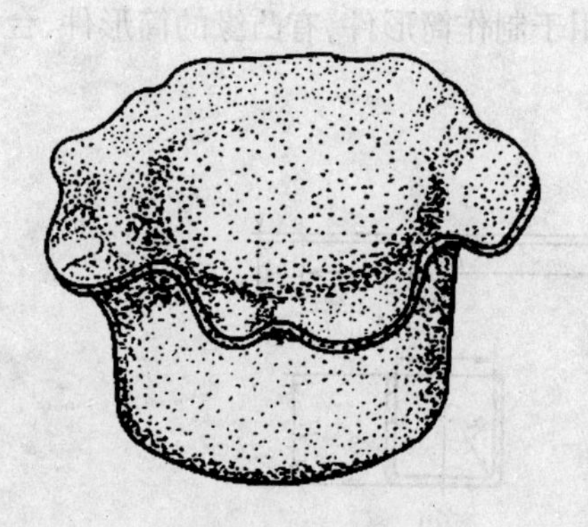

图 4－60　起皱

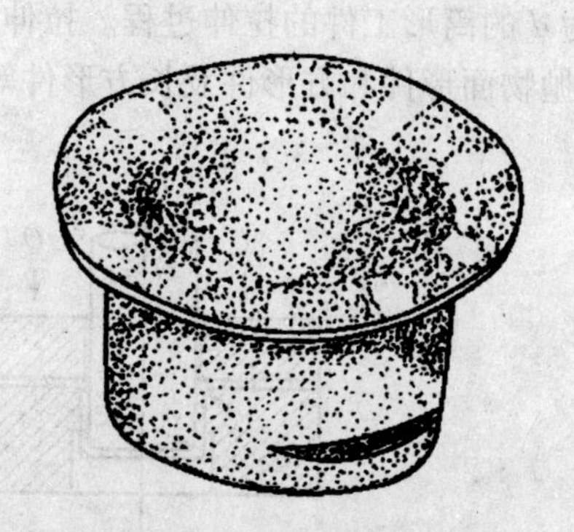

图 4－61　拉裂

由上述分析可知，拉伸系数 m 值越小，D_0—d 就越大，在拉伸的过程中越容易发生失稳现象。把不致因失稳而使拉伸无法进行的 $m=d/D$ 的最小值，称为极限拉伸系数 m。

当 d 一定时，筒壁高度正比于 D—d，因此在设计拉伸件的高度 H 时要受到极限拉伸系数 m 的限制。一般来说，拉伸件高度 $H=(0.5\sim0.7)d$ 时，可一次拉伸成型，否则需要多次拉伸才能最后成型。

对于 08F，10F，H62 等塑性好的材料，其各次拉伸的极限拉伸系数 m 如表 4－12、表 4－13 所示，其他常用材料的极限拉伸系数如表 4－14 所示。

表 4－12　采用压边圈的极限拉伸系数

各次拉伸系数	材料相对厚度 $\frac{t_0}{D_0}\times100\%$				
	2～1.5	<1.5～1.0	<1.0～0.5	<0.5～0.2	<0.2～0.06
m_1	0.46～0.50	0.50～0.53	0.53～0.56	0.56～0.58	0.58～0.60
m_2	0.70～0.72	0.70～0.72	0.74～0.76	0.76～0.78	0.78～0.80
m_3	0.74～0.76	0.76～0.78	0.78～0.80	0.80～0.82	0.82～0.84
m_4	0.74～0.76	0.76～0.78	0.78～0.80	0.80～0.82	0.82～0.84
m_5	0.76～0.78	0.78～0.80	0.80～0.82	0.82～0.84	0.84～0.86

表 4－13　不采用压边圈的极限拉伸系数

各次拉伸系数	材料相对厚度 $\frac{t_0}{D_0}\times100\%$								
	>3	3	2.5	2	1.5	1	0.8	0.6	0.4
m_1	0.50	0.53	0.55	0.60	0.65	0.75	0.80	0.85	0.90
m_2	0.70	0.75	0.75	0.75	0.80	0.85	0.88	0.90	0.90
m_3	0.75	0.80	0.80	0.80	0.84	0.90	—	—	—
m_4	0.78	0.84	0.84	0.84	0.87	—	—	—	—
m_5	0.82	0.87	0.87	0.87	0.90	—	—	—	—

表 4－14　常用材料的极限拉伸系数

材料名称	材料牌号	首次拉伸系数 m1	以后各次拉伸系数 mi
铝和铝合金	L6M, L4M, LF21M	0.52～0.55	0.70～0.75
白铁皮	—	0.58～0.65	0.80～0.85
酸洗钢板	—	0.54～0.58	0.75～0.78
合金钢	30CrMnSiA	0.62～0.70	0.80～0.84
不锈钢	Cr13	0.52～0.56	0.75～0.78
	Cr18Ni	0.50～0.52	0.70～0.75
	1Cr18Ni9Ti	0.52～0.55	0.78～0.81
	Cr19Ni11N6；Cr23Ni18	0.52～0.55	0.78～0.80

3. 拉伸件的工艺计算

(1)确定毛料尺寸。由于拉伸后缘口不齐，所以计算毛料尺寸时应加切边余量 Δh，如图 4－62 所示，一般 $\Delta h=(0.05\sim0.1)H$。当 H 大时，系数取小值。当认为材料的厚度在拉伸的过程中是不变的，则零件的表面面积应近似等于毛料面积。这样图 4－62 的拉伸件的毛料尺寸为

$$D_0 = \sqrt{d_1^2 + 4d_2(h + \Delta h) + 2\pi d_1 R + 8R^2} \tag{4-15}$$

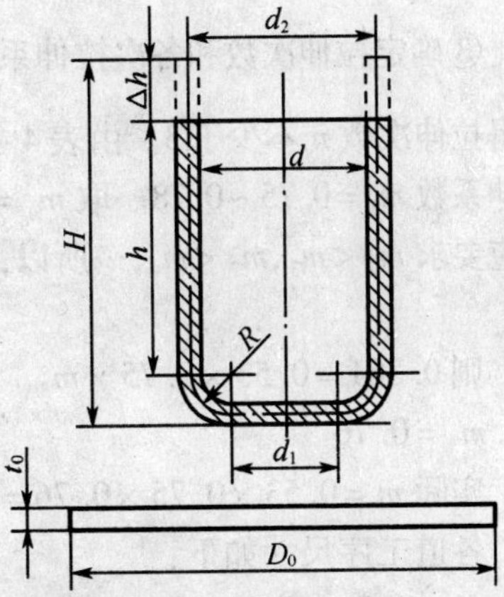

图 4－62　筒形件尺寸

(2)确定拉伸系数。首先验算 $m=\dfrac{d}{D_0}>m_{\min}$，如果此式成立，则可一次拉伸成型。否则，就应多次拉伸成型，可按表 4－15 确定出拉伸次数，然后按下面的公式确定出各次拉伸系数，即

$$m = m_1 \cdot m_2 \cdot m_3 \cdot \cdots \cdot m_n \tag{4-16}$$

式中　$m=\dfrac{d}{D_0}(m>m_{\min})$；$m_1, m_2, \cdots, m_n$ 为各次拉伸系数。

其中，各次拉伸系数 m_i 必须大于各拉伸系数表中的 m_i 值。

表 4－15　无凸缘筒形件按最大相对深度 H/d 确定拉伸次数

拉伸次数	材料相对厚度 $\frac{t_0}{D_0}\times100\%$					
	1.5～7	<1.0～1.5	<0.6～1.0	<0.3～0.6	<0.15～0.3	<0.08～0.15
1	0.77～0.94	0.65～0.84	0.57～0.70	0.50～0.62	0.45～0.52	0.36～0.46
2	1.54～1.88	1.32～1.60	1.1～1.36	0.94～1.13	0.83～0.96	0.70～0.90
3	2.7～3.5	2.2～2.8	1.8～2.3	1.5～1.9	1.3～1.6	1.1～1.3
4	4.3～5.6	4.3～4.5	2.9～3.6	2.4～2.9	2.0～2.4	1.5～2.0
5	6.6～8.9	5.1～6.6	4.1～5.2	3.3～4.1	2.7～3.3	2.0～2.7

(3)计算各次拉伸后的直径。如果拉伸次数为 n，每次拉伸后的直径为 $d_1, d_2, \cdots, d_i, \cdots, d_n$（如图 4－62 所示），则由公式 4－16：

$$m = m_1 \cdot m_2 \cdot m_3 \cdot \cdots \cdot m_n$$

式中　$m_1 = \dfrac{d_1}{D_0}, m_2 = \dfrac{d_2}{D_1}, \cdots$则 $m_i = \dfrac{d_i}{D_{i-1}}$,从而求出各次拉伸后的直径。

(4)拉伸件工艺计算举例。设图 4－62 中 $t_0 = 2$ mm, $h = 204$ mm, $\Delta h = 8$ mm, $d_1 = 80$ mm, $d_2 = 90$ mm, $R = 5$ mm;材料为 Cr13,试作工艺计算。

①确定 D_0。由公式 4－12,得

$$D_0 = \sqrt{d_1^2 + 4d_2(h + \Delta h) + 2\pi d_1 R + 8R^2}$$
$$= \sqrt{80^2 + 4 \times 90 \times (204 + 8) + 2 \times 3.14 \times 80 \times 5 + 8 \times 5^2} = 292 \text{ mm}$$

②验算 m 值。$m = \dfrac{d}{D_0} = \dfrac{88}{292} = 0.301$,查表 4－14, $m_1 = 0.52 \sim 0.56$,因为 $m < m_1$,所以需要多次拉伸。

③确定拉伸次数和各次拉伸系数。查表 4－15,得 $\dfrac{H}{d} = \dfrac{217}{88} = 2.47$, $\dfrac{t_0}{D_0} \times 100 = \dfrac{200}{292} = 0.68$,查得拉伸次数 n 不少于 3。由表 4－14,得 Cr13 的第一次拉伸系数 $m_1 = 0.52 \sim 0.56$,其他各次拉伸系数 $m_i = 0.75 \sim 0.78$。取 $m_1 = 0.53$,由于加工硬化,使材料的拉伸工序中其塑性递减,一般应要求 $m_2 < m_3, m_3 < m_4, \cdots$所以,取 $m_2 = 0.75$(在取值范围内取较小值)。由公式 4－16,有

$$m = m_1 \cdot m_2 \cdot m_3$$

则 $0.301 = 0.53 \times 0.75 \times m_3$

$m_3 = 0.76$

实际 $m = 0.53 \times 0.75 \times 0.76 = 0.302$

各道工序尺寸如下:

$d_1 = m_1 D_0 = 0.53 \times 292 = 154.76$ mm,取 $d_1 = 155$ mm

$d_2 = m_2 D_0 = 0.75 \times 155 = 116.25$ mm,取 $d_2 = 116$ mm

$d_3 = m_3 D_2 = 0.76 \times 16 = 88.16$ mm,取 $d_3 = 88$ mm

所以,实际上取得各次拉伸系数应为

$$m_1 = \frac{155}{292} = 0.530\,8$$

$$m_2 = \frac{116}{155} = 0.748\,4$$

$$m_3 = \frac{88}{116} = 0.758\,6$$

上面计算的各个直径就是各道工序拉伸模的凸模直径,计算出各道工序直径后,往往还需要画出工序示意图,如图 4－63 所示。

4. 拉伸模结构

(1)拉伸模的形式。因首次拉伸模的工作对象是平面板料,其结构通用性较强,带压边圈的首次拉伸模如图 4－64 所示,不带压边圈的首次拉伸模如图

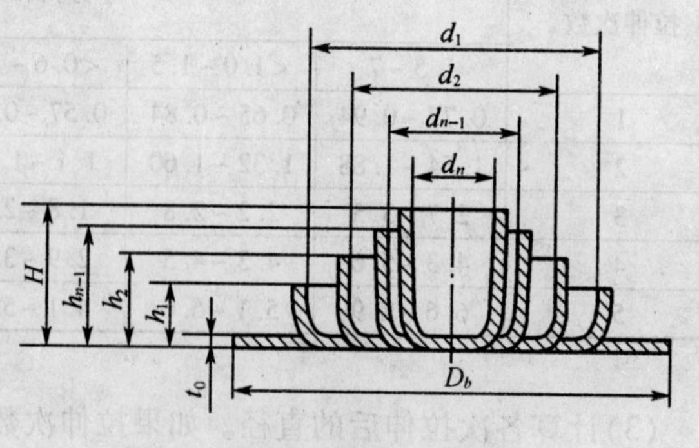

图 4－63　筒形件拉伸工序示意图

4－65 所示。以后各道工序的拉伸模的工作对象是半成品，所以模具的结构、凸模的尺寸和凹模及压边圈的形式都会由于半成品的形状和尺寸发生变化，称为中间拉伸模。不带压边圈的中间拉伸模如图 4－66 所示，带压边圈的中间拉伸模如图 4－67 所示。

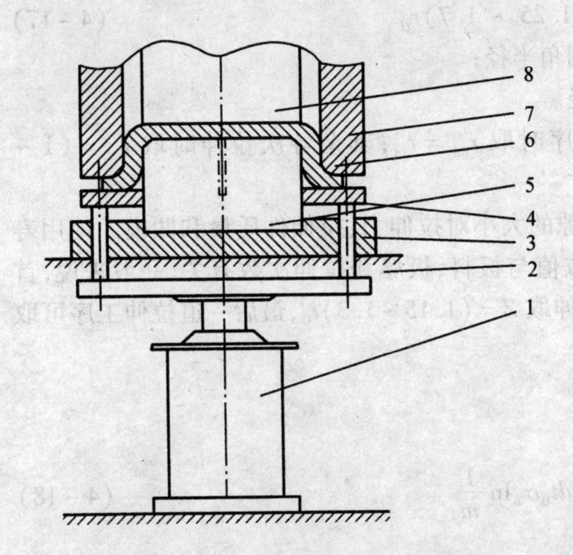

图 4－64　带压边圈的首次拉伸模

1—气垫；2—工作台；3—下模板；4—凸模；
5—压边圈；6—工件；7—凹模；8—定距杆

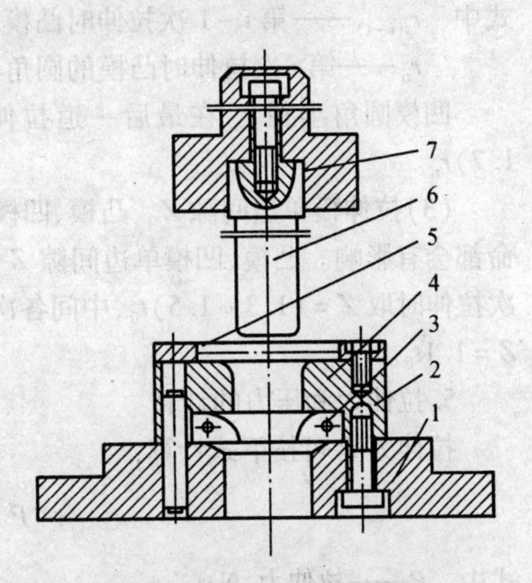

图 4－65　不带压边圈的首次拉伸模

1—下模座；2—刮件环；3—拉簧；4—凹模；
5—定位板；6—凸模；7—模柄

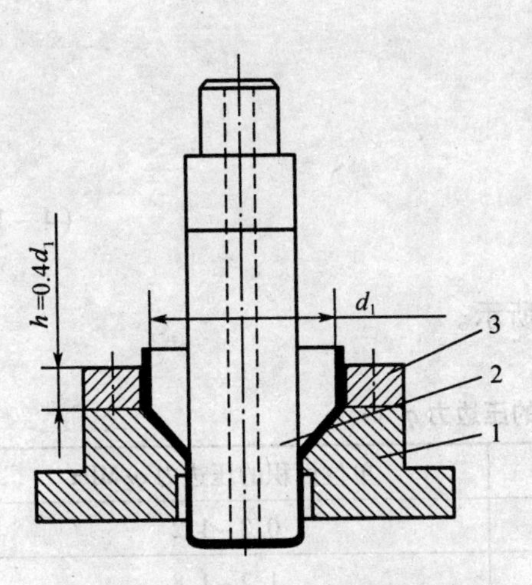

图 4－66　不带压边圈的中间拉伸模

1—凹模；2—凸模；3—定位圈

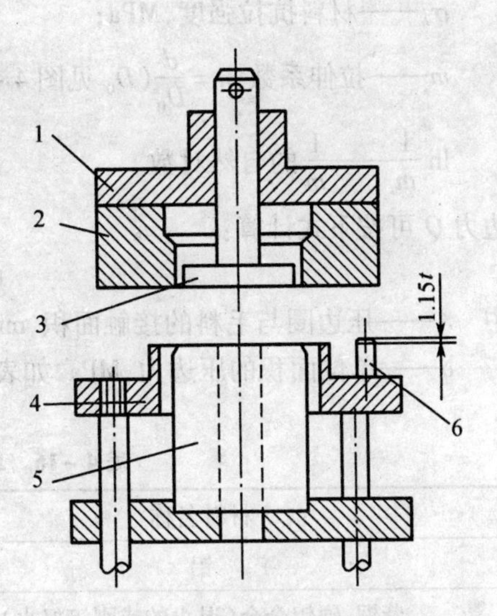

图 4－67　带压边圈的中间拉伸模

1—模柄；2—凹模；3—顶杆；
4—压边圈；5—凸模；6—定位杆

对于精度要求较高的制件，相应的拉伸模具应带有导柱导套的模架，对批量大的工件，可设计冲裁、拉伸、切边为一体复合模具；中、小型工件多次拉伸时，可制成多级连续拉伸模。

（2）拉伸模的圆角半径。一般来说，拉伸工件的圆角半径越大，极限拉伸系数 m_{min} 相应会越小，对拉伸就越有利。在设计拉伸 t_0（板料厚度）≤6 mm 时，要求凸模、凹模的圆角半

径 $R>(2\sim3)t_0$；当 $t_0>6$ mm 时，要求 $R>(1.5\sim2)t_0$。工件的圆角半径过小时，可先用较大的圆角半径，在拉伸后整形。多次拉伸时，一般最后一道工序拉伸的凸模圆角半径 r_{tn} 与工件内壁的圆角半径 r 相等，即 $r_{tn}=r$。各次拉伸时凸模圆角半径可取为

$$r_{t(i-1)} = (1.25 \sim 1.7)r_{ti} \tag{4-17}$$

式中 $r_{t(i-1)}$——第 $i-1$ 次拉伸时凸模的圆角半径；

r_{ti}——第 i 次拉伸时凸模的圆角半径。

凹模圆角半径 r_a 在最后一道拉伸工序时取 $r_{an}=r_{tn}$；其余各次拉伸时取 $r_{ai}=(1\sim1.7)r_{ti}$。

(3)拉伸模单边间隙 Z。凸模、凹模间隙的大小对拉伸力、拉伸件质量和凹模的使用寿命都会有影响。凸模、凹模单边间隙 Z 的取值与板料、板厚和拉伸次数有关，一般来说，首次拉伸时取 $Z=(1.3\sim1.5)t_0$，中间各次拉伸取 $Z=(1.15\sim1.3)t_0$，最后一道拉伸工序可取 $Z=1.1t_0$。

5. 拉伸力和压力的计算

拉伸力 P 可按下式计算：

$$P = 5dt_0\sigma_b\ln\frac{1}{m} \tag{4-18}$$

式中 P——拉伸力，N；

d——拉伸件内径，mm；

t_0——板料厚度，mm；

σ_b——材料抗拉强度，MPa；

m——拉伸系数 $m=\dfrac{d}{D_0}$（D_0 见图 4-62）；

$\ln\dfrac{1}{m}$——$\dfrac{1}{m}$的自然对数。

压边力 Q 可按下式计算：

$$Q = Aq \tag{4-19}$$

式中 A——压边圈与毛料的接触面积，mm_2；

q——单位面积的压边力，MPa，如表 4-16 所示。

表 4-16 单位面积的压边力 q

材料名称	单位面积的压边力 q/MPa
铝	0.8~1.2
紫铜、硬铝合金（退火的或刚淬好火）	1.2~1.8
黄铜	1.5~2.0
压轧青铜	2.0~2.5
20 钢、08 钢、镀锡铁皮	2.5~3.0
已退火的耐热钢	2.8~3.5
高合金钢、高锰钢、不锈钢	3.0~4.5

提供弹性压边力 Q 的弹性压边力装置有气垫、弹簧和橡胶垫三种形式。由于在拉伸时环形区域逐渐减少，所以随着毛料与压边圈接触面积的减少，压边力也相应降低，但弹性压边装置不能满足这一要求。如图 4－68 所示，曲线 1，2，3 分别表示了气垫、弹簧和橡胶垫的压边力随凸模行程的变化关系。气垫的压边效果较好，但弹簧和橡胶垫的压边力随着拉伸行程的增加而增大，压边效果就较差，这对拉伸是不利的。不过，由于弹簧和橡胶垫的结构简单，仍然是一般拉伸模和其他需要有压边圈或顶件器的常用装置。

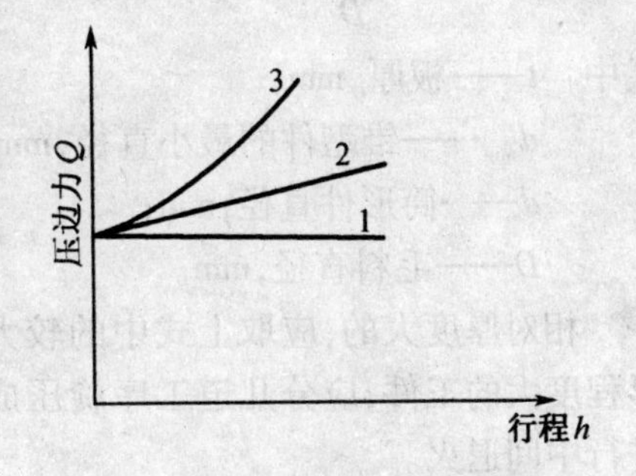

图 4－68　压边力和拉伸行程的关系

1—气垫的压边力随凸模行程的关系；
2—弹簧的压边力随凸模行程的关系；
3—橡胶垫的压边力随凸模行程的关系

选择用于拉伸的压力机时，应使压力机的公称力大于拉伸力 P 和压边力 Q 之和。

二、旋压成型

旋压成型用于制作各种不同形状的旋转体钣金件，是一种金属回转加工成型工艺。旋压成型的基本工艺过程如图 4－69 所示，板料 1 用尾顶块 4 压在旋压芯模（胎模）3 上，当旋压芯模旋转时，板料和胎模（旋压芯模）一起转动；操纵擀棒 5 通过棒头对板料施加压力，使其相对板料和胎模作进给运动，造成板料连续的局部塑性变形。胎模和板料的旋转和棒头部的运动，使板料产生了由点到线，由线到面的变形，变形逐渐地被赶向胎模，直到最后与胎模贴合为止。

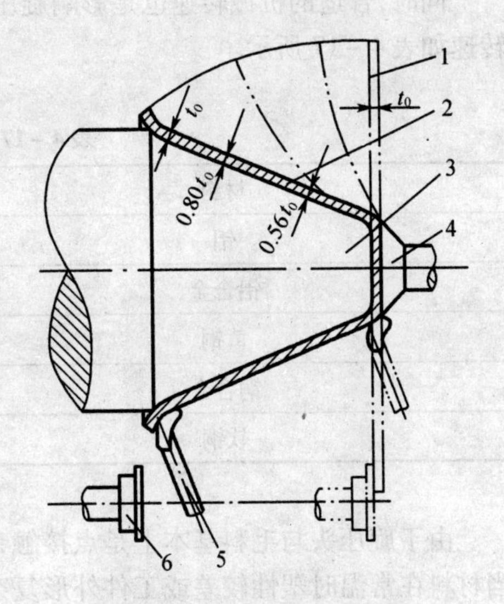

图 4－69　锥形件旋压工艺过程

1—板料；2—工件；3—旋压芯模（胎模）；
4—尾顶块；5—擀棒；6—反推轮

旋压可使板料成型出空心回转体零件或对空心件进行翻边、胀形等加工，如图 4－70 所示为旋压胀形示意图。在旋压复杂形状的零件时，用样板控制其外形尺寸。

旋压一般可用半机械化半手工的方法成型质软的有色金属回转体。目前旋压成型可在普通机床进行，要求钢板厚度 $t \leqslant 2$ mm，有色金属板厚 $t \leqslant 3$ mm。旋压精度约为直径的 1%～2%，粗糙度可达 0.8～3.2 μm。随着旋压专用机床的出现，旋压成型已成为一种先进的生产工艺，在普通旋压的基础上发展了强力旋压也称为变薄旋压。

1. 旋压工艺

在相对厚度 $\frac{t}{D} \times 100 = 0.5 \sim 2.5$ 的范围内，对于锥型件，旋压件的成型极限为

$$\frac{d_{\min}}{D} = 0.2 \sim 0.5 \tag{4-20}$$

对于筒形件，旋压件的成型极限为

$$\frac{d}{D} = 0.6 \sim 0.8 \qquad (4-21)$$

式中 t——板厚，mm；

d_{min}——锥型件的最小直径，mm；

d——筒形件直径，mm；

D——毛料直径，mm。

相对厚度大的，应取上式中的较大值，对于变形程度大的工件，应分几道工序旋压成型，一般应进行中间退火。

旋压成型的质量在很大程度上取决于操作者的经验和技术水平。若棒手操作不当，会引起毛料的失稳、起皱、摇晃或撕裂。如果产生局部的塑形变形，应使坯料沿着棒加工方向倒伏，并逐渐贴膜，以保证成型质量。

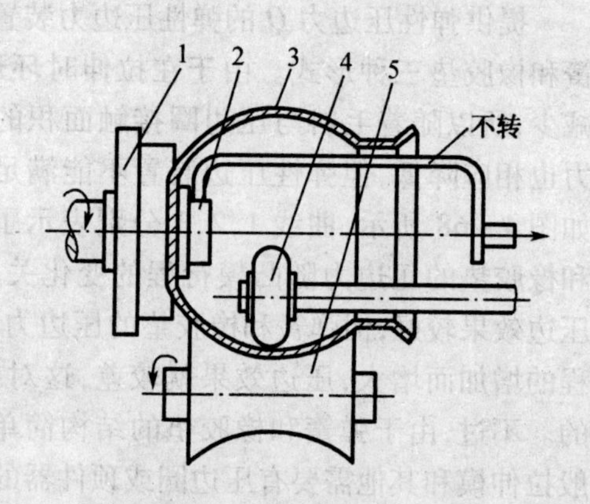

图4－70 旋压胀形示意图

1—主轴卡盘；2—尾顶件；3—工件；4—滚轮；5—凹模

同时，合适的机械转速也是影响旋压成型质量的重要因素。按经验，推荐旋压时的芯模转速如表4－17所示。

表4－17 旋压时的芯模转速

材料	芯模转速/(r/min)
铝	350～800
铝合金	400～700
黄铜	600～800
铜合金	800～1 100
软铜	400～600

由于旋压头与毛料基本上是点接触，旋压过程中要用机油或乳化液等进行润滑和冷却。当材料在常温时塑性较差或工件外形复杂及旋压机床能力不足时，可用加热旋压的工艺，镍铬不锈钢的加热温度为600～750 ℃。

2. 旋压芯模与旋压头

旋压芯模也称胎模，芯模的材料选择与坯料和加工批量大小有关。若批量较小或坯料较软，芯模可用硬木或铸铁；若批量较大或材料硬度较高时，则应用刚芯模。小型的芯模可装在车床的三抓卡盘上，大型芯模通过螺纹直接与机床主轴固定连接。

旋压头有滚轮和擀棒两种类型，常见的滚轮和擀棒头部的结构形式如图4－71所示，滚轮与工件作滚动摩擦，对减少机床功率和提高工件的质量有利，滚轮的工作圆角半径越大，旋压出的工件表面就越光滑，材料变薄的程度也较小，但操作较费力；滚轮工作圆角半径小，能使操作省力，但易使工作表面产生沟槽。滚轮的工作圆角半径 R 的取值如表4－18所示。擀棒与工件作滑动摩擦，一般为了便于操作，擀棒的长度取700～1 200 mm。

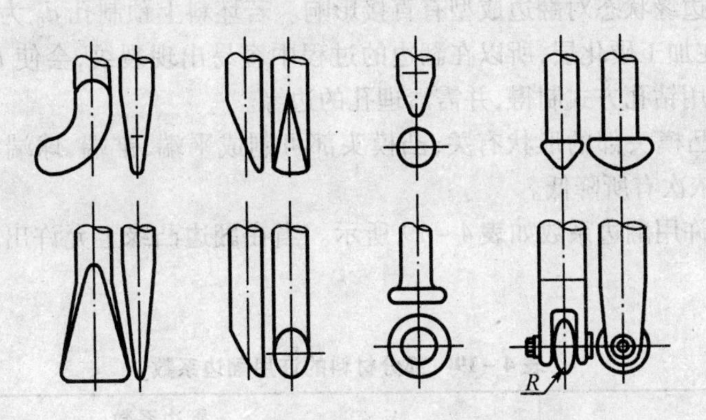

图 4-71　滚轮和擀棒头部的结构形式

表 4-18　滚轮直径和工作圆角半径 R　　单位:mm

滚轮直径	150	130	100	70	64	54
滚轮工作圆角 R	30	18	18	15	5	4

滚轮、擀棒的材料一般为碳素钢、工具钢,并淬火抛光制成,也可选用硬木、胶木等制作。旋压刚或不锈钢工件采用青铜或磷铜作旋压头(镶块),以使旋压过程中不易产生材料的黏附破坏。

3. 强力旋压

强力旋压又称为变薄旋压,它是使坯料在芯模上贴模后,在旋压头上施以强力,使得坯料被碾展变薄。变薄旋压多在专用旋压机床上进行,以实现完全的机械化操作。

三、翻边和切口

翻边是将板料的曲线边缘或部分曲线边缘翻出凸缘的成型工序。按其变形的性质,可分为拉伸类翻边和压缩类翻边两种,翻边主要是为了增强零件的刚性或便于零件间的连接。切口成型是利用凸模的一边的刃口将材料切开,凸模的其余部分将材料拉伸变形,从而形成一边开口的起伏型。切口成型的零件形似百叶窗,用于各种热源罩壳或机壳上通风散热。翻边和切口这两种成型工艺,都是利用模具在压力机械上实现的。

1. 圆孔翻边

(1)翻边系数。如图 4-72 所示,在预制孔直径 d 的基础上,翻出直径为 D、高为 H 的凸缘,将 d/D 的值称为翻边系数,用 K 表示。不难看出,翻边系数 K 总小于 1,当制约孔直径 d 一定时,翻出的直径 D 越大,翻边系数 K 就越小;当翻出的直径大到一定程度时,即在翻出的边缘出现临界裂纹时,对应的翻边系数 K 达到最小值 K_{min}。

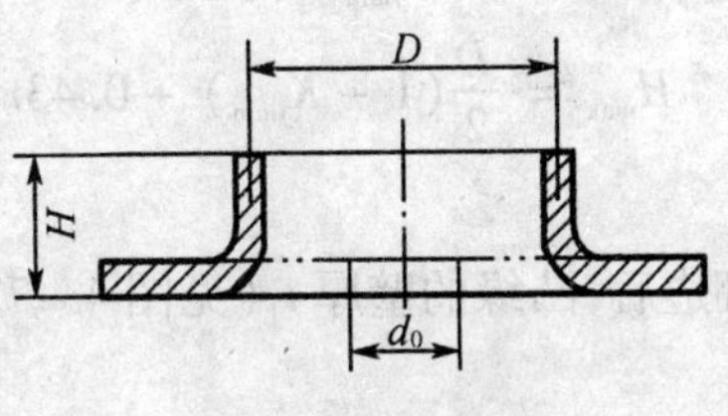

图 4-72　翻边

材料的最小翻边系数 K 与以下因素有关:

①材料的延伸率越大,即材料的塑性越好,则 K_{min} 就越小。

②当预制孔直径 d_0 一定时,根据变形后体积不变的条件,板越厚,由板厚 t_0 变薄而提供孔边缘伸长的材料就越多,这时,K_{fmin} 就越小。

③预制孔的边缘状态对翻边成型有直接影响。若坯料上预制孔 d_0 为冲裁形成，则毛刺较多，而且还存在加工硬化层，所以在翻边的过程中容易出现裂纹，会使 $K_{f\min}$ 增大。因此翻边的预制孔应采用钻孔方式制得，并需清理孔的边缘。

④$K_{f\min}$ 还与凸模头部的形状有关，凸模头部可制成平端、锥端、球端和抛物面等形式，$K_{f\min}$ 按上述形式依次有所降低。

部分材料的许用翻边系数如表 4－19 所示。当在翻边凸缘上允许出现裂纹时，可取表中的 $K_{f\min}$ 值。

表 4－19　部分材料的许用翻边系数

退火的材料	翻边系数	
	K_f	$K_{f\min}$
白铁皮	0.70	0.65
黄铜 H62，$t=0.5\sim6$ mm	0.68	0.62
铝，$t=0.5\sim6$ mm	0.70	0.64
硬铝合金	0.89	0.80

（2）翻边预制孔直径 d_0 和翻边力 P 的计算。一般翻出直径 D 和凸缘高度 H 由零件图给出，如图 4－73 所示，按弯曲变形中性层长度不变的原理，预制孔的直径 d_0 为

$$d_0 = D_1 - \left[\pi\left(r + \frac{t_0}{2}\right) + 2h\right] \tag{4-22}$$

$D_1 = D + 2r + t_0$，代入上式简化后得

$$d_0 = D - 2H + 0.86r + 1.43t_0 \tag{4-23}$$

式中　t_0——板厚；

r——如图 4－73 所示。

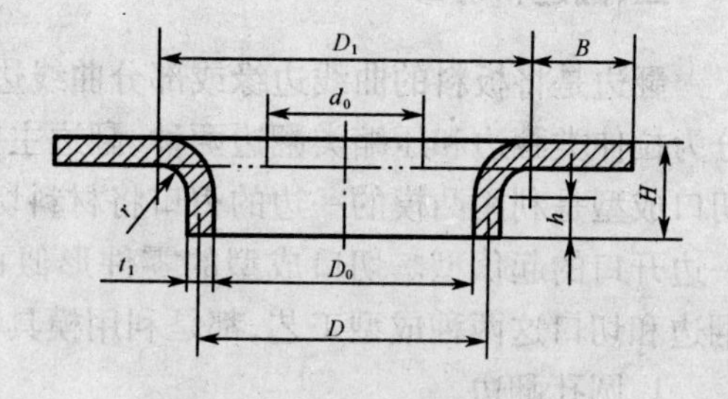

图 4－73　平板圆孔翻边

如果实际翻边系数 $K_f = \dfrac{d_0}{D} < K_{f\min}$，应采用变薄翻边或先拉伸再翻边的加工方法。

如果欲求翻边能达到的最大翻边高度 $H_{\max}$，则将 $t_0 = K_{f\min}D$ 代入式 4－16，简化后得

$$H_{\max} = \frac{D}{2}(1 - K_{f\min}) + 0.43r + 0.72t_0 \tag{4-24}$$

翻边后，凸缘的壁厚 t_1（见图 4－73）近似为

$$t_1 = t_0\sqrt{K_f} \tag{4-25}$$

翻边力 P 可按下式近似计算，计算所得值一般略大于实际所需的翻边力的值。

$$P = 1.1\pi D t_0 \sigma_s (1 - K_f) \tag{4-26}$$

式中　σ_s——材料的屈服极限，MPa。

（3）翻边模及其间隙。翻边模的基本结构如图 4－74 所示。凹模圆角等于工件圆角 r；凸模头部的形状可制成锥形、球形和抛物线形，翻边力 P 按上述凸模头部的形状依次降低；

当模具中无压边圈时，凸模前端应有起定位作用的导向结构。翻边加工如图 4－73 所示的零件时，若要求 t_0（板厚）<2 mm，则 $r=(2\sim4)t_0$；若 $t_0>2$ mm，$r=(1\sim2)t_0$；$H\geqslant 1.5r$；$B\geqslant H$。

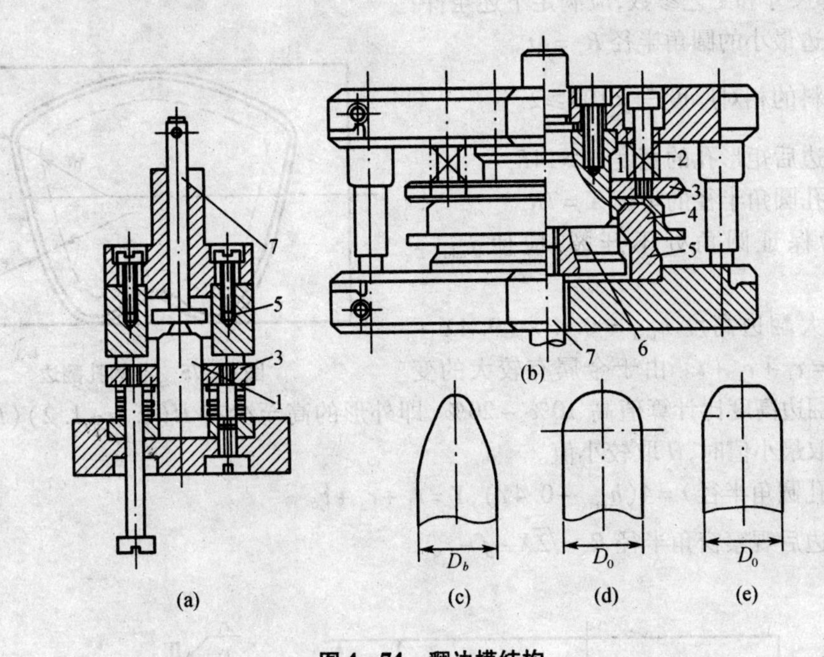

图 4－74　翻边模结构

（a）小工件翻边模；（b）大孔翻边模；（c）锥端；（d）球端；（e）抛物面

1—凸模；2—弹簧；3—压边圈；4—零件；5—凹模；6—顶件板；7—顶杆

翻边凸模、凹模间的单边间隙 Z 一般可取 $Z=0.85t_0$。若采用较小的间隙，可使筒壁受挤而使翻边高度 H 得以加大。当 $Z\leqslant t_0d_0/(d_0-t_0)$ 时，为变薄翻边，式中 d_0 指变薄翻边的预制孔直径。

2. 非圆孔翻边

非圆孔翻边，边缘一般由椭圆、圆曲线、矩形或直线段组合而成，如图 4－75 所示。非圆孔翻边只需要验算最小曲率半径边缘处的翻边系数 K_f，即应使

$$K_f=\frac{r_0}{R}>K'_{f\min} \tag{4-27}$$

式中　K_f——非圆孔翻边系数；

R——非圆孔内的最小曲率半径；

r_0——对应于非圆孔的最小曲率半径处的预制孔的曲率半径；

$K'_{f\min}$——非圆孔最小翻边系数。

一般非圆孔最小翻边系数 $K'_{f\min}$ 为

$$K'_{f\min}=(0.85\sim0.9)K_{f\min} \tag{4-28}$$

式中　$K_{f\min}$——指同一材料的圆孔最小翻边系数。

非圆孔中直线段翻边可视为简单弯曲。预制孔的各段曲线是相应曲线段的等距曲线，为保证翻边凸缘的高度一致，不同曲率的曲线间、曲线与直线间，其预留的等距宽度是不同的。因此理论计算出的预制孔形状和尺寸必须经过修正，才能使各段连接处高度平齐，如

图4－75所示 $b_r=(1.05\sim1.1)b_e$。

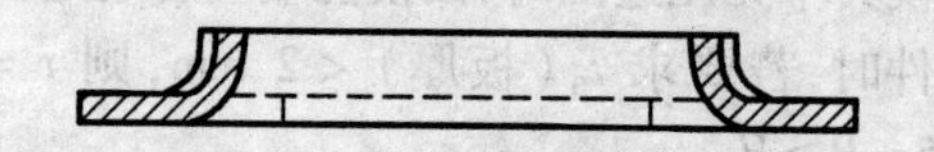

如图4－76所示，矩形孔带底翻边后底孔的周边比较平整，外形尺寸 $A\times L$ 不应改变，参考图中各部尺寸和工艺参数，应满足下述条件：

（1）翻边最小的圆角半径 $R_z=4t$。

（2）材料的相对厚度 $\frac{t}{X}\times100\geqslant2$。

（3）翻边后矩形孔的宽度 $B\geqslant14R_z$。

（4）底孔圆角半径的坐标 $X=7R_z$。

（5）为保证圆角处不开裂，应使 $f_{\min}=0.6X$。

（6）最大翻边高度 $h_{\max}=0.4\times(0.4X+Y)$，式中 $Y=r_1+r_2+t$。由于金属有较大的变形量，实际翻边高度比计算值高10%～20%，即外形的高至少有 $H(1.1\sim1.2)(h_{\max}+t)$。当 R_z 和 B 取最小值时，H 取较小值。

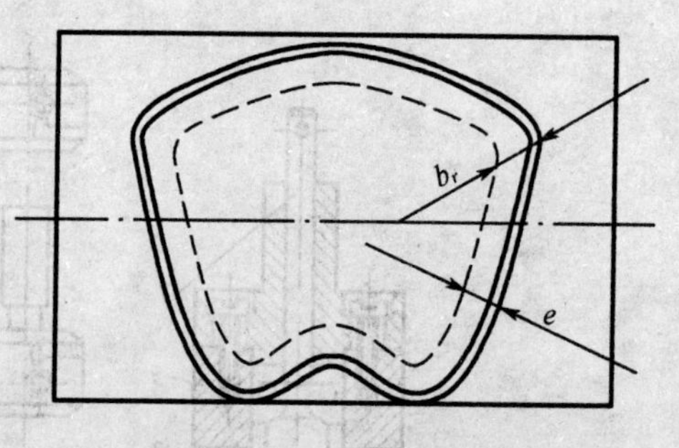

图4－75　非圆孔翻边

（7）底孔圆角半径 $r=4(h_{\max}-0.4Y)$，$Y=r_1+r_2+t$。

（8）翻边后观察窗角半径 $R\approx\sqrt{2}X-f-r$。

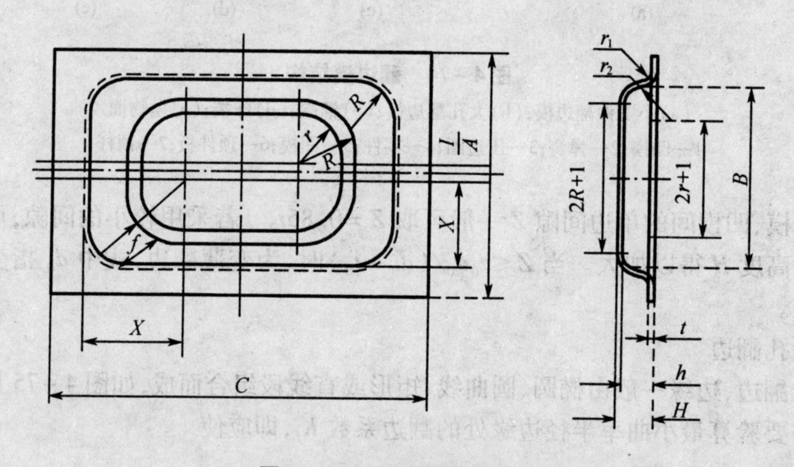

图4－76　矩形孔带底翻边

例1　如图4－76所示，设工件材料为08F钢板，$t=1$ mm，$R_z=6$ mm，$B=90$ mm，$r_1=2.5$ mm，$r_2=1.5$ mm，试计算翻边的可能性和翻边后的 $h_{\max}$、$H_{\max}$、底孔的圆角半径 r 等值。

由于 $R_z=6$ mm，$B=90$ mm，满足 $R_z\geqslant4t$ 和 $B\geqslant14R_z$ 的条件，经核算可以实现翻边。

计算底孔圆心位置：由 $X=7R_z=7\times6=42$（mm），由于 $X\approx B/2$，取 $X=45$ mm，底孔定为长圆形。

计算 $h_{\max}$：$Y=r_1+r_2+t=2.5+1.5+1=5$（mm）

$$h_{\max}=0.4(0.4X+Y)=0.4\times(0.4\times45+5)=9.2\ (\text{mm})$$

计算 $H_{\max}$：$H_{\max}=1.2(h_{\max}-0.4Y)=4\times(9.2-0.4\times5)\approx29$（mm）

四、胀形

胀形是利用压力，将直径小的空心零件、管材、板材，由内向外膨胀成为直径较大的曲母线旋转体零件的一种成型方法。如图 4－77 所示为典型的胀形零件，有时不规则的非旋转体零件也可以用胀形的方法加工。

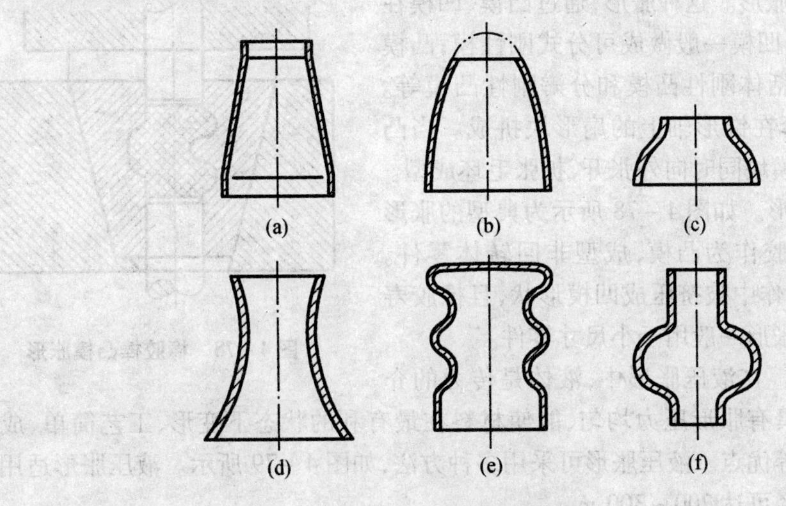

图 4－77　典型的胀形零件

零件的胀形系数表示胀形零件的变形程度，表示为

$$K=\frac{D_{max}}{D_0}$$

式中　K——胀形系数；

D_{max}——胀形后零件最大变形处的直径；

D_0——胀形前该处的原始直径。

零件材料的胀形系数主要受到材料延伸率 δ 的限制，材料的最大胀形 $K_{max}=1+\delta$，部分材料的最大胀形系数 K_{max} 值如表 4－20 所示。

表 4－20　材料的最大胀形系数 K_{max}

材料	厚度/mm	材料伸长率 δ/%	最大胀形系数 K_{max}
铝合金	0.5	25	1.25
纯铝	1.0	28	1.28
	1.5	32	1.32
	2.0	32	1.32
低碳钢	0.5	20	1.20
	1.0	24	1.24

零件胀形后，必然会使坯料的壁厚变薄，根据材料变形后其体积不变的原理，胀形后零件的最小壁厚 t_{min} 为

$$凸形零件：t_{\min} = t_0 \frac{D_0}{D_{\max}} = t_0 / K$$

$$凹形零件：t_{\min} = t_0 \sqrt{\frac{D_0}{D_{\max}}} = t_0 / \sqrt{K}$$

2. 胀形的方法

(1)压力机械胀形。这种胀形，通过凸模、凹模在压力机械上实现。凹模一般做成可分式刚性模；凸模则有多种形式，包括体刚性凸模和分瓣刚性凸模等。分瓣刚性凸模由套在锥形轴上的扇形块拼成。当凸模锥形轴下移时，模块同时向外张开，扩张毛坯成型。

(2)橡胶模胀形。如图 4－78 所示为典型的胀形零件，以聚氨酯橡胶作为凸模，成型非回转体零件。由于橡胶凸模在工作中被挤压成凹模形状，且橡胶寿命短，因而橡胶模胀形一般用于小尺寸零件。

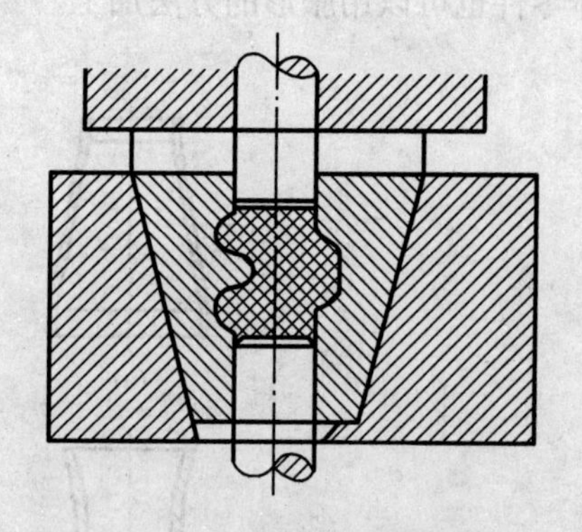

图 4－78　橡胶棒凸模胀形

(3)液压胀形。在液压胀形中，液体是传力的介质，因此液压胀形具有胀形压力均匀、能使材料在最有利的状态下变形、工艺简单、成本低廉、零件表面光滑等优点。液压胀形可采用多种方法，如图 4－79 所示。液压胀形适用于大中型工件，胀形直径可达 200～300 mm。

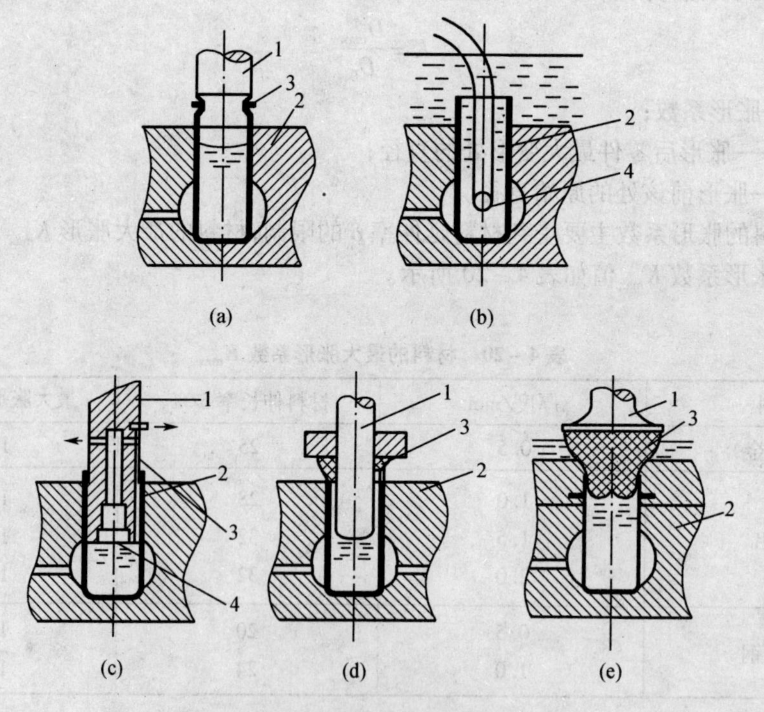

图 4－79　液压胀形方法

1—凸模；2—凹模；3—橡胶；4—炸药

(a)采用液压橡囊；(b)采用炸药；(c)，(d)，(e)制件与液体直接接触

五、落压成型

落压成型是用落锤冲压成型的简称。其工作原理是将平板毛料放在落压模上，经过一次或多次冲击，使板料按落压模的形状流动，落压后获得所需的形状，然后交由钣金工切除余量并休整回弹，使零件贴胎。在落压成型的过程中，常用垫层板或橡胶来限制上下模的深度，有时也可局部加垫橡胶，以防止板料起皱纹或起到压料并控制变形区域的作用。

落压成型多用于飞机，汽车和外形复杂、尺寸较大的钣金件的制作工艺中。

六、橡胶成型

橡胶常被作为凹模材料和凸模材料，特别是自聚氨酯橡胶应用以来，橡胶在冲压、弯曲、胀形等冲模中日益得到广泛应用。橡胶成型具有生产效率高，制作的表面质量好，光滑而无机械伤痕的优点。橡胶替代了凸模或凹模，从而简化了模具的结构，缩短了生产周期并降低了成本。几乎所有的凹模、凸模都可以用橡胶来代替。

橡胶成型的工作原理，如图 4－80 所示、坯料 3 用销钉 6 固定在压型模 5 上，压型模放在垫板上，在容匣 1 内装有橡胶块 2。由于橡胶是一种弹性很好的材料，在压力作用下很容易产生变形，当容匣下行时，橡胶压在压型模上，在压型模的反作用下，橡胶随压型而改变形状，所以坯料在橡胶压力的作用下被弯曲成压型的形状。

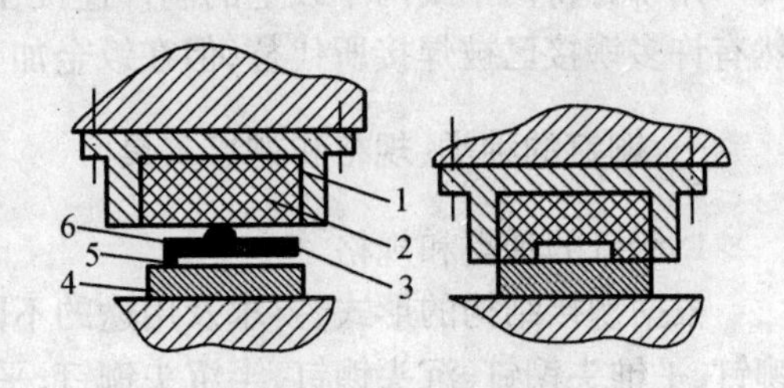

图 4－80　橡胶成型

1—容匣；2—橡胶块；3—坯料；4—垫块；5—压型模；6—销钉

橡胶成型所用设备常为液压机械。压型模的制作，可根据零件的形状、尺寸及批量，选用钢、铸铝、锌合金等材料。

七、拉形成型

薄板外覆盖件，其中很大一部分是双曲面，要将板料制成所需形状，必须使板料各处产生长短不同的伸长。

板料的拉形的变形过程是由弯曲、拉伸、最后补拉三个阶段组成的。如图 4－81 所示，板料在 B 处仅受到弯曲作用，由于在板料弯曲的横面的中性层以上产生拉应力，而在中性层以下产生相反方向的压应力，所以当弯曲力矩卸去后，板料在中性层以下的异向应力作用下还要产生回弹。如果在板料被弯曲的同时，沿弯曲方向施加使板料受拉的力 P，板料内层的压应力会逐渐减小直至为零，随后也会受拉。当力 P 使贴膜处板料内层产生的拉应力超过材料的屈服极限后，即使去掉力 P，钣金件也能基本保证拉后形状，即可基本上消除回弹，这就是拉形成型的基本原理。

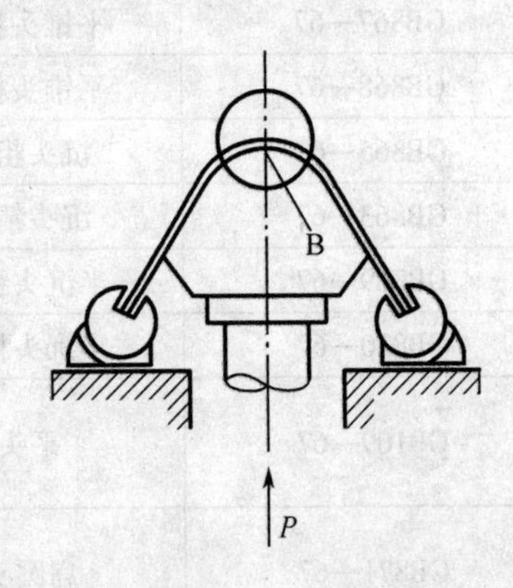

图 4－81　拉形成型

第五章　连接与装配

钣金件的连接是指按施工图的要求,将钣金零件拼接起来的过程。装配指多个部件或构件之间的连接关系,一般可分为部件装配和局部系统装配。钣金零件之间常用的连接方法有铆接、咬接、焊接、螺栓连接、法兰连接、套装、卡箍连接和混合连接。上述方法除法兰连接、螺栓连接和卡箍连接外,均为不可拆卸连接。

第一节　铆　　接

用铆钉将两个或两个以上的制件连接在一起的方法称为铆钉连接,简称铆接。目前,虽然有许多铆接已被焊接所代替,但在钣金加工中仍大量采用,占有较重要的位置。

一、铆钉的种类、规格和铆接工具

1. 铆钉的种类和规格

根据铆接结构的形式、要求及用途的不同,常见的铆钉种类常见的有以下几种:半圆头铆钉、平锥头铆钉、沉头铆钉、半沉头铆钉、平头铆钉、扁圆头铆钉和扁平头铆钉及空心铆钉等,如表 5-1 所示。

表 5-1　铆钉种类

国家标准	铆钉型式	铆钉形状	铆钉直径 d/mm
GB863—67	半圆头粗制铆钉	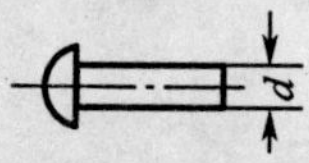	$\phi 2\sim 36$
GB867—67	半圆头精制铆钉		$\phi 0.6\sim 1.6$
GB867—67	平锥头粗制铆钉		$\phi 2\sim 36$
GB868—67	平锥头精制铆钉		$\phi 2\sim 16$
GB865—67	沉头粗制铆钉	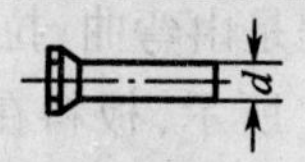	$\phi 2\sim 36$
GB863—67	沉头精制铆钉		$\phi 2\sim 16$
GB869—67	半沉头粗制铆钉	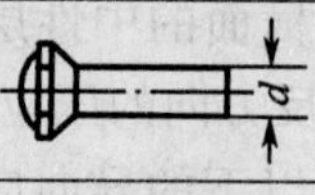	$\phi 2\sim 36$
GB870—67	半沉头精制铆钉		$\phi 1\sim 16$
GB109—67	平头铆钉	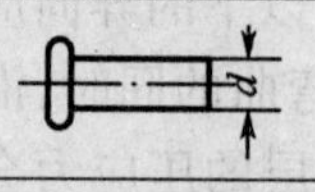	$\phi 2\sim 6$
GB871—67	扁圆头铆钉		$\phi 1.2\sim 10$
GB872—67	扁平头铆钉		$\phi 1.2\sim 10$

铆钉按材料可分为钢质、铜质、铝质三种。

常用铆钉的公称直径有1.0,1.4,2,2.5,3,4,5,6,7,8,10(mm)共11种。平头铆钉的基本尺寸和规格如图5-1和表5-2所示,半圆头铆钉的基本尺寸和规格如图5-1和表5-3所示。

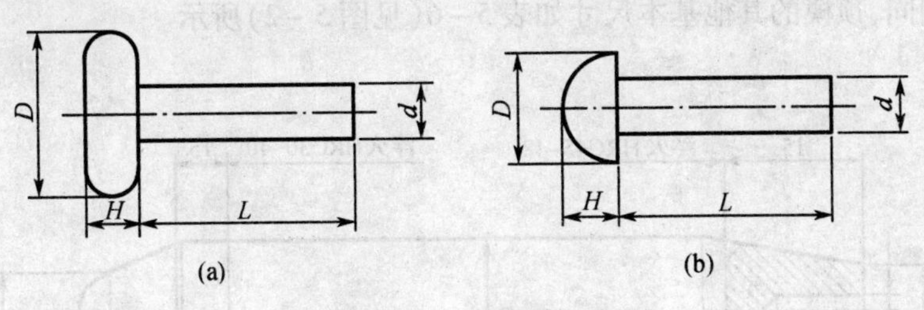

图5-1 铆钉

(a)平头铆钉;(b)半圆头铆钉

表5-2 标准平头铆钉 单位:mm

公称直径 d	头部直径 D	头部高度 H	钉杆长度 L
2.5	5.2	1.2	7
3	6	1.4	8
3.6	7	1.6	9
4	8	1.8	8,10,16
5	10	2.0	11
6	12	2.4	12,14

表5-3 标准半圆头铆钉 单位:mm

公称直径 d	头部尺寸		钉杆长度 L
	直径 D	高度 H	
3	5.3	1.8	6~20
4	7.1	2.4	8~28
5	8.8	3.0	8~35
6	11.0	3.6	10~42

2. 铆接工具

手工铆接常用的工具包括手锤、压紧冲头(漏斗)、顶模(窝子)。手锤大多采用圆头锤,其规格按铆钉直径选定,最合适的是0.2千克或0.4千克的小手锤,如表5-4所示。

表5-4 铆钉直径与手锤

铆钉直径 d/mm	锤重/kg
2.5	0.3~0.4
3.6	0.4~0.5

压紧冲头又称漏冲，如图 5－2(a)所示。当铆钉插入连接孔之后，铆钉杆漏入冲头内孔，将被铆接的板料压紧并使之贴合冲头，基本尺寸如表 5－5(见图 5－2)所示。

顶模又称窝子，如图 5－2(b)所示为半圆头铆钉的顶模。顶模和压紧冲头一般用中碳钢或碳素钢工具钢(T8)，头部经淬火抛光制成。顶模头部的半圆形凹球面应与半圆头铆钉的标准尺寸相同，顶模的其他基本尺寸如表 5－6(见图 5－2)所示。

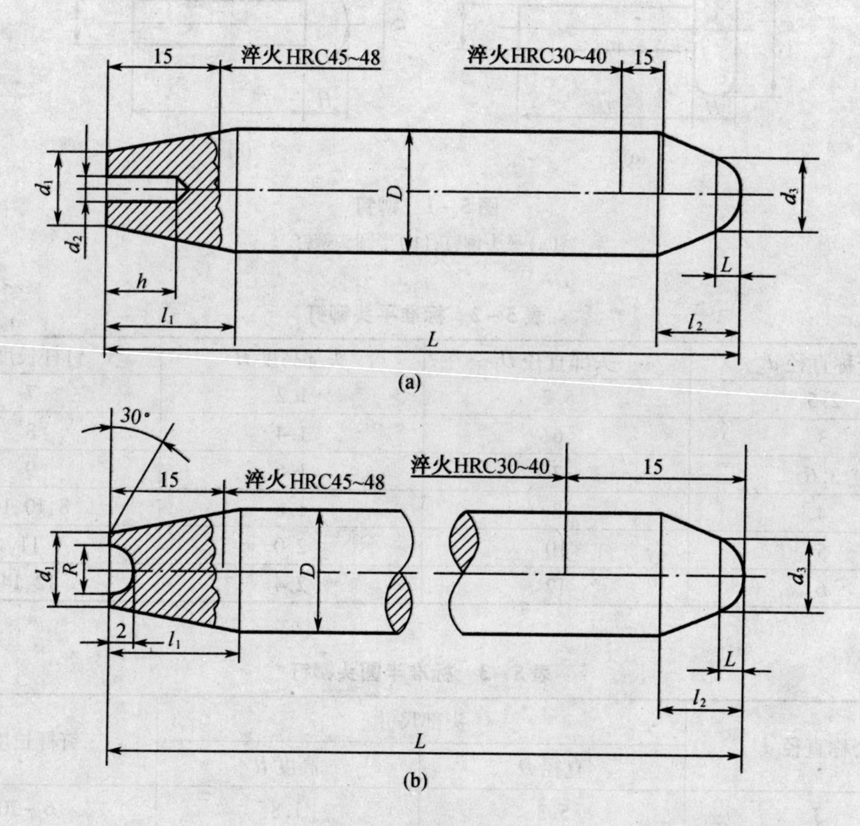

图 5－2　铆接工具

(a)漏冲；(b)窝子

表 5－5　铆钉直径与漏冲

单位：mm

铆钉直径 d	D	L	d_1	d_2	d_3	h	l_1	l_2
2.5～3.6	16	110	10	5.5	13	14	22	10
4～6	18	130	12	7.5	16	18	28	10

表 5－6　铆钉直径与窝子

单位：mm

铆钉直径 d	D	L	d_1	d_2	d_3	h	R	l_1	l_2
2.5	10	90	6	4.1	10	0.04～1.3	2.3	15	—
3	12	100	7.5	5.5	10	0.05～1.5	3.0	20	8
3.6	14	110	8.5	6.5	12	0.05～1.75	3.7	20	10
4	17	120	10	7.5	14	0.05～2.2	5.8	28	10
5	18	130	12.5	9.2	16	0.05～2.5	5.8	28	10
6	20	130	15	11.2	18	0.06～2.9	7.3	30	10

在批量比较大或不利于手工铆接时，可使用铆钉和拉铆枪，铆钉枪有电动和风动两种。风动铆钉枪铆接是利用0.6 MPa 的压缩空气为动力，推动风枪内的活塞作快速往复运动，冲打安装在风枪口上的铆钉窝子，在急剧的锤击下完成铆接工作。风动铆接枪通常应先慢后快，先慢的目的是先将钉杆打粗使其填满顶孔，而后快打的目的是迅速完成铆钉帽的制作。

二、铆接的类型和铆接接头的形式

1. 铆接的类型

铆接按其作业性质可分为冷铆、热铆和混合铆三种类型。在铆接过程中，使用不加热的铆钉进行的铆接称为冷铆。在钣金作业中多为薄板连接，而且使用的铆钉规格较小，一般规定钢质铆钉的直径不超过 8 mm 时必须采用冷铆，故通常采用冷铆直接镦出铆合头。如果将钢质铆钉加热到 1 000 ℃左右，然后进行铆接，称为热铆。混合铆是只将铆合头局部加热，主要是为了使较长的铆钉在加工时，铆钉杆不发生弯曲。

此外，按构件连接的不同要求，铆接后的活动性质又可分为活动铆接和紧固铆接两种类型。活动铆接用于零件在铆接后能相互转动的情况，如手钳、剪刀、卡钳、圆规等的铆接。紧固铆接则要求零件在铆接后不得产生相互转动，如一些刚性框架、锅炉及容器等必须用紧固铆接。

2. 铆接接头的形式

铆接接头的形式可分为搭接、对接（夹接）、角接等。有时平板之间的连接，为保证被连接的平板处在平面，则采用窝接的接头形式。铆接接头形式如图 5－3 所示。

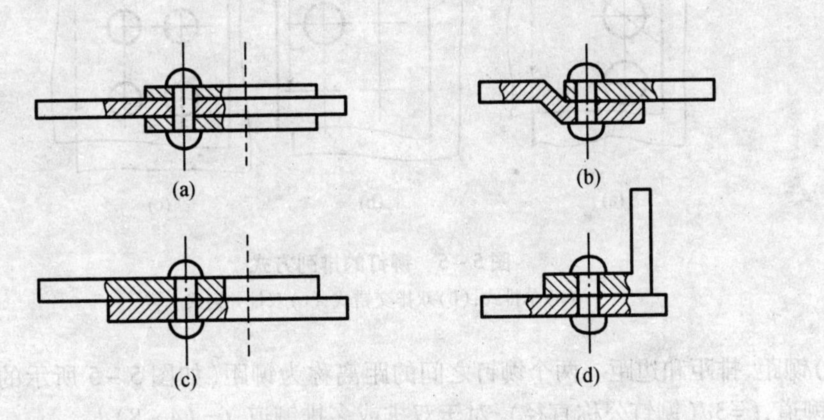

图 5－3　铆接接头形式

（a）对接；（b）窝接；（c）搭接；（d）角接

三、铆接工艺

1. 铆钉直径和铆钉长度的确定

在铆接前，应确定铆钉的直径和长度。铆钉在工作中的受力以剪切为主，一般铆钉直径的确定与被连接的最小厚度有关，取板厚的 1.8 倍，即 $d=1.8t$。当连接为搭接时，板厚指搭接板的厚度；当厚度差较大的钢板相互铆接时，板厚为两者的平均值。

铆接时所使用的铆钉长度，必须保证能铆出符合要求的铆合头，并应获得足够的铆接强度。铆钉长度包括板件总厚度和铆接伸出部分的长度两项之和，即 $L=h+a$，如图 5－4

所示。

一般情况下，埋头铆钉的伸出长度约为铆钉直径的0.8～1.2倍；平头铆钉的伸出长度约为铆钉直径的1.25～1.5倍。铆钉伸出板件的长短会直接影响铆接件的质量，过长会增加铆接的时间和使铆接费力，更主要的是使铆钉杆发生弯曲，影响铆接的强度；过短则打不出铆钉头，使铆接不牢。

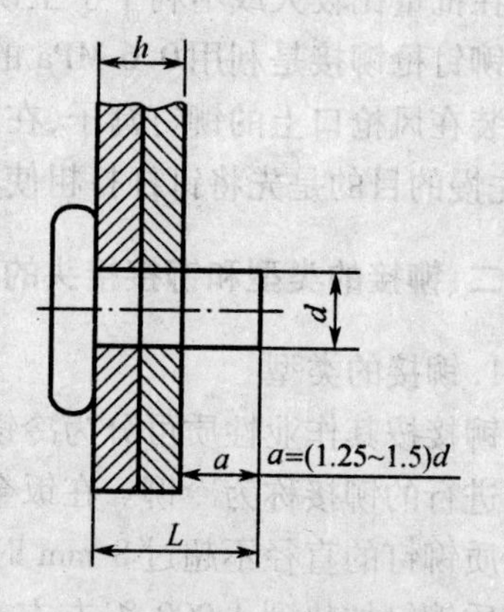

图5－4 铆钉长度选择

2. 铆钉的布置

(1)铆钉的排列方式。铆钉的排列方式又称铆道，由铆接件的强度和铆钉的排列密度确定。具体排列方式分为单排、双排和多排等。在双排和多排铆接中，又分为交错排列和并列排列，如图5－5所示。

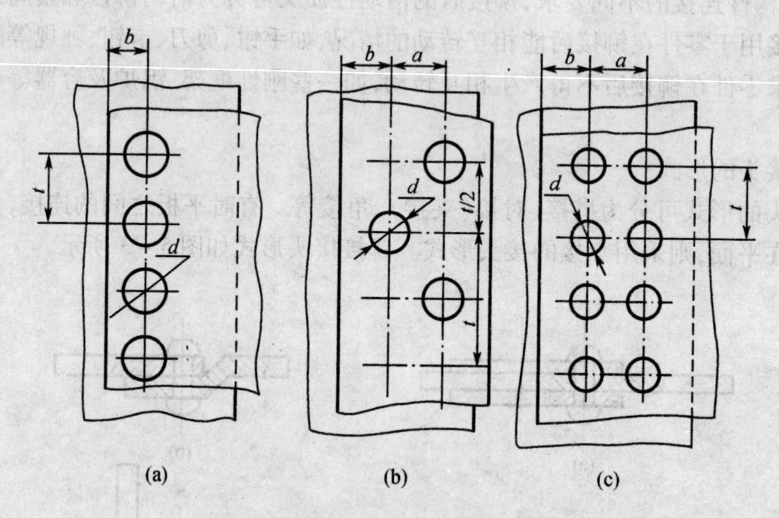

图5－5 铆钉的排列方式

(a)单排式；(b)双排交错式；(c)双排并列式

(2)铆距、排距和边距。两个铆钉之间的距离称为铆距(如图5－5所示的尺寸t)。对于单排铆道，$t=3d$(铆钉公称直径)；对于双排或多排铆道，$t=(4\sim8)d$。

两排铆钉之间的距离称为排距(如图5－5所示的尺寸a)。一般情况下，$a\approx(1.5\sim4)d$。

铆钉中心到铆接件边缘的距离称为边距(如图5－5所示的尺寸b)。对于单排铆道，钻孔时的$b=1.5d$；冲孔时的$b=2.5d$。对于双排或多排铆道$b\approx(1.5\sim2.5)d$。

3. 手工铆接

(1)钻孔。钻孔铆接时，应使铆钉孔直径略大于铆钉直径，以使铆钉能顺利通过铆钉孔。钻孔时，应根据铆钉直径选择钻头，如表5－7所示。

铆钉孔直径不能太小或太大。若孔径太小，铆钉被强行打入，容易使连接板的孔壁受损，影响铆接强度；若孔径太大，铆接时容易使铆钉偏斜，造成铆钉与连接板孔壁接触不良，从而降低承载能力。

表 5-7　根据铆钉直径选用钻头　　单位:mm

铆钉直径	钻头直径		
	装配要求		
	Ⅰ	Ⅱ	Ⅲ
2.5	2.6	2.7	2.8
3	3.1	3.2	3.5
3.6	3.7	3.8	4.0
4	4.1	4.2	4.5
5	5.2	5.5	5.8
6	6.2	6.5	6.8

(2)冲漏。经钻孔后的制件在铆接时,往往因不能紧密贴合,使制件之间出现缝隙。在铆钉放入制件铆钉孔后,应用漏冲镦紧,如图 5-6(a)所示,然后再铆合,否则会出现如图 5-6(b)所示的情况,影响铆接强度和铆接质量。

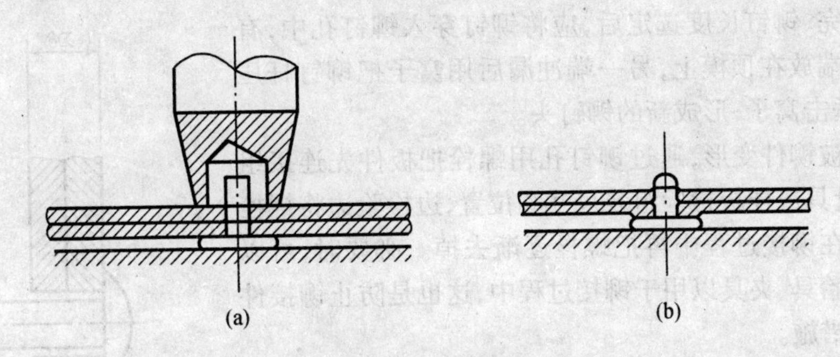

图 5-6　钻孔铆接

(a)使用漏冲镦紧;(b)不使用漏冲镦紧

使用漏冲时,先把铆钉从板的下方放在铆接部位,然后用手锤在板的上方轻轻敲击,以确定板下方的铆钉位置是否正确。当敲到铆钉位置时,板料上会出现铆钉的痕迹,一旦铆钉的位置确定,即可握紧漏冲,用手锤捶击漏冲,迫使铆钉穿透板料。当双层板料总厚度不超过 1 毫米时,可一次冲漏,若板料厚度较大,则必须分几次冲漏。

(3)铆合。手工铆接的关键在于铆钉放入钉孔后,应使用漏冲将铆钉顶严、顶紧,然后用手锤打伸出孔外的铆钉杆,将其打成粗帽状或打平。当对制件的外观质量有要求时,应将铆合的钉头用窝子窝成半圆头,但要避免出现如图 5-7 所示的现象。如果是热铆,应使用

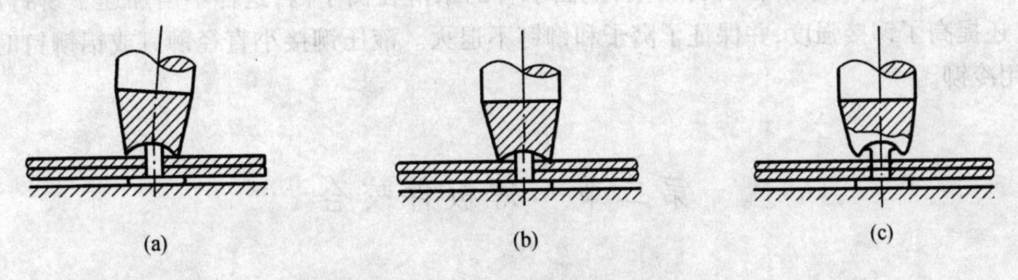

图 5-7　不正确的窝圆头方法

(a)窝子与铆杆未对正;(b)用力过大;(c)用力过轻

与铆钉头形状基本一致的罩模盖上,用大锤捶击罩模,直到将铆钉铆好为止。

4. 有色金属薄板的铆接方法

有色金属薄板的铆接接头形式一般采用搭接(如图5-3所示)。当确定两板的接缝采用铆接方式后,先将接缝区域内的板料敲平整。如果有圆弧面时,应是两接缝能光滑接触,再将接缝按事先画好的线对正并夹紧,然后制孔。制孔的放大可采用冲孔或钻孔,为铆合时能使铆钉较容易地穿过钉孔,钉孔直径应略大于铆钉直径。铆钉与钉孔间隙的大小取决于铆钉的直径和装配的精度,当铆钉直径小,对装配精度要求较高时,其间隙可小一些,反之可大些。选择铆钉的长度时,应保证铆钉不仅能把钉孔填满,而且还能形成足够的钉帽,其计算方法为

$$L = (1.65 \sim 1.75) + 1.1\sum\delta \tag{5-1}$$

式中 L——被选择的铆钉钉杆长度,mm;

$\sum\delta$——被铆接板厚的总和,如图5-8所示。

有色金属的铆接较软,一般采用冷铆。如图5-8所示,在铆接孔制完、铆钉长度选定后,应将铆钉穿入铆钉孔中,有铆钉头的一端放在顶模上,另一端冲漏后用窝子把铆钉杆压住,用手锤捶击窝子,形成新的铆钉头。

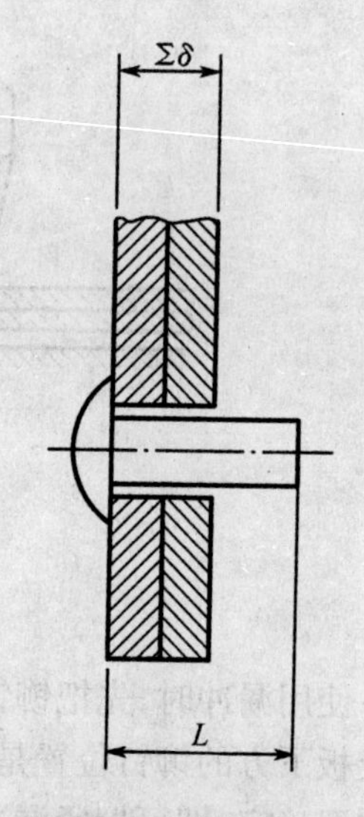

图5-8 铆接板件

为防止被铆件变形,通过铆钉孔用螺栓把板件先连接组合,并且用量具或样板检验组装尺寸和位置,边检验边将螺栓紧固。然后在铆接过程中再把螺栓逐渐去掉。必要时,可以做较简单的胎具、夹具以用于铆接过程中,这也是防止铆接件变形的更好措施。

5. 液压铆接

液压铆接是利用液压机铆接的一种方法。液压铆接具有压力大、动作快、噪声小、适应性强的特点,是一种比较先进的铆接工艺。

热铆时,若利用液压机进行铆接铆制,因其压力大,所以铆钉只需加热到800 ℃左右即可,温度太高会影响铆接质量。由于液压铆接的速度快(仅2秒钟左右),为保证铆接质量,当铆钉铆好以后,铆接的压力还要保持2~5 s。如果在铆接温度较高的情况下立即卸掉铆接压力,因铆钉材质较软,连接件会产生回弹,使铆钉拉长。为了解决这一问题,可在工件的上下铆钉处接上直径较小的水管。将下面水管的水淋在铆钉帽上,上面水管的水淋在窝子内,这样不但加速了铆钉的冷却,还提高了铆接强度,并保证了窝子和铆钉不退火。液压铆接小直径铆钉或铝铆钉时,应采用冷铆。

第二节 薄板件咬合

在钣金加工中,把制件毛坯的两端或两块板料的边缘折转扣合并彼此压紧的方法,称为咬接。咬接可分为收购咬接和机械咬接。在管道工程和暖通及通风设备等工程中,管道等

钣金制件的材料多为薄板，咬接的连接方式被广泛采用，尤其是手工咬接成为钣金工的基本操作技术之一。

一、咬接的形式

薄板制件的咬接处又称为咬口，咬口根据制件的结构和使用要求的不同可咬成各种各样的咬接形式。按结构分有单平咬接（单扣）、双平咬接（双扣）、单立咬接、双立咬接、综合角形咬接、综合咬接和角形咬接；按咬接的外形又可分为纵咬接和横咬接，如图5-9所示。

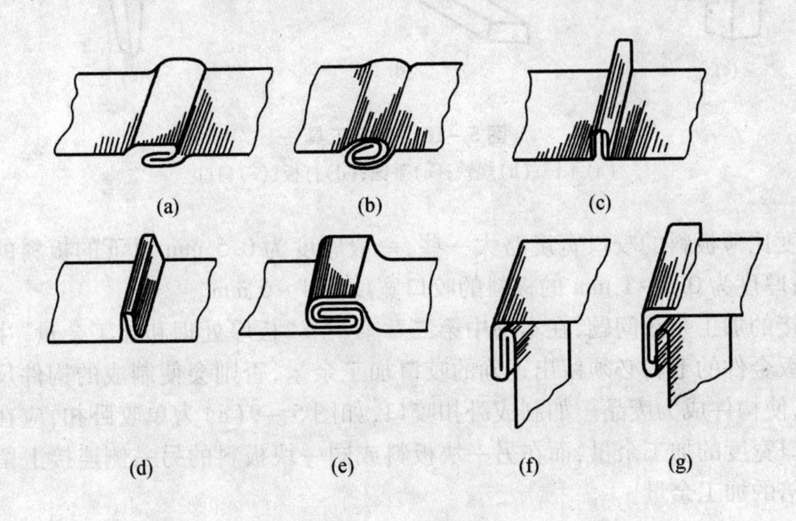

图5-9　咬接形式

(a)单平咬接；(b)双平咬接；(c)单立咬接；(d)双立咬接；
(e)综合咬接；(f)角形咬接；(g)综合角形咬接

单平咬接如图5-9(a)所示，常用于一般制件的咬口，如盆、水桶、水壶等，这种咬口最为简单且有一定的连接强度。综合咬接如图5-9(e)所示，这种咬接形式的连接强度高，最为牢固，一般在建筑房屋时采用，用于屋顶的水沟等钣金制件。风道和烟道均采用平咬接如图5-9(a)、图5-9(b)所示，只要求不漏水即可。立咬接在要求应具有较高的刚性时采用，如图5-9(d)所示为站扣整咬（双立咬接）。因弯制较难，一般多用站扣半咬（单立咬接），如盖房的纵咬接（纵扣）大多为站扣半咬接，如图5-9(c)所示。

二、手工咬接

手工咬接的连接方式适用于板厚小于1.2 mm的普通钢板、厚度小于1.5 mm的铝板和厚度小于0.8 mm的不锈钢板。

1. 咬接工具

手工咬接常用的工具有手锤、木锤、打板、扁口、规铁等。其中打板（方寸）是咬接操作中的主要工具，用硬木制成。打板的大小要适中，一般为45 mm×450 mm。木锤多用于圆筒形制件的立咬口折边。咬口的制作需在规铁上进行，为了便于操作，一般将规铁固定在工作台上。咬接常用工具如图5-10所示。

2. 咬口宽度和咬接加工余量

各种薄板的咬接应根据板料的厚度决定咬口的宽度（见图2-17中尺寸S）。较厚的板

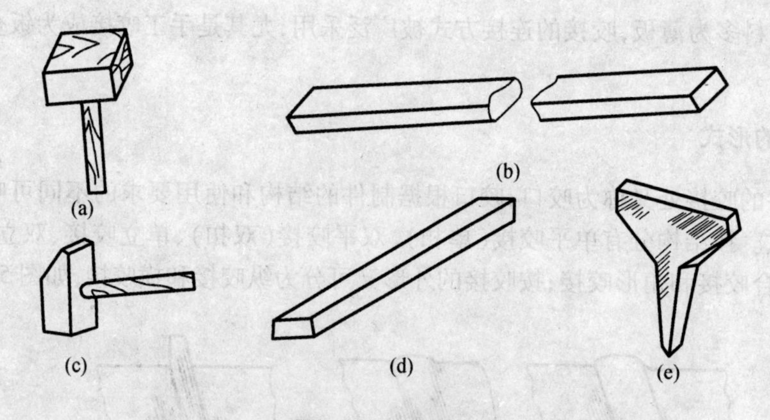

图 5-10　咬接工具

(a)木锤;(b)规铁;(c)手锤;(d)打板;(e)扁口

料的咬口宽度比薄板料的咬口宽度略大一些,一般厚度为 0.5 mm 以下的板料的咬口宽度为 3 ~4 mm;厚度为 0.5 ~1 mm 的板料的咬口宽度为 4 ~6 mm。

关于咬接的加工余量问题,在本书中第二章第一节"板厚处理和加工余量"中作过详细说明。咬接钣金件的毛料必须留出正确的咬口加工余量,否则会使制成的构件尺寸与图样尺寸不一致,使构件成为废品。如制成卧扣咬口,如图 5-9(a)为单咬卧扣,应在一块板上留出等于咬口宽度的加工余量,而在另一块板料或同一块板料的另一侧连接上留出等于咬口宽度的二倍的加工余量。

3. 手工咬接的操作方法

(1)单平咬接。单平咬接也称单咬卧扣,如图 5-9(a)所示,主要用于各种薄板制作件的纵向咬缝,以及强度和密封性能要求不高的咬口等。其操作过程如图 5-11(c)所示,操作方法如下:

①画折边线。根据放样展开时所留下的咬口加工余量,在板料上分别画出折边线。咬口宽度应根据板厚和工艺的要求来确定。

②将板料放在规铁上,用拍板(打板)拍打折边线以外伸出的折线部分,使其成为 90°,然后再将板料翻转,使折边向上。

③将板料在规铁上伸出折边,用折板向里拍打折边,使其成为 30° ~50°角,注意不可将折边扣死,应留出适当的间隙。

④用同样的方法,将第二块板料的折边打好,并将其折边互相套合在一起,用打板将两块板料敲合在一起,并注意咬边缘要敲凹,这样不仅利于敲打,而且不致将咬口打疵。为了使咬接紧密和严实,在拍打扣合后,应使用铁锤轻轻敲打一遍。

(2)双平咬接。双平咬接也称卧扣整咬,如图 5-9(b)所示,主要用于拉力和强度较大的构件。其操作过程如下:

①画折边线。

②将板料在规铁上打成直角折边,然后翻转向上,把折边向里拍打,注意折边与板料之间应有大于板料厚度的间隙。接着再将板料翻转,使折边向下,用打板打出带斜度的第二个折边,这次的折边要稍大于第一个折边。再次将板料翻转,使折边向上,把第二个折边拍打成 45°角,即弯出双扣。

③用同样的方法在第二块板料上弯出双扣,然后对合在第一块板料的双扣上,彼此互套

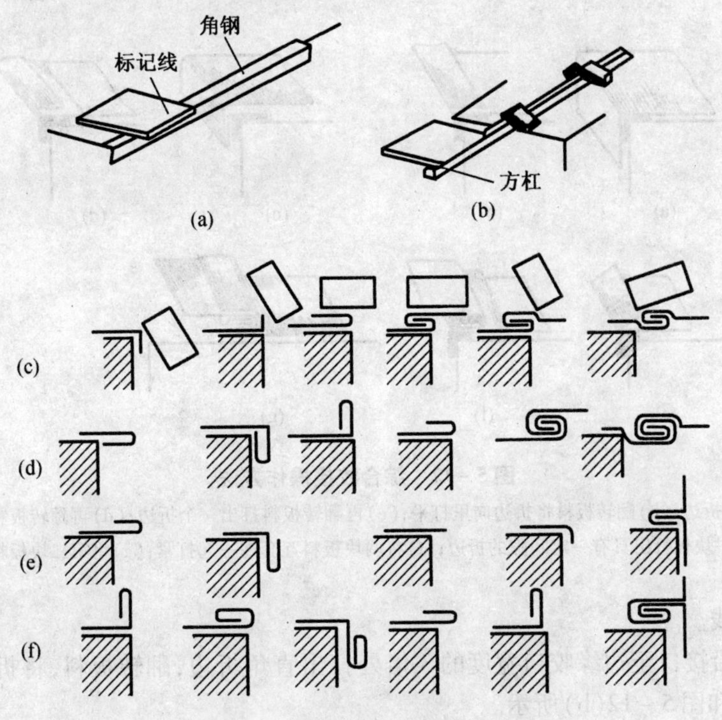

图 5－11　双平咬接的操作过程

(a)固定在钳桌上的角钢;(b)固定在钳桌上的规铁;(c)卧扣单咬口的弯制过程;
(d)卧扣整咬口的弯制过程;(e)站扣半咬口的弯制过程;(f)站扣整咬口的弯制过程

并压紧,同时注意将咬口边敲凹。在两块板料互套之前,应检查折边里边,看是否有拍打成贴合的地方,然后把两块板料彼此推入直至端面平齐为止。双平咬接的操作如图 5－11(d)所示。

此外,双平咬接还可以采用简易的方法,即将两块板贴合在一起后,一起拍打折边,这样减少了两块板料彼此分别折边、翻转等过程,操作上比上述方法简单,而且还可以提高生产效率,但不宜用于大块板料的连接。其操作方法如下:首先在第一块板料的折边内放入第二块板料,然后用打板将第一块板料的折边打紧。接着翻转板料向下,开始打第二个折边,第二个折边的宽度以第一个折边为准,翻转板料将折边折叠向里打紧,按上述方法再折叠一次。最后把折叠在下面的板料向上扳至使两板在同一平面上,用木锤打紧,并将咬口边敲凹。

(3)单立咬接。单立咬接又称站扣半咬如图 5－9(c)所示。弯制站扣半咬口的操作过程如图 5－11(e)所示。首先在一块板料上弯成站扣单扣,而把另一块板料的边缘弯成直角,然后互相扣合并用打板打紧。

(4)双立咬接。双立咬接又称站扣整咬如图 5－9(d)所示。双立咬接与单立咬接的操作方法基本相同。首先在第一块板料上弯制出双扣,并将边缘弯成直角;而在第二块板料上做单扣,并翻转板料将边缘弯成直角,即做出站扣单扣,然后扣合并敲紧。双立咬接的操作过程如图 5－11(f)所示。

(5)综合咬接。综合咬接如图 5－9(e)所示,它是单平咬接和双平咬接形式的综合应用，其目的是加强咬口的强度和密封性能。其操作过程如图 5－12 所示，操作方法如下：

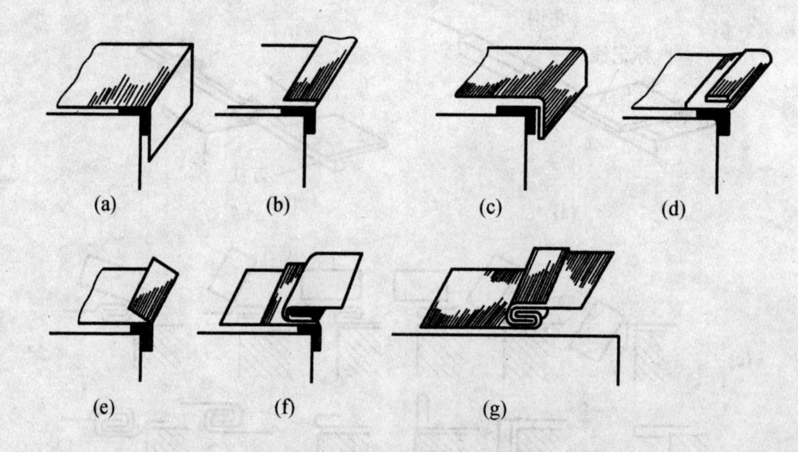

图 5－12　综合咬接操作方法

(a)打出直角折边；(b)翻转板料将折边向里打平；(c)再翻转板料打出一个折边；(d)再翻转板料向里打平；(e)另一块板打出具有一定间隙的折边；(f)将两块板料互套在一起打紧；(g)将第二块板料打平

①画折边线。

②用打板沿接口至边缘咬口宽度的 3 倍处打出直角折边，翻转板料，将折边向里打平，如图5－12(a)和图 5－12(b)所示。

③翻转板料向下，打出一个咬口宽度的折边，然后翻转板料向里打平。注意折边处应留出大于一个板厚的间隙，如图 5－12(c)和图 5－12(d)所示。

④把另一块板料按咬接加工余量打出一个具有一定间隙的折边，原则上其折边的宽度应等于第一块板料的第二次折边的宽度。然后两块板料互套在一起，并用木锤打紧，如图 5－12(e)和图 5－12(f)所示。

⑤将综合咬接中的自由边扳起，用木锤将其向上包住第二块板料并打平压紧，打出扣和缝，使两块板料在同一平面上如图 5－12(g)所示。

(6)筒端咬接。筒端咬接主要用于管件对接时的咬口连接，由一个筒形制件在筒端刨双边即两次翻边，和另一个筒形制件在筒端刨单边即一次翻边构成。其操作过程如下：

①将筒形制件放在规铁上，用铁锤的窄面轻轻地向外均匀地刨打。在刨打时要不断地将工件转动，使其逐渐扳平。刨边的宽度应根据板料的厚度而定，以避免产生裂口。在刨边的过程中，还要注意刨边的宽度是否一致及刨边的平整。

②将宽边在规铁的端部上刨出单边，使其与端面成为直角，然后将另一圆筒制件在刨出单边，经平整后放入双边的制件内，先用手锤沿制件的周围收边，没有疵边后再将其刨合，如图 5－13 所示。

(7)角形咬接。角形咬接常用于方形构件的连接，如矩形通风管等。若对咬接的部位无特殊要求，一般情况下把咬缝放在棱角处。

角形咬接在咬合时，先将板料的一端打出折边，另一端打出有间隙的叠边，如图 5－14(a)所示。然后将构件放在规铁上，在两端相互套合后，先用钳子将套合的叠边夹合，再用铁锤将咬接边打倒并敲平，并注意修整出清晰的棱角，使其外形美观，如图 5－14(b)和图5－14(c)所示。

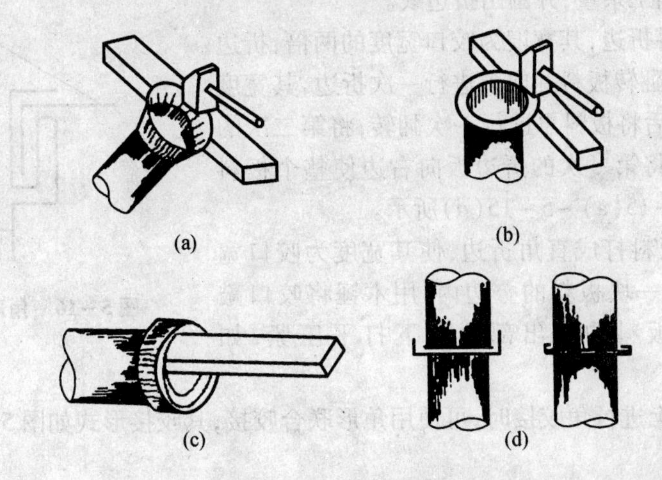

图 5-13　筒端单立咬接

(a)向外刨打宽边;(b)另一段向筒外刨打出窄边;(c)收边;(d)刨合

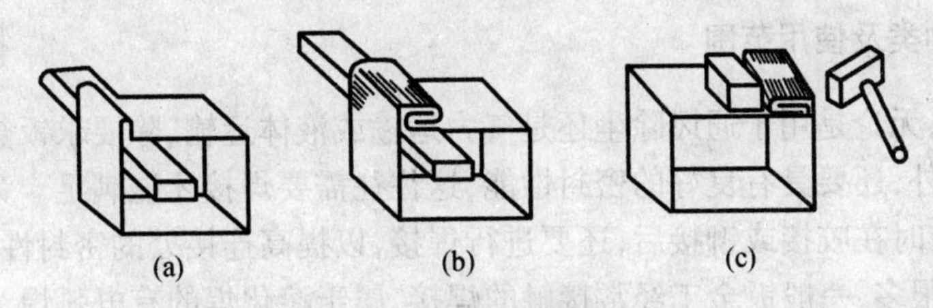

图 5-14　角形咬接

(a)将板料一端打出折边,另一端打出叠边;(b)用锤子将咬合边打倒;(c)敲平并修整出棱角

(8)综合角形咬接。综合角形咬接,如图 5-15 所示,其操作过程如下:

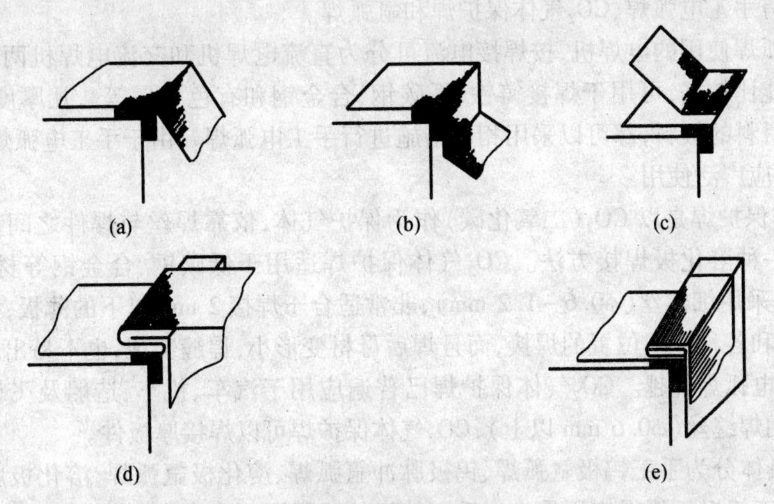

图 5-15　综合角形咬接

(a)将板边折边;(b)翻转板料再一次折边;(c)另一块板料打成直角折边;

(d)两块板料套合在叠边内;(e)用木锤将第一块板料的伸出部分打平压紧

①计算咬接加工余量,并画出折边线。

②将一块板料折边,其宽度为咬口宽度的两倍,折边至30°~40°即可;翻转板料并向下进行一次折边,其宽度等于咬口宽度,然后将板料再进行一次翻转,将第二次的折边打成叠边,并将第一次的折边扳向右边使整个板料位置平行,如图5-15(a)~5-15(d)所示。

③将另一块板料打成直角折边,使其宽度为咬口宽度的一倍,放入第一块板料的叠边内,用木锤将咬口敲合,并将第一块板料的伸出部分向下打平压紧,如图5-15(e)所示。

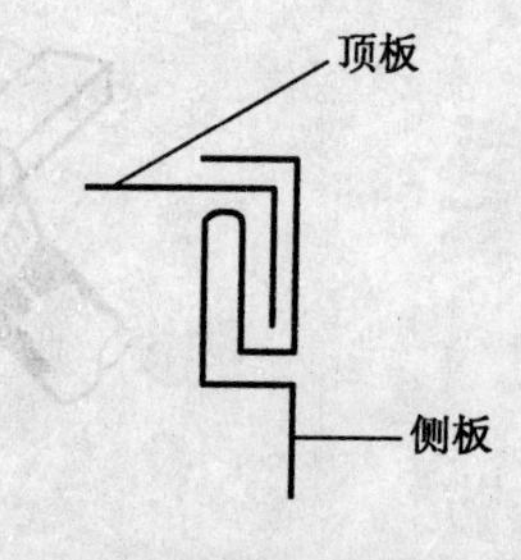

图5-16　角形联合咬接

另外,在曲线上进行角咬接时,可使用角形联合咬接,其咬接形式如图5-16所示。

第三节　焊　接

一、焊接的种类及使用范围

钣金过程中,无论是用于通风除尘还是气力运输或液体运输,除要求钣金制件在连接处保证足够的强度外,还要具有良好的密封性能,这往往需要焊接才能满足。为使管道不漏风或粉尘不外扬,有时在咬接或铆接后,还要进行焊接,以提高连接处的密封性能。

焊接的种类很多,一般钣金工经常接触的焊接,属于溶化焊的有电弧焊。气焊、钎焊;属于加压焊的有接触焊。

电弧焊和气焊产生的热量高,适于较厚板材的焊接。薄板钣金件使用的板料多用1.2 mm以下的镀锌板,所以不宜采用电弧焊或气焊,一般多用锡焊。

电弧焊有手工电弧焊、CO_2气体保护焊和氩弧焊。

手工电弧焊使用的电焊机,按焊接电流可分为直流电焊机和交流电焊机两种。其中直流电焊机性能比较好,可用于焊接铸铁、低碳钢、合金钢和有色金属等。凡厚度大于2 mm的上述各种材料的板料,都可以采用相应措施进行手工电弧焊。由于手工电弧焊设备简单、适应性强,故应广泛使用。

CO_2气体保护焊是以CO_2(二氧化碳)作为保护气体,依靠焊丝与焊件之间产生电弧来融化金属的一种溶化极焊接方法。CO_2气体保护焊适用于低碳钢、合金钢等材料的焊接。CO_2半自动焊采用细焊丝(ϕ0.6~1.2 mm),非常适合于焊接2 mm以下的薄板,并适于短焊缝、曲线焊缝和各种空间位置的焊接,而且焊后母材变形小,焊缝美观,也不易出现其他焊缝缺陷,比手工电弧焊优越。CO_2气体保护焊已普遍应用于汽车、机车、造船及飞机制造工业中。如果采用焊缝丝(ϕ0.6 mm以上),CO_2气体保护焊可以焊接厚板件。

氩弧焊具体分为手工钨极氩弧焊、钨极脉冲氩弧焊、溶化极氩弧焊、溶化极脉冲氩弧焊等,其中以手工钨极氩弧焊应用最广。手工钨极氩弧焊属于非溶化极氩弧焊,是利用钨棒作为电极,依靠手工操作,由钨极和工作件制件产生电弧,并使氩气严密地保护钨极、焊丝和熔池进行焊接的一种方法。焊丝用手工加入,电源可用直流或交流。手工钨极氩弧焊主要用于焊接铝合金和不锈钢的薄板构件,铝板的最小厚度为1.2 mm,不锈钢板的最小厚度为

1 mm。

气焊利用焊炬喷出的氧、乙炔（或液化石油气）火焰燃烧产生的高温，将两焊件的接缝处熔化形成熔池，然后不断的向熔池填充焊丝，使接缝处熔合一体，冷却后形成焊缝。

点焊与滚焊是接触焊工艺的两种。低碳钢、合金钢、铝及铝合金薄板都可以点焊或滚焊。

钎焊是采用比母材熔点低的金属材料钎料，利用加热成液态的钎料填充接头间隙，并与母材相互扩散，实现连接焊件的方法。在钎焊中，当钎料的熔点温度高于500 ℃时称为硬钎焊，当钎料的熔点温度低于400 ℃时称为软钎焊。锡焊是钎焊的一种，钎焊对焊件加热温度较低，焊件的金相组织和机械性能变化都不大，变形较小。焊后接头光滑平整，而且焊接过程简单，但仅适于对焊接强度要求不高的薄板焊件。

二、锡焊

1.锡焊的特点

锡焊属于软钎焊，它是将锡合金加热使之熔化，在被焊工件不被熔化的情况下，实现连接的方法。锡焊焊缝的抗拉强度较低，为 $\sigma_b = 50 \sim 70$ MPa。锡焊具有以下特点：

（1）由于加热温度低、时间短，所以板料的机械性能不会有大的变化，也不会引起构件的变形；即使在锡焊很薄的薄板构件时，因被焊板料不会熔化，所以不存在板料被焊穿的问题。

（2）焊接工具简便，操作方便，生产效率高，且焊缝较光洁。

（3）由于焊缝接头抗拉强度较低，必须通过搭接、拼接、咬接及丁字形接头等方法，以达到与焊件强度相等的连接。

由于上述特点，锡焊在薄板钣金工件的制作中被广泛使用。

2.锡焊常用的工具、焊料及焊剂

（1）锡焊常用的工具：

①烙铁。烙铁的热量的储存和传导体的头部用紫铜制成。紫铜吸收的热量多、传热快，在焊接时能迅速放出大量的热量，使焊料熔化。烙铁有直头和弯头两种，烙铁头部锉成30°～40°的夹角，其重量一般为0.3～0.7 kg，较大的不超过1 kg。

烙铁的加热温度为250～550 ℃，若温度过低，则不能使焊锡熔化，若温度过高，会使烙铁表面形成氧化铜，不能粘锡，因此锡焊时适当地掌握烙铁的温度是一个很重要的问题。

电烙铁加热均匀、清洁，而且能长时间使用，但工作时间过长时，烙铁的头部就会被氧化而出现凹坑。

②锉刀。锉刀主要用来锉削烙铁头部和锉削工件在焊缝处的锈污和氧化皮等，也可以用砂纸来代替锉刀。

③炭炉和喷灯。炭炉和喷灯用于加热烙铁，炭炉的大小根据需要而定。理想的燃料应为木炭或焦炭。不用煤作燃料，是因为煤所含的硫多，容易把烙铁镀过锡的部分糊住，妨碍焊接。

（2）焊料：锡焊的焊料通常称为焊锡，它是锡、铅、锑三种元素的合金。常用的焊锡有HISnPb30 和 HISnPb50 两种，熔化温度分别为183 ℃和210 ℃，焊锡的成分和用途如表5－8所示。

铅焊锡的含铅量若超过10%，就不能用于焊接饮食器皿和对其挂锡，否则易引起人身中毒。

(3) 焊剂:焊剂又称焊药,它的作用是清除焊缝处的金属氧化膜等污物,并在焊接过程中保护焊件和熔化的焊锡免于氧化,帮助焊锡流动和增加焊接强度。常用的焊剂有稀盐酸、氯化锌、松香和松香酒精溶液、焊膏等。稀盐酸可由浓盐酸用水冲淡,直到不冒烟为止,它只适于焊接锌铁皮。氯化锌是将锌放入稀盐酸溶液制成的,一般锡焊均可使用。松香或松香酒精溶液适用于黄铜焊接。紫铜和表面光洁的工件的锡焊,对于铝是一种特别有效的焊剂。焊膏是粉末状的锡焊和焊剂的混合物,仅适用于小件的锡焊。

表 5-8 焊锡的成分和用途(GB340—64)

焊料名称	代号	成分/%			熔点/℃	用途
		锡	铅	锑		
10 锡铅焊料	HlSnPb10	90	10	—	217	餐具、医疗器具
39 锡铅焊料	HlSnPb39	61	39	—	185	黄铜皮、马口铁皮
50 锡铅焊料	HlSnPb50	50	50	—	210	镀锌铁皮、线材
58-2 锡铅焊料	HlSnPb58-2	40	58	2	237	镀锌铁皮、电动机线
68-2 锡铅焊料	HlSnPb68-2	30	68	2	249	粗糙铁皮、汽车零件
80-2 锡铅焊料	HlSnPb80-2	18	80	2	257	镀锌铁皮、铝制品
90-6 锡铅焊料	HlSnPb90-6	8	90	2	310	火焰焊接

3. 锡焊的操作方法

(1)锡焊前的准备工作。在锡焊前详细检查,如果接头为咬接,当接头松动时,即使焊上锡,接头也不会牢固。接头检查完毕后,用刮刀、细锉、砂布、细钢丝刷等工具去除氧化皮,接头表面的油污需用汽油或酒精清洗。当大批量生产时,零件需要在10%苛性钠或10%硫酸水溶液中侵蚀约2~3 min,然后在流动水中冲洗,等烘干或晾干后再施焊。

(2)烙铁口镀锡及烙铁加热:

①选择和清理烙铁。应根据焊件的大小和焊件的位置来选择烙铁,以使用方便、焊接迅速为准。在施焊前,检查烙铁头部是否已经出现氧化凹坑或变为棕黄色,如果发现有上述情况,要对烙铁头部进行锉挂或用钢丝刷把附着的氧化铜刷掉。在正常情况下镀过锡的烙铁头部为灰白色。

②烙铁口镀锡。在施焊前,应在烙铁口上镀一层锡也称挂锡,若烙铁口上挂不上锡就不能施焊。应先将烙铁口用锉刀锉光,并使烙铁口呈圆形,将烙铁加热到施焊所需的温度,然后放在氯化锌溶液里浸一下以清除氧化物,再与焊锡反复摩擦,这样就在烙铁的口头均匀得镀一层锡。

③烙铁加热温度的判断。在施焊的过程中,若烙铁温度太低,则不能熔化焊锡,致使焊接不牢;若烙铁温度过高,会引起烙铁口氧化,也使焊锡附着不上。对烙铁温度的简单判断方法,是把加热后的烙铁在氧化锌溶液中蘸一下,听其声音,若有短促的油炸声,并且烙铁口呈极亮的白色,说明温度适合。如果发出“吱吱”声,说明温度太高;如果发出很小的“嘶嘶”声,则说明温度太低。烙铁在加热时,由于工作部分较薄,吸热面积有限,若对工作部分直接加热,因吸收热量不多,工作中容易被冷却,并且工作部分不耐高温而容易烧坏,所以对烙铁

加热时，应使烙铁的工作部分向上将烙铁放入炉中。

此外，对于容易滚动的制件，在焊接前应将其固定，以防止熔化的锡点落在手、脚上，造成烧伤事故。

(3) 锡焊的操作步骤：

①固定焊缝位置并清洁焊缝。

②把烙铁加热到所需的温度。

③取出烙铁、蘸上焊剂、熔化焊锡，使焊锡附在烙铁工作端部上。

④在焊缝处涂上焊剂。

⑤把沾有焊锡的烙铁放在焊缝处，稍停一会儿，使焊件发热，然后均匀缓慢地移动，使焊锡填满焊缝。

⑥清理焊缝并检查焊接质量。

锡焊的具体施焊过程也称焊锡过渡，过渡的方法有两种，第一种是用烙铁蘸锡，然后把焊锡移加到焊件接头上；第二种是右手持烙铁并使烙铁口对着接头，同时左手持条状焊锡，借烙铁口的温度逐渐将焊锡熔化而滴落在接头处，如图 5－17 所示。

对于焊缝比较长的构件，在焊锡时，烙铁的头部应全部接触焊缝，以便传递较多的热量，起一边焊接一边对焊件预热的作用。连续焊接时，烙铁沿焊缝移动速度要适当，如果移动太慢，焊锡就会堆积过多，不仅浪费焊锡，还会影响焊缝的整洁；如果移动太快，焊锡则难以填满焊缝而影响焊接强度。在焊接较大焊缝时，还应注意烙铁在工作件上拉动时的焊锡应具有较好的流动性，若发现焊锡在烙铁上不能很快熔化，则说明温度过低，不能继续施焊，这时应对烙铁重新加热。

对于接头全靠锡焊连接的制件，应在焊接前先用烙铁在焊缝两端和中间焊出几个定位焊点，以保证焊缝位置正确，然后进行连续焊接，如图 5－18 所示。

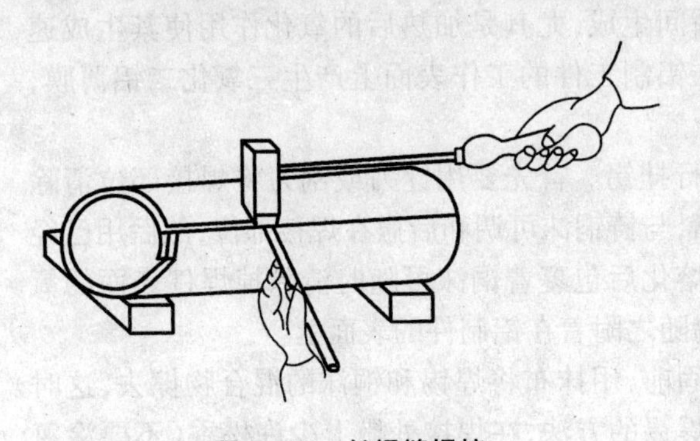

图 5－17　长焊缝焊接

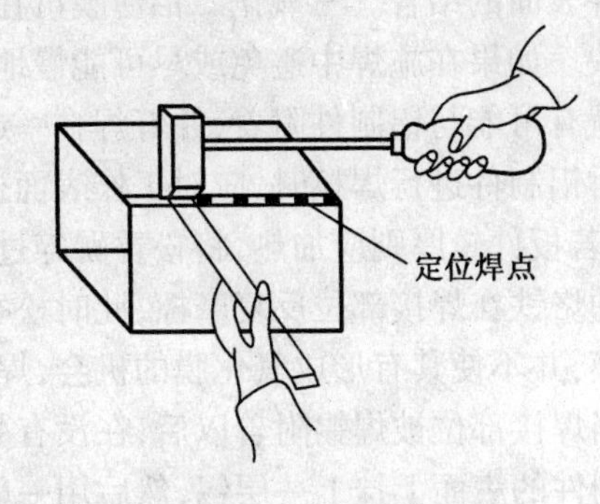

图 5－18　焊前定位

当焊接较厚、较大的制件，尤其是铜制件时，应把较厚或较大的制件的焊缝区加热至 100～150 ℃，这样不仅可避免制件过多地吸收烙铁的热量、影响焊接效果，而且还可以保证锡焊的顺利进行和焊接强度。

焊接后应对焊缝进行修整，凡焊缝表面不光滑处，必须用刮刀或钢丝刷加以修平，还应擦去焊缝四周残留的焊接和锡渣，避免氧化生锈，保持焊缝部位的整洁。全靠锡焊连接的制件，焊缝的接头形式有对接、搭接和盖板焊接三种。对于搭接焊接，要求焊料层薄而均匀。采用盖板焊接时，要求盖板必须符合工件的形状，如果盖板配合得好，焊接后能保证足够的强度。

4. 挂锡的基本知识及操作方法

一般焊件可在清洁后直接焊锡，但对于一些较大的焊件，如果一次不能焊完，在施焊前除彻底清洁外，还要在焊接面上先挂一层锡，否则在焊接时会引起尚未焊接处接合面的氧化，从而影响整个焊接质量。尤其是用酸腐蚀过的焊接接头的表面，若不及时焊接或挂锡，在空气中很容易被氧化。挂锡的方法可分为炒锡法、烫锡法和浸锡法三种，分别叙述如下：

(1)炒锡法。炒锡法最适用于大工作件的挂锡。炒锡就是把焊锡加热到半熔化状态，然后放在帆布上，将半熔化的锡搓成细小的颗粒，再用32目的筛子过筛，筛下来的细颗粒待用。在挂锡前，金属表面要消除污物，然后涂上氯化锌溶液或将氯化锌溶液拌在细颗粒的焊锡中，将细颗粒均匀地撒在工件待挂锡的地方，用喷灯火焰加热工件，待焊锡熔化后用布卷将焊锡擦平擦匀。

(2)烫锡法。首先在清除污物后的工作面上涂上一层氯化锌溶液，然后用烙铁将焊锡烫在工作件上。如果焊剂蒸发太快，可继续补充。挂锡处若为焊缝上，挂锡的范围必须宽于焊接宽度。此外，挂锡面要保持光滑平整，并且越薄越好。若工作件太大，挂锡前应预热至70～80 ℃。

(3)浸锡法。本法适用于小工件的挂锡。将适量的焊锡熔解在铜皮锅内，再将清洁过的工件涂上焊剂，在锡熔液内浸1～2 min即可。但要注意锡熔液的温度不宜过高，否则会在锡熔液表面产生氧化物，影响挂锡质量。工件从焊锡熔液中取出后，应将多余的锡除去，其方法是用布擦或将多余的锡甩掉。

5. 锡焊铝制件

目前，仍有人认为用锡焊接铝制件是不可能的。其实铝制件并不是不能采用锡焊，其关键问题是铝的表面极容易生成三氧化二铝(AL_2O_3)薄膜，造成焊接不易附着，阻碍了焊锡与铝制件表面的结合。三氧化二铝薄膜可在瞬间生成，尤其是加热后的氧化作用使其生成速度更快。如果在施焊中避免或尽可能慢地在铝制工件的工作表面上产生三氧化二铝薄膜，焊锡就有可能与铝制件附着，并钎焊在一起。

对铝制件进行焊接时，应对工作表面进行挂锡。首先要用锉刀或刮刀将焊接部位清除干净，若板件较厚则应加热，将松香碾碎过筛，与铸铜沫可调和后撒在焊接部位，然后用已经加热的烙铁在焊接部位反复摩擦，此时松香熔化后包裹着铜沫可随时清除掉焊件表面的氧化薄膜，并不使其有形成氧化膜的机会，焊锡随之附着在铝制件的表面上。

当焊接部位被焊锡附着以后，在没有凝固前，用抹布将焊锡和铜沫的混合物擦去，这时在铝制件的表面上挂上一层锡，然后用一般焊锡的方法，在焊接处撒上少许松香(不要涂氯化锌溶液)就可以进行施焊。

焊铝制件的焊锡与一般使用的焊锡略有不同。它所含的成分分别为锡占55%、锌占25%、镉占20%。

三、手工电弧焊工艺

(一)基本操作技术

1. 引弧

手工电弧焊采用低电压、大电流放电产生电弧，在工艺上有两种引弧方法，即摩擦法和敲击法。摩擦法也称线接触法，敲击法又称点接触法。

摩擦法引弧:电焊条在坡口上滑动成一条线,当端部接触时发生短路,因接触面积很小,温度急剧上升,在未熔化前将焊条提起,即在空中产生电弧。引弧后,应使弧长保持在焊条直径范围以内。摩擦法引弧易于掌握,但容易污染坡口,影响焊接质量。

敲击法引弧:将焊条与工件保持一定距离,然后垂直落下,使之轻轻敲击工件,发生短路,再迅速将焊条提起即产生电弧。引弧后,弧长应保持在焊条直径范围以内。

引弧对焊接质量有一定影响,引弧操作不好会造成始焊缺陷。在引弧时应注意以下几点:

(1)工件坡口处应无油污、锈斑,以免影响导电能力和熔池产生氧化物。

(2)从接触到焊条提起的时间要适当。太快会造成电弧熄灭,太慢会使焊条和工件黏合在一起,无法引燃电弧。

(3)焊条端部要有裸露部分,以便引弧。当敲击过猛时,如使药皮成块脱落就会引起电弧偏吹等现象。

(4)引弧的位置要适当,一般要在焊点前 10 ~ 20 mm 处引弧,然后移至始焊点,待溶池熔透再继续向前移动,以消除引弧不良所造成的缺陷。

2. 收弧

电弧中断或焊接结束都会产生熔坑,该处常出现松动、裂纹、气孔、夹渣等现象。为克服熔坑缺陷,可采用下列方法收弧:

(1)转移法。将电弧逐渐引向坡口的斜前方,同时慢慢抬高焊条,使熔池逐渐缩小,凝固后一般不出现缺陷。这种方法适用于换焊条或临时停弧。

(2)叠堆法。在熔坑中采用断续灭弧动作或横摆点焊动作,使熔池饱满,然后把电弧拉向一侧提起灭弧。

3. 运条

运条是手工电弧焊技术水平的具体表现。焊缝质量、外形与运条的操作方法有关。电弧引燃后,焊条有三种运动形式,即向熔池送进、向前移动和向两侧摆动。向熔池送进指电弧的热量熔化焊条端部使电弧变长,如果不把焊条向熔池送进,电弧势必熄灭,所以送进动作比较容易掌握。向前移动和两侧摆动焊条的动作能获得具有一定的透度、高度和宽度的焊缝。如图 5 - 19(a)所示,焊条向前移动的速度太慢,造成了宽且局部隆起的焊缝;如图 5 - 19(b)所示,焊条向前移动的速度太快会造成断续细长的焊缝;如图 5 - 19(c)所示,焊条向前移动的速度适中时,则能焊成表面平整、焊波细致且均匀的焊缝。

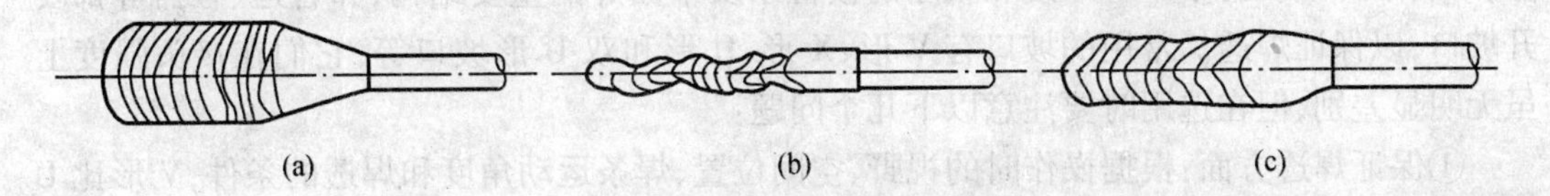

图 5 - 19　焊接速度对焊缝形状的影响

(a)太慢;(b)太快;(c)适中

为使焊缝具有一定的宽度和高度,应采用多种运条手法。常用的有以下几种:

(1)直接运条法。直接运条法指引弧后保持一定弧长,焊条一直向前移动的方法。此法多用于不开口的平焊、横焊和多层多道焊。

(2)锯齿形运条法。锯齿形运条法指将焊条向前移动的同时作锯齿形摆动,到两侧时稍停片刻以防咬边的方法，如图 5 - 20 所示。这种方法常用于开坡口的对接平焊、横焊和立焊等。

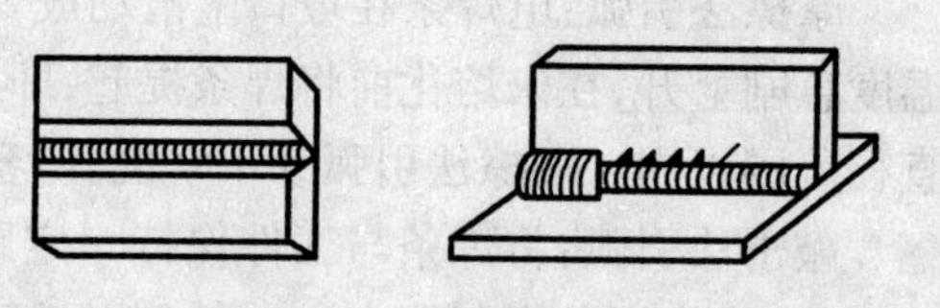
图 5 - 20　锯齿形运条法

(3)月牙形运条法。月牙形运条法是指将焊条沿焊接方向作月牙形摆动的方法，如图5 - 21 所示。

(4)环形运条法。环形运条法指将焊条连续打圈并不断前移，以控制铁水下流的方法。此法适用于各种位置的焊缝，如图 5 - 22 所示。

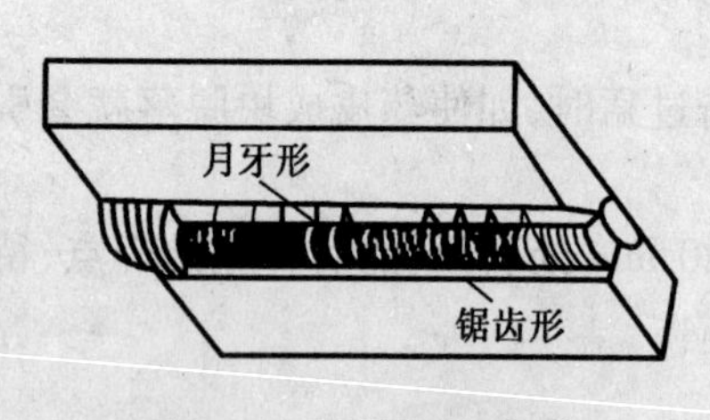

图 5 - 21　月牙形运条法

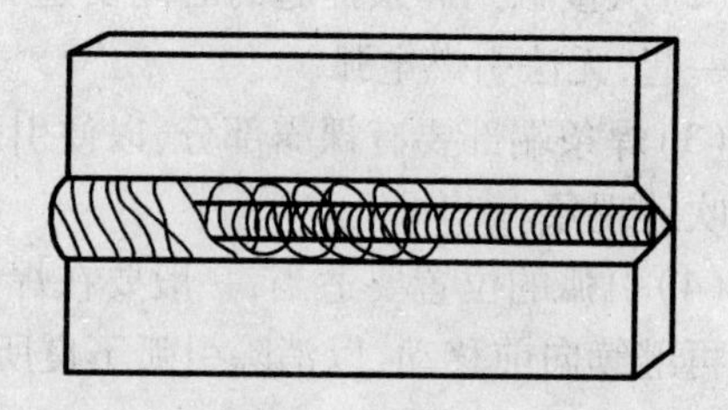
图 5 - 22　环形运条法

(二)手工电弧焊的接头形式和对口准备

1. 接头形式

手工电弧焊接头的基本形式有对接接头、T 形接头和搭接接头三种，如图 5 - 23 所示。

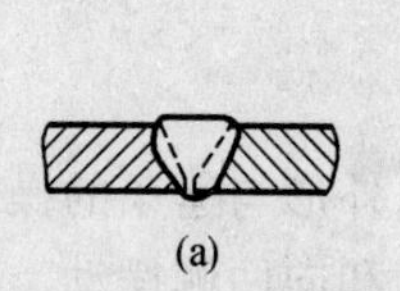

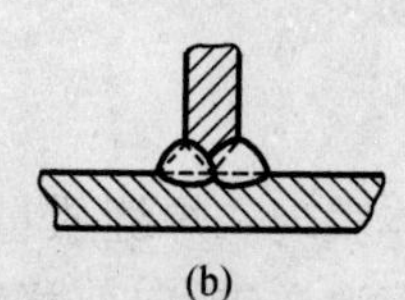

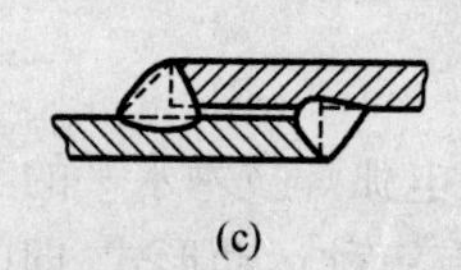

图 5 - 23　焊接接头的基本形式

(a)对接接头；(b)T 形接头；(c)搭接接头

(1)对接接头。对接接头是焊接接头常见的接头形式。根据工件板料的厚度分开坡口和不开坡口两种。板料薄又不能进行双面焊的工件，可以不开坡口，但必须留有一定的间隙，以利于焊透。对于中等厚度和较厚的板材以及单面焊的重要结构，如管道、容器等都要开坡口，以保证焊透。常用的坡口有 V 形、X 形、U 形和双 U 形坡口等，它们在接头强度上虽无明显差别，但在选用时要注意以下几个问题：

①保证焊透方面：根据操作时的视野、空间位置、焊条运动角度和焊透的条件，V 形比 U 形、双 U 形好；如果工件能翻转，则 X 形比 V 形好。

②节省焊条方面：在板厚相同的条件下，V 形焊条的消耗量比 U 形、双 U 形少；X 形又比 V 形少。X 形节省了焊条，由于双面施焊，采用对称的交替焊接法，使工件的变形相互抵消，能够更好地控制焊条变形，因而焊接后，X 形发生的变形量比 V 形和 U 形都小。

③防止产生裂纹方面：U 形坡口焊后的焊缝顶角大于 V 形坡口焊缝的顶角，这样对减少应力集中非常有效。在相同焊接条件下，U 形坡口的根部不易产生根部裂纹，但 U 形和双 U 形坡口必须进行机械加工，而且要求较高。

(2)T形接头。对于薄壁构件,T形接头一般不需要开坡口。当板厚度较大或接头处要求承载能力较大时,要求T形接头的角焊缝应焊透,且在单面或双面开坡口。

(3)搭接接头。搭接接头的焊缝为角焊缝,有单面和双面两种。工件的最小厚度就是焊缝的最大高度,适用于常温静载的结构和要求不高的低压容器等。

2. 对口准备

对接焊缝的对口尺寸如表5-9所示;角焊缝的对口尺寸如表5-10所示;一般薄壁构件的对口尺寸如表5-11所示。表中的对口尺寸a是构件对口时在点焊固定后的数值。在点固前,根据构件的不同,应多留0.5~1 mm。

表5-9　对接焊缝坡口尺寸

坡口简图	坡口类型	S/mm	坡口尺寸		
			a/mm	b/mm	α
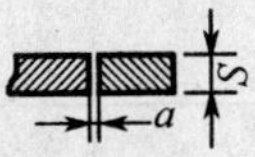	不开坡口	<6	0~3	—	—
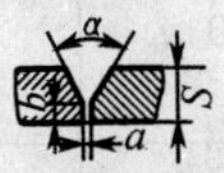	V形	6~30	2~4	2~3	60°~70°
	X形	≥20	2~4	2~3	60°~70°
	U形	≥20	2~4	2~3	8°~12°

表5-10　角焊缝坡口尺寸

坡口简图	坡口类型	S/mm	坡口尺寸		
			a/mm	b/mm	α
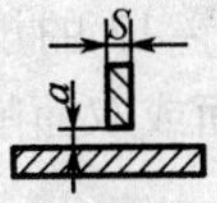	无坡口 T形接头	≤12	0~2	—	—
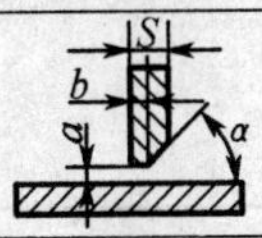	单面坡口 T形接头	≤20	0~2	2~4	50^0~60^0
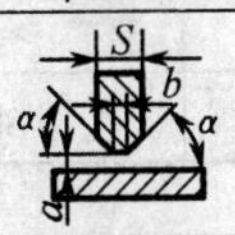	双面坡口 T形接头	>20	0~2	2~4	50^0~60^0
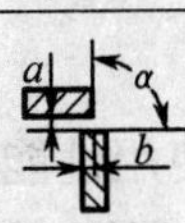	无坡口 角接头	>2	0~2	0~2	60^0~90^0
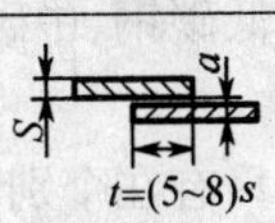 $t=(5\sim8)s$	搭接接头	>2	0~2		

表 5－11 薄壁构件对口尺寸

构件名称	对口简图	接头名称	对口尺寸/mm			
			b	a	l	h
长形断面烟道及风道	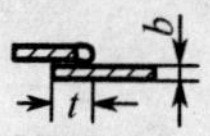	钢板接头	3	—	10～15	—
	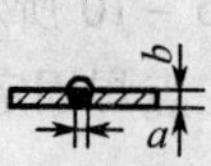	钢板接头	5	2±0.5	—	—
	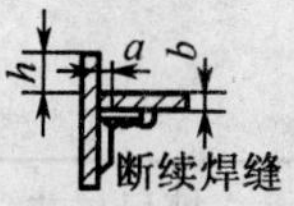	壁板接头	3	2±0.5	—	10
	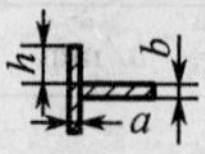	壁板接头	5	≤2	—	10
圆形断面的煤粉管道、烟道及风道		纵向焊缝 $\phi \geqslant 750$ mm	≥5	2±0.5	20	—
		纵向焊缝 $\phi \geqslant 750$ mm	5	2±0.5	—	—
		纵向焊缝直径不限	3	—	10～15	—
	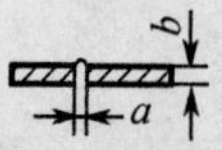	环向焊缝	≤5	2±0.5	—	—

关于不同厚度钢板的对接焊接，如果两板厚度差（$\delta-\delta_1$）不超过表 5－12 的规定，则焊接接头的基本尺寸按较厚板的尺寸数据来选取，否则应在较厚板上作单面或双面削薄，如图 5－24 所示。其削薄长度 $L \geqslant 3(\delta-\delta_1)$。

表 5－12 两板对接焊接允许的厚度差

单位：mm

较薄板的厚度 δ_1	≥2～5	>5～9	>9～12	>12
允许厚度差（$\delta-\delta_1$）	1	2	3	4

（三）焊接电源和焊条的选择

焊接电源和焊条的选择，主要依据构件板材的金属牌号（合金成分、使用性能）、焊接的形状、板厚、刚性和焊缝位置、构件的使用条件及操作工艺等。下面结合低碳钢、中碳钢等板料加以说明。

低碳钢的焊接性能良好，焊接时一般不需要采取特殊的工艺措施。只有在个别情况下，如母材成分不合格（硫、磷含量过高）或者施焊时的环境温度过低，焊接刚性过大有可能出

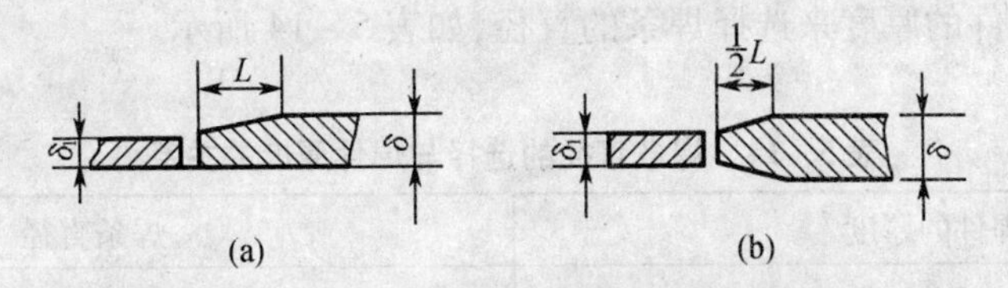

图 5-24 不同厚度钢板对接接头厚板的削薄

(a)单面削薄;(b)双面削薄

现焊接裂纹时,才需要采取预热措施。低碳钢焊接预热温度的选择如表 5-13 所示。

表 5-13 低碳钢焊接预热温度的选择

钢种	允许焊接的最低环境温度	管壁厚度/mm				
		<16	16~26		>26	
20 ZG25	-20 ℃	不可预热	0 ℃以上	0 ℃以下	0 ℃以上	0 ℃以下
			不可预热	100~300℃	100~200 ℃	100~300 ℃

低碳钢手工电弧焊时,主要选用 E43 系列的焊条,熔敷金属抗拉强度大于 420 MPa;也可以选用 E450 系列的焊条,熔敷金属抗拉强度大于 490 MPa。焊条按药皮的化学成分,分为酸性焊条和碱性焊条(又称低氢焊条),各自的特点如下:

(1) 酸性焊条。焊接工艺良好,对焊件焊前的准备(预热等)要求比碱性焊条低,可采用交流或直流焊接电源,在焊接时产生的有害气体较少。但酸性焊条焊接的焊缝金属因气体及杂质含量较高,故塑性、韧性及抗裂性较差。

由于酸性焊条最大的特点是工艺性能好,机械性能一般,但也能满足使用要求,所以不仅用于低碳钢的焊接,而且已推广用于板厚不太大的普通低碳钢合金结构的焊接。

(2) 碱性焊条。用碱性焊条焊接的焊缝金属具有良好的机械性能,特别是冲击韧性比酸性焊条高的多,并有较高的抗裂性。这类焊条的缺点是电弧稳定性不太好,故只能用直流电源,而且在焊接时放出的有害气体比较多,焊接工艺性能较差。由于它的优点显著,所以一些重要的或裂纹敏感性较大的焊接结构件往往选用碱性焊条施焊。

对于中碳钢的焊接,应选用碱性焊条。如 E5015 等,采用直流焊接电源直流反接(电焊机的正极与电焊条相接)。低碳钢合金钢的焊接仍采用碱性焊条、直流焊条电源,并且有些焊件需要焊前预热和焊后热处理。如 16Mn 钢板焊接时,可采用 E5015 或 E5016 焊条。

(四)手工电弧焊焊接薄壁钢板的一般焊接规范

焊接规范通常是指焊条牌号、焊条直径、焊接电压、焊接电流及焊接速度等焊接工艺参数。由于焊件的材质、工作条件、形状尺寸和焊接位置不同,焊接时所选用的焊接规范也不同。即使焊件相同,因焊工的操作习惯不同,焊接规范也不尽相同,因此对焊接规范不能限制得过死。

1. 焊条直径的选择

焊条直径对焊缝质量有明显的影响,使用过粗的焊条,会造成未焊透和焊缝成形不良等缺陷;若使用过细的焊条,会降低生产效率。通常焊条直径的选择的主要依据是焊件的厚度,同时还与焊接位置和焊接接头形式有关。

首先应根据焊件的厚度来选择焊条的直径，如表 5－14 所示。

表 5－14　焊条直径的选择与焊件厚度的关系

单位：mm

焊件的厚度	焊条直径
0.5～1.0	1.0～1.5
1.0～2.0	1.5～2.5
2.0～5.0	2.5～4.0
5.0～10	4～5
10 以上	5 以上

其次，选择焊条直径还应同时考虑不同的焊接位置。在平焊时，可用直径较大的焊条，在立焊、横焊、仰焊时，应选取直径较小的焊条。

2. 电源种类和极性的选择

电源种类选择的主要依据是焊条类型。一般来说，酸性焊条可用交流或直流电源，碱性焊条要用直流电源才能保证焊条质量。当交流电源或直流电源都可用时，应尽量采用交流电源，因为交流电源电焊机构造比较简单，且造价低、使用维修方便。

若采用直流电焊机，则存在极性的选择问题。当电焊机的正极与焊件相接，负极与焊条相接时，这种接法称正接法或直流正接；当电焊机的负极与焊件相接，电焊机的正极与焊条相接时，就称为反接法或直流反接。

采用直流电焊机焊接时，极性的选择只要是根据焊条的类型和焊件所需的热量来决定。其选择原则如下：焊接薄钢板、铝及铝合金、黄铜及铸件等焊件时，宜采用直流反接法；焊接较厚的钢板，因为阳极温度高于阴极，所以一般应采用正接法；当焊接重要的构件，采用 E4315，E5015 等碱性低氢焊条时，为了减少气孔的产生，规定使用直流反接法焊接。

3. 焊接电流强度的选择

焊接电流的大小对焊接质量有较大的影响，当焊接电流过小时，不仅引弧困难，而且电弧也不稳定，会造成未焊透和夹渣等缺陷。焊接电流过小会使热量不够，还会造成焊条的熔滴堆积在焊缝表面，使焊缝不美观。当焊接电流过大时，使得熔深较大，容易产生烧穿和咬边等缺陷而且还会使合金元素烧毁过多，使焊缝过热，影响焊缝机械性能，并发生较大的焊接变形。同时，焊接电流太大时，焊条末端会过早发红，使药皮脱落和失效而产生气孔。

焊接电流的大小与焊条的类型、焊条直径、焊件厚度、焊接接头形式、焊缝位置及焊接层次等有关，但其中关系最大的主要是焊条直径和焊缝位置。焊接电流的强度与焊条直径的关系如表 5－15 所示。

表 5－15　焊接电流强度与焊条直径的关系

焊条直径/mm	2	3.2	4	5
电流强度/A	50～60	80～130	140～200	190～280

一般情况下，焊接电流强度与焊条直径有如下关系：

$$I = K \times d \tag{5-2}$$

式中 I——焊接电流,A;

d——焊条直径,mm;

K——经验系数。

当焊条直径 d 为 1 ~2 mm 时,$K=25\sim30$;d 为 2 ~4 mm 时,K =30 ~40;d 为 4 ~6 mm 时,$K=40\sim60$。

利用上述公式计算出的焊接电流值,在实际生产中还要考虑其他因素最后确定。如平焊时,由于运条和控制熔池中的熔化金属都比较容易,可选用较大的焊接电流进行焊接。立焊时,焊接电流比平焊时要减少 10% ~15%。横焊、仰焊时,焊接电流比平焊时要少 15% ~20%。当使用碱性焊条时,比酸性焊条的焊接电流减少 10%。对于不锈钢焊条,因它的电阻大,易发红,要用较小的焊接电流。当选用较大的焊接电流时,焊接速度要适当增加,否则有可能烧穿。

4. 电弧电压的选择

电弧电压即电弧两端(两电极)制件的电压降,当焊条和母材一定时,主要由电弧长度来决定。电弧长,则电弧电压高;电弧短,则电弧电压低。

在焊接的过程中,焊条端头至工件间的距离称为弧长。电弧的长短对焊接质量有很大影响。一般情况下,弧长可按下述经验公式确定:

$$L=(0.5\sim1.0)d \tag{5-3}$$

式中 L——电弧长度,mm;

d——焊条直径,mm。

电弧长度大于焊条直径时的弧长称为长弧,小于焊条直径的弧长称为短弧。使用酸性焊条时,一般采用长弧焊,这样电弧能稳定燃烧,并能得到良好的焊接接头;使用碱性焊条焊接时,由于焊条药皮中的组成物含有较多的 CaO(氧化钙)和 CaF_2(氟化钙)等高电离点位的物质,若采用长弧则电弧不易稳定,容易出现各种焊接缺陷,因此凡碱性焊条均采用短弧焊。

在焊接时,电弧不宜过长,否则电弧燃烧不稳定,所获得的焊缝质量也较差,但弧长过短也会使操作困难。焊缝间隙小时,用短电弧,间隙大时,电弧可稍长,并使焊接速度加快。为防止烧穿,薄钢板焊接时的电弧长度不宜过长。仰焊时,电弧应最短,以防止熔化金属下淌;立焊、横焊时,为了控制熔池温度,也应用小电流,短弧施焊。

在运条过程中,不论使用哪种类型的焊条,都要始终保持电弧长度基本保持不变,只有这样,才能保证焊缝的熔宽和熔深一致,获得高质量的焊缝。

5. 焊接速度

如果焊接速度太慢,焊缝会过高或过宽,外形不整齐,焊接薄板时甚至会烧穿;如果焊接速度太快,焊缝较窄,则会出现未焊透的缺陷。焊接速度可在操作中根据具体情况灵活掌握,以保证熔合良好,使焊缝具有所有要求的外形尺寸。在焊接过程中,应随时调整焊接速度,使焊缝的高低和宽窄保持一致。

四、氩弧焊焊接薄壁不锈钢板和铝板

目前,对于不锈钢、铝及铜等薄壁构件的焊接,已广泛采用氩弧焊工艺,这样不仅焊接质量得到了保证,而且焊接生产效率高、操作方便、易于实现机械和自动化。

氩弧焊是气体保护电弧焊的一种,氩气是一种比较理想的保护气体,氩弧焊因氩气的电离电势较高,当电弧空间充满氩气时,电弧的引燃较为困难,但电弧引燃后就非常稳定。

气体保护焊指用外加气体作为电弧介质，并保护电弧和焊接区的电弧焊。氩弧焊时，在电弧周围形成一层稳定的氩气气流层，防止空气进入焊接区，从而保证熔化后的被焊金属不被氧化和氮化。同时氢气无法介入，氩气本身不溶于金属且不与金属发生任何化学反应，因而一般不会出现气孔和合金元素烧损的现象。另外，由于氩气是单原子气体，热容量较小，导热率低，热量消耗少，对电弧稳定燃烧十分不利，即使在小焊接电流和长弧的条件下，电弧仍然很稳定。氩弧还具有明显的阴极雾化作用，当直流反接时，单原子氩气直接电离为电子和正离子，正离子对工作表面轰击，促使工件表面的氧化膜破碎，起到了电弧对工件表面进行清洗的作用。在施工现场，一般以手工钨极氩弧焊最为广泛。

（一）手工钨极氩弧焊

手工钨极氩弧焊属于非熔化电极氩弧焊，利用钨棒作为电极，依靠手工操作使钨极和工件制件产生电弧，并用氩气严密地保护钨极、焊丝和熔池，进行焊接。焊丝用手工加工，电源可用直流或交流，如图 5－25 所示。

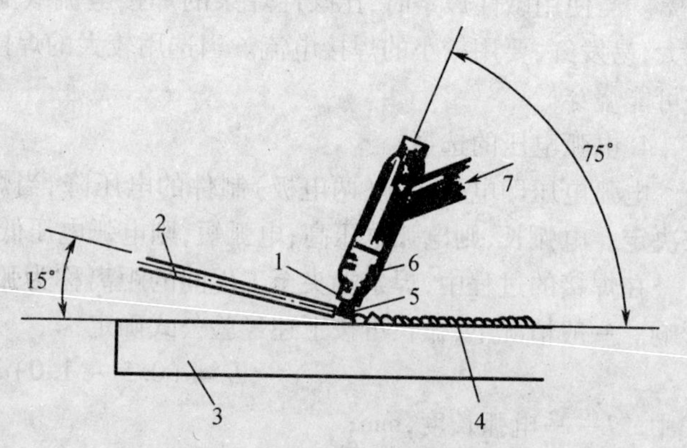

图 5－25　手工钨极氩弧焊示意图

1—钨极；2—焊丝；3—焊件；4—焊缝金属；5—电弧；6—喷嘴；7—保护气体（氩气）

1. 焊接设备

手工钨极氩弧焊的焊接设备一般包括电源、控制系统、气路系统、焊枪等，如图 5－26 所示。在直流电源小范围焊接时，有时将控制系统和水路系统简化，使设备简单、操作方便，如图 5－27 所示。

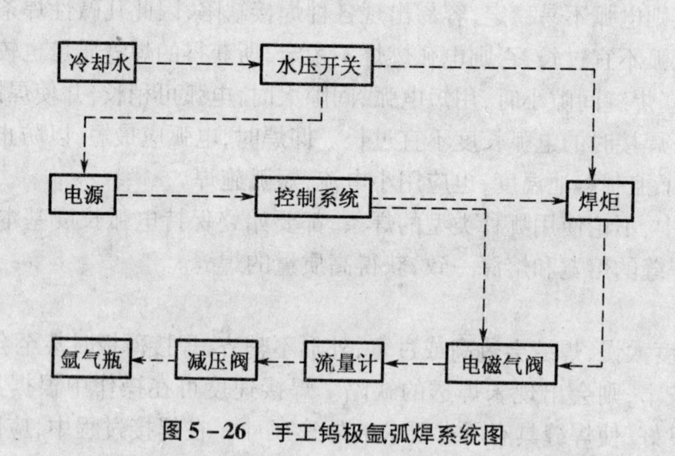

图 5－26　手工钨极氩弧焊系统图

（1）电源。手工钨极氩弧焊机具有陡降外特性，常用的定型产品有 NSA－300，NSA－500 等，分直流、交流两种。直流电源中，由于极性不同，在工艺上有明显的差别。虽然直流反接具有阴极雾化作用，即正离子向熔池表面冲刷使焊件表面的氧化膜破碎，但也造成电子从工件向钨极冲击，使钨极温度升高、损耗增大、电弧不稳，所以手工氩弧焊很少采用直流反接。直流正接即焊件接正极，钨极接负极，焊接时由于电子冲钨极向焊件高速冲击，钨极温度低，焊件温度高，有较大的熔深。对于不锈钢、合金钢、碳钢、铸铁、黄铜、紫铜的氩弧焊，采

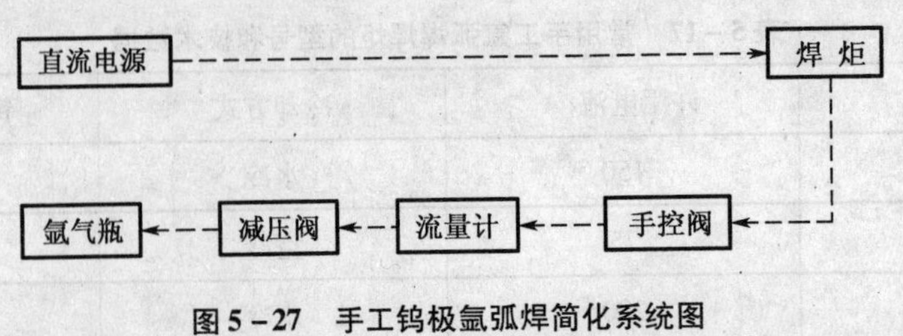

图5-27　手工钨极氩弧焊简化系统图

用直流正接具有良好的焊接工艺性，也可以采用交流电源，但一般不采用直接反接方式。交流电源的极性是交变的，熔深介于直流正、反接之间，铝、镁及其合金的氩弧焊常采用交流电源，具有良好的焊接工艺性，铝及其合金的氩弧焊也可以采用直流反接。部分氩弧焊机的主要技术数据如表5-16所示。

表5-16　氩弧焊机的主要技术数据

焊机名称	型号	用途	电源及配件	电流范围/A	钨极直径/mm
手工交流钨极氩弧焊机	NSA-300	焊接铝及铝合金	BN-500及GAL-300电抗器	50~300	2~6
手工交流钨极氩弧焊机	NSA-500	焊接铝及铝合金	BN-500及GAL-300电抗器	50~300	2~10
手工直流钨极氩弧焊机	NSA_1-300	焊接不锈钢、镍合金及铜	AX-320及DZ-300型镇定变阻器	50~300	2~6
手工直流钨极氩弧焊机	NSA_2-300-1	焊接铝、铝合金、不锈钢、镍合金、高强度钢、铜等	$2XG_3$-300-1	50~300	1~6
自动钨极氩弧焊机	NZA_2-300	焊接不锈钢、耐热钢、镍、钛、铜、铝、镁及其合金	BX_3-300及AXB-300	50~300	2~6
自动氩弧焊机	NZA-500	同上。熔化极及非熔化极两用	BX_3-500或AX_1-500	50~500	1.5~4

(2)控制系统。一般包括引弧装置、稳弧装置、电磁气阀、电源开关、继电保护、指示仪表等。其动作由装在焊枪上的低电压开关控制。

(3)焊炬。手工氩弧焊用的焊炬包括焊嘴、钨极夹持装置、导线、气管、水管、启动开关等，起着传导电流输送氩气的作用。常用焊炬的型号和技术数据如表5-17所示。小规模焊接时，常用自制的气冷式焊炬，利用氩气冷却，省掉了水冷装置，具有轻便、结构简单和导电性能良好的优点。

表 5－17　常用手工氩弧焊焊炬的型号和技术数据

型号	许用电流/A	冷却方式	钨极直径/mm
Q－4	150	水冷	2
Q－5	75	空冷	1.2
Q－6	200	水冷	3
Q－7	300	水冷	4

（4）钨极。常用的钨极材料有三种：纯钨极、钍钨极和铈钨极。纯钨极要求焊机具有高的空载电压，而且极易烧损，电流越大，烧损越严重，但由于它清除工作表面氧化膜的能力强，因此在用交流电源焊接铝、镁及合金时，常使用纯钨极。钍钨极具有较高的热电子发射能力和耐熔性，用交流电源时，其电流值比同直径的纯钨极可提高 1.3 倍，而且空载电压可大大降低，但钍钨极的粉尘具有微量的放射性，在磨削电极时应注意防护。铈钨极比钍钨极具有更大的优点：弧束细长、热量集中、电流密度还可以提高 5%～8%，而且燃损率低、寿命长、易引弧、电弧稳定。使用铈钨极时可用小电流焊接薄壁工件，而且铈钨极端头形状易于保持，放射剂量极低，因而被广泛应用。

钨极端头的形状和角度对电弧的稳定性、使用寿命和焊缝形状都有很大影响。钨极端头的形状主要有尖锥形、圆弧形、平头型和平顶锥形，如图 5－28 所示。尖锥形钨极用于直流正接，用小电流焊接薄板和卷边对接接头，电弧稳定、焊缝较窄。当薄板对接接头不加填充金属丝时，不宜采用尖锥形钨极；当钨极磨得过尖时，易咬边和出现弧坑。平头型纯钨极用于直流反接，焊接铝、镁及其合金。平顶锥形钨极用于直流正接，电弧集中、燃烧稳定、焊缝形成良好；平顶部的直径由焊接电流决定，焊接电流较小时，直径可小些，焊接电流较大时，直径可大些，一般来说，平顶部的直径为钨极直径的 1/2～1/5，锥体部分长度为钨极直径的 3～5 倍。焊接薄板时，钨极端头角度一般以 30°较好，因为此时电弧集中、燃烧稳定、熔深大、使用寿命长。

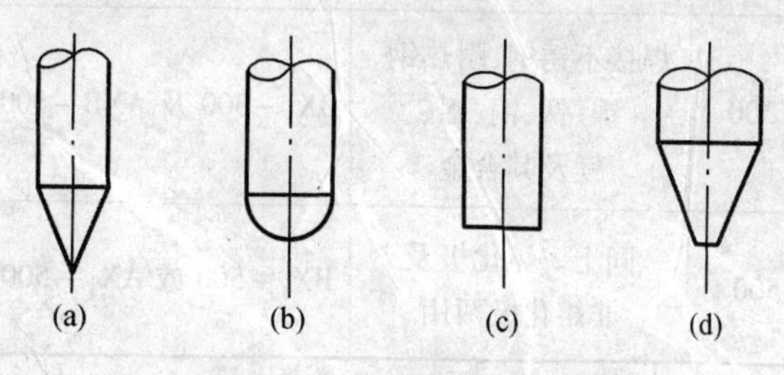

图 5－28　钨极端头形头

（a）尖锥形；（b）圆弧形；（c）平头型；（d）平顶锥形

（5）气路系统。气路系统包括氩气瓶、减压表、流量计和电磁阀。氩气瓶是氩弧焊的气源，在使用时，瓶内氩气不能用完，需留 1～2 个工程大气压（一个工程大气压≈0.1 兆帕），以免空气进入瓶内，造成下次氩气不纯。减压表的作用是将瓶内 150 个表压力降为 1～2 个压力使用，减压表用普通氧气表即可。流量计是标定通入气体流量大小的装置，以保证氩气

在焊接过程中按给定的数量均匀地输送，流量一般以升/分为计量单位。电磁阀是用来控制氩气按给定时间开闭的装置。

(6)水路系统。为了提高电流密度、减轻焊炬质量，常对进线和焊炬进行水冷。在焊接时，要求水路系统畅通无阻，按规定压力给水，水压开关与电源连锁。当水量不充足时，焊机不能启动。使用时不能随便短接，以免烧坏焊炬和焊机。

2. 手工钨极氩弧焊操作技术

手工钨极氩弧焊的操作技术，包括焊前准备、引弧、填丝焊接、收弧等内容。

(1)焊前准备。焊前准备包括焊接设备检查和焊前清理工作。检查电源线路、水路、气路是否正常，钨极端头形状经磨削应符合形状和尺寸要求，若端部磨成圆锥形，其顶部稍留有0.5～1 mm直径的小圆台为宜。钨极的外伸长度一般为3～5 mm，对于手工钨极氩弧焊来说，焊前清理对焊接质量的影响比其他焊接方法更为重要。焊接时，必须把填充技术上坡口表面及周围一定宽度内的油垢、污物及氧化膜等完全去除。常用汽油、乙醇、丙酮等擦洗或用溶剂清除油垢；清除氧化膜，可采取机械方法，如不锈钢等用砂纸打磨，对铝及其合金可用钢丝刷或用刮刀清除，也可以采用化学方法；焊接钛合金时，为了减少氢脆的危险，提高焊缝塑性，必要时，可将焊件和焊丝在焊前作真空退火。

(2)引弧。引弧前应提前5～10 s输送氩气，借以排除管中及工件被焊处的空气，并由流量计调节到所需流量值。由于氩气电离电势较高，当电弧空间充满氩气时，引弧较为困难，但电弧一旦引燃后就十分稳定。引弧的方法有短路引弧、高频引弧、高压脉冲引弧等。短路引弧是钨极与工件接触或在碳块上接触引弧，由于容易使钨极烧损，因而尽量不采用短路引弧。高频引弧是手工钨极氩弧焊广泛采用的引弧方法，它利用高频引弧器把普通工频交流电转换为高频高电压，当钨极与焊件之间有5 mm以下的间隙时，即把氩气击穿电离，从而引燃电弧。使用高频引弧器应注意：连接导线应尽可能短，以减少损失；在调整高频时，一定要切断电源并使电容放电，以防高频高压电窜到焊接电源或控制系统中去干扰和破坏元件的正常工作程序，甚至击穿元件；引弧后应立即停止震荡器的工作，以免影响焊工的健康；有必要时应在被焊工件上加起弧板。

(3)焊接。按工件材料及结构形式选择合适的焊接规范。手工钨极氩弧焊时，在不妨碍视线的情况下，应尽量采用短弧，以增强保护效果，同时减小热量影响区宽度和防止工件变形。焊嘴应尽量垂直或保持与工件表面较大的夹角，如图5－29所示。操作中，不应随意晃动焊炬，以加强气体保护效果。焊接时，喷嘴和工件表面距离不超过10 mm，最大不得超过18 mm。焊接手法可采取左向焊或右向焊。为了得到必要的焊缝宽度，焊炬除作直线运动外，允许做横向摆动。

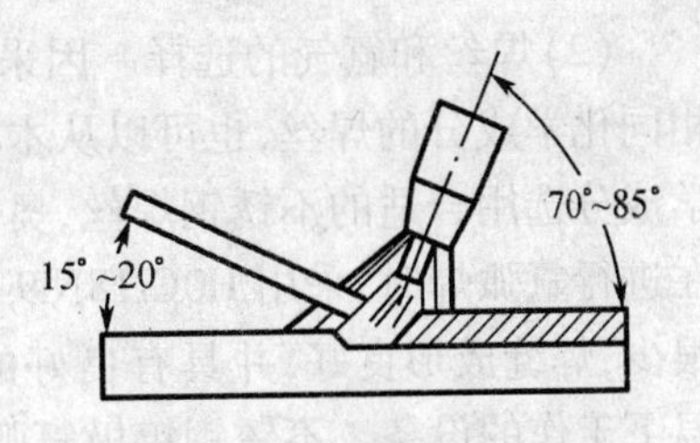

图5－29 手工钨极氩弧焊焊炬、焊丝与工件的夹角

焊接薄壁工件带有卷边的接头，可以不用焊丝。使用焊丝时，焊丝直径不超过4 mm。若焊丝太粗，会产生夹渣和焊不透现象。焊丝往复地加入熔池，同时应注意在熔池前面以滴状加入。填充焊丝要均匀，不要扰乱氩气流。在焊接时，严禁焊丝与钨极相碰。焊丝头部应始终放在氩气保护区内，以免氧化。焊接终了时，应少加焊丝，然后慢慢拉开，防止产生过深的弧坑。

(4)收弧。手工钨极氩弧焊常用的收弧方法为电流衰减法，即在焊接终了时，停止填丝,并使焊接电流逐渐减小,最后断电,这种方法最为可靠。目前生产的交流氩弧焊机都有电流自动衰减装置,若用硅整流直流焊机,则需附加一套衰减装置。另外,也可采用收弧板,即把收弧熔池引到与焊件相连的两块板上,焊后再将收弧板去掉。还可以采用增加焊速法,即在焊接接近终了时,逐渐增加焊炬的移动速度,使焊接熔池的体积逐渐缩小,直到母材不再熔化为止,但此方法要求焊接工技术熟练。如果收弧不当,会形成很大的弧坑,甚至会出现缩孔和弧坑裂纹。

(二)手工钨极氩弧焊焊接薄壁不锈钢和铝板的焊接工艺参数

1. 不锈钢薄板的手工钨极氩弧焊

不锈钢薄板手工钨极氩弧焊具有以下优点:电弧能量大,热量集中而且有氩气流的保护和冷却作用,热影响区小,有利于提高焊接接头的抗晶间的腐蚀性能,并减少焊接变形,因此手工钨极氩弧焊广泛用于不锈钢薄板和薄壁管的焊接。

(1)工件焊接前的准备。选用合适的焊接接头形式,常见不锈钢薄板的焊接接头形式如表5-18所示。接头处20~30 mm的范围内,用丙酮或乙醇进行清洗,焊前将焊头采用定点焊点固,或者用夹具固定。

表5-18　不锈钢薄板焊接接头形式

焊件厚度 s/mm	接头形式	焊接方法
1~3	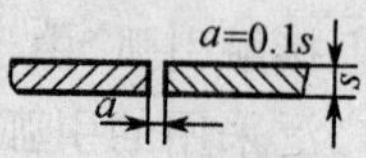 $a=0.1s$	填加焊丝
≤1	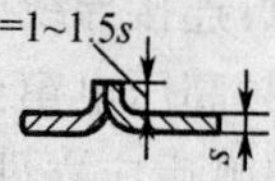 $a=1\sim1.5s$	不填加焊丝

(2)焊丝和氩气的选择。因采用氩弧焊时合金元素的烧损少,所以一般可采用与木材相同化学成分的焊丝,也可以从木板薄板上剪下板条作为焊丝。根据被焊的使用条件和化学成分选用合适的不锈钢焊丝,奥氏体不锈钢如18-8型不锈钢(含铬约18%、含镍约8%)在进行氩弧焊时,采用H0Cr18Ni9或H1Cr18Ni9Ti焊丝。用HlCr18Ni9Ti焊丝焊接时,飞溅很少,焊缝成形良好,并具有良好的抗晶间腐蚀性能。HCr18Ni11Mo焊丝可用于焊接在高温下工作的设备。不锈钢钨极氩弧焊采用的氩气纯度一般不应低于99.9%。为减少钨极烧损的现象,可采用铈钨极,将钨极的端部磨成尖角。

(3)焊接参数。手工钨极氩弧焊焊接不锈钢的焊接电源多采用直流正接,也可以用交流电源。手工钨极氩弧焊焊接不锈钢薄板对接焊缝的焊接工艺参数如表5-19所示。

为了使焊缝背面得到氩气的保护,焊接时,可以在工件背面垫铜板或钢板。在垫板沿焊缝中心开槽通入氩气。在焊接不锈钢管时,如果向管内通入氩气,可以加强保护,使焊缝背面的成形情况得到改善。

表 5-19　手工钨极氩弧焊焊接不锈钢对接焊缝参数

板厚/mm	坡口形式	焊接位置	焊接层数	坡口尺寸		钨极直径/mm	焊接电流/A	焊接速度/(mm/min)	焊丝直径/mm	氩气流量/(L/min)	喷嘴直径/mm	备注
				间隙 c/mm	钝边 f/mm							
1		平焊	1	0	—	1.0	50~80	100~120	1	4~6	11	单面焊
		立焊	1	0	—	1.0	50~80	80~100	1	4~6	11	
2.4		平焊	1	0~1	—	1.0	80~120	100~120	1~2	6~10	11	单面焊
		立焊	1	0~1	—	1.0	80~120	80~100	1~2	6~10	11	
3.2		平焊	2	0~2	—	2.4	105~150	100~120	2~3.3	6~10	11	单面焊
		立焊	2	0~2	—	2.4	105~150	80~120	2~3.2	6~10	11	
4		平焊	2	0~2	—	2.4	150~200	100~150	3.2~4	6~10	11	单面焊
		立焊	2	0~2	—	2.4	150~200	80~120	3.2~4	6~10	11	

2. 铝和铝合金薄板的手工钨极氩弧焊

氩弧焊是铝及铝合金的主要焊接方法。手工钨极氩弧焊用来焊接薄板，可以不填充焊丝、不预热，但在厚度增加时，要填充焊丝并能进行预热；若采用熔化极氩弧焊，还可以焊接 8~25 mm 厚板。

(1)工件焊接前的准备。首先应根据板厚和使用条件，选用合适的接头形式，如表 5-20 所示。母材在焊缝处一般采用机械清理的方法，如采用钢丝刷、钢丝枪、刮刀或锉刀等工具摩擦其表面，直到露出金属光泽。焊丝多采用化学清洗的方法，化学清洗的方法很多，常采用的有：先用汽油等有机溶剂浸泡或擦拭除油，再用热水清洗后在 50~60 ℃的氢氧化钠(NaOH)溶液(质量分数为 30%左右)中清洗，接着用热水或冷水清洗，最后用 30%的硝酸溶液中和之后用清水清洗。不管采用哪种化学清洗方法，最后必须用水清洗并进行干燥。焊件和焊丝的清洗数量应以当天能够焊完为准，否则第二天要重新进行清洗。

表 5-20　铝和铝合金手工钨极氩弧焊接头形式

接头形式	接头尺寸/mm
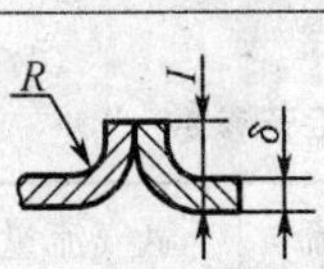	$\delta \leqslant 1.5 \sim 2.0$ $L = 2.0 \sim 2.5\delta$ $R \leqslant \delta$ 不加填焊丝
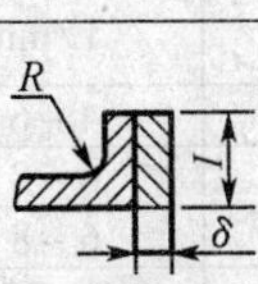	$\delta \leqslant 1.5 \sim 2.0$ $L = 2.0 \sim 2.5\delta$ $R \leqslant \delta$ 不加填焊丝
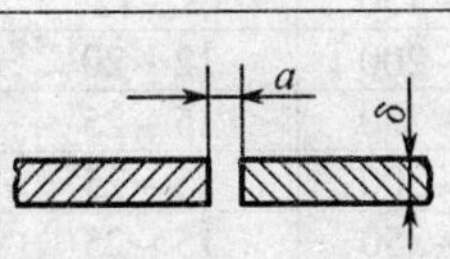	$\delta = 1 \sim 3$ $a = 0 \sim 0.5$ $\delta = 3 \sim 5$ $a = 1 \sim 2$

表 5-20(续)

接头形式	接头尺寸/mm
	$\delta=6\sim10$ $\alpha=60°$ $a=0\sim2$ $h=1\sim3$

(2)焊丝和氩气的选择。手工钨极氩弧焊焊接铝及铝合金,当板厚小于 2 mm,并采用卷边接头时,可以不用焊丝。焊丝选择的原则是选用与母材化学成分相同的焊丝,焊纯铝时,考虑到其抗腐蚀性,可选用纯度比母材高一级的焊丝。焊接铝镁合金时,为了弥补镁在焊接过程中的烧损,可选用比母材的含镁量高 1% ~2% 的镁铝合金焊丝。焊丝的选择如表 5-21 所示。其中 LT1 焊丝因流动性和塑性较好,当对接接头强度要求不高时,可用来焊接裂纹倾向较大或流动性差的铝合金,但它不适于焊接纯铝和铝镁合金,以防焊缝中硅量增大,在枝晶间形成脆性化合物,使接头塑性和抗腐蚀性能降低,从而增加产生热裂纹的倾向。

表 5-21 铝和铝合金手工钨极氩弧焊时焊丝的选择

被焊材料	填充焊丝	被焊材料	填充焊丝
L1	1.1	LF11	LF5
L2	L2 或 L3	LF21	LF21 或 LT1
L3 ~ L5	L2,L3	LF11	LF2 或 LT1
L6	L6	LY12	LT2 或 LT1
LF2	LF3	LY16	LT1
LF3	LF5 或 LF3	LD2	LT1
LF5	LF5	LD10	LT1
LF6	LF6 或 LF14*		

注:手工钨极氩弧焊焊接铝及铝合金时,氩气的纯度要大于 99.9%。

(3)焊接参数。手工钨极氩弧焊焊接铝和铝合金一般采用交流电源,它具有陡降外特性,以及引弧、稳弧和消除直流分量装置。焊接工艺参数如表 5-22 所示。当角焊或卷边焊时,电流可增加 10% ~15%。若条件许可,可采用带槽的不锈钢垫板,有利于焊缝成形和避免背面氧化。

表 5-22 铝和铝合金手工钨极氩弧焊焊接工艺参数

板厚 /mm	钨极直径 /mm	焊接层数	焊丝直径 /mm	焊接电流 /A	氩气流量 /(L/min)	适用范围
1	1.5	1	3	40 ~ 70	4 ~ 6	全位置
2	2	1	4	50 ~ 90	6 ~ 8	全位置
3	3	1	4	90 ~ 130	6 ~ 8	全位置
4	4	1	4	110 ~ 150	8 ~ 12	全位置
5	5	1	5	140 ~ 200	12 ~ 20	全位置
6	6	1 ~ 2	5	200 ~ 250	15 ~ 25	全位置
10	6 ~ 8	2	6	200 ~ 300	15 ~ 25	全位置
12	8	2 ~ 3	6 ~ 8	300 ~ 350	15 ~ 25	平焊
16	8	3 ~ 4	8	350 ~ 400	20 ~	平焊

五、各种金属薄板的气焊工艺

(一)低碳钢薄板的气焊

1. 接头形式和焊前准备

(1)接头形式如表 5－23 所示。

表 5－23　接头形式

接头名称	图示	板厚	间隙 c	钝边 p
卷边对称		0.5～1	—	1～2
无坡口对称		1～5	0.5～1.5	—

(2)焊前准备。首先进行焊缝区的表面清理。为了使焊缝金属在施焊过程中不产生夹渣、气孔等缺陷,焊前应将焊缝区表面的油污、铁锈及氧化皮清除干净,可用砂布锉刀等工具清理。

其次进行定焊位。对整条焊缝分段点固,其目的是使焊缝间隙及工件的相对位置在焊接过程中保持不变,防止焊后焊件产生较大的变形。定焊位焊点间的距离要根据板和焊缝长度决定。薄板定位焊焊点间距一般为 50～80 mm,定位焊点长度不超过 5 mm。定位焊必须认真仔细地进行,为使整条焊缝焊透,要求定位焊也必须焊透。定位焊的焊接次序也很重要,选择不当会改变焊缝间隙,焊接次序也是根据板材厚度和焊缝长度决定的。薄板短焊缝定位焊次序可按如图 5－30 所示的方法进行,薄板长焊缝定位焊次序可按如图 5－31 所示的方法进行。

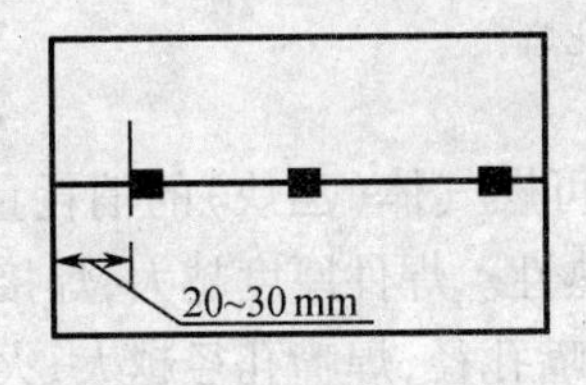

图 5－30　薄板短焊缝定位焊

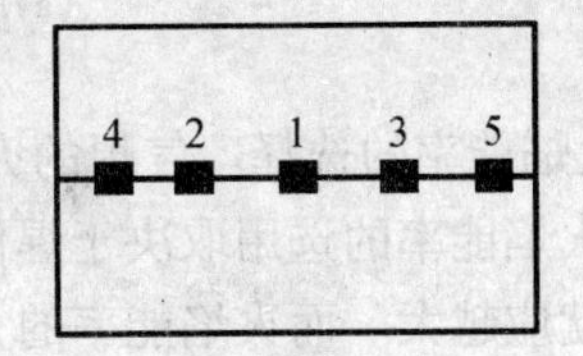

图 5－31　薄板长焊缝定位焊

2. 正确选择气焊规范

(1)焊丝的选择。焊丝的化学成分应与焊件材料相符合,焊接低碳钢的焊丝有 H08, H08A, H08MnA, H15 等。

焊丝直径的选用如表 5－24 所示。若焊丝直径过细,焊件尚未熔化,而焊丝已很快熔化下滴,容易造成熔合不良等缺陷;相反,如果焊丝直径过粗,焊丝加热时间过长,会造成焊缝区母材过热的现象,降低了板料的机械性能。

表 5－24　焊件的厚度与焊丝直径的关系　单位:mm

焊件板厚	1～2	2～3	3～5
焊丝直径	不用焊丝或1～2	2	2～3

(2)火焰成分选择。气焊用的火焰是由可燃的乙炔和助燃的氧气混合燃烧而成的。两种气体混合比值不同,可得到三种不同性质的火焰。

①中性焰。氧气与乙炔混合比值为1～1.2时,得到的火焰为中性焰。低碳钢焊接应选用中性焰,其火焰外形如图5－32(a)所示,由焰心、内焰和外焰三部分组成。焰心呈光亮的蓝白色锥形,他的长度与混合气的流速有关,流速快则焰心长,反之则焰心短。焰心的温度大约为950 ℃。内焰的颜色较暗,呈淡橘红色,最高温度约为3 150 ℃。外焰呈淡蓝色,温度在1 200～1 500 ℃。

②碳化焰。当氧气与乙炔比值小于1(0.85～0.95)时,得到的火焰为碳化焰。其火焰外形如图5－32(b)所示,焰心较长呈蓝白色,内焰呈淡蓝色,外焰呈橘红色。当乙炔有较多的过剩量时,内焰也较长;反之,内焰较短。当乙炔的过剩量大时,火焰开始冒黑烟。碳化焰主要适用于焊接高碳钢、铸铁和硬质合金等。

③氧化焰。当氧气与乙炔的混合比大于1.2(1.3～1.7)时,得到的火焰为氧化焰。其火焰外形如图5－23(c)所示,由焰心和外焰两部分组成。焰心短而尖,呈青白色;外焰也比较短,稍显紫色,燃烧时发出“嘶嘶”的声音。氧化焰最高温度可达3 500 ℃左右,在气焊工艺中很少采用,仅用于焊接黄铜、锰钢等。

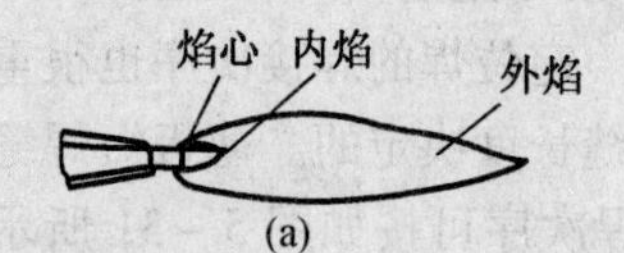

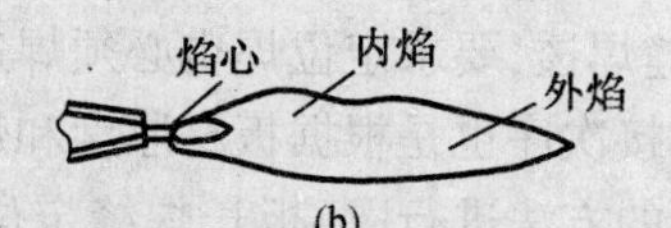

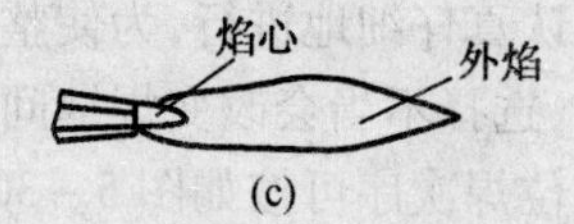

图 5－32　氧－乙炔焰种类与外形

(a)中性焰;(b)碳化焰;(c)氧化焰

(3)火焰能率的选择。气焊的火焰能率是用每小时可燃气体(乙炔)的消耗量(升/时)来表示。火焰能率的选用取决于焊件的厚度、熔点和导热性。焊件厚度越大,焊接时选用的火焰能率就应越大。而火焰能率的大小取决于焊炬上焊嘴孔径,焊嘴孔径越大,火焰能率就越大。焊件厚度与焊嘴孔径的关系如表5－25所示。通常,为了提高焊接生产率,在保证焊缝质量的前提下,应尽量采取较大的火焰能率,即选用较大的焊嘴。

表 5－25　焊件的厚度与焊嘴孔径的关系

焊件板厚/mm	1～2	2～3	3～4	4～5	5～6
焊嘴孔径/mm	0.9	1.0	1.1	1.2	1.3
焊嘴号码	1	2	3	4	5
焊矩型号	H01－6				

(4)焊炬的倾斜角度。焊接薄板时,焊炬与焊件的夹角应当小些,因为焊炬垂直于焊件

表面(夹角 90°),热量集中,焊件吸收的热量大。随着夹角的减小,焊件吸收的热量逐渐下降。一般情况下,焊件愈厚,夹角应当越大;反之,焊件愈薄,夹角应当愈小。焊炬倾角与焊件厚度的关系如图 5 - 33 所示。

(5)焊接速度。焊接速度应根据气焊操作者的熟练程度灵活掌握。在保证质量的情况下,力求快,以提高生产率。如果焊接速度太慢,焊件受热过大,易使接头金相组织粗化,性能降低,同时还会增大焊接变形。

3. 操作要点

(1)起焊点的熔化。在起焊点处,由于最初加热时的焊件温度低,焊炬的倾角应大些,这样有利于对焊件进行预热。同时,在起焊点处应使火焰往复运动,保证焊接处加热均匀。如果两焊件的厚度不同,火焰应稍稍偏向厚板,使焊缝两侧温度保持平衡,熔化一致,避免熔池离开焊缝正中间偏向温度高的一边。当起焊点处形成白亮而清晰的熔池时,即可加入焊丝,并向前移动焊炬进行焊接。

(2)焊炬和焊丝的运走。焊接过程中焊炬有两个方向的运动,即沿焊接方向和沿焊缝横向的运走,而除这两个方向的运走以外,焊丝还有向熔池方向的送进。焊炬和焊丝的运走,必须均匀和相互协调,否则会形成焊缝宽窄不一致和高低不平等不良现象。当焊接厚度小于 2 mm 的卷边接头时,一般不用焊丝作填充金属。焊炬的运走可采用斜环形或锯齿形两种运作,如图 5 - 34 所示。

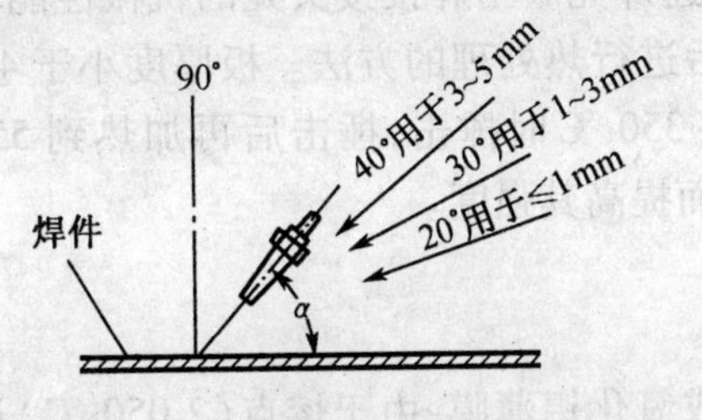

图 5 - 33　焊炬倾角与焊件厚度的关系

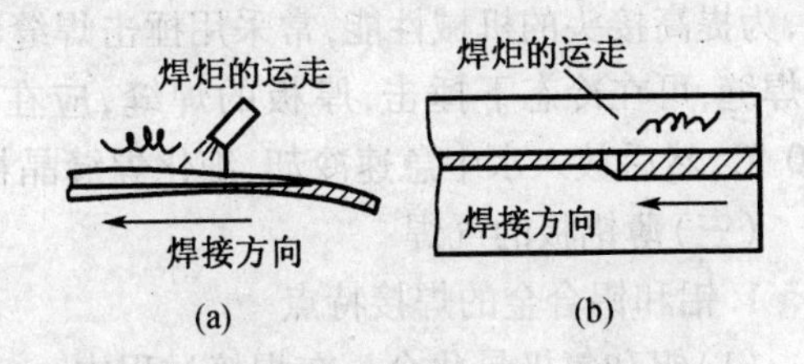

图 5 - 34　卷边接头时焊炬的运走

焊接没有卷边的薄板时,必须用焊丝作填充金属,应广泛地采取逐步形成熔池的填加焊丝的方法。当焊接开始时,对焊件先进行预热;在形成 4 ~ 5 mm 直径的熔池时,把焊丝末端送进熔池中,再将末端自熔池中抽出,置于火焰中间。此时火焰靠近焊件表面作急速的打圈运走,形成焊波,再将焊炬移到下一个位置,准备形成第二个熔池和焊波,并使第二个焊波与第一个焊波重叠 1/3,如图 5 - 35 所示。采用这种方法焊接可以获得质量很高的焊缝。

(3)焊缝收尾。当焊到焊缝的终点时,由于焊件温度较高,散热条件差,应减小焊炬与焊件的夹角,同时要加快焊炬速度,并多加一些焊丝,以防止熔池扩大甚至烧穿。

(4)左向和右向焊法。在焊接过程中,焊丝与焊嘴由焊缝的右端向左端移动,焊接火焰指向未焊部分,焊丝位于火焰的前方,如图 5 - 36(a)所示,此焊法称为左向焊法。左向焊法适于焊接 3 mm 以下的薄钢板和易熔金属,操作简单、方便,在气焊中应用最为普遍。在焊接过程中,焊丝在焊炬前面移动的方法称为右向焊法,如图 5 - 36(b)所示,右向焊法的火焰可始终笼罩着焊缝金属,使熔池冷却缓慢,有利于改善焊缝金相组织,减少出现气口和夹渣的可能性。同时,右向焊法热量利用率高,熔池深度大,适于焊接厚度较大和熔点较高的工件。由于右向焊法较难掌握,一般较少采用,但在仰焊时应采用右向焊法。

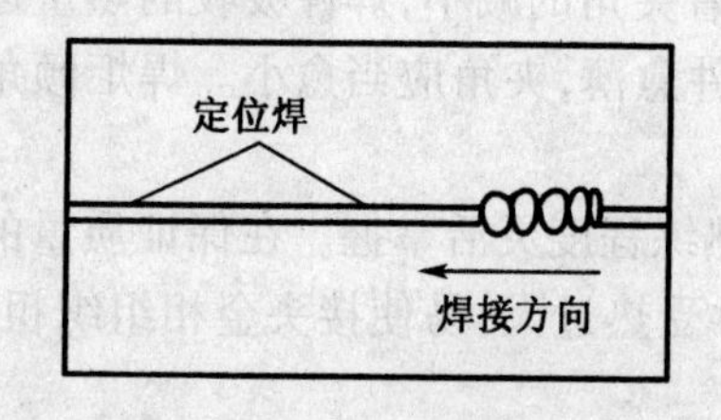

图 5-35　逐步形成熔池的焊接方法

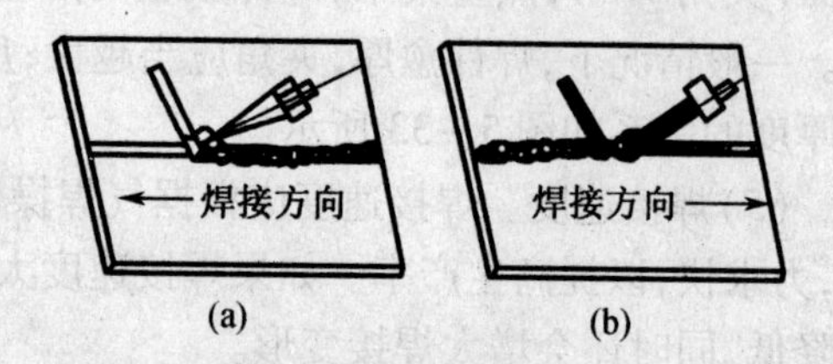

图 5-36　左向和右向焊

(a)左向焊法;(b)右向焊法

(二)紫铜板的气焊

对紫铜板进行气焊前,应使用钢丝刷或细砂布清理焊件和焊丝表面的脏物,使其露出金属光泽再进行定位焊,应注意焊点密些。焊丝应选择含有脱氧剂的标准焊丝,如丝 201 和丝 202,也可以用一些紫铜丝。焊丝直径要比焊同样板厚的低碳钢所用的焊丝粗 1/3。板厚大于 2 mm 的接头,应开 V 形坡口。

在操作时,一般采用左右向焊法,选用严格的中性焰及大的火焰能率。焊接较厚的焊件时还需要预热,预热温度一般在 350 ~ 700 ℃,否则焊缝就会出现气口和裂纹等缺陷。为了减少金属在高温下氧化,气焊开始后,应使焊接倾角逐渐减小。一般应使火焰的焰心距离焊件表面 4 ~ 6 mm。

紫铜焊缝应在保持焊透的条件下,尽量一次快速焊完。当焊接接头处的机械性能较低时,为提高接头的机械性能,常采用捶击焊缝和焊后进行热处理的方法。板厚度小于 4 mm 的焊缝,可在冷态下捶击,厚板的焊缝,应在 250 ~ 350 ℃时捶击,捶击后再加热到 550 ~ 650 ℃,然后放入水中急速冷却,细化焊缝晶粒,从而提高其强度。

(三)薄铝板的气焊

1. 铝和铝合金的焊接特点

(1)铝和氧极易化合。在焊接过程中,一旦形成氧化铝薄膜,由于熔点(2 050 ℃)远远高于铝合金的熔点(约为 600 ℃左右),将会妨碍焊接过程的顺利进行,造成焊缝夹渣和成形不良。

(2)熔化后的液态铝可溶解大量氢,随温度下降,溶解度会急剧降低。在气焊过程中,焊缝金属随温度下降会不断析出氢气泡,有些氢气来不及逸出会使焊缝形成气孔。

(3)铝的导热系数是铁的两倍,在凝固时的收缩率比铁大两倍。所以铝焊件变形大,如果措施不当,就会产生裂纹。

(4)铝及铝合金在由固态转变为液态时,没有显著地颜色变化,温度稍高就会造成金属塌陷和熔池烧穿。

由于以上特点,薄铝板的气焊需要有实际经验和熟练的操作技术。

2. 焊丝和焊粉的选择

常见的焊丝有丝 301、丝 311、丝 321。其中丝 311 为铝硅焊丝,又称为通用铝焊丝,有较高的抗裂性能,可用来焊接除铝镁合金外的其他铝合金。

铝焊粉常用粉 401,其熔点为 560 ℃,比纯铝低 100 ℃左右。焊粉在使用前需用蒸馏水调成糊状(每 100 g 铝焊粉约用 30 ~ 50 g 水),然后把糊状焊粉涂在焊丝和焊件表面再进行焊接。使用焊粉应注意随调随用,以免变质。铝焊粉吸潮性大,所以要瓶装密封。

3. 焊前准备

(1)焊前应清理表面的氧化膜,可用机械清理和化学清理两种方法。具体过程可参见铝和铝合金薄板的手工钨极氩弧焊所叙述的相关内容。

(2)接头形式。板厚在 2 mm 以下的,可用卷边对接接头;板厚在 3 ~ 4 mm 的,不开坡口,留 2 ~ 2.5 mm 间隙对接;对硬铝合金板厚在 3 mm 以上的,应开坡口,对接间隙稍小,为1 ~ 1.5 mm。

铝和铝合金薄板的焊接,尽量不采用搭接和 T 形接头,由于熔化后的焊粉具有良好的流动性,因此,容易残留在板料及间隙中,对焊缝起腐蚀作用。

4. 焊接工艺

(1)火焰及焊嘴的选择。焊接火焰要用中性焰或轻微的碳化焰。为防止铝的氧化,严禁使用氧化焰。焊嘴号与板厚的关系如表 5 - 26 所示。由于薄焊件易烧穿,可以选择比焊接碳钢时略小的焊嘴。而较厚的焊件散热量大,选用的焊嘴应比焊接碳钢时的大一号。

表 5 - 26　焊嘴号与板厚的关系

板厚/mm	<1.5	1.5 ~ 3	4 ~ 5
焊嘴号	H01 - 6　2″	H01 - 6　2″ ~ 3″	H01 - 6　4″ ~ 5″

(2)定位焊。板厚小于 1.5 mm 的定位间距为 10 ~ 20 mm;板厚小于 5 mm 的定位间距为 30 ~ 50 mm。定位焊应注意采用比焊接时稍大的火焰能率,并快速进行,以减少变形;对于较长的焊缝,一般从中间向两端定位焊,对于环形焊缝,应采用对称定位焊。

(3)焊前预热。对于薄小铝件,刚性不大时,焊前可不预热。厚度超过 5 mm 的大焊件,需要对焊件预热到 200 ~ 300 ℃,以减少焊接变形和焊接裂缝。

(4)起始点的选择。在焊接非封闭焊缝时,必须避免起焊处的裂纹,常采用由中间向两端施焊的方法,在焊缝接头处应重合 20 ~ 30 mm。对于罐体的纵焊缝,一般要两个焊工同时由中间向两端施焊。

(5)操作要点。对于薄板焊接,在焊接加热过程中应不断地用蘸有焊粉的焊丝端头试探地拨动加热金属表面,如感到带有黏性,熔化的焊丝能与焊缝金属熔合在一起,说明已达到熔池形成的温度,即可进行焊接。焊接薄小焊件可采用左焊法,以防过热烧穿。起始和收尾注意事项与焊接薄钢板相同。

火焰运动方式是作上下摆动的前移,摆动幅度为 3 ~ 4 mm,焊丝始终处于熔池前沿,并作轻弱的上下跳动,其跳动方向与火焰运动方向相反。

一条焊缝最好一次焊完,必须中断时,接头处应重合 20 ~ 30 mm。对铝合金,应尽量避免多层焊,防止产生气孔、裂纹和成形低劣。

(6)焊后处理。焊粉中氯化物和氟化物对铝有很强的腐蚀作用,一般情况下应将焊件放在热水中或往焊缝上倒热水,用硬毛刷洗刷,使干燥后看不出有白色(或黑色)的斑渣,否则应再次冲洗焊缝上焊粉的残渣。

对于铝及铝合金件,在焊后可用捶击焊缝的方法清除应力,提高强度碾堵气孔。对于热处理强化的合金,可再进行热处理。

第四节　其他连接方法

钣金构件的连接除了上面介绍的铆接、咬接和焊接的主要方法外，还有法兰连接、套接和卡箍连接。

一、法兰连接

法兰连接具有可拆装性，而且连接可靠、密封性强，用于经常拆卸和更换管件的管道连接。法兰连接的连接件较多，而且尺寸要求严格，成本较高。

法兰连接的基本结构如图 5－37 所示。连接件包括法兰盘、密封垫圈和连接螺栓等。法兰与管口的连接有螺纹连接、焊接和翻边松套三种形式。密封垫圈有普通橡胶垫圈、耐油或耐酸碱橡胶圈、橡胶石棉垫圈和金属垫圈等，分别适于不同的输送介质、温度和压力。一般在管道的介质工作压力大于 6.4 MPa 时，应考虑使用金属垫圈，法兰盘应采用钢法兰盘与管口内外两面焊接的方法；翻边松套法兰连接，管内介质的工作压力在 0.6 MPa 以下。

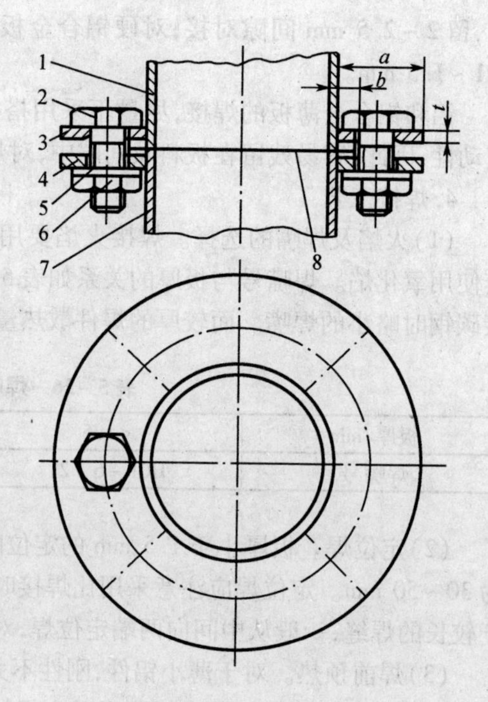

图 5－37　法兰连接

1,7—管口；2—螺栓；3,4—法兰盘；5—垫圈；6—螺母；8—密封圈

法兰连接时，所用的垫圈要加工成带把的形状，以便安装时保证与法兰盘同心和便于拆卸。垫圈的内径不得小于管的直径，外径不得遮挡住法兰盘的螺孔。连接法兰的螺栓应采用同一规格，螺母应全部位于法兰的某一侧，如与阀件连接，螺母一般放在阀件一侧。紧固螺栓时，应使用合适的扳手，分 2～3 次按如图 5－38 所示的次序对称地进行。对于大口径法兰，应有两人在对称的位置上同时进行。连接法兰的螺栓端部伸出螺母的长度一般为 2～3 扣，紧固后，螺母应紧贴法兰。

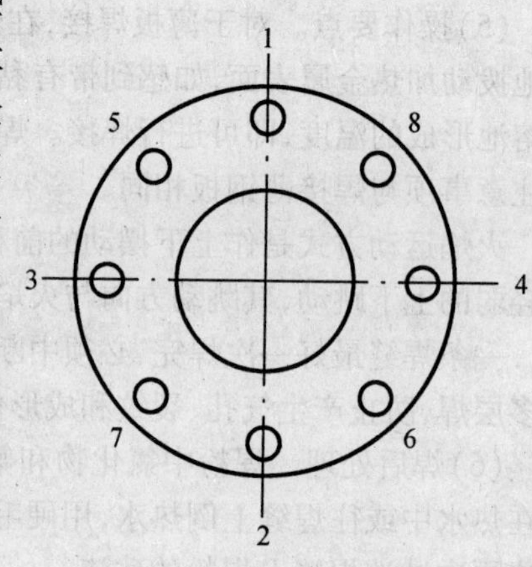

图 5－38　紧固法兰螺母次序

为了连接可靠，法兰连接按被连接管的形状、尺寸，对法兰盘的尺寸、材料规格和螺栓的数量和尺寸在规范中作了规定，如表 5－27 所示。

表 5-27　法兰盘、螺栓的尺寸规格　　单位:mm

序号	圆管直径或矩形管大边	扁钢或角钢尺寸		螺栓孔数	螺栓尺寸
		圆管	矩形管		
1	≤265	25×4	25×4	6	M6×20
2	265~375	25×4	25×25×3	8	M6×20
3	375~495	25×25×3	25×25×3	10	M6×20
4	495~595	25×25×3	25×25×4	10	M8×25
5	595~775	25×25×4	30×30×4	12	M8×25
6	775~1 025	30×30×4	35×35×5	16	M8×25
7	1 025~1 200	35×35×4	40×40×5	22	M10×30
8	1 200~1 425	35×35×5	40×40×5	18	M10×30
9	1 425~1 540	35×35×5	40×40×5	26	M10×30

二、套接

套接是把连接的两管在连接处分别做成大小头,使小头直接插入大头的一种连接形式。套接是钣金构件最简单的一种方法,结构简单,不需要连接件,在通风、除尘等管道中应用十分广泛,缺点是比较费料。套接如图 5-39 所示。

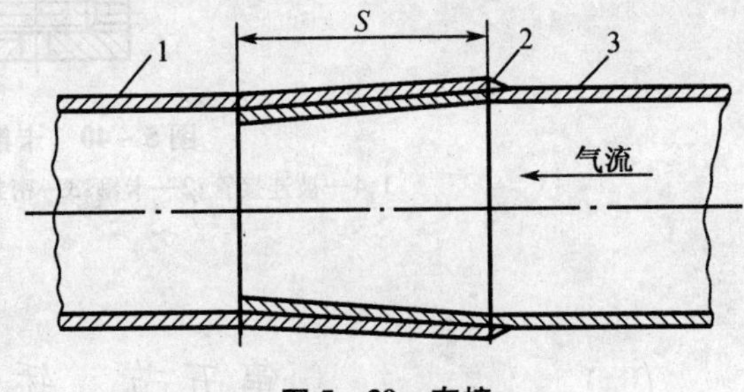

图 5-39　套接

采用套接,应注意两个问题。一是使气流流动的方向与小头端面相顺,而不能相对,如图 5-39 所示,以便堵塞物料和增加阻力。二是小头插入大头的长度 S 要根据管道的长度、安装的斜度以及承重能力等情况而定。通常管道越长,与水平的倾斜角越小,而且承受的物料越重时,S 就应越大,否则会因焊接强度不够而在连接处发生开裂。插入长度最大可取 $S=150$ mm,通常可插入长度 $S=60$ mm 左右。有时为了增加套接强度和密封性,往往还要在套接处进行锡焊。

三、卡箍连接

卡箍连接如图 5-40 所示。卡箍连接具有连接件少、拆装方便等优点,所以近几年来,在钣金构件的连接中应用比较广泛。卡箍连接的缺点是:对被连接件的尺寸精度要求比较严格,卡箍的制作件有卡箍、密封圈和螺钉等。若被连接的圆管不圆,直径误差较大,而且被连接圆管的法兰边的直径也不相等,或者卡箍的直径不合适等,都会使卡箍连接很困难,即使勉强安装,其连接也不可靠。

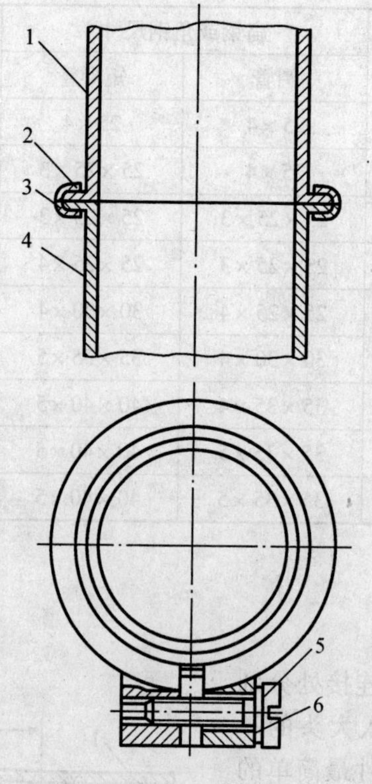

图 5－40　卡箍连接

1,4—被连接管;2—卡箍;3—密封圈;5—螺钉;6—垫圈

第五节　矫　　正

消除金属板材和型材的不平、弯曲或翘曲等变形的操作称为矫正。

钣金构件的金属板材、型材的变形原因有:在加工的过程中,由于外力的作用产生内应力,使金属内部组织发生变化,产生残余应力而引起变形;钣金构件在焊接过程中,由于受到了不均匀的加热,使焊接金属受热膨胀及冷却收缩的程度不同,产生焊接应力和焊接变形,使焊件的尺寸、形状发生变化,不能安装使用或承载能力降低,甚至在使用中突然断裂;另外,原材料在运输、存放时,处置不当也会引起变形。

金属材料的变形包括弹性变形和塑性变形两种形式。一般来说,矫正是针对塑性变形而言的,即再有塑性好的材料才能矫正。矫正的原理就是使金属内部较短部分的纤维伸长,或使较长部分的纤维缩短,即所谓"放"和"收"。从一定意义上讲,矫正就是使金属材料产生新的变形,用来抵消和弥补其原有的变形,从而使钣金构件的形状和尺寸符合设计、安装和使用的要求的过程。由于矫正时材料内部组织发生变化,晶格之间产生滑移,矫正后金属材料的硬度提高而变脆的现象称为冷作硬化。

对于塑性较好、变形不严重的金属材料,可在常温条件下进行矫正;对于脆性较大、变形十分严重的金属材料,要进行高温下的矫正。前者为冷矫正,后者为热矫正。

矫正按工艺分为手工矫正、机械矫正、火焰矫正及高频热点矫正等。

一、手工矫正

1. 手工矫正的工具

手工矫正常采用捶击等方法。手工矫正常用的工具有：

(1)平板和铁砧。平板和铁砧是矫正板材、型材和工件的基座。

(2)软、硬手锤。矫正一般材料时，通常使用钳工手锤或方形手锤。矫正已加工过的表面、薄钢板或有色金属制件时，应使用木锤、铜锤、橡胶锤等软手锤。

(3)抽条和拍板。抽条是用条形薄板材料制成的简易手工工具，用于抽打较大面积的薄板，如图5-41所示。拍板为质地较硬的木料制成的专用工具，用于敲打板料。

(4)螺旋压力工具。适用于矫正较大的构件或型钢。

(5)检验工具。如平台、角尺、直尺和百分表等。

2. 手工矫正的方法

(1)薄板的矫正。金属薄板的变形有中部凸起、边缘呈波浪形以及翘曲、扭曲等。

若板料有微小的扭曲，可用抽条从左到右顺序抽打(见图5-41)。因抽条与板料接触面积较大，受力均匀，容易达到平整。

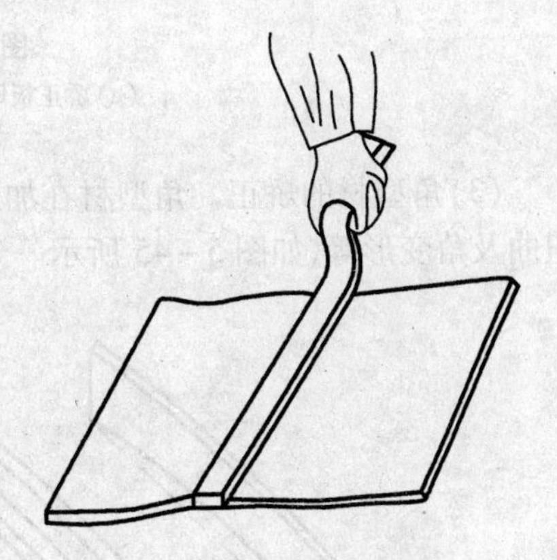

图5-41　用抽条抽平料板

薄板的中部凸起是由于板料的中间部分变薄引起的。矫正时，应先捶击板料边缘，逐渐向凸起部位敲击。在捶击时要求速度要快、力量要轻，板料边缘的厚度与凸起部位的厚度愈趋近，则板料愈平整。如果在板料的表面有几处凸起的部位，则应先捶击凸起部位之间的地方，使各凸起部位连成一个总的凸起部分后，再用上述方法矫正。

如果薄板四周呈波浪形，俗称为荷叶边，说明板料的四周变薄伸长。这时，捶击点应从中间向四周，沿如图5-42所示箭头方向分布，密度逐渐变稀，力量逐渐减少，如此反复多次捶击，使板料达到平整。若板料发生翘曲等不规则变形，当对角翘曲时，就应沿另外没有翘曲的对角线捶击，如图5-43所示，使其延展而被条矫平。

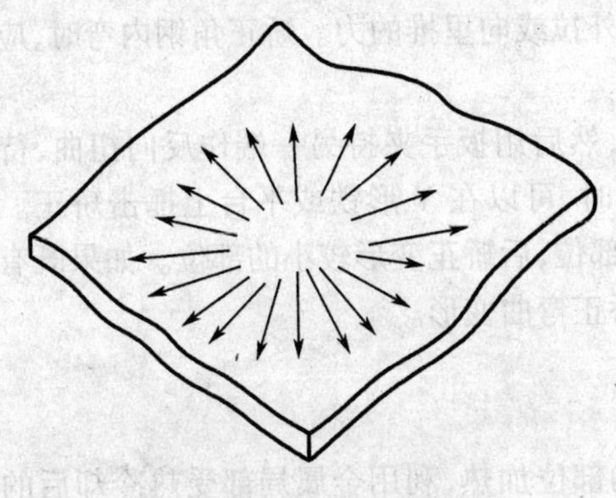

图5-42　边缘呈波浪形

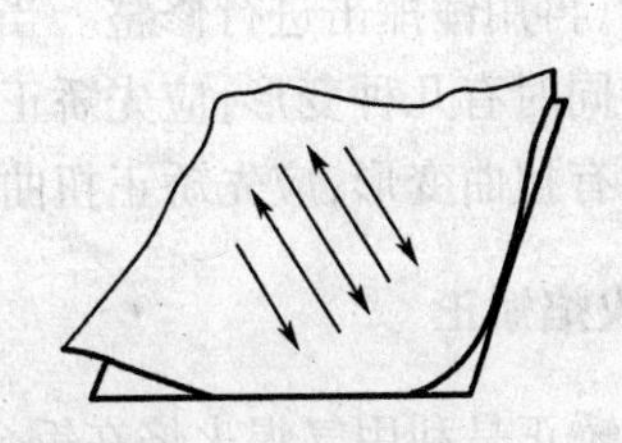

图5-43　对角翘曲

(2)条形板料的矫正。条形板料的变形有弯曲和扭曲两种。当条形板料在板厚方向上发生弯曲时,如图 5－44(a)所示,凸起向上,直接捶击凸起处即可矫平。当条形板料在宽度方向上发生弯曲时,可用手锤依次捶击条形板料内层如图 5－44(b)所示。如果条形板料产生扭曲变形,可将其一端用台钳夹住,用扳手夹住另一端,进行反方向扭转,待扭曲变形消失后,再将其矫平。

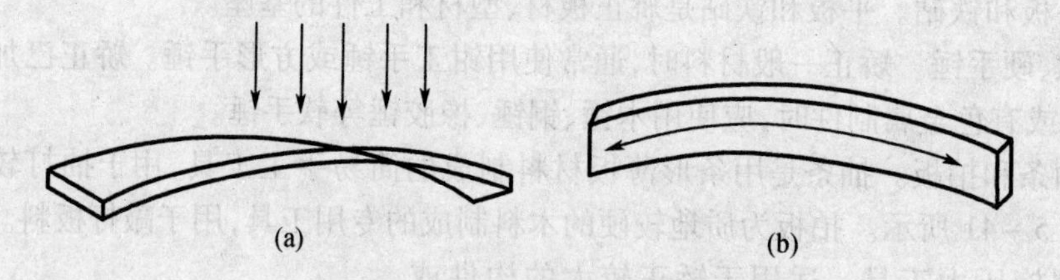

图 5－44　条形弯曲矫正

(a)矫正板厚方向弯曲;(b)矫正宽度方向弯曲

(3)角型材的矫正。角型材在加工、运输或存放不当时,都会产生弯曲(内弯和外弯)、扭曲及角变形等,如图 5－45 所示。

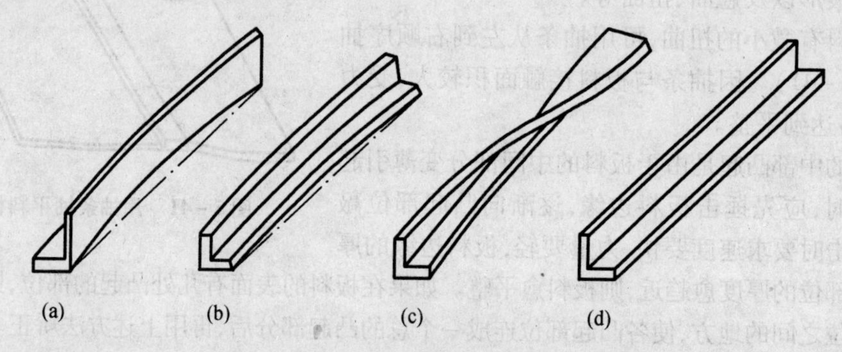

图 5－45　角型材的变形

(a)外弯;(b)内弯;(c)扭曲;(d)角变形

不论角型材是内弯还是外弯,都可将凸起部分向上,放在合适的钢圈或砧座上,捶击凸部使其反向弯曲而被矫正,矫正外弯时,为不使角型材翻转,锤柄应稍微抬高或放低约 5°左右,并在敲击的瞬间,除用力打击外,还稍带有向外拉或向里推的力。矫正角钢内弯时,应使角钢背面朝上立放,方法同矫正外弯。

矫正角型材扭曲时,可将其一端用台钳夹持,然后用扳手夹持另一端作反向扭曲,待扭曲消除后,再用锤捶击进行修整。当发生角变形时,可以在 V 形铁或平台上捶击矫正。如果角型材同时有几种变形,应先矫正变形较大的部位,后矫正变形较小的部位。如果既有弯曲变形又有扭曲变形,应先矫正扭曲变形,然后矫正弯曲变形。

二、火焰矫正

火焰矫正是利用气焊火焰在钣金构件适当的部位加热,利用金属局部受热冷却后的收缩所引起新的变形,去矫正因各种原因产生的残余变形。对于加热后性能会显著下降的材料或厚板,不宜采用火焰矫正的方法进行矫正。

火焰矫正主要用于低碳钢和低合金钢，加热温度一般在600～800 ℃，若温度太低，则矫正效果不明显。气焊火焰一般应采用中性焰。

火焰矫正常用于薄板结构的变形矫正。火焰矫正的效果关键在于选择的加热位置、加热范围及加热温度，而与钣金构件在加热后的冷却速度关系不大。用冷水和压缩空气来冷却加热区只能提高矫正速度，不但无助于变形的矫正，而且会使易淬火的金属材料发生开裂。

火焰矫正常用的加热方式有点状、线状和三角形加热三种。

1. 点状加热

为消除板结构的波浪变形，可在凹下或凸起部位的四周加热几个点，如图5－46所示。加热部位的金属受热膨胀，但周围的冷金属阻止其膨胀，使之产生压应力，这样加热点的金属就产生了压缩的塑性变形；其后在冷却的过程中，由于加热处的金属体积进一步收缩，将周围的冷金属拉紧，使得凹、凸部位周围各加热点的收缩把波浪拉平。一般加热点的大小和数量取决于板厚和变形量的大小。板厚时，加热点的直径要大些；板薄时，加热点的直径要小些，但不应小于15 mm。变形量大时，点距要小些，点距一般在50～100 mm。

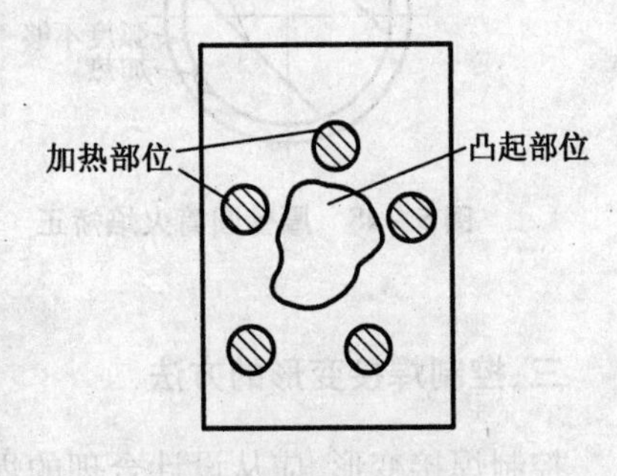

图5－46　点状加热

2. 线状加热

加热火焰作线状运动的同时作横向摆动，从而形成一个加热带。线状加热主要用于矫正角变形和弯曲变形。在线状加热时，首先找出凸起的最高处，用火焰进行线状加热的深度不超过板厚的2/3，使钢板在横向产生不均匀的收缩，从而消除角变形和弯曲变形。如图5－47所示为弯曲钢板线状加热的实例，在最高处进行线状加热，加热温度为500～600 ℃，当第一次加热未能完全矫平时，可再加热，直到矫正为止。

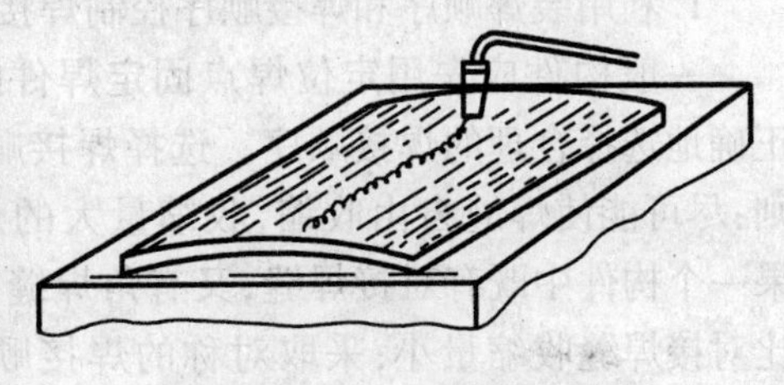
图5－47　线状加热

对直径和圆度有严格要求的后壁圆筒矫正时，首先在平台上用木块将圆筒垫平竖放，先矫正圆筒的周长，当周长过大时，用两个焊炬同时在筒体内外沿纵缝进行线状加热，每加热一次，周长可缩短1～2 mm。矫正椭圆时，先用样板检查，如圆筒外凸，则沿该处的外壁进行线状加热，若一次不行，可再次加热，直至矫正圆为止。如果圆筒弧度不够，则应沿该处内壁加热。厚壁圆筒火焰矫正时的加热位置如图5－48所示。

3. 三角形加热

三角形加热的加热区呈三角形，利用其横向宽度不同产生的收缩也不同的特点矫正变形。三角形加热常用于矫正厚度较大、刚性较大的构件的弯曲变形，可用多把焊炬同时进行加热。如图5－49所示，T形梁由于焊缝不对称产生弯曲变形时，可在腹板外缘进行三角形加热。若第一次加热后还有上拱现象，则进行第二次加热，但第二次加热区应选在第一次加热区之间。

总之，火焰矫正是一项技术性强的操作。矫正时，应根据焊件的特点和变形的情况确定加热方式和加热位置，并能目测、控制加热区的温度，才能获得较好的矫正效果。

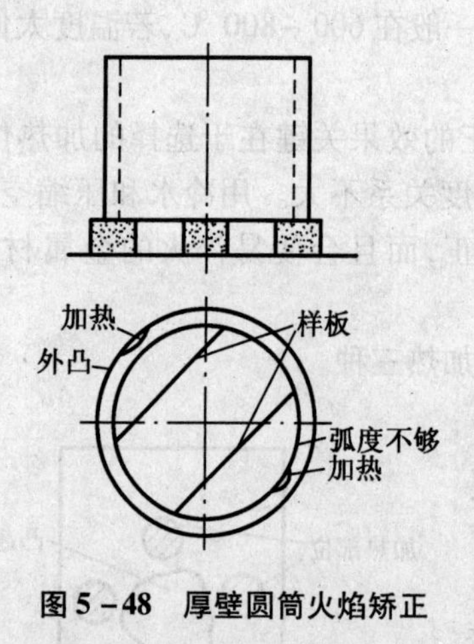

图 5－48　厚壁圆筒火焰矫正

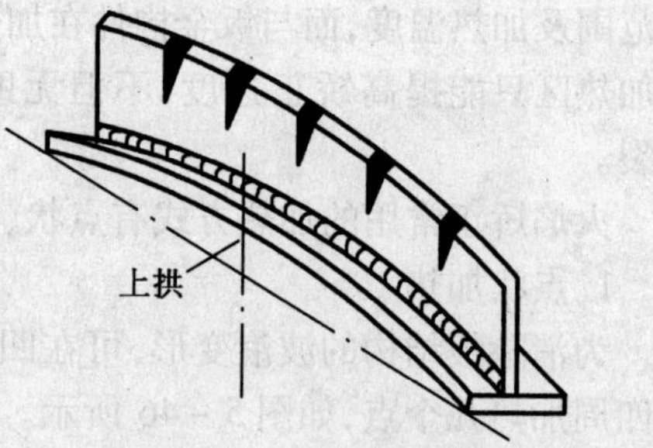

上拱

图 5－49　三角形加热

三、控制焊接变形的方法

控制焊接变形，应从设计合理的焊接结构和采取适当的工艺措施两个方面着手。设计合理的焊接结构包括尽量减少焊缝长度，合理地选择焊缝的形状和尺寸，避免焊缝过于集中，对称地布置焊缝等。在焊接时采取适当的工艺措施具体包括利用装焊顺序和焊接顺序控制焊接变形、反变形法、散热法、刚性固定法及捶击焊缝法等。

1. 利用装焊顺序和焊接顺序控制焊接变形

一般构件应先用定位焊点固定焊件的相对位置，然后正确地选择合理的焊接顺序。选择焊接顺序应依照以下原则：尽可能使焊缝自由收缩，收缩量大的焊缝应当先焊，如果一个构件中既有对接焊缝，又有角焊缝，一般来说角焊缝比对接焊缝收缩量小；采取对称的焊接顺序能够有效地控制焊接变形，对于较大的构件的对称焊缝，可以两人甚至多人同时对称施焊，使同时所焊的焊缝相互制约而不能产生构件的整体变形。如图 5－50 所示为圆筒体的对称焊接，由两名焊工采取对称施焊的焊接顺序。在长焊缝焊接时，应采用逐步退焊、分中逐步退焊、跳焊、交替焊及分中对称焊等方法，如图 5－51 所示。

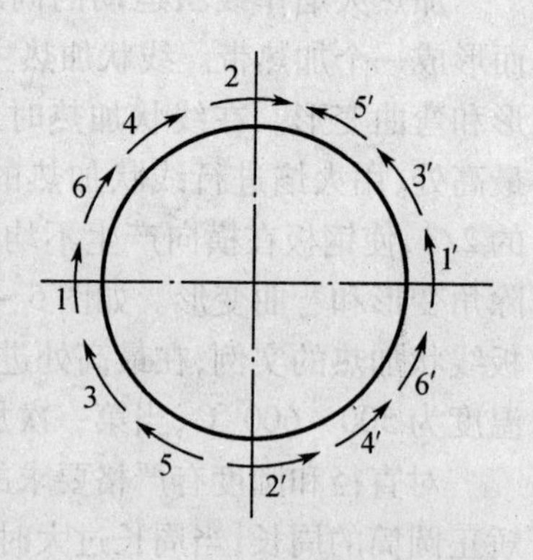

图 5－50　圆筒体对称焊接顺序

2. 反变形法

在焊接前进行装配时，为了抵消和补偿焊接变形，先将焊件要焊接变形的相反方向进行人为地变形，这种方法称为反变形法。如图 5－52 所示的齿轮罩由 2 mm 厚的钢板焊接制成，由于不是封闭结构，焊后焊缝的收缩容易产生向外张开的变形。采用反变形法，在焊前可将罩壳的外径 R_1 = 328 mm 缩小为 R_1' = 320 mm，内径由 R_2 = 278 mm 缩小为 R_2' = 270 mm，下料时罩壳的总长等于原设计长度，并将罩壳的直线部分适当地向内弯曲，如图的双点画线所示，从而获得焊前的反变形。焊前用长方形支架临时固定，焊后再将其拆除。反变形在生产中应用十分广泛，其关键在于反变形量的确定，反变形量的确定主要应根据实践经验，理论计算的数据可作为参考。

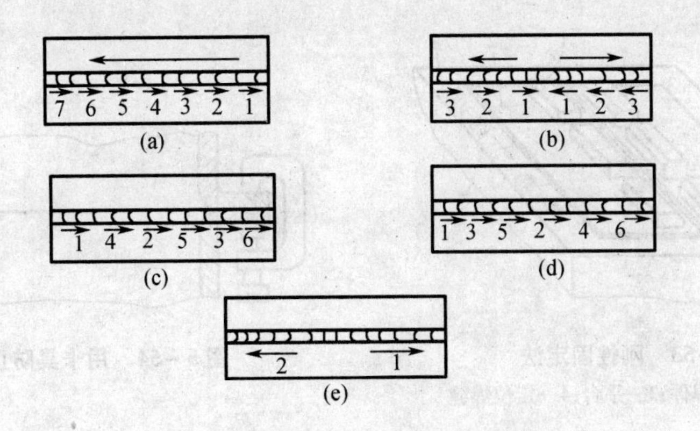

图 5-51　采用不同焊接顺序的对焊

(a)逐步退焊;(b)分中逐步退焊;(c)跳焊;

(d)交替焊;(e)分中对称焊

3. 刚性固定法

利用外加的刚性约束来减小焊件的残余变形的方法,称为刚性固定法。由于刚性固定会在焊件中产生较大的应力,因而对于一些易裂的材料不适用。如图 5-53 所示,为防止产生波浪变形,可将钢板铺在平台上,并在四周进行定位焊。定位焊缝长度约为 30 mm,间距为 300 mm,沿焊缝两侧放上压铁,以减少角变形,待焊件完全冷却后,再去除压铁,铲去定位焊缝。

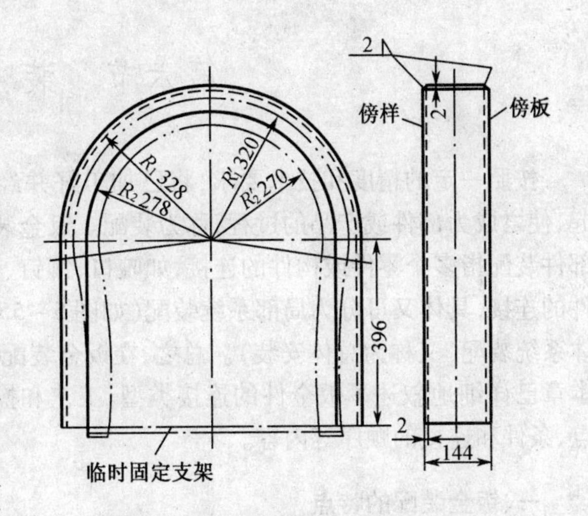

图 5-52　非封闭式齿轮罩的反变形

如图 5-54 所示是用卡具防止产生角变形的刚性固定方法。焊前对焊件装卡具固定,焊后再将卡具拆除。

4. 散热法

焊接时,用强冷空气的方法将焊接区的热量迅速散去,从而达到减少焊件变形的目的,这种方法称为散热法。散热法对淬火倾向大的钢不适用,因为该法易引起其开裂。散热法包括采取喷水冷却和将焊件浸入水中进行焊接等。焊接变形的主要原因是在焊接的过程中对金属进行了不均匀的加热,若能降低不均匀加热的程度,就会减小焊件变形。对于淬火倾向大的钢材,通常采用预热的方法来减小焊接变形和焊接应力。

5. 捶击焊缝法

捶击焊缝法是用圆头小锤捶击焊缝金属使焊缝金属发生塑性变形从而使焊缝适当地延伸,以补偿焊缝的缩短的方法。它可以有效地控制和减小焊接变形和焊接应力,但对于有热脆倾向或其他脆硬倾向的焊接接头,应避免在敏感的温度下捶击。捶击应在焊缝金属热态下进行,即在焊缝焊完后立即捶击,因为这时焊缝金属具有较高的塑性。

捶击必须均匀,直至焊缝表面出现均匀致密的麻点为止。使用的手锤的重量一般为 1~1.5 磅(1 磅 =0.453 6 kg),其端部圆弧半径为 3~5 mm。

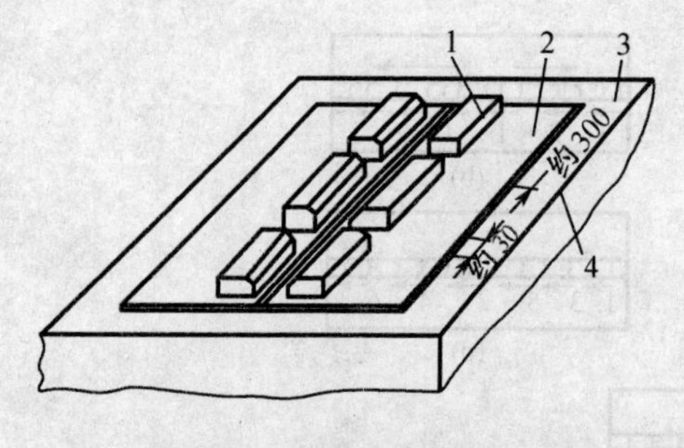

图5-53　刚性固定法

1—压铁;2—焊件;3—平台;4—定位焊缝

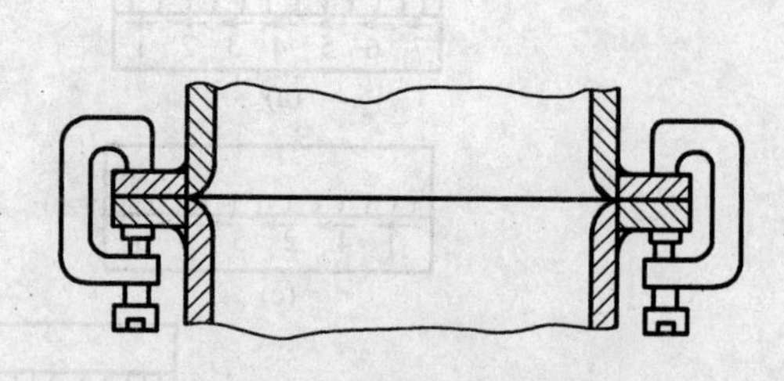

图5-54　用卡具防止角变形

在实际生产中,上述减小焊接变形的方法往往不是单独采用,而是几种方法联合采用,以达到控制、减小焊接变形的最佳效果。

第六节　装　　配

按照一定的精度和技术要求,将已加工好并经检验合格的零件、构件连接或固定在一起,使之成为部件或产品的过程,称为装配。钣金装配可分为部件装配和系统装配两大类。部件装配指多个零件或构件的连接,如咬口、铆钉、卡箍连接或焊接等。系统装配指多个部件的连接,具体又可分为局部系统装配(如图5-55所示的吸收风罩同分支管的装配)和总体系统装配(又称为总体安装)。总之,在钣金装配的过程中,连接和装配并不能完全分开,本章已详细地叙述了钣金件的连接类型、工艺和操作技术,这一节主要介绍钣金装配的特点、条件和连接的顺序等内容。

一、钣金装配的特点

(1)对于手工操作技术要求高,在施工现场,钣金零件、构件和部件的装配大多数是通过手工咬接、手工焊接、手工铆接等操作来实现的,如果操作者的技术、职能和经验达不到一定的水平,装配后的零件、部件就会发生各种变形,影响到系统装配的顺利进行。

(2)装配调整余量的大小和位置应根据系统中各个部件的复杂程度、对其调整的可能性及其是否操作方便来确定。例如吸风罩1与分支管6的距离设计要求为H(如图5-55所示),那么装配调整余量Δ应取决于吸风罩与尘源的距离H_1的公差的大小,公差愈大,调整余量Δ也愈大。根据部件的复杂程度和调整是否方便,可知装配调整余量应当留在风管2上,而不应该留在吸风罩1和八节弯道3上。

(3)必须确定合理的装配连接顺序。确定合理的装配顺序的目的是使装配具有良好的焊接工艺性,连接可靠、装配顺利和操作方便,并使装配连接过程中可能产生的各种变形和积累的安装误差得到控制。由于钣金之间大多采用不可拆卸的连接,如焊接、咬接等,若连接的位置和装配的顺序不合理,零部件就会报废和返修。

(4)总体装配线路较长、刚性较差,容易产生变形。

用薄金属板制成的钣金件,一般体积较大、局部刚性差、装配线路长,所以在装配中很容

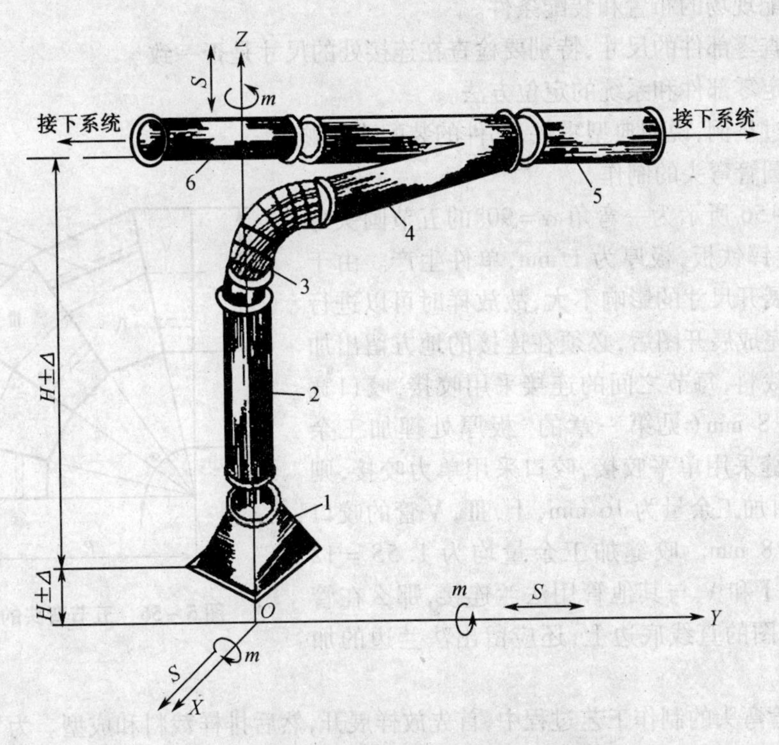

图5-55　吸收风罩同分支管的装配

1—吸风罩;2—风管;3—八节弯管;4—裤形三通管;5,6—分支管

易产生各种变形,因此在装配的过程中矫正量较大,需要的安装和夹具也较多。对于大部件、大系统,考虑到出厂、运输、施工现场的安装条件等因素,必须进行分段装配。为了保证总体装配的进度和质量要求,在分段装配前,应在厂内进行试装,必要时可把分段之间的不可拆卸连接改为可拆卸连接。

二、装配的基本条件

钣金零、部件在系统装配过程中,必须具备定位和加紧两个基本条件。定位即确定钣金零件在空间或零件、部件之间的相对位置;加紧就是借助外力,将准确定位的零件、部件或局部系统固定在某一位置上,例如通风、除尘等管道的装配通常固定在地面、楼板或墙壁上。加紧有压紧、顶紧、撑紧和拉紧等方式。装配过程中,用于对零件、部件定位找正、测量检验以及辅助工作的工具,有水平软管、水准仪、装配样板、量角器等。装配时,必须使用相适应的家具对零件、部件施加压力,使其获得正确的定位。

三、装配连接顺序

在确定装配连接顺序时,应结合以下问题综合考虑:

(1) 研究和熟悉装配图纸及有关技术文件,了解产品结构、各零部件的作用及相互关系。

(2) 划分部件和系统(包括局部系统和总体系统)。装配的难易程度与零部件和系统的划分有直接关系。

(3) 装配现场的布置和装配条件。

(4) 检查零部件的尺寸，特别要检查在连接处的尺寸是否一致。

(5) 确定零部件和系统的定位方法。

下面通过举例，说明典型零件、部件的装配连接顺序。

1. 多节圆管弯头的制作

如图 5－56 所示为一弯角 $\alpha=90°$ 的五节圆头弯头，材料为镀锌铁板，板厚为 1 mm，单件生产。由于薄板板厚对展开尺寸的影响不大，故放样时可以进行板厚处理。完成展开图后，必须在连接的地方留出加工余量才能裁料，每节之间的连接采用咬接，咬口宽度 S 可定为 8 mm（见第一章的“板厚处理加工余量”）。若咬缝采用单平咬接，咬口采用单力咬接，则Ⅱ，Ⅳ 管咬口加工余量为 16 mm，Ⅰ，Ⅲ，Ⅴ管的咬口加工余量为 8 mm。咬缝加工余量均为 $1.5S=12$ mm。如果管Ⅰ和Ⅴ与其他管用法兰连接，那么在管Ⅰ，Ⅴ的展开图的直线底边上，还应留出法兰边的加工余量。

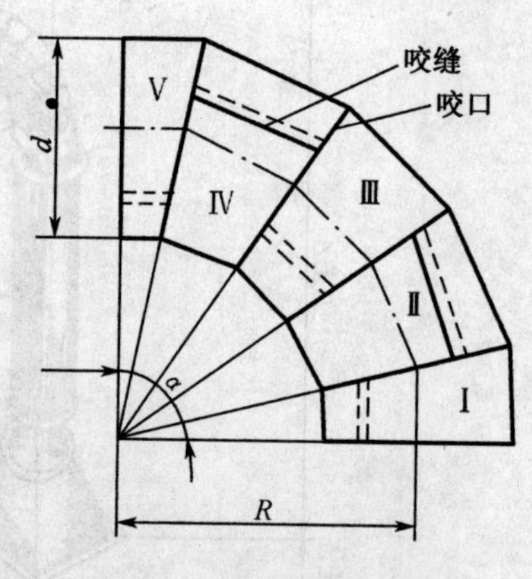

图 5－56　五节弯头的装配

多节圆管弯头的制作工艺过程中，首先放样展开，然后排样裁料和成型。为了咬接时方便，在手工围制圆管前，应将接缝处制成半折边。连接装配时，将成型后的各管先进行接缝。为了便于接口，每相邻管的咬接应相互错开，并在接口（咬口）前再进行矫正，降低不圆度，如图 5－56 所示。

为了使咬口操作方便，控制积累误差，应该按照连接顺序合理地装配，先将管Ⅲ分别和管Ⅳ和管Ⅱ咬接，然后再分别将管Ⅴ和管Ⅰ与之咬接。咬口连接时，应将两管背部和腹部的基准线对齐后再进行，以防出现歪扭现象。折边时，应注意折边宽度必须相等，装配连接时，应随时用检验工具盒检验样板进行检验，以防累积误差过大。即使装配连接顺序合理，装配后的实际弯角与设计要求的弯角总是有误差的，在不影响系统的装配和使用时，可以对咬口的加工余量作适当调整，使误差减小。

2. XL－55 旋风除尘器的制作

XL－55 旋风除尘器的施工及放样展开图如图 5－57 所示。具体尺寸如下：

$D=550$ mm，$d=0.55D$，$h_1=0.8D$，$g=0.25D$，$f=50$ mm，$c=0.1D$，$d_1=100\sim150$ mm，$h_2=2D$，$b=0.225D$，$e=0.5D$。

该除尘器有Ⅰ，Ⅱ，Ⅲ，Ⅳ和Ⅵ装配连接形成，材料为镀锌铁皮，板厚 $t=1$ mm。

Ⅰ件的展开用平行线法，如图 5－57(b)所示。接缝为平咬接，在 ①处留出咬接加工余量，Ⅰ件与Ⅲ件用联合角咬接，应在③处留有角咬接加工余量，在⑦处与Ⅴ件的⑦处采用铆接，故应留出 20 mm 左右的铆接加工余量。Ⅱ件的展开图为宽 h_1+c+f、长为 πd 的矩形，如图 5－57(c)所示。Ⅱ件成型为一圆管插入Ⅲ件的圆孔中，所以应将Ⅲ件的④处折成直角边，与Ⅱ管的④处铆接，故应在Ⅲ件的④处留出 20 mm 左右的铆接加工余量。Ⅱ管的接缝用平咬接，在⑤处留有咬接加工余量。Ⅱ管的⑪处为排风口，一般与排风管道通过法兰连接、套接或咬接，应根据连接方式处留有相应的加工余量。

Ⅲ件的螺旋曲面可用近似展开法展开。首先用直角三角形法分别求出内外圆弧的实长

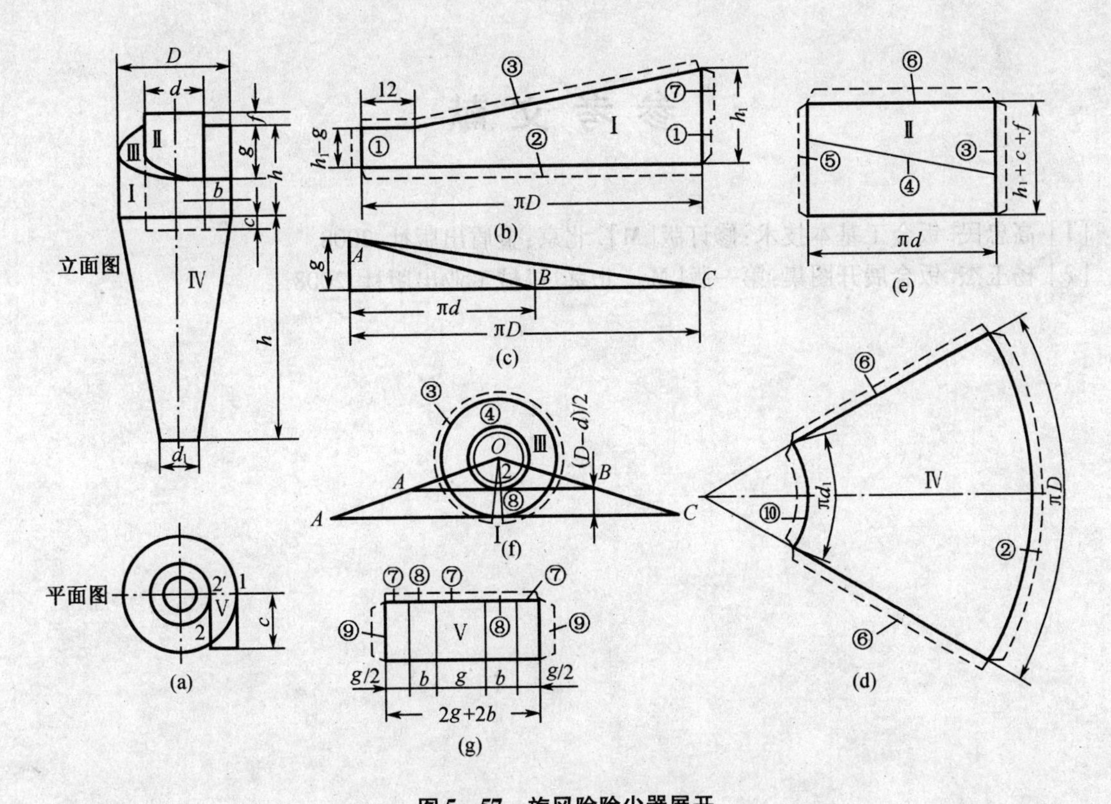

图 5－57　旋风除尘器展开

(a)放样图；(b) Ⅰ的展开图；(c)求实长图；(d)Ⅳ的展开图；
(e) Ⅱ的展开图；(f)Ⅲ的展开图；(g)Ⅴ的展开图

AB 和 AC，如图 5－57(e)所示。作Ⅲ件的展开图的步骤如下：作一垂线，在垂线上截取线段等于$(D-d)/2$ 得 1,2′两点作水平线，以 1,2′为对称轴，分别在水平线上截取线段等于实长 AC 和 AB，得 A，C 和 A，B 点，如图 5－57(f)所示。分别连接 C，B 和 A，A 交于 12′线段延长线上于 O 点，分别以 O_1，O'_2为半径画圆弧，大圆弧上截取弧长等于 AC，将圆弧两端点与 O 点相连交于小弧，并在与Ⅰ，Ⅱ，Ⅴ件相连接处留有铆接、咬接的加工余量，至此，完成Ⅲ件的展开图。

Ⅳ件用放射线展开法展开，如图 5－57(d)所示。接缝用平咬接，在⑥处留出平咬接加工余量，在②处与Ⅰ件的②处用立咬接，留出立咬接的加工余量；在⑩处还应留出法兰边余量。Ⅴ件为一节矩形管件，展开后仍为一个长为 $2g+2b$、宽为 e 的矩形。Ⅴ件的接缝用单平咬接，在⑨处留出接缝余量，在⑦处与Ⅰ件的⑦处铆接，在⑧处与Ⅲ件的⑧处铆接，均留出铆接的加工余量。

由于板料较薄，可用手工剪裁手工围弯和折弯，Ⅲ件的成型，可从开口处沿轴向施加拉力，拉伸后两端口的轴向距离应等于螺旋面的导程 g。Ⅲ件在③，④处的折边应放在拉伸后进行，这样既可减少拉力又可防止起皱。该除尘器的装配连接的合理顺序为：先将Ⅱ管与螺旋面Ⅲ件铆接牢固；然后将Ⅰ件与Ⅲ件咬接；再将Ⅴ件装入Ⅰ，Ⅱ，Ⅲ件形成的矩形孔中，进行铆接、锡焊连接和密封；最后Ⅰ件与Ⅳ件咬接。在装配和连接的过程中，应随时对照施工图进一步定位和局部矫正。

参 考 文 献

[1] 高忠民.钣金工基本技术:修订版[M].北京:金盾出版社,2008.

[2] 杨玉杰.钣金展开图集:第一版[M].北京:机械工业出版社,2008.